原 康夫・近 桂一郎・丸山瑛一・松下 貢 編集

裳華房フィジックスライブラリー

量子力学

― 現代的アプローチ ―

広島大学名誉教授　理学博士　牟田泰三
広島大学准教授　博士（理学）　山本一博

共著

裳華房

QUANTUM MECHANICS

— MODERN APPROACH —

by

Taizo MUTA, DR. SC.

Kazuhiro YAMAMOTO, DR. SC.

SHOKABO

TOKYO

編 集 趣 旨

「裳華房フィジックスライブラリー」の刊行に当り，その編集趣旨を説明します．

最近の科学技術の進歩とそれにともなう社会の変化は著しいものがあります．このように新しい知識が急増し，また新しい状況に対応することが必要な時代に求められるのは，個々の細かい知識よりは，知識を実地に応用して問題を発見し解決する能力と，生涯にわたって新しい知識を自分のものとする能力です．このためには，基礎になる，しかも精選された知識，抽象的に物事を考える能力，合わせて数理的な推論の能力が必要です．このときに重要になるのが物理学の学習です．物理学は科学技術の基礎にあって，力，エネルギー，電場，磁場，エントロピーなどの概念を生み出し，日常体験する現象を定性的に，さらには定量的に理解する体系を築いてきました．

たとえば，ヨーヨーの糸の端を持って落下させるとゆっくり落ちて行きます．その理由がわかると，それを糸口にしていろいろなことを理解でき，物理学の面白さがわかるようになってきます．

しかし，物理学はむずかしいので敬遠したくなる人が多いのも事実です．物理学がむずかしいと思われる理由にはいくつかあります．そのひとつは数学です．数学では $48 \div 6 = 8$ ですが，物理学の速さの計算では $48\,\mathrm{m} \div 6\,\mathrm{s} = 8\,\mathrm{m/s}$ となります．実用になる数学を身につけるには，物理学の学習の中で数学を学ぶのが有効な方法なのです．この“メートル”を“秒”で割るという一見不可能なようなことの理解が，実は，数理的推論能力養成の第1歩なのです．

一見，むずかしそうなハードルを越す体験を重ねて理解を深めていくところに物理学の学習の有用さがあり，大学の理工系学部の基礎科目として物理学が最も重要である理由があると思います．

受験勉強では暗記が有効なように思われ，必ずしもそれを否定できません．ただ暗記したことは忘れやすいことも事実です．大学の勉強でも，解く前に問題の答を見ると，それで多くの事柄がわかったような気持ちになるかもしれません．しかし，それでは，考えたり理解を深めたりする機会を失います．20 世紀を代表する物理学者の 1 人であるファインマン博士は，「問題を解いて行き詰まった場合には，答をチラッと見て，ヒントを得たらまた自分で考える」という方法を薦めています．皆さんも参考にしてみてください．

将来の科学技術を支えるであろう学生諸君が，日常体験する自然現象や科学技術の基礎に物理学があることを理解し，物理的な考え方の有効性と物理学の面白さを体験して興味を深め，さらに物理学を応用する能力を養成することを目指して企画したのが本シリーズであります．

裳華房ではこれまでも，その時代の要求を満たす物理学の教科書・参考書を刊行してきましたが，物理学を深く理解し，平易に興味深く表現する力量を具えた執筆者の方々の協力を得て，ここに新たに，現代にふさわしい基礎的参考書のシリーズを学生諸君に贈ります．

本シリーズは以下の点を特徴としています．

- 基礎的事項を精選した構成
- ポイントとなる事項の核心をついた解説
- ビジュアルで豊富な図
- 豊富な［例題］，［演習問題］とくわしい［解答］
- 主題にマッチした興味深い話題の“コラム”

このような特徴を具えたこのシリーズが，理工系学部で最も大切な物理学の学習に役立ち，学生諸君のよき友となることを確信いたします．

編集委員会

序　文

私が東京大学の助教授になったとき，大学院に入ってきた最初の学生が牟田君であった．お互いに張り切って勉学，研究に励んだものであった．その後，広島大学の教授になった牟田君は，学生 山本君と出会う．彼は私の孫弟子ということになる．この二人が協力して量子力学の本を書き上げた．目出度く，嬉しいことである．

量子力学は難しい学問である．完全に理解した人はいないといわれたこともあった．本書を読んでみると，著者の二人は理解していると思われる．根本原理からはじまり，量子力学がどのようなものであるかを会得した上で書かれている．読者は，本書により量子力学がわかるようになってもらいたい．

本書は，もちろん，単なる入門書ではない．量子力学全体を解説したものである．本書によって，私の曾孫に当たる学生諸子が大きく成長することを期待する．

2017年 初秋

東京大学名誉教授
宮 沢 弘 成

ま え が き

本書の執筆に当たって著者たちが考えた基本方針は，

「できるだけ単一の原理原則から出発して量子力学の定式化を行い，常に論理構成を重視して，量子論的物理現象の明確な説明に努める．応用に十分配慮しながら，実験事実との関わりを示す.」

というものであった．

この目標がどこまで達成されたかどうかは，読者のご判断を待つしかないが，本書の構成が，この一貫した方針で貫かれていることは感じていただけるのではないかと思う．本書が読者の方々の量子力学に対する深い理解につながるとすれば，それは著者たちの望外の喜びとするところである．

本書の基本的な部分は，著者の一人（牟田）が広島大学在任中にしたためた講義録をもとにして書き下したが，全体の構成をまとめるに当たっては，それをもとにして著者二人で1年間議論しながら，内容を改善したり，新たな章や節を書き加えたりして，より現代的なものにするとともに，論理的に統一のとれたものにするように配慮した．

本書では，外国人名をカタカナで表記するときは，当該外国人が属する国の発音にできるだけ忠実になるようにすることを原則とした．例えば，ドイツ人ならドイツ語，イタリア人ならイタリア語，英米人なら英語の発音に最も近いカタカナ表記をするように努めた．しかし，当人の母国語が不明の場合や本書の著者たちが知らない言語である場合は，日本の文献で通常用いられているカタカナ表記に従うことにした．なお，本書で用いた単位系はMKSA 単位系（国際単位系 SI）に統一されている．

敬称は省略させていただくが，本書の執筆に当たっては，

大川正典，両角卓也，石川健一，川端弘治，佐藤　仁，飯沼昌隆，
川下美潮，木村俊一，吉川公磨，江沢　洋，植松恒夫，日置善郎，
佐々木賢，細谷暁夫，小澤正直，香川直巳，仲嶋　一

をはじめ，多くの方々にお世話になった．この本の大部分は，これらの方々との議論に負うところが多い．著者たちのしつこい議論にも快く応じていただき，多大な手助けをしていただいた皆様に心から感謝する．

また，本シリーズの編集委員である原 康夫氏と近 桂一郎氏には，本書の原稿を読み通していただき，非常に有益なご助言をいただいたことに感謝する．

著者の一人（牟田）は，近年，大学のマネジメントに関わってきたせいで，本書の企画を承諾してから 10 年以上も執筆に専念できず，編集部を待たせることになってしまった．驚異的な忍耐強さで待ち続けて下さった裳華房編集部の小野達也氏に感謝するとともに，いろいろと有益なご助言をいただいたことに敬意を表する．

著者たちは，それぞれの家族からの支援のお蔭で，本書の執筆を成し遂げることができた．家族に心から感謝する．

2017 年 初秋

牟 田 泰 三
山 本 一 博

目　次

1. 前期量子論

2. 量子力学の考え方

3. 量子力学の定式化

4. 量子力学の基本概念

5. 束 縛 状 態

6. 角運動量と回転群

7. 散乱状態

8. 近似法

9. 多体系の量子力学

10. 量子基礎論概説

11. 場の量子論への道

付　録

コ ラ ム

1 前期量子論

我々の日常生活でみられる巨視的な現象は，ニュートン力学に代表される古典物理学によって，正確に記述できることはよく知られた事実である．19 世紀末頃から見出されつつあった原子や分子のような微視的な世界の現象も，その当時は，古典物理学の考え方を適用することによって説明できるものと考えられていた．しかし，新たな微視的現象が数多く見出されてくると，次第に古典物理学によってはどうしても説明しきれない現象が現れ始めた．これらの新現象はいずれも物質の微細構造に関わるものであり，微視的世界で必要とされる新しい物理法則を示唆するものであった．この新しい物理法則の理論体系が，今日，量子論あるいは量子力学とよばれているものである．

19 世紀末から 20 世紀初頭にかけて次々と見出された，物質の微視的構造に関わる新しい物理現象を，以下では量子論的物理現象とよぶことにしよう．20 世紀初頭の科学者たちは，この量子論的物理現象に納得のいく説明を与えようと苦闘した．そして，彼らは古典物理学に依拠しながらも，新しい仮説をもち込むことによって，つぎはぎだらけの理論をつくり上げ，何とか量子論的物理現象を説明することに成功していった．彼らの努力は，第 3 章で述べる量子力学の構築に大きな貢献をしたのである．

このように，完全な量子力学ではないが，古典物理学に新たな仮定をもち込んで，量子論的物理現象をまがりなりにも説明できた理論を**前期量子論**とよぶ．本章では，典型的な量子論的物理現象をとり上げて，それらを前期量子論をもとにして説明しようと努力した科学者たちの足跡を辿ることにする．

なお，ここでは，19 世紀末頃に見出された量子論的物理現象のみならず，近年になって観測されたり検出されたりしている量子現象も必要に応じてとり上げることにする．

§1.1 熱放射

物質を燃やすと光を発する．この光の色（波長）は，物質の温度の上昇とともに赤から紫へと変化する．実際，ろうそくの炎をみると，温度の高い先端部は青白く光っており，温度の低い炎の下部は赤みを帯びている．物質から放射されるのは可視光だけではなく，赤外線や紫外線を含む広範囲の波長の電磁波である．一般に，絶対温度 T の下にある物質は，その温度に相当する波長の電磁波を放射しており，この現象を**熱放射**とよぶ．より厳密ない い方をすると，**黒体放射**というべきであるが，ここではあまり拘らないことにする（電磁波の放射吸収率が 100%に近い物質を**黒体**という）．

熱放射される電磁波のエネルギー密度を振動数ごとに測定すると，図 1.1 のようになる．この測定値をみると，$\rho(\nu)$ の極大値が，温度 $T = 8000\,\mathrm{K}$, $6000\,\mathrm{K}$, $4000\,\mathrm{K}$ に対して，それぞれ電磁波の振動数が $\nu_{\mathrm{max}} \simeq 0.47 \times 10^{15}\,\mathrm{Hz} = 470\,\mathrm{THz}$, $0.35 \times 10^{15}\,\mathrm{Hz} = 350\,\mathrm{THz}$, $0.24 \times 10^{15}\,\mathrm{Hz} = 240\,\mathrm{THz}$ のあたりにきていることがわかる．ここで，Hz（ヘルツ）は振動数の単位で，1 THz（1 テラヘルツ）は $10^{12}\,\mathrm{Hz} = 10^{12}\,\mathrm{s}^{-1}$ である（章末の演習問題も参照）．

なお，蛇足であるが，可視光線の領域 400〜800 THz が，ちょうど $T = 6000\,\mathrm{K}$ のグラフのピーク付近にきているのは偶然ではない．なぜなら，我々の太陽の表面温度がおよそ $T = 6000\,\mathrm{K}$ であり，そこからの熱放射を活用するように生物が適応してきたためである．

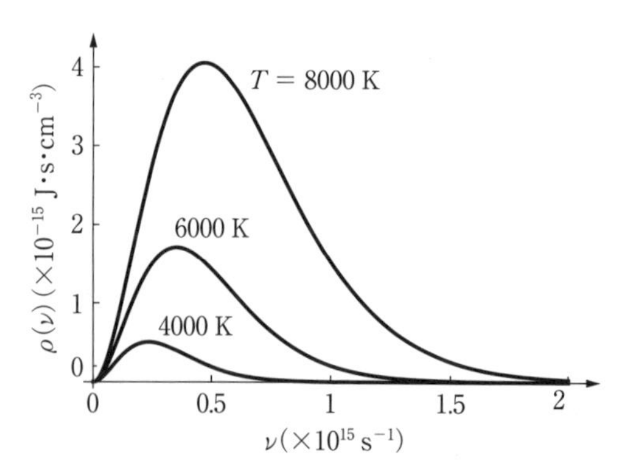

図 1.1　絶対温度 T で放射された電磁波のエネルギー密度（単位振動数，単位体積当たり）$\rho(\nu)$ の測定値．温度は $T = 4000, 6000, 8000\,\mathrm{K}$ をとった．この図は，実測値というより実験式から再現したものであるが，実際の測定値も，このグラフの線の幅程度の精度で得られている．

熱放射の測定が盛んに行われるようになった背景には，イギリスを発端とする産業革命による鉄鋼製品の需要の急増があった．あの鉄のかたまりのような蒸気機関車をみていると，その状況は容易に想像できる．鉄鋼製品をつくるためには溶鉱炉の温度調整が極めて重要であるが，溶鉱炉の温度は非常に高く，通常の機器で測定することは難しかった．そのため，温度測定には，溶鉱炉が放つ光を観測するしかなかったのである．

1900 年の春に，レイリー（J. W. S. Rayleigh）は電磁気学に基づいた統計力学的考察によって，絶対温度 T の下での電磁波の振動数分布を与える次のような式を導いた．

$$\rho(\nu) = \frac{8\pi k_{\mathrm{B}} T \nu^2}{c^3} \tag{1.1}$$

ここで c は**光速度**，k_{B} は**ボルツマン定数**である．この式は，後にジーンズ(J. H. Jeans)によって電磁気学に基づいてより厳密な方法で導かれ，**レイリー-ジーンズの公式**とよばれている[1]．

この公式を図 1.1 に示した測定値と比較すると，振動数の小さい部分を除いて明らかに合わない．すなわち，古典物理学に基づく考察では，熱放射の振動数分布は，振動数の小さい部分しか説明できないのである．しかも，レイリー-ジーンズの公式には，振動数を大きくするとエネルギー密度 $\rho(\nu)$ が無限大になり，また，その積分値である全エネルギーも発散するという重大な欠陥があった．

1896 年にヴィーン（W. Wien）は，現象論的な考察から，

$$\rho(\nu) = \frac{8\pi h \nu^3}{c^3} \exp\left(-\frac{h\nu}{k_{\mathrm{B}} T}\right) \tag{1.2}$$

という式を提示した．ここで，h は実験と比較して決めるべきパラメターで，この式は**ヴィーンの公式**とよばれている．ヴィーンの公式は振動数 ν の大きいところでは実験データとよく合っているが，ν の小さいところでは ν^3 に比例するので，実験データからずれてくる．

1900 年 10 月にプランク（M. Planck）は，ν の大きいところではヴィーンの公式に合っていて，ν の小さいところではレイリー-ジーンズの公式に一致する次のような内挿公式を見出した．

1）　式の導出については，牟田泰三 著：「現代物理学叢書 電磁力学」（岩波書店，2001）を参照．

$$\rho(\nu) = \frac{8\pi h}{c^3}\frac{\nu^3}{e^{h\nu/k_\mathrm{B}T}-1} \tag{1.3}$$

実際，(1.3) は $h\nu \ll k_\mathrm{B}T$ とすればレイリー‐ジーンズの公式になり，$h\nu \gg k_\mathrm{B}T$ とすればヴィーンの公式になることを容易に示すことができる．(1.3) を**プランクの放射公式**といい，この式で定数 h を

$$h = 6.626 \times 10^{-34}\,\mathrm{J\cdot s} \tag{1.4}$$

ととれば，実験的に得られた熱放射の振動数分布（図 1.1）を，振動数の全領域で見事に再現することができる．この定数 h は**プランク定数**とよばれている．

プランクは，この式を当初は現象論的に実験式として導いたのであるが，この式の背後には深い理論的な根拠があるのではないかと考え，レイリーやジーンズがやったのと同じように統計力学的考察の下で電磁気学を適用しながらも，それまでの物理学の常識を超えた仮定をおいて式の導出を試みた．その仮定とは，考えている系がエネルギー ε をもった N 個の振動子の集まりであるとすることであった．そして，この系から放射される電磁波のエネルギー密度 $\rho(\nu)$ を求め，最後には

$$\varepsilon \to 0, \quad N \to \infty \qquad (N\varepsilon = \text{定数}) \tag{1.5}$$

という極限をとるつもりであった．しかしながら，むしろこの極限をとらずに，エネルギー ε を有限に保ち，

$$\varepsilon = h\nu \tag{1.6}$$

ととればよいことに気が付いた（プランクの放射公式の導出については章末の演習問題を参照）．

プランクは，この結果を 1900 年 12 月 14 日のドイツ物理学会で報告したが，この発見は極めて重大であった．彼の発見によれば，熱放射によって振動数 ν の電磁波が出るとき，その系のエネルギーは $h\nu$ を最小単位とするエネルギーの集まりになっており，系のエネルギーは連続的なものではなく，とびとびの不連続的な値をとっているというのである．このエネルギーの最小単位のことを**エネルギー量子**（quantum）とよぶ．プランクの発見は，熱放射している系を構成する原子や分子がとびとびの振動数をもった電磁波を放射しているということを示唆しているのである．

熱放射の測定は量子論の誕生という偉大な出来事のきっかけとなったが，その後も，宇宙の誕生という壮大なドラマを解明する宇宙背景放射の発見へとつながった．また，動物の体温は310 K程度で，身体から赤外線を出しているが，これを利用すると，暗闇の中で動物の撮影をすることが可能である．これも，熱放射の身近な応用例であるといえる．

§1.2　固体の比熱

前節で，物質の熱放射によって生じる電磁波の振動数分布は，プランクのエネルギー量子の概念を導入することによって説明できることをみた．もしこの発見が正しいとすると，物質の微細構造が関わる現象では，常にエネルギー量子の概念をとり入れなければならないのではないか．1907年にアインシュタイン（A. Einstein）はこの点に気づき，エネルギー量子の概念をとり入れて，固体の比熱の実験値が低温部で理論値と合わない問題を見事に解決することに成功した．

まず，古典物理学に基づいて固体の比熱の問題を考えてみよう．固体の定積比熱 C_V は，単位温度当たりの内部エネルギー U の変化であるから

$$C_V = \left(\frac{\partial U}{\partial T}\right)_V \tag{1.7}$$

で与えられる．また，固体は原子が規則的に並んだ結晶構造をしており，原子は結晶格子点の周りで微小振動をしていると考えられる．そこで，格子点の周りでの原子の微小振動を変位 x_i，バネ定数 k の調和振動子で近似することにすると，1つの原子（質量 m，運動量 p_i）がもつ全エネルギーは

$$E = \sum_{i=1}^{3} E_i = \sum_{i=1}^{3}\left(\frac{p_i^2}{2m} + \frac{1}{2}kx_i^2\right) \tag{1.8}$$

で与えられ，1つ1つの原子がもつエネルギーの平均値 $\langle E\rangle$ は，統計力学におけるボルツマンの原理によって

$$\langle E\rangle = \frac{\displaystyle\int d^3r\, d^3p\, Ee^{-E/k_B T}}{\displaystyle\int d^3r\, d^3p\, e^{-E/k_B T}} = 3k_B T \tag{1.9}$$

となる．したがって，アボガドロ定数 N_A を用いると，固体の内部エネルギー U は，

$$U = N_{\mathrm{A}}\langle E\rangle = 3N_{\mathrm{A}}k_{\mathrm{B}}T = 3RT \tag{1.10}$$

となり，固体の比熱 C_V は

$$C_V = \left(\frac{\partial U}{\partial T}\right)_V = 3N_{\mathrm{A}}k_{\mathrm{B}} = 3R \tag{1.11}$$

と求められる．ここで，R は気体定数である．

これは1819年にデュロン（P. Dulong）とプティ（A. Petit）によって高温部で実験的に見出されており，**デュロン－プティの法則**とよばれるものである．理論的には，1873年になってリチャーズ（F. Richarz）によって導かれた．その後の詳細な実験によると，(1.11) は高温部では実験データをよく再現しているが，低温部では全く合っていないことがわかってきた．

アインシュタインは，この理論値と実験値との不一致はエネルギー量子の概念を取り入れていないせいではないかと考え，格子点の周りで微小振動している原子のエネルギーには最小単位 ε があって，(1.8) において微小振動のとり得るエネルギー E_i は，その整数倍になっていると考えた．

$$E_i = n\varepsilon \qquad (n = 0, 1, 2, 3, \cdots) \tag{1.12}$$

原子のエネルギーの平均値は，古典物理学で用いた積分を n についての和で置き換えたものと考えると

$$\langle E\rangle = \sum_{i=1}^{3}\langle E_i\rangle = \frac{3\sum_{n=0}^{\infty} n\varepsilon e^{-n\varepsilon/k_{\mathrm{B}}T}}{\sum_{n=0}^{\infty} e^{-n\varepsilon/k_{\mathrm{B}}T}} = 3\frac{\partial}{\partial(-1/k_{\mathrm{B}}T)}\ln\left(\sum_{n=0}^{\infty} e^{-n\varepsilon/k_{\mathrm{B}}T}\right)$$

$$= \frac{3\varepsilon}{e^{\varepsilon/k_{\mathrm{B}}T} - 1} \tag{1.13}$$

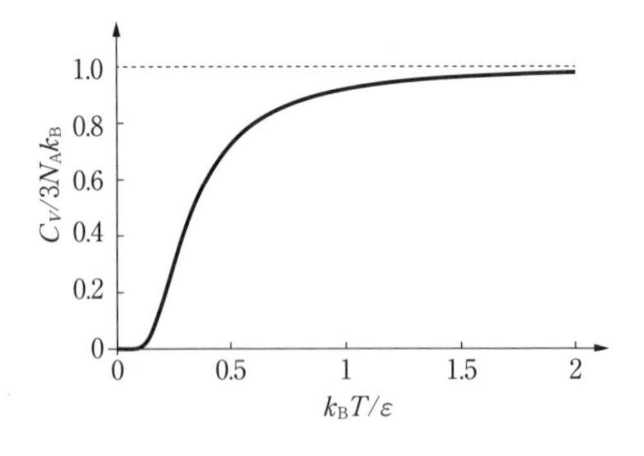

図 1.2　固体の比熱の温度依存性

となる．すると，(1.7) に基づいて

$$C_V = \left(\frac{\partial U}{\partial T}\right)_V = \frac{3N_A\varepsilon^2}{k_B T^2}\frac{e^{\varepsilon/k_B T}}{(e^{\varepsilon/k_B T}-1)^2} \tag{1.14}$$

を得る．ここで $\varepsilon \ll k_B T$ とすると (1.11) が得られる．この式は，高温部ではデュロン-プティの法則を再現しながら，低温部では（ε を適当にとれば）実験データとよく一致する（図 1.2）．

このようにエネルギー量子の概念を導入した統計力学は，現在では，量子統計力学として確立した分野となっている．

§1.3 原子スペクトル

1.3.1 原子スペクトルの観測

図 1.3 のようにガスを封入したガイスラー管の放電で発生した光をプリズム分光器などで分光すると，そのガスを構成している元素に特有の**輝線スペクトル**が観測される．ここで，輝線スペクトルとは，特定の波長のところに明るい線として現れるスペクトル線のことである．逆に，太陽光のような明るい連続スペクトルを背景として暗い線が現れる場合を**吸収スペクトル**とよんでいる．

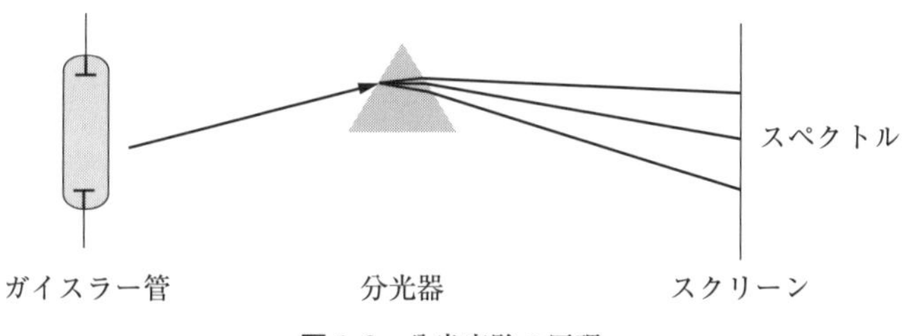

図 1.3 分光実験の原理

水素ガスのように単純な元素からなるガスが発する輝線スペクトルは簡単な構造をしており，図 1.4 のような規則的なパターンを示す．

19 世紀末から 20 世紀初頭にかけて，スペクトル構造の研究は研究者にとって大きな課題であった．バルマー（J. J. Balmer）やリュードベリ（J. R. Rydberg）の先駆的研究によってスペクトル構造に対する実験式への手掛か

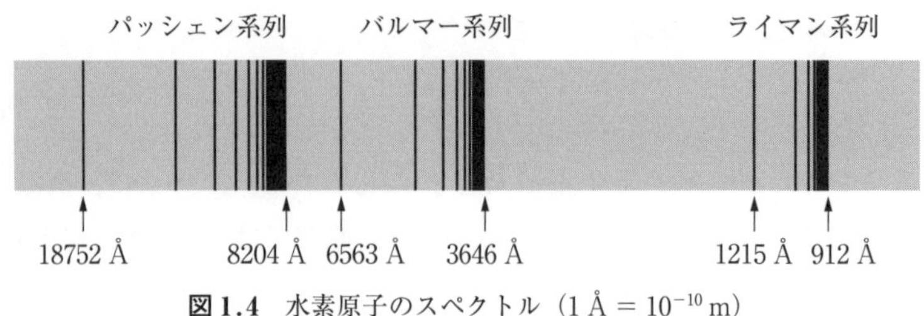

図 1.4　水素原子のスペクトル（1 Å = 10^{-10} m）

りが見出された後，最終的にはリッツ（W. Ritz）によって 1908 年に現象論的な公式が与えられ，これは**リッツの結合則**とよばれている．

$$\frac{1}{\lambda} = R\left(\frac{1}{m^2} - \frac{1}{n^2}\right), \qquad m, n = 1, 2, 3, \cdots (m < n) \qquad (1.15)$$

ここで，λ は光の波長であり，R は**リュードベリ定数**とよばれる実験的に定まる定数で，$R = 1.097 \times 10^7\ \mathrm{m}^{-1}$ である．

輝線スペクトルは，水素原子から発信される信号であり，リッツの結合則は原子の世界を支配する法則への重要な手掛かりだと考えられた．リッツの結合則で与えられる輝線スペクトルは，整数 m の値により，次のように分類されている．系列の名称は，それぞれ発見者の名前である．

$m = 1$：ライマン系列　(Lyman，1906 年)
$m = 2$：バルマー系列　(Balmer，1885 年)
$m = 3$：パッシェン系列　(Paschen，1908 年)
$m = 4$：ブラケット系列　(Bracket，1922 年)

1.3.2　原子の構造

19 世紀における化学の近代化に伴って原子論が確立し，物質が**原子**という構成要素から成り立っているという見方が一般的に受け入れられていった．19 世紀末には，トムスン（J. J. Thomson）によって**電子**が発見され，元素が電子などを放出して崩壊する**放射性壊変**などの発見により，さらに原子の構造が問題とされるようになった．今日では，原子の構造は，原子核の周りを電子が回っているというイメージが定着しているが（1.3.3 項で述べるように，このイメージは正確ではない），当時は，正電荷の中心核があるのか，正電荷が雲のように分布しているのかについて，決定的な証拠はなかった．

ラザフォード（E. Rutherford）は，ガイガー（H. Geiger）の協力を得て，ラジウムから出るα線の研究を行っていた．ガイガーはα線をアルミニウム箔や金箔に当て，それがどの程度散乱されるかを調べていた．この実験に研究生のマースデン（E. Marsden）が加わり，大角度の散乱が頻繁に起こることを見出し，この事実を1909年に公表した．

ラザフォードは，α線が原子の中心にある点状の正電荷によってクーロン散乱されると考えて，古典力学に従って散乱確率を計算した．ラザフォードはα線の散乱実験も新たに行い，計算の結果が実験結果と良く一致することを確かめ，1911年に論文を発表した．原子による荷電粒子の散乱現象は，ラザフォードの功績を讃えて，**ラザフォード散乱**とよばれている（図1.5）．なぜラザフォードの古典論的計算でうまくいったのかについては，7.6節で述べるが，ラザフォード散乱の実験によって，原子の中心には直径約10^{-14} mの原子核があり，その電荷は $+Ze$ で，原子の中にはZ個の電子があるという原子模型が考えられるようになった．

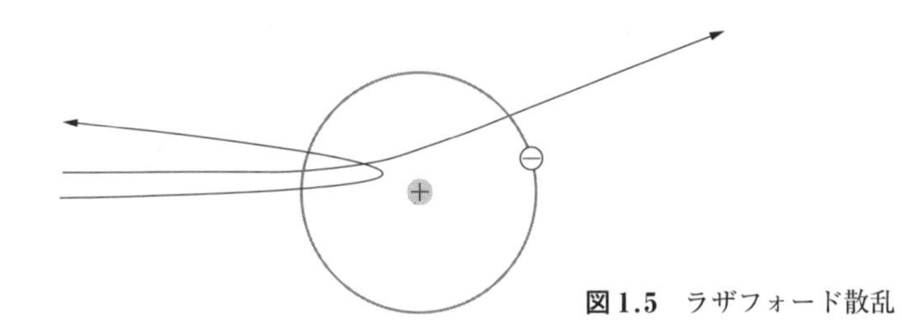

図1.5　ラザフォード散乱

1.3.3　原子の安定性問題

最も簡単な原子である水素原子を例にとって考える．水素原子は，中心の陽子1個とその周りを回る電子1個からなると考えられる．古典力学に従えば，電子はクーロン力によって陽子に引き付けられるが，その周りを回ることによって遠心力でつり合い，安定な状態を保っていると考えられる．しかし，ここですぐに次のような矛盾が生じることになる．

陽子の周りを回っている電子は，この回転によって中心に向かって加速度を得ている．電磁気学によれば，加速度運動する荷電粒子は電磁波を放射する．したがって，水素原子の中の電子も電磁波を放射して，運動エネルギーを徐々に失い，このため，軌道半径が次第に小さくなっていく．そして，最後には電子の軌道半径はゼロになって，電子は陽子に吸収されてしまうことになる．すなわち，図1.6のような水素原子の描像を考えると，水素原子は電磁気学的には不安定で，自然界に存在しないことになる．

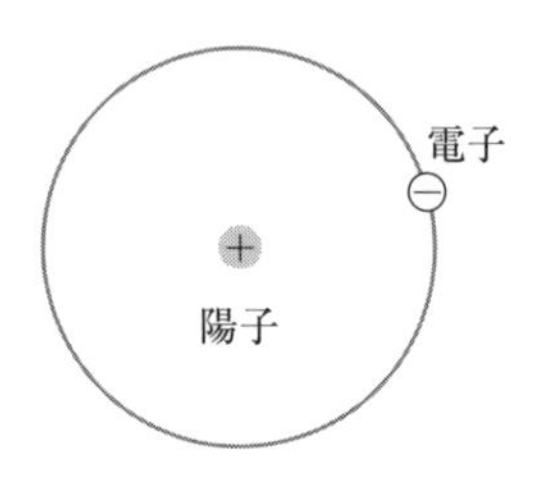

図1.6　水素原子模型

電磁気学に基づく計算によると，最初に軌道半径 a で軌道上を回っていた電子は，時間

$$t = \frac{a^3}{4cr_0^2} \qquad (c \text{ は光速}) \tag{1.16}$$

が経過すると，中心の陽子に引き込まれてしまうことがわかる（この式の導出については，章末の演習問題を参照）．ここで r_0 は**古典電子半径**とよばれ，

$$r_0 = \frac{e^2}{4\pi\varepsilon_0 m_e c^2} = 2.8 \times 10^{-15}\,\mathrm{m} \tag{1.17}$$

により定義される．ここで m_e と e は電子の質量と電荷の大きさ（電気素量），ε_0 は真空の誘電率である．

いま，a がすぐ後で述べるボーア半径 $a_B \sim 5 \times 10^{-11}\,\mathrm{m}$ 程度であったとすると $t \sim 10^{-11}\,\mathrm{s}$ となり，電子は瞬時に陽子に吸い込まれてしまう．したがって，水素原子は安定に存在できないことがわかる．

1.3.4　ボーア模型

原子の安定性に関する前述の問題はあるものの，ボーア（Niels Bohr）は敢えて原子核の周りを電子が回っているという原子模型に依拠して，1913年に原子スペクトルに対するリッツの結合則を説明することに成功した．

ボーアは，まず次のような仮定をした．

仮定1（軌道の安定性）

水素原子の中の電子の軌道は，古典論的には困難があるが，

安定であるとする．安定な軌道は（簡単のために円軌道とする），勝手に選ぶことができず，軌道角運動量が

$$L = n\hbar, \qquad \hbar = \frac{h}{2\pi} \qquad (n = 1, 2, 3, \cdots) \tag{1.18}$$

に限られる．（この条件は**ボーア - ゾンマーフェルトの量子化条件**とよばれ，安定軌道は整数 n で指定されるので，この整数 n を**軌道の量子数**とよぶ．）

仮定 2（振動数条件）

ある安定軌道上の電子は他の安定軌道に飛び移ることができ，その際，2つの安定軌道上にある電子のエネルギー E_n と E_m の差に相当するエネルギーをもった電磁波を放射または吸収する．そして，放射または吸収される電磁波の振動数を ν とすると

$$h\nu = |E_n - E_m| \tag{1.19}$$

と表すことができる．

これら2つの仮定は，古典物理学の範疇で説明することができないものであり，水素原子の振る舞いを記述することができる理論は，古典物理学とは異なる全く新しいものでなければならないことを示唆している．

上記2つの仮定を前提として，ボーアは以下で述べるような議論を展開した．この議論に基づいた理論を，今日では**ボーア模型**とよんでいる．

まず，水素原子の安定軌道上にある電子がもつエネルギーを求めよう．半径 a の円軌道上を速さ v で回る電子がもつ角運動量は $L = m_{\mathrm{e}}va$ である．ここで，電子に対する運動方程式はクーロン力をもとにして

$$m_{\mathrm{e}}\frac{v^2}{a} = \frac{e^2}{4\pi\varepsilon_0 a^2} \tag{1.20}$$

で与えられるから，電子の速さ v は

$$v = \frac{e}{\sqrt{4\pi\varepsilon_0 m_{\mathrm{e}} a}} \tag{1.21}$$

となり，このとき，電子がもつ全エネルギー E は，

$$E = \frac{1}{2}m_{\mathrm{e}}v^2 - \frac{e^2}{4\pi\varepsilon_0 a} = -\frac{e^2}{8\pi\varepsilon_0 a} \tag{1.22}$$

となる．角運動量の式に (1.21) を代入すると

$$L = e\sqrt{\frac{m_e a}{4\pi\varepsilon_0}} \tag{1.23}$$

であるから，仮定1のボーア-ゾンマーフェルトの量子化条件 (1.18) を適用すると，

$$a = n^2 a_B, \qquad a_B = \frac{4\pi\varepsilon_0 \hbar^2}{m_e e^2} = 5.3 \times 10^{-11}\,\mathrm{m} \tag{1.24}$$

が得られる．ここで，a_B は**ボーア半径**とよばれ，水素原子の大きさを表す目安となるものである．

この式からわかるように，水素原子の安定軌道の半径はとびとびのものしか許されず，このことを電子の軌道は**量子化**されているという．

軌道上の電子がもつ全エネルギー (1.22) は，軌道半径 a の式 (1.24) を用いて，

$$E_n = -\frac{e^2}{8\pi\varepsilon_0 a_B}\frac{1}{n^2} \tag{1.25}$$

と表すことができる．このように，電子のもつエネルギーも，軌道の量子数 n に対応したとびとびの値しかとることができず，量子化されている．このようなとびとびのエネルギーをもった電子の状態を**エネルギー準位**とよぶ．

次に，仮定2の振動数条件から，

$$h\nu = |E_n - E_m| = \frac{e^2}{8\pi\varepsilon_0 a_B}\left|\frac{1}{n^2} - \frac{1}{m^2}\right| \tag{1.26}$$

が得られる．いま，$m < n$ として，$\nu = c/\lambda$（λ は波長）を考慮すると，

$$\frac{1}{\lambda} = R\left(\frac{1}{m^2} - \frac{1}{n^2}\right), \qquad R = \frac{e^2}{8\pi\varepsilon_0 a_B hc} = 1.097 \times 10^7\,\mathrm{m}^{-1} \tag{1.27}$$

となり，リッツの結合則が得られる．しかも，ここで与えられた定数 R は，リュードベリ定数の実測値と完全に一致している．

以上みてきたように，ボーアの推論には驚くべきものがある．科学的発見の道筋を探っていくと，優れた洞察が隠されているものである．これは私見であるが，実際には，ボーアはリッツの結合則から逆算して，水素原子のエネルギー準位がどうあるべきか，角運動量がどうなるのか，という順序で考

察を進めたのではないかと思われる.

1.3.5 定常状態

ボーアは，古典物理学的には存在し得ないはずの電子の安定軌道が水素原子の中にあると仮定して，つぎはぎだらけの議論ではあるにせよ，兎にも角にも，原子スペクトルを正しく説明することに成功した．まだこのときは，ここで仮定された安定軌道が実際に存在するかどうかはわからなかった．このような電子の安定な状態を**定常状態**とよぶことにし，エネルギーを吸収したり放出したりして，ある定常状態から別の定常状態に移ることを**遷移**(transition) とよぶことにする.

現実に，原子の中に電子の定常状態が存在するかどうかを，直接実験的に調べることはできないだろうか.

この問題に対して，1914年にフランク（J. Franck）とヘルツ（G. Hertz）は，巧妙な方法によって，定常状態の存在を実験的に証明することに成功した．フランクとヘルツは，図1.7のような実験を行った．水銀蒸気に向けて発射した入射電子ビーム中の電子の運動エネルギーを W とする．電子は水銀蒸気の中の電子と衝突して，そのエネルギーの一部を失うものと考えられる．もしボーアの仮定が正しければ，原子の最低エネルギー準位を E_1，次のエネルギー準位を E_2 としたとき，

$$W < E_2 - E_1 \tag{1.28}$$

であれば，水銀蒸気の中の電子のエネルギーを準位 E_1 から準位 E_2 に上げることはできないため，エネルギーの消費もなく，入射電子は運動エネルギーを失うことはない．しかし，W が $E_2 - E_1$ を超えると，水銀蒸気の中の電子のエネルギーを上の準位まで上げることができるようになり，入射電子は

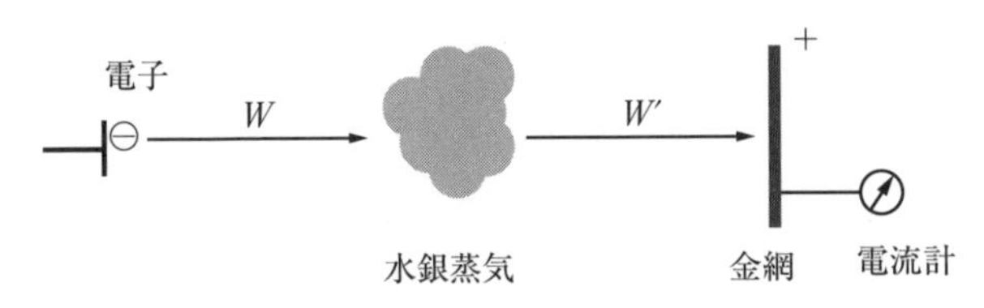

図1.7 フランクとヘルツの実験の原理

運動エネルギーの一部を失うことになる．

実験的には，水銀蒸気の中を通過した電子の運動エネルギー W' は，

$$W > E_2 - E_1 \quad (1.29)$$

となったときに急に運動エネルギーを失ったようにみえるはずである．さらに，

$$W > 2(E_2 - E_1) \quad (1.30)$$

となると，別の原子の中の電子との2回散乱によって，また同様のことが起こる．入射電子のエネルギー W は加速電圧によって決まり，水銀蒸気の中を通過した電子の運動エネルギー W' は金網に発生する電流の大きさに関係することを考慮すれば，図1.8のような振る舞いがみられるはずである．

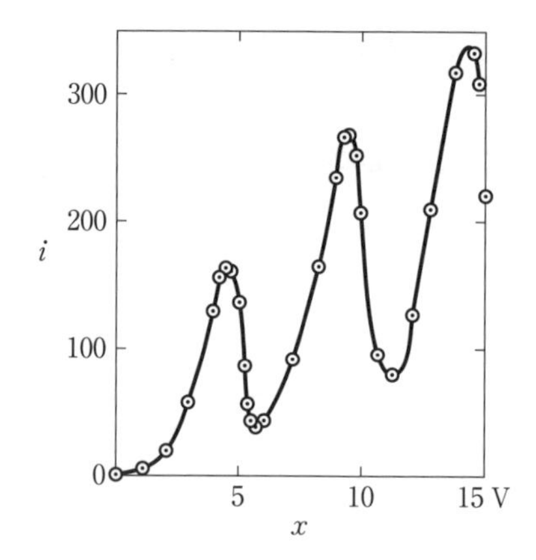

図 1.8　フランク-ヘルツの実験における入射電子の加速電圧と金網に発生する電流の関係（藤岡由夫，他 編：「物理学概説（改訂版）下巻」（裳華房）による）

フランクとヘルツは前記の実験によってこの予想を見事に証明し，原子には定常状態が存在し，電子は安定軌道を回っていることを示した．この実験は**フランク－ヘルツの実験**とよばれている．

§1.4　分子振動スペクトル

§1.3では，最も簡単な水素原子を例にとって，陽子の周りを回っている電子のエネルギー準位をボーア模型を使って計算し，原子スペクトルを理論的に説明できることを示した．本節では，2原子分子を構成している2つの原子が振動することによって振動のエネルギー準位が生じることを示し，その準位間の遷移によって現れる振動スペクトルが観測される可能性について述べる．なお，以下では，最も簡単な水素分子 (H_2) をとり上げて話を進めることにする．

水素分子は，2個の水素原子が結合したもので，2個の陽子の周囲を2個の電子が回って束縛状態が形成されている．水素分子中の軌道上の電子も，

水素原子のときと同じように，それぞれエネルギー準位を生じているが，水素分子の場合は，さらに2個の陽子が互いの重心の周りで振動したり回転したりして，特有のエネルギー準位を生じる可能性がある．ここでは，2個の陽子の振動のみに着目して話を進めよう．

簡単のために，振動は直線上で（1次元的に）起こるものとし，単振動（調和振動）であるとする．相対運動の運動方程式は

$$\mu \frac{d^2x}{dt^2} = -kx \tag{1.31}$$

である．ここで，x は陽子間距離，k はバネ定数，μ は換算質量で，陽子の質量を m_p とすると $\mu = m_p/2$ と表せる．これは単振動の運動方程式であるから，容易に解くことができて，その解は

$$x = a \sin(\omega t + \alpha) \tag{1.32}$$

となる．ここで，a と α は未定定数であり，$\omega = \sqrt{k/\mu}$ は角振動数である．簡単のために，以下では $\alpha = 0$ とおくと，運動量は

$$p = \mu \frac{dx}{dt} = a\mu\omega \cos \omega t \tag{1.33}$$

となり，分子のもつエネルギー E は

$$E = \frac{p^2}{2\mu} + \frac{kx^2}{2} = \frac{\mu}{2} a^2 \omega^2 \tag{1.34}$$

となる．

さて，ここで，ボーア-ゾンマーフェルトの量子化条件を考えよう．§1.3では，水素原子の電子の軌道が円軌道の場合を考えたので，(1.18) のように角運動量の大きさを使って表されているが，ここでは，ゾンマーフェルト，石原，ウィルソンらによって導かれた，より一般化された周回積分の形で表す．

$$\oint p\, dq = nh \qquad (n = 1, 2, 3, \cdots) \tag{1.35}$$

ここで，q は座標，p は運動量で，$\oint$ は1周期について積分することを表す．(1.35) は，ボーア模型で仮定した (1.18) の一般化である．実際，運動量 p をもち，半径 a の円運動する電子に対して，(1.35) は $\oint p\, dq = pa2\pi = nh$ となる．角運動量は $L = pa$ となるので，得られた式は (1.18) と同じである．

この条件は，あらゆる周期運動に対して適用することができる．(1.32)で表される振動ももちろん周期運動であるから，(1.35)の条件を適用できる．すると

$$\oint \mu \frac{dx}{dt} dx = \oint \mu \left(\frac{dx}{dt}\right)^2 dt = \int_{-\pi}^{\pi} \mu a^2 \omega \cos^2\theta \, d\theta = \pi \mu a^2 \omega \quad (1.36)$$

したがって，(1.35)を適用して，

$$a^2 = \frac{nh}{\pi \mu \omega} \quad (1.37)$$

を得る．このことから，振動の振幅はとびとびの値しかとることができず，振動のモードが量子化されていることがわかる．これをエネルギーの式(1.34)に代入すると，許されるエネルギー準位は

$$E = n\hbar\omega \qquad (n = 1, 2, 3, \cdots) \quad (1.38)$$

となる．ここで $\hbar = h/2\pi$ である．

(1.38)によると，水素分子の振動運動によるエネルギー準位は等間隔のとびとびの値をとるということがわかるが，実験的にはどうであろうか．もし，水素分子の振動スペクトルを観測することができれば，水素原子のときと違って，等間隔のスペクトルが観測されると予想される．しかし，双極子モーメントをもたない水素分子では，そのままでは振動運動に基づく定常状態の間での遷移は起こらないので，遷移によって放出される電磁波のスペクトルを観測することができない．

上記の考察を検証する方法は何かないだろうか．この期待に見事に応えてくれたのが**光電子分光法**（photoelectron spectroscopy）という分光技術であった．光電子分光法とは，ガスや固体にX線のような高エネルギーの光（電磁波）を照射して，光電効果（1.6.1項を参照）によって飛び出してきた電子（光電子）のエネルギーを測定することによって，ガスや固体の状態を調べる方法である．1950年代になって，カイ・シーグバーン（Kai M. B. Siegbahn）らは，光電子分光法における高分解能測定技術を飛躍的に進展させることに成功した．その後，この技術を使った高分解能測定が次々と行われ，以下に述べるような水素分子の振動スペクトル測定が行われた．

水素分子のガスにX線を照射して電子が放出されたとすると，その反応は

図 1.9　水素分子（H_2）に X 線（γ）を照射すると，水素分子イオン（H_2^+）の振動が励起されるとともに，光電子（e^-）が放出される．

$$\gamma + H_2 \ \rightarrow \ H_2^+ + e^- \tag{1.39}$$

と書くことができる（図 1.9）．H_2^+ は電子を 1 個失った水素分子イオンである．この反応で，最初，振動の最低エネルギー準位（これを**基底状態**という）にあった水素分子が，水素分子イオンの高い振動エネルギー準位に遷移する（これを**励起**という）．このため，放出された光電子の運動エネルギーは，励起に要したエネルギーの分だけ，最初の光の運動エネルギーより少なくなる．エネルギー準位は等間隔なのだから，このエネルギーの減少も等間隔で起こるはずである．

1968 年にターナー（D. W. Turner）はこの実験を行い，図 1.10 のような測定結果を得た．図 1.10 の右端から基底状態，第 1，第 2，…と続く励起状態に対応するピークがほぼ等間隔で現れており，明らかに調和振動子のエネルギー準位 (1.38) を表していることがわかる．しかし，左端に近づくと，

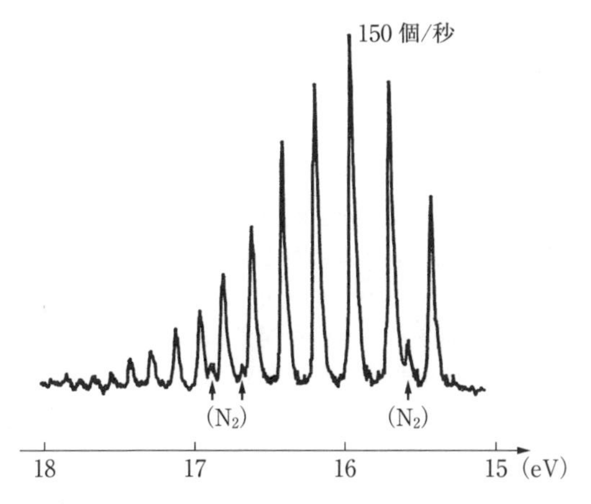

図 1.10　光電効果により水素分子から飛び出す電子の運動エネルギーと電子数強度の関係（D. W. Turner, *et al.*: Proc. Roy. Soc. A. **307** (1968) 15-26 による）

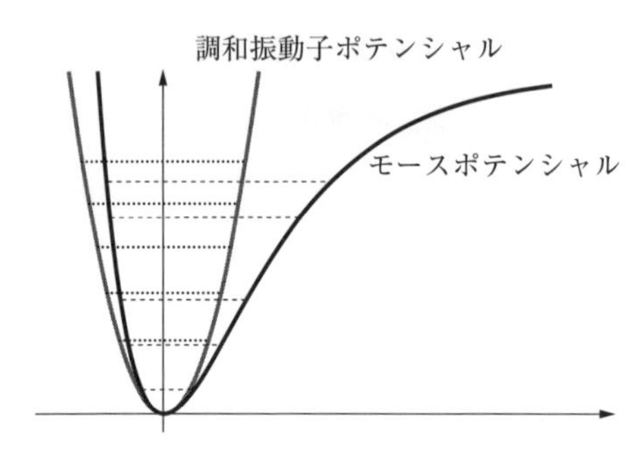

図 1.11　2 原子分子の振動ポテンシャルとエネルギー準位

間隔がいくぶんか狭まっているようにみえる．これは，陽子間の振動に対する調和振動子近似が悪くなるためである．分子の振動エネルギー準位について，より現実に近い計算をするためには，図 1.11 に示すようなモースポテンシャルを使った方がいいが，ここではこれ以上立ち入るのは避けることにする．

親子でノーベル賞

1.3.2 項で述べたように，イギリスの物理学者 J. J. トムスン（Sir Joseph John Thomson）は電子の発見で有名である．その息子 G. P. トムスン（George Paget Thomson）は，§1.5 で紹介するように，金箔による電子の美しい回折像を得て，電子の波動的性質を証明したことでよく知られている．J. J. トムスンは 1906 年にノーベル物理学賞を受賞し，息子の G. P. トムスンも 1937 年にノーベル物理学賞を受賞した．

§1.4 では，光電子分光法による分子の振動スペクトルの実験について述べたが，その光電子分光法の開発に大きな貢献をしたのは，スウェーデンの物理学者カイ・シーグバーン（Kai Manne Borje Siegbahn）である．彼は，高分解能の光電子分光法によって化学分析を行う手法を開発し，1981 年に，ブルームバーゲンやショーローとともにノーベル物理学賞を受賞した．実は，彼の父親マンネ・シーグバーン（Karl Manne Georg Siegbahn）も物理学者であり，X 線分光学分野の研究で 1924 年にノーベル物理学賞を受賞している．

トムスン親子とシーグバーン親子の他にも，親子でノーベル賞を受賞した例はかなりあって，ピエール（物理学賞）とマリー（物理学賞・化学賞）・キュリー夫妻の娘イレーヌとその夫ジョリオ・キュリー（化学賞），ヘンリー・ブラッグとローレンス・ブラッグの父子（物理学賞），ニールス・ボーアとオーゲ・ニールス・ボーアの父子（物理学賞），アーサー・コーンバーグ（生理学・医学賞）とロジャー・コーンバーグ（化学賞）の父子，ハンス・フォン・オイラー＝ケルピン（化学賞）とウルフ・スファンテ・フォン・オイラー（生理学・医学賞）の父子等がいる．

また，一人で2度ノーベル物理学賞を受賞した唯一の例は，ジョン・バーディーン（John Bardeen）である．彼は，1956年にショックレーおよびブラッテンとともにトランジスタの発明によってノーベル物理学賞を受賞し，また，1972年にはクーパーおよびシュリーファーと超伝導に関するBCS理論でノーベル物理学賞を受賞している．（バーディーンの二人の息子ジェームス・M・バーディーンとウィリアム・A・バーディーンも各々優れた宇宙物理学者と素粒子物理学者である．）

親が切り拓いた物理学の分野に，その子も携わってさらに研究を推し進め，親子で新しい発明発見を成し遂げるということは実に幸せなことというべきであろう．

§1.5　電子の波動的性質

電子は，霧箱や泡箱などの装置を通過するとき，その飛跡を残す．この飛跡をみれば，電子は粒子のようなものだと思われる．しかし，原子のような微視的世界では，波動と同じような性質を示すことが知られている．

米国のデビスン（C. J. Davisson）とジャーマー（L. H. Germer）は，1927年に次のような実験をした．彼らは，電子ビームを薄いニッケル板に照射し（図1.12(a)），ニッケル板で散乱された電子の強度分布を測定した．その結果得られた散乱電子強度の角度分布は，図1.12(b)のようになった．この

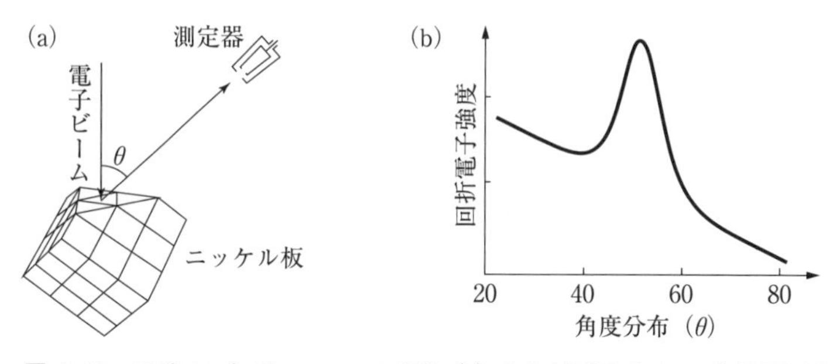

図 1.12　デビスンとジャーマーの実験（a）と入射電子ビームの加速電圧を54 eVにしたときの回折電子強度の角度分布（b）．

結果は，電子を粒子だと想定したときの分布と異なる．すなわち，万遍なく広がった分布と全く違い，ある特定の方向に強く散乱されている（章末の演習問題を参照）．これは，電子がニッケル板で散乱されるときに，波であるかのような回折（干渉）現象を起こしたとしか考えようがない．この実験から，電子は微視的世界では波のような性質ももっているということが証明されたのである．この実験は**デビスン-ジャーマーの実験**とよばれている．さらに，G.P.トムスン（G.P. Thomson）は，1927年に，金属箔を通過した電子の美しい回折像を記録することに成功した(図1.13(a))．

これらの実験により，電子の微視的世界での波動的性質は疑う余地のないものとなった．その後，電子の回折実験は，より精密になり，近年では，図1.13(b)に示したような美しい回折像が得られるようになった．この回折像は，X線の回折像と全く同じといえる．

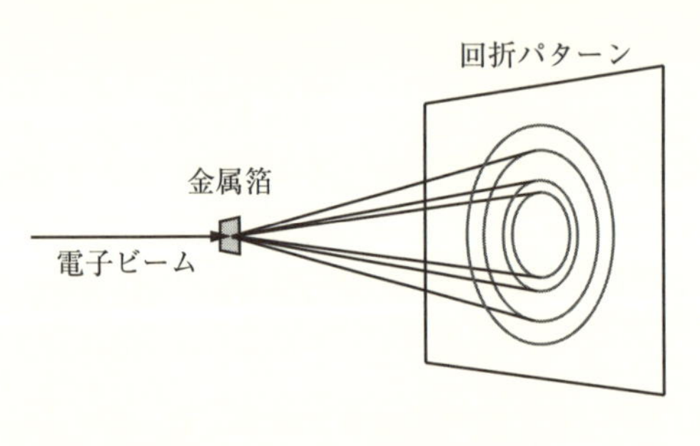

(a) トムスンの実験の概要

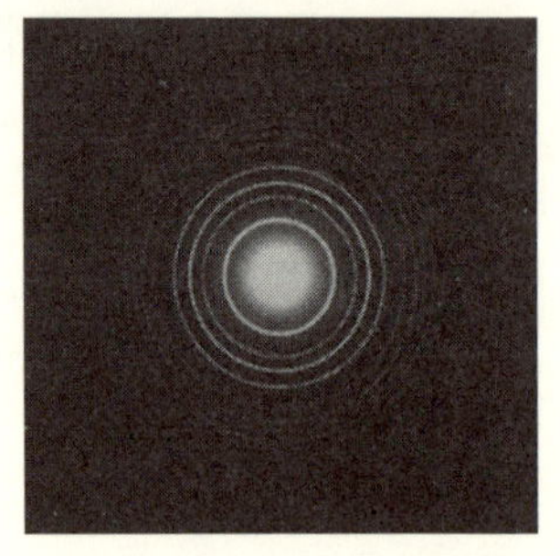

(b) 電子の回折像

図1.13

微視的世界で，電子が波動的性質を示すのであれば，陽子もそのような性質をもつかもしれないし，より一般的に考えれば，古典物理学では粒子だと考えられていたもの，すなわち物質が波動的性質をもつと考えてもいいのではないか．ド・ブロイ（Louis de Broglie）は，このような考えに基づいて，1923年に，物質が波動的性質ももっているという考えを提唱し，これを**物質波**とよんだ．デビスン-ジャーマーの実験は，ド・ブロイのこの考えを実証したものとみなすことができる．

ド・ブロイは，物質波の振動数νと波長λは，物質のエネルギーEと運

動量 p との間で次のような関係があるとした.

$$E = h\nu, \qquad p = \frac{h}{\lambda} \tag{1.40}$$

ここで，λ は**ド・ブロイ波長**とよばれている．もし，体重 $m = 65\,\mathrm{kg}$ の人が速さ $v = 5\,\mathrm{m/s}$ で走ったとすると，この場合のド・ブロイ波長は

$$\lambda = \frac{h}{mv} = 2 \times 10^{-33}\,\mathrm{m} \tag{1.41}$$

となり，波長が極めて小さいため，この人の波動性は検出のしようがない．ところが，原子内部の電子に対しては，そのド・ブロイ波長が原子のサイズと比較して無視できない大きさのため，微視的世界での電子は波動的性質を顕著にあらわすことになるのである．

実際に，水素原子内にある電子のド・ブロイ波長を求めてみよう．水素原子中の電子の速さ (1.21) を用い，電子の回転半径としてボーア半径 a_B をとると

$$m_\mathrm{e}v = \frac{\hbar}{a_\mathrm{B}} = \sqrt{\frac{m_\mathrm{e}e^2}{4\pi\varepsilon_0 a_\mathrm{B}}} \tag{1.42}$$

となる．したがって，

$$\lambda = \frac{h}{m_\mathrm{e}v} = 2\pi a_\mathrm{B} = 3.3 \times 10^{-10}\,\mathrm{m} \tag{1.43}$$

となり，水素原子中の電子のド・ブロイ波長は，水素原子の大きさと同程度となるので，電子の波動的性質は全く無視できないことになる．そうすると，電子の軌道という概念自体が意味をもたなくなってしまう．つまり，これまで電子の軌道と言ってきたものは，電子が存在する確率の高い場所を表していると考える方が良さそうである．

この節でみたように，微視的世界では電子は波動的性質を示す．ちょうど電磁波が電磁場という場で表されるのと同じように，電子も微視的な状況では，ある種の場で表されると考えることができる．このことは，第11章「場の量子論への道」で述べる電子の場の概念と深く関わっていることを予め明記しておく．

§1.6　光の粒子的性質

光は電磁波であり，波動的であることはよく知られている．この電磁波は波動場としての電磁場で表され，図1.14のように振動数（波長）によってよび方が変わる．しかし，微視的世界では，光が粒子的な振る舞いをすることもあるということがわかってきた．このことは，後に電磁場の量子論につながる重要な発見であった．以下に，電磁波の粒子的性質を示す典型的な現象について解説する．

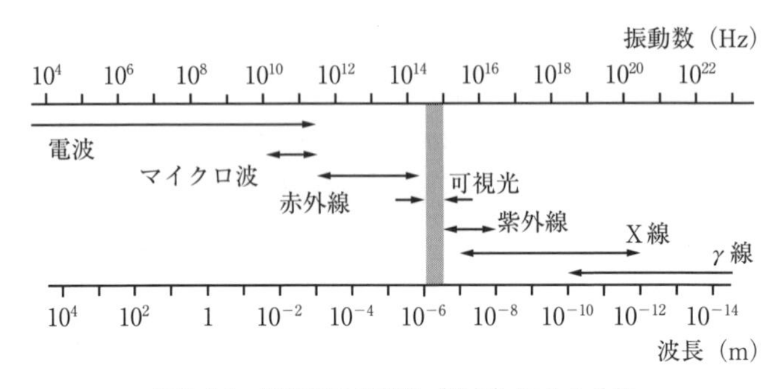

図1.14　電磁波の振動数（波長）による分類

1.6.1　光電効果

短波長の光が金属表面に当たったときに電子が飛び出す現象を**光電効果**という．この現象は，1887年にヘルツ（H. R. Hertz）によって見出された．1902年になって，レーナルト（P. E. Renard）は実験的にさらに詳しく研究を進め，次のような事実を発見した．

1. 飛び出す電子の最高エネルギーは，入射する光の強さによらない．
2. 入射する光の強度を上げると，飛び出す電子の数が増える．
3. 飛び出す電子のエネルギーは，入射する光の振動数に比例する．

これらの事実を，古典物理学によって理解するのは困難である．実際，光は波動であるとすれば，光のもつエネルギーはその波動の振幅の2乗（強度）に比例する．したがって，光によって叩き出された電子のもつエネルギーは，光の強度を上げれば増大するはずである．しかし，上記1の実験事実は，この考察に反している．

1905 年にアインシュタインは，光を粒子的なものと考えれば光電効果が容易に理解できることを示した．彼は，粒子的な光のことを**光量子**とよんだが，今日では**光子**（photon）とよばれている．アインシュタインの考えによれば，光電効果は，エネルギー $h\nu$ をもった光子が金属表面の電子に吸収され，そのエネルギーをもらった電子が金属から飛び出すというプロセスである．飛び出した電子の最大エネルギーを $E_{\max}$ とし，金属から電子が飛び出すために要する最小エネルギーを W とすると，エネルギー保存則から

$$E_{\max} = h\nu - W \tag{1.44}$$

が成り立つ．

光電効果の実験によれば，入射光の振動数 ν と飛び出す電子のエネルギー $E_{\max}$ の間には図 1.15 のような 1 次関数の関係があることが知られている．この実験データにおいて，直線の勾配は (1.44) からプランク定数 h になるはずであるが，事実，実験値の解析からプランク定数に一致することが確かめられている．

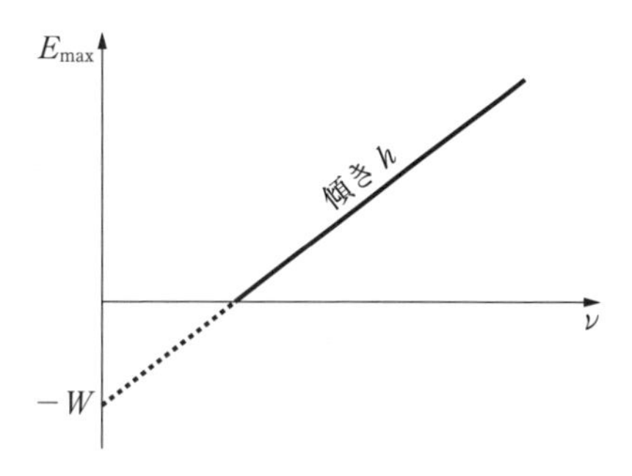

図 1.15 光電効果（1.44）における $E_{\max}$，W，h と ν の関係

1.6.2 コンプトン効果

物質による X 線や γ 線の散乱現象は，物質を構成している正イオンおよび自由電子と X 線（γ 線）との電磁相互作用によって起こるものである．物質による X 線の散乱実験で，散乱された X 線の中には波長が入射 X 線の波長よりも長いものがあるという事実は，かなり古くから知られていた．この事実を電磁気学に基づいて説明するのは困難である．なぜなら，電磁気学では，原子の中の電子は波動としての入射 X 線によって揺さぶられて入射 X 線と同じ振動数で振動するので，同じ振動数の光を放射するはずであって，振動数がずれることは説明できないからである．

1923 年にコンプトン（A. H. Compton）は，光の粒子的性質を用いて，相対論的考察の下で，この現象を見事に説明することに成功した．その上でさ

らに詳細な実験を行うことによって，この理論的考察が実験的に正しいことを証明した．コンプトンのこの業績を讃えて，電子（荷電粒子）による光の散乱現象を**コンプトン散乱**とよび，入射 X 線と散乱 X 線の波長がずれる現象を**コンプトン効果**とよんでいる．

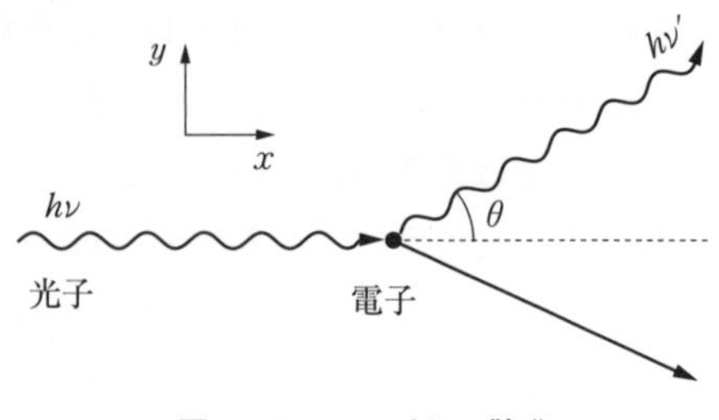

図 1.16　コンプトン散乱

コンプトンが行った考察を以下で示そう．図 1.16 のように，静止した電子に振動数が ν の X 線光子が衝突し，光子が角度 θ 方向に散乱されるとする．このとき，衝突後の光子の振動数を ν'，電子の運動量の (x, y) 成分を P_x, P_y とすると，それぞれの方向の運動量保存則は，

$$\frac{h\nu}{c} = \frac{h\nu'}{c}\cos\theta + P_x \tag{1.45}$$

$$0 = \frac{h\nu'}{c}\sin\theta + P_y \tag{1.46}$$

となり，これらの式を組み合わせると

$$c^2P^2 = c^2P_x^2 + c^2P_y^2 = h^2(\nu - \nu')^2 + 2h^2\nu\nu'(1 - \cos\theta) \tag{1.47}$$

を得る．特殊相対性理論において，運動量の大きさ P をもつ電子のエネルギーは $\sqrt{(m_\mathrm{e}c^2)^2 + (Pc)^2}$ となるので，エネルギー保存則は，

$$h\nu + m_\mathrm{e}c^2 = h\nu' + \sqrt{(m_\mathrm{e}c^2)^2 + P^2c^2} \tag{1.48}$$

となる．(1.47) と (1.48) から P を消去すると，

$$m_\mathrm{e}c^2\left(\frac{1}{\nu'} - \frac{1}{\nu}\right) = h(1 - \cos\theta) = 2h\sin^2\frac{\theta}{2} \tag{1.49}$$

という式が得られ，衝突前後での光子の波長をそれぞれ $\lambda = c/\nu$ と $\lambda' = c/\nu'$ と定義すれば，

$$\lambda' - \lambda = \frac{2h}{m_\mathrm{e}c}\sin^2\frac{\theta}{2} \tag{1.50}$$

と表せる．

このように，入射 X 線と散乱 X 線の波長がずれる現象は，光の粒子的性質に特徴的なものであり，実験事実は，この現象と符合している．

コンプトン散乱において，散乱 X 線が 90° 方向に出る場合は

$$\lambda' - \lambda = \frac{h}{m_e c} = 2.4 \times 10^{-12}\,\mathrm{m} \tag{1.51}$$

となる．この波長はコンプトン散乱に特徴的な波長であるため，**コンプトン波長**とよばれている．

この節で述べた光の粒子的性質に関する発見は，量子力学の構築に対する大きなきっかけを与えることになったが，この発見は電磁場を量子化するという更に次のステップと関係しており，第 11 章で述べる場の量子論が構築されるのを待つことになる．

演習問題

［**1**］ プランクの放射公式 (1.3) を導出する．

(1) 初めに，一辺の長さが L，体積が L^3 の空洞中に閉じ込められた電磁波の振動数が $\nu \sim \nu + d\nu$ の間にある基準振動（モード）の状態数を求め，それが $(8\pi/c^3)\nu^2\,d\nu$ となることを示せ．

(2) 空洞中の電磁波は，絶対温度 T で熱平衡状態にあるとする．1 つの基準振動のエネルギーが連続的ではなく，とびとびの値 $E = n\varepsilon$（$n = 0, 1, 2, 3, \cdots$，ε はエネルギー量子）をとるものとして，エネルギーの平均値 $\langle E\rangle$ を求めよ．

(3) エネルギー量子 ε と電磁波の振動数 ν の間には $\varepsilon = \alpha\nu$（α は未定定数）という関係があるとする．上の結果と合わせて，熱放射の強度が

$$\rho(\nu, T) = \frac{8\pi\alpha}{c^3}\frac{\nu^3}{e^{\alpha\nu/k_B T} - 1} \tag{1.52}$$

となることを確かめよ．ここで，α は実験値から決められる定数で，$\alpha = h$（プランク定数）である．

［**2**］ プランク分布に従う熱放射（黒体輻射）の振動数が $\nu \sim \nu + d\nu$ の間の単位体積当たりのエネルギー密度は，(1.3) を用いて，$\rho(\nu)\,d\nu$ で与えられる．$\rho(\nu)$ は $\nu_{\max} = 2.8k_B T/h$ において極大値をもつことを示せ．

また，波長 $\lambda = c/\nu$ が $\lambda \sim \lambda + d\lambda$ の間の単位体積当たりのエネルギー密度は $\rho_\lambda(\lambda)\,d\lambda = \rho(c/\lambda)\,(c/\lambda^2)d\lambda$ によって与えられる．ここで，$\rho(c/\lambda)$ は $\rho(\nu)$ の ν

を c/λ によって置き換えた関数を表す．このとき，$\rho_\lambda(\lambda)$ が波長 $\lambda_{\mathrm{max}} = ch/(5.0 \times k_{\mathrm{B}}T)$ で極大値をもつことを示せ．

太陽の表面温度は約 $T = 6000\,\mathrm{K}$ であり，太陽光は大雑把にはプランク分布で近似できる．λ_{max} を求めて，生物の視覚がプランク分布の極大値付近に感度をもつことを確認せよ．

［**3**］ 宇宙は温度 $T = 2.725\,\mathrm{K}$ のプランク分布に従う熱放射（宇宙マイクロ波背景放射）によって満たされている†．単位波長当たりの宇宙マイクロ波背景放射が極大値をもつ波長を求めよ．また，宇宙背景放射の単位体積当たりの光子数密度を求めよ．

［**4**］ 電磁気学における加速荷電粒子からの電磁波放射の公式（ラーモア放射の公式）を用いると，電荷 q をもつ粒子が加速度の大きさ a で非相対論的運動（粒子の速度が光速に比べて小さい運動）をするとき，単位時間当たりに放射する電磁波のエネルギーは $q^2a^2/6\pi\varepsilon_0 c^3$ である．これを用いて，(1.16) を導出せよ．

［**5**］ (1.25) から，$n = 1$ の基底状態にある水素原子をイオン化するために必要なエネルギーを求めよ．また，そのエネルギーをもつ光子の波長を求め，その波長域の電磁波は何とよぶか答えよ．

［**6**］ 電位差 V で加速した電子のド・ブロイ波長を求めよ．また，50 V で加速した電子のド・ブロイ波長を求めよ．

［**7**］ 温度 T の熱中性子のド・ブロイ波長を求めよ．また，300 K の熱中性子のド・ブロイ波長を求めよ．

［**8**］ 図 1.17 のような結晶格子に，入射角を θ として波長 λ の X 線を入射する．このとき，散乱された X 線の強度が最大になる条件を求めよ．

［**9**］ 図 1.17 のような結晶格子に，入射角を θ としてエネルギーが E の電子ビームを入射する．このとき，散乱された電子の強度が最大になる条件を求めよ．また，結晶格子の間隔を $d = 10^{-10}\,\mathrm{m}$ (1 Å) として，電子線の干渉パターンが現れる典型的エネルギーを求めよ．

---

† 宇宙マイクロ波背景放射のスペクトルはプランク分布に従うことが 1990 年にマザー（J. C. Mather）らによって確かめられた．それによると，宇宙マイクロ波背景放射のプランク分布と 10^{-4} の精度で一致し，ズレは観測されていない．この観測は宇宙がかつて熱平衡状態にあった証拠を与え，宇宙の熱的歴史に強い制限を与えている．この業績によって，マザーは 2006 年にノーベル物理学賞を授与されている．

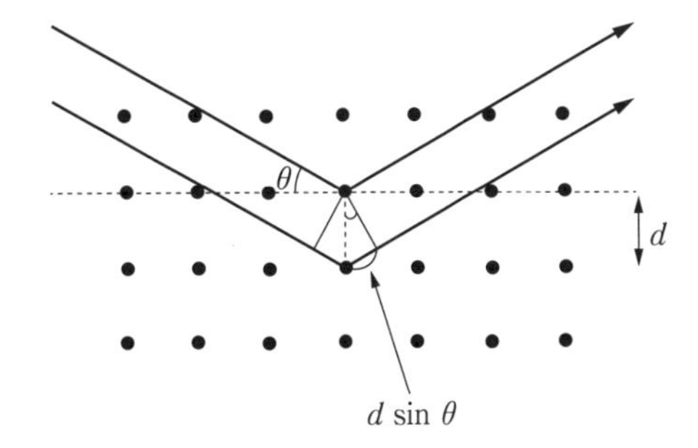

図 1.17　結晶格子の散乱実験．2 本の入射ビームの行路差は，格子間隔を d，図のように入射角を θ とすると，$2d\sin\theta$ である．

2 量子力学の考え方

本書では，自然科学の指導原理である「変分原理」を大前提としながら，物理量をすべて「演算子（operator）」とみなす量子論特有の数学を適用して，量子力学をつくりあげる．この考え方を理解してもらうための一助として，本章では，古典力学における変分原理と，演算子を扱う数学的方法（ヒルベルト空間論）に関する解説を行う．

自然科学のいろいろな理論を導き，かつ整備する際に，変分原理は重要な役割を果たしている．§2.1では，古典力学における変分原理について簡単な復習をする．

量子力学における演算子の算法は古典力学とは大いに異なっている．位置や運動量のような力学変数は演算子とみなされ，したがって，それらの関数である物理量も演算子となる．これらの演算子を扱うには，新しい数学的処方を整えなければならない．このためには，ヒルベルト空間に対する数学的予備知識が必要となる．そこで§2.2では，ヒルベルト空間についての簡単な解説を行いながら，物理量の演算方法の要点を示す．

§2.1 変分原理

初めて古典力学を学んだときは，ニュートンの運動方程式をもとにして，投げ上げたボールの飛跡を計算したり，太陽の周りの惑星の軌道を求めたりして，誰しも心躍る経験をするものである．しかし，古典力学も解析力学の段階に到ると，次々と形式化と普遍化が進み，どうしてこんな抽象的なことをしなければならないのだろう，ニュートンの運動方程式で十分ではないか，と疑問を抱き始めることになる．しかしながら，この形式化と普遍化は，単に，理論を一般座標系で記述することができるようにしているということだけではなく，変分原理という古典力学の原理的な核心部分をえぐり出そうとして先人たちが流した汗の跡だということを理解しなければならない．

初学者は古典力学を学ぶと，続いて，光学，電磁気学，統計力学，量子力学，相対性理論，場の古典論，場の量子論などを学び，専門分野に進んでも，研究の最前線で新たな理論を探り出そうとするに違いない．そうなって初めて，解析力学で出会った変分原理という普遍性のある考え方が，あらゆる学問分野に対して影響を及ぼしていることに気づく．**変分原理**は，「自然界の諸法則が**作用**（action）とよばれる量を極小にするようにできている」という，極めて明快な要請から成り立っている．この原理は，既存の理論を簡潔な言葉でまとめ上げる役割を果たすだけでなく，新しい理論を探り当てるときの指針としての役割を果たすことができる．

ここでは，変分原理のこのような重要性を想起しながら，解析力学の概要をまとめておく．あくまで概要説明であるから，それぞれの式の詳しい導出などは省略する（解析力学に関する詳しい解説については，本シリーズの「解析力学」を参照[1)]）．

N 個の質点からなる質点系を考える．i 番目の質点の質量を m_i，位置を $\boldsymbol{r}_i$ とし，質点 i と j にはたらく力を $\boldsymbol{F}(\boldsymbol{r}_i - \boldsymbol{r}_j)$ と書く．ここで，質点 i と j の間にはたらく力は，その相対距離のみによるものとする．このとき，ニュートンの運動方程式は

$$m_i \frac{d^2 \boldsymbol{r}_i}{dt^2} = \sum_{j \neq i}^{N} \boldsymbol{F}(\boldsymbol{r}_i - \boldsymbol{r}_j) \tag{2.1}$$

で与えられ，力がポテンシャルエネルギー $\phi(|\boldsymbol{r}_i - \boldsymbol{r}_j|)$ から導かれる場合のみを考えることにすると，

$$\boldsymbol{F}(\boldsymbol{r}_i - \boldsymbol{r}_j) = -\frac{\partial}{\partial \boldsymbol{r}_i} \phi(|\boldsymbol{r}_i - \boldsymbol{r}_j|) \tag{2.2}$$

と表せる．ただし，$\partial/\partial \boldsymbol{r} = \nabla = \mathrm{grad}$ である．

ニュートンの運動方程式 (2.1) は，仮想仕事の原理（ダランベールの原理）を用いて，**オイラー－ラグランジュ方程式**

1） 久保謙一 著：「裳華房フィジックスライブラリー 解析力学」（裳華房，2001）

$$\frac{d}{dt}\left(\frac{\partial L}{\partial \dot{\boldsymbol{r}}_i}\right) - \frac{\partial L}{\partial \boldsymbol{r}_i} = 0 \tag{2.3}$$

の形に変形することができる．ここで L は**ラグランジアン**（Lagrangian）とよばれる量で，

$$L = T - V \tag{2.4}$$

と定義される．ただし，T は運動エネルギー，V はポテンシャルエネルギーである．

$$T = \frac{1}{2}\sum_{i=1}^{N} m_i \dot{\boldsymbol{r}}_i^2 \tag{2.5}$$

$$V = \sum_{i>j} \phi(|\boldsymbol{r}_i - \boldsymbol{r}_j|) \tag{2.6}$$

オイラー-ラグランジュ方程式は，ここで用いた直交座標系のみならず，どんな座標系でも成り立つ．直交座標系における位置 $\boldsymbol{r}_i$ から適当な変換によって導入される新たな座標系の変数（一般化座標）q_k を用いて，ラグランジアンを

$$L = T - V = L(\dot{q}, q) \tag{2.7}$$

と書くことができたとすると，オイラー-ラグランジュ方程式は

$$\frac{d}{dt}\left(\frac{\partial L}{\partial \dot{q}_k}\right) - \frac{\partial L}{\partial q_k} = 0 \tag{2.8}$$

と表せる．このオイラー-ラグランジュ方程式を基礎に置いた理論形式のことを**ラグランジュ形式**とよんでいる．

オイラー-ラグランジュ方程式とニュートンの運動方程式は全く同等な方程式である．そのため，力学の問題を解くという使い方の問題だけを考えれば，使いやすい方を用いればよいわけで，特にどちらがよいというものではない．しかし，力学系の対称性を反映するように座標を初めから選ぶことができたり，また，剛体などのようにすべての粒子の運動が独立でない場合には，力学変数の数を大幅に減らすことができるので，ラグランジュ形式を用いると便利である．さらに，これから説明するように，変分原理という物理学の大原理から直接導かれる式であるという点で，オイラー-ラグランジュ方程式の方がはるかに普遍的である．

ここまで準備をした上で，いよいよ変分原理に取り組もう．まず，**作用**と

よばれる量を

$$S = \int_{t_1}^{t_2} L(q(t), \dot{q}(t), t)\, dt \tag{2.9}$$

で定義する．この作用を極小にする，すなわち作用の変分をゼロにする，

$$\delta S = 0 \tag{2.10}$$

という要請によりオイラー-ラグランジュ方程式 (2.8) が導かれる，というのが変分原理である．その筋道を示そう．

(2.9) の変分をとると，

$$\begin{aligned}\delta S &= \int_{t_1}^{t_2} L(q(t) + \delta q(t), \dot{q}(t) + \delta\dot{q}(t), t)\, dt - \int_{t_1}^{t_2} L(q(t), \dot{q}(t), t)\, dt \\ &= \int_{t_1}^{t_2} \sum_k \left\{ \frac{\partial L(q(t), \dot{q}(t), t)}{\partial q_k(t)} \delta q_k(t) + \frac{\partial L(q(t), \dot{q}(t), t)}{\partial \dot{q}_k(t)} \delta \dot{q}_k(t) \right\} dt \\ &= \int_{t_1}^{t_2} \sum_k \left\{ \frac{\partial L(q(t), \dot{q}(t), t)}{\partial q_k(t)} - \frac{d}{dt}\left(\frac{\partial L(q(t), \dot{q}(t), t)}{\partial \dot{q}_k(t)} \right) \right\} \delta q_k(t)\, dt\end{aligned} \tag{2.11}$$

が得られる．ただし，すべての k に対して，

$$\delta q_k(t_1) = 0, \qquad \delta q_k(t_2) = 0 \tag{2.12}$$

という条件を課して，計算の途中の部分積分によって現れた項

$$\sum_k \left[\frac{\partial L(q(t), \dot{q}(t), t)}{\partial \dot{q}_k(t)} \delta q_k(t) \right]_{t_1}^{t_2} \tag{2.13}$$

の寄与はゼロとした．上に求めた δS の式からオイラー-ラグランジュ方程式 (2.8) が得られることは明らかである．

運動を記述する座標が描く軌道 $q_k(t)$ $(k = 1, 2, 3, \cdots)$ をいろいろと変えてみたとき，作用 (2.9) を極小にするような軌跡が実際に実現する運動であり，それを与える方程式がオイラー-ラグランジュ方程式(2.8)である．このように，力学系の運動が，作用(2.9)を極小にするように決まるという要請を**変分原理**（action principle）といい，これを一般化して，「自然現象は常に作用を極小にするように起こる」という考え方も変分原理とよんでいる．

なお，自然現象は常に作用を極小にするように起こるという考え方は，より基本的な原理から証明できるものではないので，「要請」とよばれている．現実には，光学，電磁気学，熱力学，統計力学，量子力学，場の古典論，場の量子論などで成り立っている．

変分原理の成立過程

変分原理の先駆けとなる考え方は，すでに1661年に，幾何光学における**フェルマー**（P. Fermat）**の原理**という形でその片鱗を現していた．すなわち，フェルマーは，「光は，進むのに要する時間が最小になる経路を通る」という基本的要請に従って幾何光学をつくりあげることに成功した．その後85年も経った1746年になって，モーペルテュイ（P. L. M. Maupertuis）は，フェルマーの考え方が幾何光学に限らず自然界に普遍的に適用できるものであるという考えを抱き，力学の法則をこの考え方に従って定式化することを試みた．その際，モーペルテュイは，**作用**という概念を初めてもち込み，最小になるのは時間ではなく作用であることを指摘した．モーペルテュイの考え方は**最小作用の原理**とよばれている．

モーペルテュイは，生物の進化論に関する先駆的論文も発表しており，独創性の高い科学的活動をした人であるが，モーペルテュイとほぼ同時期にオイラー（L. Euler）は，変分法を用いて この考え方を数学的に より厳密な形で定式化した．これらの先駆的研究の上に立って，これを**変分原理**という形にまとめ，それをもとにして1788年に**解析力学**の基礎を築いたのがラグランジュ（J. L. Lagrange）である．

次に，作用を与えるラグランジアンを用いて，q_k に正準共役な運動量 p_k を次のように定義する．

$$p_k = \frac{\partial L(q, \dot{q}, t)}{\partial \dot{q}_k} \tag{2.14}$$

これを解いて，運動量の関数として $\dot{q}_k = \dot{q}_k(q, p)$ が得られる．ハミルトニアン H を座標と運動量 q_k, p_k $(k = 1, 2, 3, \cdots)$ の関数として

$$H(q, p, t) = \sum_k p_k \dot{q}_k - L(q, \dot{q}, t)\big|_{\dot{q}_k = \dot{q}_k(q, p)} \tag{2.15}$$

と表すと，(2.14) を用いて次のような関係を示すことができる．

$$\begin{aligned}\frac{\partial H}{\partial q_k} &= \frac{\partial}{\partial q_k}\Big(\sum_\ell p_\ell \dot{q}_\ell - L\Big) \\ &= \sum_\ell p_\ell \frac{\partial \dot{q}_\ell}{\partial q_k} - \frac{\partial L}{\partial q_k} - \sum_\ell \frac{\partial L}{\partial \dot{q}_\ell}\frac{\partial \dot{q}_\ell}{\partial q_k} = -\frac{\partial L}{\partial q_k}\end{aligned} \tag{2.16}$$

$$\frac{\partial H}{\partial p_k} = \frac{\partial}{\partial p_k}\Bigl(\sum_\ell p_\ell \dot{q}_\ell - L\Bigr)$$
$$= \dot{q}_k + \sum_\ell p_\ell \frac{\partial \dot{q}_\ell}{\partial p_k} - \sum_\ell \frac{\partial L}{\partial \dot{q}_\ell}\frac{\partial \dot{q}_\ell}{\partial p_k} = \dot{q}_k \tag{2.17}$$

さらに，オイラー-ラグランジュ方程式 (2.8) を用いると，

$$\dot{p}_k = -\frac{\partial H}{\partial q_k}, \qquad \dot{q}_k = \frac{\partial H}{\partial p_k} \tag{2.18}$$

が得られ，(2.18) は**ハミルトンの正準方程式**とよばれている．

(2.5) と (2.6) で与えられるラグランジアン (2.4) を例にとると，共役運動量は

$$\boldsymbol{p}_i = \frac{\partial L}{\partial \dot{\boldsymbol{r}}_i} = m_i \dot{\boldsymbol{r}}_i \tag{2.19}$$

と表され，ハミルトニアンは

$$H = \sum_i \frac{\boldsymbol{p}_i^2}{2m_i} + \sum_{i>j} \phi(|\boldsymbol{r}_i - \boldsymbol{r}_j|) \tag{2.20}$$

となる．そして，得られるハミルトンの正準方程式を整理すれば，(2.1) に帰着する．

§2.2　演算子と状態ベクトル

量子力学が古典力学と基本的に異なるのは，物理量を演算子として扱う点にある．§3.1 でみることになるように，位置 q や運動量 p などの力学変数は，量子化の過程で，無限次元行列 $\hat{q}$ や $\hat{p}$ とみなされることになる．歴史的には，このようなやり方はハイゼンベルク，ボルン，ヨルダンによって始められた．このように行列を用いる方法を，本書では，量子力学に対する「ハイゼンベルク流のやり方」とよぶことにしよう．

以下では，議論を簡単にするために，空間は 1 次元（すなわち q や p は 1 成分）であるとして話を進める．

行列は，ベクトルという相手に対して作用することによって意味をもつので，この意味で，行列は**作用素**または**演算子**（operator）とよばれる．行列が作用する相手であるベクトルの集合は空間を形成するため，**ベクトル空間**

とよばれる.

ハイゼンベルク流のやり方で出現する行列は無限次元行列である.(我々にとっておなじみの有限次元ベクトル空間については，付録のA.1に記したので，必要に応じて参照していただきたい.) したがって，それに対応するベクトル空間も無限次元である. そこで以下では，無限次元ベクトル空間を考える.

無限次元ベクトルを$\boldsymbol{a}$と書き，下に示すような可付番無限個の要素をもつものとする.

$$\boldsymbol{a} = \begin{pmatrix} a_1 \\ a_2 \\ a_3 \\ \vdots \end{pmatrix} \tag{2.21}$$

ここで，要素$a_1, a_2, a_3, \cdots$は複素数とする. また§3.1でみるように，実際には要素$a_1, a_2, a_3, \cdots$の添字$i = 1, 2, 3, \cdots$は$-\infty, \cdots, -2, -1, 0, 1, 2, \cdots, \infty$にわたるものであるが，ここでは1から始まる場合に限ることにする.

任意のベクトル$\boldsymbol{a}$とベクトル$\boldsymbol{b}$に対して，内積

$$\langle a \,|\, b \rangle = a_1^* b_1 + a_2^* b_2 + a_3^* b_3 + \cdots = \boldsymbol{a}^{T*} \boldsymbol{b} \tag{2.22}$$

を定義することができる. ここで，上付きの添字Tはベクトルを無限行1列の行列とみたときの転置を，*は複素共役を表す. このように定義された内積は無限級数であるから，数学的にはその収束性を考慮する必要があるが，ここでは，収束性は保証されているものとして先へ進むことにする.

無限次元行列を用いたハイゼンベルク流のやり方とは別に，シュレディンガーによって導入されたやり方がある. この方法では，位置qと運動量pは微分演算子$\hat{q}$や$\hat{p}$とみなされ，演算子は関数$f(q)$に作用する. すなわち，

$$\hat{q} f(q) = q f(q), \qquad \hat{p} f(q) = -i\hbar \frac{df(q)}{dq} \tag{2.23}$$

である. なぜ運動量演算子が$-i\hbar(d/dq)$となるかについては§3.1と§3.2で述べる. このように，微分演算子を用いる量子力学の記述方法を「シュレディンガー流のやり方」とよぶことにする.

話の筋から推察されるように，ハイゼンベルク流のやり方で，無限次元ベ

クトル $\boldsymbol{a}$ とよんでいたものに対して，シュレディンガー流のやり方で対応しているものは関数 $f(q)$ である．関数 $f(q)$ はその要素が連続変数 q で指定されているので，連続無限次元ベクトルと考えることができる．そして，この関数 $f(q)$ を連続無限次元ベクトルと考えれば，集合 $\{f(q)\}$ は空間を形成していると考えることができる．この空間を**関数空間**とよぶ．

任意の関数 $f(q)$ と $g(q)$ に対して，内積 $\langle f|g\rangle$ を (2.22) の級数和に対応して，積分

$$\langle f|g\rangle = \int dq\, f(q)^*\, g(q) \tag{2.24}$$

で定義する．$f(q)^*$ は $f(q)$ の複素共役である．ここで，積分範囲は適当にとるものとすると，考えている関数 $f(q)$ は，次のような条件を満たす実変数複素関数 $f(q)$ であるとする（積分の範囲は有限区間でもよい）．

$$\int_{-\infty}^{\infty} dq\, |f(q)|^2 < \infty \tag{2.25}$$

この条件を満たす関数は**2乗可積分関数**とよばれ，この条件は，以下で述べるノルムが存在するために必要なものである．なお，2乗可積分関数の全体がつくる空間は，数学的には L_2 空間とよばれている．

内積の定義 (2.22) と (2.24) をみると，$\langle a|b\rangle$ とか $\langle f|g\rangle$ となっているが，ここでは $\langle f|g\rangle$ を例にとって考えよう．

この「かぎ括弧」を形式的に半分に割って，$\langle f|$ および $|g\rangle$ と書いたとする．量子力学の構築期に活躍したことで知られるディラック（P. A. M. Dirac）はユーモアのセンスのある人で，「かぎ括弧」すなわち「bracket」を半分に割ったのであるから，$\langle f|$ は**ブラベクトル**（bra-vector），$|g\rangle$ は**ケットベクトル**（ket-vector）とよぶことにしようと提案した（「bracket の c はどこに行ったんだ」と聞かれて，「c は center なのだから，縦棒 | さ」といったかどうかはわからないが）．なお，すぐ後で述べるが，ブラベクトル $\langle f|$ はケットベクトル $|f\rangle$ のエルミート共役であると考えることができる．以下では，ハイゼンベルクの無限次元ベクトルとシュレディンガーの関数を表すのに，共通の記号としてケットベクトルを用いることにする．

物理学で扱う物理量 A，例えば運動エネルギーや角運動量などは，位置 q

と運動量 p の関数であるから $A(q, p)$ と書き表すことにしよう．量子力学では，位置 q や運動量 p を演算子 $\hat{q}$ や $\hat{p}$ とみなすのであるから，一般に，物理量 $A(q, p)$ も演算子 $\hat{A}(\hat{q}, \hat{p})$ とみなさなければならない．また，演算子としての物理量を測定できる形にするためには，**状態**（state）という概念を導入する必要がある（1.3.5 項で出てきた定常状態などを思い出していただきたい）．この状態を表すのがケットベクトルである．そこで，ケットベクトルのことを**状態ベクトル**（state vector）ともいう．ケットベクトル（状態ベクトル）の集合 $\{|f\rangle\}$ は，数学的な言葉では，ヒルベルト空間（または関数空間）とよばれるものである．

ヒルベルト空間

ヒルベルト空間であるための数学的条件をまとめておこう．状態ベクトル $|a\rangle$ の集合 $\{|a\rangle\}$ は，以下に述べる 3 つの条件を満たすとき，**ヒルベルト空間**（Hilbert space）をなすといわれる．

（**条件 1**）　ヒルベルト空間内の任意の 2 つの状態ベクトル $|a\rangle$ と $|b\rangle$ の線形結合

$$|c\rangle = \alpha|a\rangle + \beta|b\rangle \tag{2.26}$$

も，またヒルベルト空間内の状態ベクトルである．ここで，α と β は任意の複素数である．

この条件により線形空間であることが保証され，これは量子力学では**重ね合わせの原理**（principle of superposition）とよばれる基本原理の 1 つである．

（**条件 2**）　任意のブラベクトル $\langle a|$ とケットベクトル $|b\rangle$ に対して，内積 $\langle a|b\rangle$ が定義されている．ここで，内積の具体的な定義は (2.22) や (2.24) で与えられる．内積に対しては双対性の条件が成り立つ．

$$\langle a|b\rangle = \langle b|a\rangle^* \tag{2.27}$$

また，内積の定義から，状態ベクトル $|a\rangle$ の**ノルム** $\||a\rangle\|$ を定義することができる．

$$\langle a|a\rangle = \||a\rangle\|^2 \geq 0 \tag{2.28}$$

ノルムはベクトルの長さの概念を与える．また，2 つの状態ベクトル $|a\rangle$ と $|b\rangle$ の間の距離 $\||a\rangle - |b\rangle\|$ もノルムの定義と同様にして定義できる．

この条件から，距離空間であることが保証される．

（**条件 3**） 距離空間が**完備**（complete）である．

距離空間が完備であるとは，空間内の任意のコーシー列がその空間内に極限をもつことをいうが，多分，こんな数学丸出しの表現では何のことやらわからないという人が多いであろう．もう少し平たくいえば，「空間の点（ベクトル）をルールに従って辿って行った先が，空間からはみ出してしまうことがない」ということである．要するに，「状態ベクトルが連続だ」といっているのである．連続であれば，微分や積分が定義できるので，ベクトルの要素は実数か複素数でなければならない（有理数では駄目である）．

以上の条件を考えると，内積をもつ完備な関数空間はヒルベルト空間と同等であることがわかる．ヒルベルト空間という名称はフォン・ノイマン（J. von Neumann）によって与えられた．ヒルベルト空間の研究を始めた数学者ヒルベルト（David Hilbert）の功績を讃えて命名されたものである．

演算子 $\widehat{A}$ を状態ベクトル $|a\rangle$ に作用させ，新たに状態ベクトル $\widehat{A}|a\rangle$ を生成することを，**状態ベクトルの変換**という．演算子 $\widehat{A}$ のエルミート共役演算子を $\widehat{A}^\dagger$ と書き[2]，行列要素を用いて以下のように定義する．

任意のベクトル $|a\rangle$，$|b\rangle$ に対して

$$\langle a|\widehat{A}^\dagger|b\rangle = \langle b|\widehat{A}|a\rangle^* \tag{2.29}$$

を満たす．すなわち，転置行列 $\boldsymbol{A}^T$ の概念を使えば，

$$\widehat{A}^\dagger = \widehat{A}^{T*} \tag{2.30}$$

と書くことができる．

なお，エルミート共役演算子は次の性質をもつ．

$$(\lambda\widehat{A})^\dagger = \lambda^*\widehat{A}^\dagger, \quad (\widehat{A}\widehat{B})^\dagger = \widehat{B}^\dagger\widehat{A}^\dagger, \quad (\widehat{A}^\dagger)^\dagger = \widehat{A} \tag{2.31}$$

ここで，λ は複素定数である．そして，特に次の性質を満たす演算子は，**エルミート演算子**（Hermite operator）とよばれる．

$$\widehat{A}^\dagger = \widehat{A} \tag{2.32}$$

力学変数演算子 $\hat{q}$ や $\hat{p}$ から構成される物理量の演算子 $\widehat{A}(\hat{q}, \hat{p})$ は**オブザ**

2） † はダガーと読む．

ーバブル（observable）とよばれる．オブザーバブルは実数の物理量に対応するから，その固有値は実数でなければならない．ここでは離散的な固有値の場合を考えることにし，オブザーバブル $\widehat{A}$ の固有ベクトルを $|a_n\rangle$，その固有値を λ_n と書くことにする（ここで用いる記号 a_n は，無限次元ベクトル $\boldsymbol{a}$ の定義 (2.21) に現れるベクトルの要素を表すものではないので，混同しないようにしてほしい）．

固有値方程式は

$$\widehat{A}\,|a_n\rangle = \lambda_n|a_n\rangle \tag{2.33}$$

であるから，左からブラベクトル $\langle a_n|$ を掛けると

$$\langle a_n|\,\widehat{A}\,|a_n\rangle = \lambda_n \tag{2.34}$$

が得られる．この複素共役をとると，

$$\langle a_n|\,\widehat{A}^\dagger|a_n\rangle = \lambda_n^* \tag{2.35}$$

となり，これらの式はすべての固有状態に対して成り立っているから，λ_n が実数であるためには，$\widehat{A}$ はエルミート演算子 $\widehat{A} = \widehat{A}^\dagger$ でなければならない．すなわち，オブザーバブルはエルミート演算子であることがわかる．

異なる固有値に属する固有ベクトルは互いに直交するから（章末の演習問題を参照），固有ベクトル $|a_n\rangle$ は，正規直交系をなすように選ぶことができる（正規とはノルムが 1，つまり，$\langle a_n|a_n\rangle = 1$ と規格化されているという意味である）．すなわち，

$$\langle a_m|a_n\rangle = \delta_{mn} \tag{2.36}$$

と表すことができる．ここで，δ_{mn} は**クロネッカーのデルタ**

$$\delta_{ij} = \begin{cases} 1 & (i = j\text{ のとき}) \\ 0 & (i \neq j\text{ のとき}) \end{cases} \tag{2.37}$$

である．したがって，固有ベクトル $|a_n\rangle$ の集合はヒルベルト空間の基底をなしている．

基底ベクトル $|a_n\rangle$ の集合を用いて任意のベクトル $|\psi\rangle$ を

$$|\psi\rangle = \sum_n \psi_n|a_n\rangle \tag{2.38}$$

のように展開することができるとき，集合 $\{|a_n\rangle\}$ は**完全系**をなすという．この完全系をなすための条件，すなわち完全性の条件は

$$\sum_n |a_n\rangle\langle a_n| = \mathbf{1} \tag{2.39}$$

と表すことができる．**1** は**恒等演算子**（単位行列）である．実際，$|\phi\rangle$ を (2.39) の右から掛けると $\phi_n = \langle a_n|\phi\rangle$ と書けるので，(2.38) が得られる．ここで，内積 (2.22) とは逆向きの積 $|a\rangle\langle b|$ は

$$|a\rangle\langle b| = \boldsymbol{ab}^{T*} = (a_i b_j^*) \tag{2.40}$$

と定義され，(2.40) の最右辺は，添字 $i, j = 1, 2, 3, \cdots$ をもった行列を表している．

演算子 $\hat{U}$ が

$$\hat{U}^\dagger\hat{U} = \hat{U}\hat{U}^\dagger = \mathbf{1} \tag{2.41}$$

を満たすとき，$\hat{U}$ は**ユニタリー演算子**とよばれる．したがって，$\hat{U}$ がユニタリー演算子なら，$\hat{U}^\dagger$ は逆演算子 U^{-1} と同等である．

$$\hat{U}^\dagger = \hat{U}^{-1} \tag{2.42}$$

また，基底ベクトル $|a_n\rangle$ に対してユニタリー演算子 $\hat{U}$ を作用させて得られたベクトル $|a'_n\rangle \equiv \hat{U}|a_n\rangle$ は

$$\langle a'_m|a'_n\rangle = \langle a_m|\hat{U}^\dagger\hat{U}|a_n\rangle = \langle a_m|a_n\rangle = \delta_{mn} \tag{2.43}$$

を満たすから，$\{|a_n\rangle\}$ が基底ベクトルの集合なら $\{|a'_n\rangle\}$ もまた基底ベクトルの集合となり，ユニタリー演算子による変換で，その基底ベクトルとしての性質は変わらない．

任意の状態ベクトル $|\phi\rangle$ に演算子 $\hat{A}$ を作用させて新たな状態ベクトル $|\phi'\rangle$ を得たとすると，

$$|\phi'\rangle = \hat{A}|\phi\rangle \tag{2.44}$$

と表せる．いま，$|\phi\rangle$ と $|\phi'\rangle$ にユニタリー演算子 $\hat{U}$ を作用させて，新たな状態ベクトル

$$|\phi\rangle = \hat{U}|\phi\rangle, \qquad |\phi'\rangle = \hat{U}|\phi'\rangle \tag{2.45}$$

をつくり，これらの式と (2.44) を用いると

$$|\phi'\rangle = \hat{U}\hat{A}\hat{U}^{-1}|\phi\rangle = \hat{U}\hat{A}\hat{U}^\dagger|\phi\rangle \tag{2.46}$$

が得られる．

このように，ユニタリー演算子によって新たな状態ベクトルを生成すると，元々の演算子 A の作用は $\hat{U}\hat{A}\hat{U}^\dagger$ と変換され，演算子 $\hat{A}$ の変換

$$\widehat{A}' = \widehat{U}\widehat{A}\widehat{U}^{\dagger} \tag{2.47}$$

のことを**ユニタリー変換**という．なお，エルミート演算子 $\widehat{A}$ がユニタリー変換によってそのエルミート性を保つことは容易に証明することができる．

エルミート演算子 $\widehat{A}$ からつくられた演算子 $e^{i\widehat{A}}$ を考えてみよう．

$$(e^{i\widehat{A}})^{\dagger} = e^{-i\widehat{A}^{\dagger}} = e^{-i\widehat{A}} \tag{2.48}$$

を示すことができるから，この演算子はユニタリー演算子である．この式は，$e^{i\widehat{A}}$ をテイラー展開して各項のエルミート共役をとることによって証明することができる．この形の演算子は§3.2で随所に現れるので，覚えておくと便利である．

演算子 $\widehat{A}$ を状態ベクトル $|\psi\rangle$ に作用させた後，さらにもう1つの演算子 $\widehat{B}$ を作用させると

$$\widehat{B}\widehat{A}|\psi\rangle \tag{2.49}$$

となり，逆に，演算子 $\widehat{B}$ を先に作用させ，次に演算子 $\widehat{A}$ を作用させると

$$\widehat{A}\widehat{B}|\psi\rangle \tag{2.50}$$

となる．

演算子に対しては，この2つの操作の結果は同じになるとは限らない．このことを，演算子 $\widehat{A}$ と演算子 $\widehat{B}$ とは交換しない（**可換**ではなく，**非可換**である）という．これを表現するために**交換子**（commutator）

$$[\widehat{A}, \widehat{B}] = \widehat{A}\widehat{B} - \widehat{B}\widehat{A} \tag{2.51}$$

を定義し，この交換子がゼロでないとき，$\widehat{A}$ と $\widehat{B}$ とは交換しない（可換ではない）という．

量子力学的演算子は一般に可換ではないが，では，演算子の順序を入れ替えると何が起こるだろうか．いま，入れ替えの前後の差を「おつり」ということにすると，この「おつり」はいくら貰えるのだろうか．

$$\widehat{A}\widehat{B} = \widehat{B}\widehat{A} + \text{「おつり」} \tag{2.52}$$

量子力学における演算規則を決める上で最も重要なのは，この「おつり」である．いい換えれば，交換子の値，すなわち

$$[\widehat{A}, \widehat{B}] = \text{「おつり」} \tag{2.53}$$

を決めることが重大な関心事なのである．

すべての物理量の基本となる力学変数は位置 q と運動量 p であるから，

演算子としての $\hat{q}$ と $\hat{p}$ の交換子が決まれば，一般の物理量（オブザーバブル）$\widehat{A}$ と $\widehat{B}$ の交換子も求めることができる．したがって，位置 $\hat{q}$ と運動量 $\hat{p}$ の交換子

$$[\hat{q}, \hat{p}] = \hat{q}\hat{p} - \hat{p}\hat{q} \tag{2.54}$$

の値がどうなるかを知ることは，量子力学にとって最重要課題である．次章の§3.1で，この問題に取り組むことになる．

演習問題

[1] 質量 m，バネ定数 k の1次元調和振動子のつり合いの位置からのズレを q として，ラグランジアンとハミルトニアンを求めよ．また，オイラー-ラグランジュ方程式から運動方程式を導出し，ハミルトンの正準方程式から得られる運動方程式と比較せよ．

[2] 質量 m_1，m_2 の2つの粒子の3次元空間における位置を $\boldsymbol{r}_1$ と $\boldsymbol{r}_2$ とし，その間の距離だけで決まるポテンシャル $V(|\boldsymbol{r}_1 - \boldsymbol{r}_2|)$ のもとで運動するとき，この系のラグランジアンとハミルトニアンを求めよ．

[3] 上の問題で，重心の位置 $\boldsymbol{R} = (m_1\boldsymbol{r}_1 + m_2\boldsymbol{r}_2)/(m_1 + m_2)$ と相対位置 $\boldsymbol{r} = \boldsymbol{r}_1 - \boldsymbol{r}_2$ を用いてラグランジアンを求め，オイラー-ラグランジュ方程式を導出せよ．また，ハミルトニアンを求めよ．

[4] エルミート演算子の固有値は実数で，異なる固有値に属する固有状態（固有関数）は互いに直交することを示せ．

[5] 演算子に対して，次の式が成り立つことを証明せよ．

(1)　$(\widehat{A}\widehat{B}\widehat{C})^\dagger = \widehat{C}^\dagger\widehat{B}^\dagger\widehat{A}^\dagger$

(2)　$[\widehat{A}, \widehat{B}\widehat{C}] = [\widehat{A}, \widehat{B}]\widehat{C} + \widehat{B}[\widehat{A}, \widehat{C}]$

(3)　c を定数として $[\widehat{A}, \widehat{B}] = c\mathbf{1}$ のとき，$e^{\widehat{A}+\widehat{B}} = e^{\widehat{A}}e^{\widehat{B}}e^{-c/2}$

（ただし，$\mathbf{1}$ は恒等演算子である．）

3 量子力学の定式化

第1章で，古典物理学では説明できない数多くの量子論的物理現象をみてきた．そこで学びとることができた重要事項をキーワードとしてまとめてみると，以下のとおりである．

1．微視的現象の量子的性質（プランクのエネルギー量子）
2．量子化の条件（ボーア-ゾンマーフェルトの量子化条件）
3．定常状態の存在
4．エネルギー準位の存在と準位間の遷移
5．巨視的世界で粒子的なものが示す波動的性質（電子の回折現象）
6．巨視的世界で波動的なものが示す粒子的性質（電磁波の粒子性）

第3章では，これらのキーワードをヒントにしながら，第2章で示した考え方に沿って量子力学の定式化を進める．

まず§3.1では，量子力学の大前提となる正準交換関係（演算子としての力学変数の間に要求される基本的条件式）をボーア-ゾンマーフェルトの量子化条件を拠り所として導出するとともに，シュレディンガーの微分演算子を用いた証明にも言及する．この結果，量子力学では，位置や運動量のような力学変数，ひいては物理量全体が，普通の数ではなくて行列や微分のような演算子とみなされることになる．

演算子は普通の数と違って，それが置かれる順序によって意味が違ってくる．すなわち，交換可能ではない．2つの力学変数の順序を交換したときの「おつり」がいくらになるかを与えるのが正準交換関係である．この意味で，正準交換関係は，量子力学における演算子としての物理量の演算規則を定める基礎になる重要な関係式である．

次に，§3.2では，力学変数を正準交換関係に従う演算子とみなした上で，変分原理から導かれるハミルトンの正準方程式 (2.18) に基づいてハイゼンベルク方程式とシュレディンガー方程式を導き，量子力学の体系をつくり上げる．この定式化の下では，ハイゼンベルクの描像とシュレディンガーの描像は同等のものであることがわかる．

§3.3では，§3.2で与えられた量子力学のイメージをより身近なものとするため，1次元調和振動子という具体例を用いて，ハイゼンベルク描像とシュレディンガー描像における計算方法を解説し，前期量子論という不完全な土台の上で得られていた結果を，筋道の通った理論の下で矛盾なく導出する．

§3.1　量子化条件 — 正準交換関係 —

§1.1および§1.2では，巨視的世界で連続体としてみえているものでも，微視的世界では量子的なものの集まりであることをみた．また，§1.3と§1.4では，量子的なものの振る舞いは古典物理学のみで扱うことはできないが，古典物理学的な考え方に沿って定常状態の存在を仮定し，ボーア-ゾンマーフェルトの量子化条件を付与すれば，何とか説明できることを知った．

ボーア-ゾンマーフェルトの量子化条件は，量子論的物理現象の核心部分を表現している数式である．これは，古典力学の下では成立しない式であり，量子論的物理現象に対してのみ成り立っていると考えられる．したがって，この式は量子力学をつくり上げるときの大きな手掛かりを与えてくれると期待される．

前章の終りで，位置と運動量の演算子の積から，それらを交換した積を差し引いたときの差額，すなわち「おつり」がどうなるのかを知ることは，量子力学にとって根本的に重要なことだと述べた．いい換えると，力学変数演算子の交換子がどんな値をとるかがわかれば，そこから量子力学の構築を始めることができるということである．ところが，ボーア-ゾンマーフェルトの量子化条件は，そのままの形ではこの「おつり」とは無関係のようにみえる．しかし，これから述べるように，ここに驚くべきカラクリが隠されているのである．

ハイゼンベルクは，ボーア-ゾンマーフェルトの量子化条件から出発して，どこまで論理を進めることができるかという手探りを続けて，1925年に力学変数演算子の交換子（おつり）につながる重要な論文を発表した．

議論の見通しを良くするために，1次元の場合を考える．ボーア-ゾンマーフェルトの量子化条件は (1.35) で与えられている．ここでは，変数 p, q が量子数 n ごとに異なることを考慮して，添字 n を付けることにする．

$$\oint p_n \, dq_n = nh \qquad (n = 1, 2, 3, \cdots) \tag{3.1}$$

これから先の議論は，ハイゼンベルク[1]およびボルン-ヨルダン[2]の論文にしたがって進める．なお，定常状態 n における粒子の座標 q_n と運動量 p_n をフーリエ展開して，フーリエ係数をそれぞれ q_{nm}，p_{nm} とすると

$$p_n = \sum_{m=-\infty}^{\infty} p_{nm} e^{i\omega_{nm}t} \tag{3.2}$$

$$q_n = \sum_{m=-\infty}^{\infty} q_{nm} e^{i\omega_{nm}t} \tag{3.3}$$

と表せる．ここで，ω_{nm} は角振動数である．

展開式 (3.2) と (3.3) の各項に現れる振動数の表記は，通常の周期系に対するフーリエ展開の表記と異なっているが，これは非周期系も含む一般化された式を書いたためである．実際，(3.2) で T_n を周期として周期条件 $p_n(0) = p_n(T_n)$ をおくと，$\omega_{nm} T_n = 2\pi m$ が得られ，$\omega_{nm} = m\omega_n$（ただし，$\omega_n = 2\pi/T_n$）と書くことができる．$q_n(t)$ についても同様である．この結果，よく知られたフーリエ展開の式

$$p_n = \sum_{m=-\infty}^{\infty} p_{nm} e^{im\omega_n t} \tag{3.4}$$

$$q_n = \sum_{m=-\infty}^{\infty} q_{nm} e^{im\omega_n t} \tag{3.5}$$

に戻る．

次に，(3.2) と (3.3) をボーア-ゾンマーフェルトの量子化条件 (3.1) に代入する．ただし，このとき，q_n が実数であることを考慮すると $q_n = q_n^*$（＊は複素共役）であるから，計算の都合上，q_n の代わりに q_n^* を用いるこ

1） W. Heisenberg : Zeitsch. fur Phys. **33** (1925) 879（邦訳：日本数学物理学会誌 Vol. 1, No. 1, 76-80, J-STAGE, 日本物理学会誌の Web に掲載）

2） M. Born and P. Jordan : Zeitsch. fur Phys. **34** (1925) 858（邦訳：日本数学物理学会誌 Vol. 1, No. 1, 80-86, J-STAGE, 日本物理学会誌の Web に掲載）

とにすると

$$\begin{aligned} nh &= \oint p_n \dot{q}_n^* \, dt \\ &= \sum_{m=-\infty}^{\infty} \sum_{m'=-\infty}^{\infty} p_{nm} q_{nm'}^* (-i\omega_{nm'}) \oint dt \, e^{i(\omega_{nm}-\omega_{nm'})t} \end{aligned} \tag{3.6}$$

となる．ここで，周期系を考えるから $\omega_{nm} = m\omega_n$ であり，積分は定常状態の 1 周期について行うから $t = 0$ から $2\pi/\omega_n$ までである．また，この積分は $m - m' = 0$ 以外では 0 となるので，$m' = m$ のみが許される．したがって，

$$\oint dt \, e^{i(m-m')\omega_n t} = \frac{2\pi}{\omega_n} \delta_{mm'} \tag{3.7}$$

となる．ただし $\delta_{mm'}$ は，(2.37) で定義したクロネッカーのデルタである．上式より，

$$nh = -2\pi i \sum_{m=-\infty}^{\infty} m p_{nm} q_{nm}^* \tag{3.8}$$

を得る．

次に，ハイゼンベルクに従って，(3.8) の両辺を n で微分すると

$$i\hbar = \sum_{m=-\infty}^{\infty} m \frac{d(p_{nm} q_{nm}^*)}{dn} \tag{3.9}$$

を得る．n は整数なので，この n で微分というのはおかしいように思われるが，ハイゼンベルク，ボルン，ヨルダンにとっては，そのようにする次のような理由があった．

1. 基本的な式に量子数 n が陽に現れるのは避けたい．また，量子数 n に $n + 1/2$ のように付加定数が付く可能性もあるので，その付加定数は微分することによって排除しておきたい(実は，ハイゼンベルクは付加定数が付く実例を知っていた)．
2. 数式には観測可能量のみを用いたい．観測可能なスペクトル線の波長が観測不可能なエネルギー準位の差で表されるように，観測可能な量をできるだけ観測不可能な量の間の差として表しておきたい．したがって，差分（微分）にこだわった．

3．n は整数であるとはいえ，nh は非常に小さい数なので，ほとんど連続的な数として扱って差し支えない．したがって，微分に相当する処理は許される．

そこで，任意の係数 f_{nm} に対してハイゼンベルクが用いた量子論的な対応関係

$$\frac{\partial f_{nm}}{\partial n} = \frac{f_{n+m,n} - f_{n,n-m}}{m} \tag{3.10}$$

を用いると

$$\begin{aligned} i\hbar &= \sum_{m=-\infty}^{\infty} (p_{n+m,n}q^*_{n+m,n} - p_{n,n-m}q^*_{n,n-m}) \\ &= \sum_{m=-\infty}^{\infty} (p_{mn}q^*_{mn} - p_{nm}q^*_{nm}) \end{aligned} \tag{3.11}$$

が得られる．

ハイゼンベルクの直観と推論は，彼の物理学に対する該博な知識と優れた演繹力に裏付けられている．(3.10) は，導き出すというより，彼の思考に従って受け入れるという方が妥当であるように思われる．その原論文[1)] は，“魔法のような” 論文ともいわれているくらいで[3)]，ハイゼンベルクの推論を辿りながら解読するのは極めて困難である．

(3.11) をみていると，行列の積によく似ていることに気づく．この事実に着目したボルンとヨルダンは，フーリエ展開の各項（フーリエ成分）を行列要素とする無限次元行列 $\hat{p}(t)$，$\hat{q}(t)$，すなわち，

$$(\hat{p}(t))_{nm} = p_{nm}e^{i\omega_{nm}t}, \qquad (\hat{q}(t))_{nm} = q_{nm}e^{i\omega_{nm}t} \tag{3.12}$$

を考案した．ここで ω_{nm} は，量子状態 n から m へ遷移する際の量子論的振動数に対応すると考えよう．1.3.4 項で述べたボーアの振動数条件を思い起こすと，エネルギー準位 E_n と E_m の間の遷移に対して $\omega_{nm} = (E_n - E_m)/\hbar$ が成り立っている．この条件を考慮すると $\omega_{nk} + \omega_{km} = \omega_{nm}$ が成り立ち，したがって，$\omega_{nm} = -\omega_{mn}$ と $\omega_{nn} = 0$ も成り立つ．また行列同士の積が，

3） I. J. R. Aitchison, D. A. MacManus and T. M. Snyder : *Understanding Heisenberg's "magical" paper of July 1925 ; A new look at the calculational details*, Am. J. Phys. **72** (2004) 1370.

例えば $(\hat{q}(t)^2)_{nm} = \sum_k q_{nk}e^{i\omega_{nk}t}q_{km}e^{i\omega_{km}t} = \sum_k (q_{nk}q_{km})e^{i\omega_{nm}t}$ となり，普遍的な時間依存性が現れるという利点もある．

ここで遂に，力学変数 $p(t)$ と $q(t)$ が行列演算子 $\hat{p}(t)$ と $\hat{q}(t)$ として姿を変え，新たにデビューすることになる．§2.2 で示したヒルベルト空間に関する知識がいよいよ役に立つときがきた．これから先は，古典的力学変数 $p(t)$，$q(t)$ と行列演算子 $\hat{p}(t)$，$\hat{q}(t)$ をはっきりと区別して考えることにしよう．

$\hat{p}(t)$ と $\hat{q}(t)$ はともにエルミート行列 $\hat{p}^\dagger(t) = \hat{p}(t)$，$\hat{q}^\dagger(t) = \hat{q}(t)$ であるという要請をおくと，

$$p_{nm}e^{i\omega_{nm}t} = p_{mn}^* e^{-i\omega_{mn}t} = p_{mn}^* e^{i\omega_{nm}t} \tag{3.13}$$

$$q_{nm}e^{i\omega_{nm}t} = q_{mn}^* e^{-i\omega_{mn}t} = q_{mn}^* e^{i\omega_{nm}t} \tag{3.14}$$

つまり，

$$p_{nm} = p_{mn}^* \tag{3.15}$$

$$q_{nm} = q_{mn}^* \tag{3.16}$$

である．このことを考慮すると

$$\begin{aligned}(\hat{q}(t)\hat{p}(t) - \hat{p}(t)\hat{q}(t))_{nn} &= \sum_{m=-\infty}^{\infty}(q_{nm}e^{i\omega_{nm}t}p_{mn}e^{i\omega_{mn}t} - p_{nm}e^{i\omega_{nm}t}q_{mn}e^{i\omega_{mn}t}) \\ &= \sum_{m=-\infty}^{\infty}(q_{nm}p_{mn} - p_{nm}q_{mn}) \\ &= \sum_{m=-\infty}^{\infty}(q_{mn}^* p_{mn} - p_{nm}q_{nm}^*)\end{aligned} \tag{3.17}$$

と書くことができる．これは，(3.11) の右辺と一致している．したがって，

$$i\hbar = (\hat{q}(t)\hat{p}(t) - \hat{p}(t)\hat{q}(t))_{nn} \tag{3.18}$$

という関係式が導かれ，行列 $\hat{q}$，$\hat{p}$ の**交換子**（commutator）

$$[\hat{q}, \hat{p}] = \hat{q}\hat{p} - \hat{p}\hat{q} \tag{3.19}$$

を用いると，(3.18) は行列の関係式

$$[\hat{q}(t), \hat{p}(t)] = i\hbar\mathbf{1} \tag{3.20}$$

の対角要素であることがわかる．（右辺の **1** は**単位行列**を表す．なお，以後 **1** は省略する．）ここで (3.20) の非対角要素はゼロと仮定すると，(3.20) は**正準交換関係**（canonical commutation relation）とよばれる演算子の関係式

となり，これは量子力学の演算規則を与える基本的な式である．

以上が，ボーア-ゾンマーフェルトの量子化条件を手掛かりとしながら，行列演算子としての力学変数が導入され，量子化条件がそれらの演算子に対する交換関係の形に読み替えられることが見出された経緯である．

ところが，シュレディンガーは，力学変数を微分演算子と考えれば，いとも簡単に正準交換関係が得られることに気づいた．ハイゼンベルクたちが，演算子としての座標 q と運動量 p が満たすべき量子化条件を示そうと苦闘していたときに，ヒルベルト空間の無限次元行列という考え方とは全く違った方向から量子力学に迫ろうとしていたのがシュレディンガーであった．

シュレディンガーは，同じヒルベルト空間ではあっても，正則関数の集合がつくる関数空間から攻撃を開始した．彼は，ド・ブロイの物質波という概念に大きな影響を受け，波動としての電子に対して波動方程式を書き下すことはできないかと考えて，試行錯誤の末に，現在**シュレディンガー方程式**とよばれている波動方程式に辿り着いた．彼は，この方程式をもとにして，水素原子のスペクトルや電子の回折現象など，種々の実験事実を見事に説明することに成功した．

次節（§3.2）では，変分原理と正準交換関係 (3.25) から出発してシュレディンガーの波動方程式 (3.48) を導くが，そこでの論理の筋道を逆転させて，仮りに次のような順序で考えてみよう．

$$\text{実験事実} \quad \rightarrow \quad \text{シュレディンガーの波動方程式} \quad \rightarrow$$

$$\text{運動量演算子}\ \hat{p} = -i\hbar\frac{d}{dq} \quad \rightarrow \quad \text{正準交換関係} \quad \rightarrow \quad \text{変分原理}$$

この道筋では，まず，実験事実に支持されているシュレディンガーの波動方程式は正しいものとする．この波動方程式は，運動量演算子を $\hat{p} = -i\hbar(d/dq)$ とおくことによって (3.48) に一致する．(3.48) は変分原理から導かれたものである．この運動量演算子 $\hat{p}$ に対しては，正準交換関係 (3.46)，すなわち，

$$[\hat{q}, \hat{p}] = i\hbar \tag{3.21}$$

が成り立つ．したがって，正準交換関係 (3.21) は，実験事実によって保証された正しい条件式であるといえる．ここでまた，力学変数の１つである運

動量 p が微分演算子として登場し，量子力学に現れる力学変数は，行列演算子または微分演算子でなければならないという事態に立ち至ったことに気づく．

歴史的観点に立って考えてみると，この道筋に従った説明の方が，次節で述べる定式化の過程よりもシュレディンガーの発見の経緯に近いと思われる．ハイゼンベルク，ボルン，ヨルダン，ディラック等が四苦八苦してよじ登っていた難路を横目でみながら，シュレディンガーは（意識したかどうかは別として），違ったルートを辿ることによって，いとも簡単に正準交換関係という目標に到達したのである．

量子化法のいろいろ

量子力学を定式化する際には，**量子化**という手順が必要である．本書では，古典物理学における物理量を量子論的演算子と見直し，位置と運動量の演算子に対する交換関係，すなわち，正準交換関係を定めることによって，物理量の演算方法を決めた．この方法は**正準量子化法**（canonical quantization）とよばれている．

正準量子化法は多くの量子力学の本で採用されており，ほぼ正統的な量子化の手法であるといってもいいであろう．けれども，これが唯一の方法というわけではない．この他にも，いくつかの量子化法が知られている．現状で知られているものは，**経路積分量子化法**（path integral quantization）と**確率過程量子化法**（stochastic quantization）である．

経路積分量子化法は，ファインマン（R. P. Feynman）によって見出された方法である．古典力学では，粒子の運動経路はただ1つに決まるが，ファインマンは，量子力学では粒子の経路はただ1つに定まるわけではないから，作用積分を経路についてすべて足し合わせたものが意味があると考え，**経路積分**という概念を導入した．この経路積分から，シュレディンガー方程式を導き出すことができるので，経路積分の方法は正しい量子力学を与えると考えられる．

確率過程量子化法は，パリジ（G. Parisi）とウー（Y. Wu）によって見出された．パリジとウーは，粒子の経路を表す座標 $q(t)$ に対して，時間 t の他にもう1つの変数 τ を導入し，座標が $q(t, \tau)$ で表されるものと考えた．変数 τ は**仮想時間**ともよばれる．彼らは，この変数 τ について確率過程方程式を考え，熱平衡分布を求めると，それがファインマンの経路積分と同等になることを示した．したがって，確率過程量子化法によっても正しい量子力学が得られることがわかる．

ハイゼンベルクらが見出した正準交換関係 (3.20) は，演算子が時間に依存した形になっており，(3.20) を**同時刻交換関係**とよぶことがある．一方，シュレディンガーの微分演算子を用いた正準交換関係 (3.21) の演算子は時間に依存しない形をしている．これは次節で示すように，ハイゼンベルク描像とシュレディンガー描像の違いによるものであり，本質的には等価である．

これまでの議論では，簡単のために1次元の場合を考えてきたが，3次元への拡張は容易で，座標を q_j，運動量を p_j $(j = 1, 2, 3)$ とすれば，正準交換関係は

$$[\hat{q}_i, \hat{p}_j] = i\hbar\delta_{ij}, \qquad [\hat{q}_i, \hat{q}_j] = 0, \qquad [\hat{p}_i, \hat{p}_j] = 0 \tag{3.22}$$

となる．なお，以下の各章では $(q_1, q_2, q_3) = (x, y, z) = \boldsymbol{r}$ と書くこともある．

ここでみたように，座標 q と運動量 p は，行列や微分のような演算子とみなさなければならない．ヒルベルト空間では，演算子は，無限次元ベクトル空間の状態ベクトルまたは関数空間の関数に作用して初めて物理と関わることができる．次節では，量子力学の定式化を行うが，そこでは力学変数は演算子とみなさなければならないから，その演算規則を与えている正準交換関係は，量子力学の根底に関わる重要な役割を担うことになる．

§3.2　量子力学の基礎方程式

§2.1 では，古典力学の体系が変分原理という要請に基づいて構築できることをみてきた．この変分原理は，古典力学のみならず，電磁気学を始め他のあらゆる理論の基礎となっていることも知られている．そこで，量子的世界の理論 —量子力学— も変分原理をもとにして構築されるという前提をおくことにしよう．ただし，量子力学で現れる力学変数は演算子とみなされ，

その演算子に対する演算規則は，座標 q とそれに正準共役な運動量 p の演算子が満たす正準交換関係によって与えられる．

話を簡単にするために，1次元の場合を考えよう．変分原理に基づいて得られるハミルトンの正準方程式 (2.18) は，

$$\frac{d\hat{q}_{\mathrm{H}}}{dt} = \frac{\partial \hat{H}(\hat{q}_{\mathrm{H}}, \hat{p}_{\mathrm{H}}, t)}{\partial \hat{p}_{\mathrm{H}}} \tag{3.23}$$

$$\frac{d\hat{p}_{\mathrm{H}}}{dt} = -\frac{\partial \hat{H}(\hat{q}_{\mathrm{H}}, \hat{p}_{\mathrm{H}}, t)}{\partial \hat{q}_{\mathrm{H}}} \tag{3.24}$$

であり，ここで現れる力学変数はすべて演算子である．q と p に対応する演算子 $\hat{q}_{\mathrm{H}} = \hat{q}_{\mathrm{H}}(t)$ と $\hat{p}_{\mathrm{H}} = \hat{p}_{\mathrm{H}}(t)$ は，ハイゼンベルク演算子とよばれる．ここで，同時刻正準交換関係

$$[\hat{q}_{\mathrm{H}}, \hat{p}_{\mathrm{H}}] = i\hbar \tag{3.25}$$

を用いると，次の関係を示すことができる．

$$\begin{aligned}
[\hat{q}_{\mathrm{H}}, \hat{q}_{\mathrm{H}}^m \hat{p}_{\mathrm{H}}^n] &= [\hat{q}_{\mathrm{H}}, \hat{q}_{\mathrm{H}}^m]\hat{p}_{\mathrm{H}}^n + \hat{q}_{\mathrm{H}}^m[\hat{q}_{\mathrm{H}}, \hat{p}_{\mathrm{H}}^n] \\
&= \hat{q}_{\mathrm{H}}^m[\hat{q}_{\mathrm{H}}, \hat{p}_{\mathrm{H}}^n] \\
&= \hat{q}_{\mathrm{H}}^m([\hat{q}_{\mathrm{H}}, \hat{p}_{\mathrm{H}}]\hat{p}_{\mathrm{H}}^{n-1} + \hat{p}_{\mathrm{H}}[\hat{q}_{\mathrm{H}}, \hat{p}_{\mathrm{H}}^{n-1}]) \\
&= \hat{q}_{\mathrm{H}}^m(i\hbar \hat{p}_{\mathrm{H}}^{n-1} + \hat{p}_{\mathrm{H}}[\hat{q}_{\mathrm{H}}, \hat{p}_{\mathrm{H}}^{n-1}])
\end{aligned} \tag{3.26}$$

ここで，m と n は演算子のべき乗の指数を表す正の整数である．また，この導出の中で，任意の演算子に対して成り立つ関係式

$$[\hat{A}, \hat{B}\hat{C}] = [\hat{A}, \hat{B}]\hat{C} + \hat{B}[\hat{A}, \hat{C}] \tag{3.27}$$

を用いた（前章の演習問題を参照）．これを繰り返すと

$$[\hat{q}_{\mathrm{H}}, \hat{q}_{\mathrm{H}}^m \hat{p}_{\mathrm{H}}^n] = i\hbar n \hat{q}_{\mathrm{H}}^m \hat{p}_{\mathrm{H}}^{n-1} = i\hbar \frac{\partial}{\partial \hat{p}_{\mathrm{H}}}(\hat{q}_{\mathrm{H}}^m \hat{p}_{\mathrm{H}}^n) \tag{3.28}$$

を得る．同様に，次の関係も示すことができる．

$$[\hat{p}_{\mathrm{H}}, \hat{q}_{\mathrm{H}}^m \hat{p}_{\mathrm{H}}^n] = -i\hbar m \hat{q}_{\mathrm{H}}^{m-1} \hat{p}_{\mathrm{H}}^n = -i\hbar \frac{\partial}{\partial \hat{q}_{\mathrm{H}}}(\hat{q}_{\mathrm{H}}^m \hat{p}_{\mathrm{H}}^n) \tag{3.29}$$

任意の正則関数 $f(q, p)$ はテイラー展開が可能であるから，(3.28) と (3.29) を用いて，

$$[\hat{q}_{\mathrm{H}}, f(\hat{q}_{\mathrm{H}}, \hat{p}_{\mathrm{H}})] = i\hbar \frac{\partial}{\partial \hat{p}_{\mathrm{H}}} f(\hat{q}_{\mathrm{H}}, \hat{p}_{\mathrm{H}}) \tag{3.30}$$

$$[\hat{p}_{\mathrm{H}}, f(\hat{q}_{\mathrm{H}}, \hat{p}_{\mathrm{H}})] = -i\hbar \frac{\partial}{\partial \hat{q}_{\mathrm{H}}} f(\hat{q}_{\mathrm{H}}, \hat{p}_{\mathrm{H}}) \tag{3.31}$$

を示すことができる．したがって，(3.23) と (3.24) は，交換子を用いて次のような式に書き換えることができる．

$$\frac{d\hat{q}_{\mathrm{H}}}{dt} = -\frac{i}{\hbar}[\hat{q}_{\mathrm{H}}, \hat{H}] \tag{3.32}$$

$$\frac{d\hat{p}_{\mathrm{H}}}{dt} = -\frac{i}{\hbar}[\hat{p}_{\mathrm{H}}, \hat{H}] \tag{3.33}$$

これらの式は $\hat{q}_{\mathrm{H}}$ と $\hat{p}_{\mathrm{H}}$ の時間発展を記述する基礎方程式であり，**ハイゼンベルク方程式**とよばれている．

一般に，$\hat{q}_{\mathrm{H}}$ と $\hat{p}_{\mathrm{H}}$ からなる演算子 $A(\hat{q}_{\mathrm{H}}, \hat{p}_{\mathrm{H}})$ に対しても

$$\frac{d\hat{A}_{\mathrm{H}}}{dt} = -\frac{i}{\hbar}[\hat{A}_{\mathrm{H}}, \hat{H}] \tag{3.34}$$

が成り立つことを示すことができ，これもハイゼンベルク方程式とよばれており，$\hat{A}_{\mathrm{H}}(t)$ が陽に時間を含む場合は次のようになる．

$$\frac{d\hat{A}_{\mathrm{H}}}{dt} = -\frac{i}{\hbar}[\hat{A}_{\mathrm{H}}, \hat{H}] + \frac{\partial\hat{A}_{\mathrm{H}}}{\partial t} \tag{3.35}$$

(3.34) に対する解は

$$\hat{A}_{\mathrm{H}}(t) = e^{\frac{i}{\hbar}(t-t_0)\hat{H}}\,\hat{A}_{\mathrm{H}}(t_0)e^{-\frac{i}{\hbar}(t-t_0)\hat{H}} \tag{3.36}$$

と表すことができる．ここで初めて§2.2 の (2.48) でみたユニタリー演算子の実例 $U(t) = e^{-\frac{i}{\hbar}(t-t_0)\hat{H}}$ が現れた．§2.2 で述べたように，$U(t) = e^{-\frac{i}{\hbar}(t-t_0)\hat{H}}$ のような演算子では，これをテイラー展開することによって t で微分することができるので，(3.36) が (2.48) を満たすことを証明することができる．

力学で初期条件が与えられると，運動方程式から時刻 t における物理量が求められるように，初期時刻 t_0 における状態 $|\psi(t_0)\rangle$ がわかれば，時刻 t における物理量 $\hat{A}_{\mathrm{H}}(t)$ の期待値は次のように求めることができる．

$$\begin{aligned}\langle\psi(t_0)|\hat{A}_{\mathrm{H}}(t)|\psi(t_0)\rangle &= \langle\psi(t_0)|e^{\frac{i}{\hbar}(t-t_0)\hat{H}}\,\hat{A}_{\mathrm{H}}(t_0)e^{-\frac{i}{\hbar}(t-t_0)\hat{H}}|\psi(t_0)\rangle \\ &= \langle\psi(t)|\hat{A}_{\mathrm{H}}(t_0)|\psi(t)\rangle\end{aligned} \tag{3.37}$$

ただし，$|\psi(t)\rangle$ は状態ベクトル（ケットベクトル）の時間発展を表すもので，

$$|\psi(t)\rangle = e^{-\frac{i}{\hbar}(t-t_0)\hat{H}}|\psi(t_0)\rangle \tag{3.38}$$

と与えられる．すなわち，状態ベクトル $|\psi(t)\rangle$ はユニタリー演算子 $U(t) = e^{-\frac{i}{\hbar}(t-t_0)\hat{H}}$ によって時間発展する．そして，この状態ベクトルに対して時

間微分を行うと

$$i\hbar\frac{\partial}{\partial t}|\psi(t)\rangle = \widehat{H}\,|\psi(t)\rangle \tag{3.39}$$

を得る．これは**シュレディンガー方程式**とよばれるものである．

(3.32) と (3.33) で表されるハイゼンベルク方程式と (3.39) で表されるシュレディンガー方程式は，数学的には同等のものである．ハイゼンベルク方程式が演算子 $\hat{q}_{\mathrm{H}}$ と $\hat{p}_{\mathrm{H}}$ の時間発展を追うのに対して，シュレディンガー方程式は状態を表すケットベクトルの時間発展を追っている．両者は数学的に同等であるから，それらがもたらす物理的な予言も同じになるのは当然のことである．

ハイゼンベルク方程式をもとにして物理現象を分析する方法を**ハイゼンベルク描像**といい，シュレディンガー方程式をもとにして物理現象を分析する方法を**シュレディンガー描像**とよんでいる．シュレディンガー描像での演算子を $\widehat{A}_{\mathrm{S}}$ のように添字 S を付けて表すと，ハイゼンベルク描像での演算子 $\widehat{A}_{\mathrm{H}}(t)$ とシュレディンガー描像での演算子 $\widehat{A}_{\mathrm{S}}$ の関係は (3.36) より

$$\widehat{A}_{\mathrm{H}}(t) = e^{\frac{i}{\hbar}(t-t_0)\widehat{H}}\,\widehat{A}_{\mathrm{S}}e^{-\frac{i}{\hbar}(t-t_0)\widehat{H}} \tag{3.40}$$

となる．ここで，$\widehat{A}_{\mathrm{H}}(t_0) = \widehat{A}_{\mathrm{S}}$ とした．これを用いれば，ハミルトニアン演算子は，$\widehat{H}(\hat{q}_{\mathrm{H}}, \hat{p}_{\mathrm{H}}) = \widehat{H}(\hat{q}_{\mathrm{S}}, \hat{p}_{\mathrm{S}})$ である．また，$\hat{q}_{\mathrm{S}}$ と $\hat{p}_{\mathrm{S}}$ は (3.25) と同じ正準交換関係を満たさなければならない（以下では，添字は省略する）．

シュレディンガー方程式を，より解析的にわかりやすい形に書き直してみよう．まず，座標の演算子 $\hat{q}$ の固有値 q をもつ固有状態を $|q\rangle$ として，(3.39) に，このブラベクトル $\langle q|$ を掛ける．このとき，$\mathbf{1} = \int dq'\,|q'\rangle\langle q'|$ を挟むと，シュレディンガー方程式は

$$i\hbar\frac{\partial}{\partial t}\langle q\,|\,\psi(t)\rangle = \int dq'\langle q\,|\,\widehat{H}(\hat{q}, \hat{p})\,|\,q'\rangle\langle q'\,|\,\psi(t)\rangle \tag{3.41}$$

となる．ここで，$\langle q\,|\,\psi(t)\rangle = \psi(q, t)$ とおけば

$$i\hbar\frac{\partial\psi(q, t)}{\partial t} = \int dq'\langle q\,|\,\widehat{H}(\hat{q}, \hat{p})\,|\,q'\rangle\psi(q', t) \tag{3.42}$$

となる．

ところで，任意の正則関数 $f(q)$ に対して

$$\frac{d}{dq}qf(q) = f(q) + q\frac{df(q)}{dq} \tag{3.43}$$

すなわち，

$$\left[q, \frac{d}{dq}\right]f(q) = -f(q) \tag{3.44}$$

が成り立つから，演算子 $\hat{p}$ を微分演算子とみなして

$$\hat{p} = -i\hbar\frac{d}{dq} \tag{3.45}$$

とおくと，

$$[\hat{q}, \hat{p}]f(q) = i\hbar f(q) \tag{3.46}$$

となる．(3.46) は任意の正則関数 $f(q)$ に対して成り立っているのだから，この置き換え (3.45) は正準交換関係 (3.21) にかなっている．

ここで，$\langle q|\hat{p}|q'\rangle = (\hbar/i)(d/dq)\delta(q-q')$ であることを考慮すれば，$\langle q|\hat{H}(\hat{q},\hat{p})|q'\rangle$ は対角要素しかもたず，次のように書けることがわかる．

$$\langle q|\hat{H}(\hat{q},\hat{p})|q'\rangle = H\left(q, \frac{\hbar}{i}\frac{d}{dq}\right)\delta(q-q') \tag{3.47}$$

したがって，(3.42) より部分積分によって得られる

$$i\hbar\frac{\partial\psi(q,t)}{\partial t} = H\left(q, \frac{\hbar}{i}\frac{\partial}{\partial q}\right)\psi(q,t) \tag{3.48}$$

は，シュレディンガー方程式の解析的表示になっており，**シュレディンガーの波動方程式**とよばれる．この方程式も単にシュレディンガー方程式とよばれることがあり，以下ではこれに従うことにする．また，関数 $\psi(q,t)$ は**波動関数**（wave function）とよばれている．

(3.48) で注目すべき点は，正準交換関係がすでに微分演算子の形で内包されているため，シュレディンガー方程式という微分方程式を解くだけで量子論的問題が解けてしまうというところにある．

質量 m の粒子に対するハミルトニアンは，§2.1 の (2.20) で定義したように，

$$H(\hat{q},\hat{p}) = \frac{\hat{p}^2}{2m} + V(\hat{q}) \tag{3.49}$$

である．ただし，ここでは1粒子が1次元運動する場合に限定し，粒子に加わる力のポテンシャルを $V(q)$ と書いた．このハミルトニアンをもとにして

(3.48) を具体的に書くと

$$i\hbar\frac{\partial\psi(q,t)}{\partial t} = -\frac{\hbar^2}{2m}\frac{\partial^2\psi(q,t)}{\partial q^2} + V(q)\psi(q,t) \tag{3.50}$$

となる．この微分方程式が，以下の章で用いるシュレディンガー方程式の基本型である．

実は，シュレディンガー方程式 (3.50) を書き下す簡便法がある．1 粒子系の全エネルギー E を与える式

$$E = \frac{p^2}{2m} + V(q) \tag{3.51}$$

において，次のような置き換え

$$E \to i\hbar\frac{\partial}{\partial t}, \qquad p \to -i\hbar\frac{\partial}{\partial q} \tag{3.52}$$

を行うと，(3.51) は演算子の式

$$i\hbar\frac{\partial}{\partial t} = -\frac{\hbar^2}{2m}\left(\frac{\partial}{\partial q}\right)^2 + V(q) \tag{3.53}$$

になる．この両辺を波動関数 ψ に作用させると，シュレディンガー方程式 (3.50) が得られるのである．この簡便法は，11.1.1 項で相対論的シュレディンガー方程式を書き下すときにも用いることができる．

前にも述べたように，(3.52) の第 2 式からは正準交換関係 (3.46) が得られ，第 1 式からは

$$[t, E] = -i\hbar \tag{3.54}$$

が得られる．この式は，(x, y, z, t) の中の第 4 番目の座標としての時間 t に対する正準交換関係になっている．

ここまでは，話を簡単にするために 1 次元の場合を考えてきたが，3 次元への拡張は容易で，ここで与えた諸式で正準変数 q, p をそれぞれ q_j, p_j $(j = 1, 2, 3)$ と置き換えればよい．また，正準交換関係は

$$[\hat{q}_j, \hat{p}_k] = i\hbar\delta_{jk} \tag{3.55}$$

となり，(3.45) は

$$\hat{p}_j = \frac{\hbar}{i}\frac{\partial}{\partial q_j} \tag{3.56}$$

となる．

§3.3　簡単な例題 —1次元調和振動子—

前節で，変分原理を土台としながら，正準交換関係に基づいて量子力学の基礎方程式を導いた．これですべての準備が整ったので，いろいろな問題を解くことができる．しかし，前節で与えられた定式化を眺めているだけでは量子力学の深い理解をすぐには得がたいので，具体的な問題を解くことによって，理論の細部の構造をみて体験することが望ましい．そこで，§1.4において前期量子論に基づいて議論した1次元調和振動子の問題を，今度は量子力学に基づいて解いてみよう．なお，振動子は固定端に取り付けられていて，質量が m，バネ定数は k とする．

調和振動子模型は，§1.4でみたような分子振動のエネルギー準位の問題に直接適用できるだけでなく，固体の比熱などの物性の問題や，場の量子論の定式化の際にも現れる広い応用範囲をもっている．

3.3.1　ハイゼンベルク描像による取り扱い

1次元調和振動子に加わる力は，(1.31) で与えられているように $-kq$ であり，この力に対するポテンシャルは $kq^2/2$ である．したがって，ラグランジアンは，

$$L = \frac{m}{2}\dot{q}^2 - \frac{k}{2}q^2 \tag{3.57}$$

となる．q に正準共役な運動量は，(2.14) によって

$$p = m\dot{q} \tag{3.58}$$

なので，ハミルトニアン演算子は (2.15) より

$$\hat{H} = \frac{\hat{p}^2}{2m} + \frac{k}{2}\hat{q}^2 \tag{3.59}$$

となる．

座標 $\hat{q}(t)$ とそれに正準共役な運動量 $\hat{p}(t)$ は，正準交換関係

$$[\hat{q}(t), \hat{p}(t)] = i\hbar \tag{3.60}$$

を満たすということに注意しながら計算を進める．この正準交換関係を用いると，(3.27) により，ハイゼンベルク方程式 (3.32) と (3.33) は，

$$\frac{d\hat{q}(t)}{dt} = -\frac{i}{\hbar}[\hat{q}(t), \hat{H}] = -\frac{i}{\hbar}\left[\hat{q}(t), \frac{1}{2m}\hat{p}^2(t)\right] = \frac{\hat{p}(t)}{m} \quad (3.61)$$

$$\frac{d\hat{p}(t)}{dt} = -\frac{i}{\hbar}[\hat{p}(t), \hat{H}] = -\frac{i}{\hbar}\left[\hat{p}(t), \frac{k}{2}\hat{q}^2(t)\right] = -k\,\hat{q}(t) \quad (3.62)$$

となり，確かに演算子がハミルトンの正準方程式 (2.18) と同じ方程式を満足することがわかる．

簡単な計算によって，ハミルトニアン (3.59) は次のように書き換えられる．

$$\hat{H} = \frac{1}{2m}\{\sqrt{mk}\,\hat{q}(t) - i\,\hat{p}(t)\}\{\sqrt{mk}\,\hat{q}(t) + i\,\hat{p}(t)\} - i\frac{1}{2}\sqrt{\frac{k}{m}}\,[\hat{q}(t), \hat{p}(t)] \quad (3.63)$$

ここで，$\hat{q}(t)$ と $\hat{p}(t)$ は演算子なので，途中の演算では可換でないことを考慮し，(3.63) の第2項が現れることに注意する．このとき，(3.63) はさらに次のように書き換えられる．

$$\hat{H} = \frac{1}{2m}\{m\omega\,\hat{q}(t) + i\,\hat{p}(t)\}^{\dagger}\{m\omega\,\hat{q}(t) + i\,\hat{p}(t)\} + \frac{1}{2}\hbar\omega \quad (3.64)$$

なお，$\omega = \sqrt{k/m}$ であり，† はエルミート共役を表す．

いま，演算子 $\hat{a}(t)$ とそのエルミート共役 $\hat{a}^{\dagger}(t)$ を

$$\hat{a}(t) = \frac{m\omega\,\hat{q}(t) + i\,\hat{p}(t)}{\sqrt{2m\omega\hbar}} \quad (3.65)$$

$$\hat{a}^{\dagger}(t) = \frac{m\omega\,\hat{q}(t) - i\,\hat{p}(t)}{\sqrt{2m\omega\hbar}} \quad (3.66)$$

によって定義すると，その交換関係は

$$[\hat{a}(t), \hat{a}^{\dagger}(t)] = 1 \quad (3.67)$$

となり，ハミルトニアンは

$$\hat{H} = \left(\hat{N} + \frac{1}{2}\right)\hbar\omega, \qquad \hat{N} = \hat{a}^{\dagger}(t)\,\hat{a}(t) \quad (3.68)$$

という簡単な形に書くことができる．

次に，座標 $\hat{q}(t)$ とそれに正準共役な運動量 $\hat{p}(t)$ に対するハイゼンベルク方程式 (3.32) と (3.33) を用いて，(3.65) と (3.66) で定義した $\hat{a}(t)$ と $\hat{a}^{\dagger}(t)$ に対する方程式を求めると，

$$\frac{d\hat{a}(t)}{dt} = -i\omega\,\hat{a}(t), \qquad \frac{d\hat{a}^\dagger(t)}{dt} = i\omega\,\hat{a}^\dagger(t) \tag{3.69}$$

となる．この解は，

$$\hat{a}(t) = \hat{a}(0)e^{-i\omega t}, \qquad \hat{a}^\dagger(t) = \hat{a}^\dagger(0)e^{i\omega t} \tag{3.70}$$

となり，これより $\hat{q}(t), \hat{p}(t)$ が

$$\hat{q}(t) = \sqrt{\frac{\hbar}{2m\omega}}\{\hat{a}(0)e^{-i\omega t} + \hat{a}^\dagger(0)e^{i\omega t}\} \tag{3.71}$$

$$\hat{p}(t) = -i\sqrt{\frac{m\omega\hbar}{2}}\{\hat{a}(0)e^{-i\omega t} - \hat{a}^\dagger(0)e^{i\omega t}\} \tag{3.72}$$

と求められる．

これらの式をみると $\hat{a}(t), \hat{a}^\dagger(t)$，したがって，$\hat{q}(t), \hat{p}(t)$ は定常的な振動状態にあることがわかる．また，ハミルトニアン (3.68) が演算子 $a(0)$，$a^\dagger(0)$ で表されることから，いま考えている１次元調和振動子の問題は，以下でみるように定常状態における固有値問題に帰着する．

簡単のために，$\hat{a}(0) = \hat{a}, \hat{a}^\dagger(0) = \hat{a}^\dagger$ とおくと，

$$\hat{H} = \left(\hat{N} + \frac{1}{2}\right)\hbar\omega, \qquad \hat{N} = \hat{a}^\dagger(t)\hat{a}(t) = \hat{a}^\dagger\hat{a} \tag{3.73}$$

となり，ハミルトニアン演算子は，時間発展をしないことがわかる．$\hat{a}$ と $\hat{a}^\dagger$ に対する交換関係も改めて書くと，

$$[\hat{a}, \hat{a}^\dagger] = 1 \tag{3.74}$$

である．

(3.73) の形をみると，§1.4 における経験から，演算子 $\hat{N}$ の固有値は $n = 0, 1, 2, 3, \cdots$ なのではないかと推測されるであろう．その推測は見事に当たっていることを以下で証明しよう．

いま，演算子 $\hat{N}$ の規格化された固有ケットベクトルを $|\alpha\rangle$ とし，固有値を α とすると，

$$\hat{N}|\alpha\rangle = \alpha|\alpha\rangle \tag{3.75}$$

である．このとき，$\alpha \geq 0$ を示すことができる．なぜなら，

$$\langle\alpha|\hat{N}|\alpha\rangle = \alpha\langle\alpha|\alpha\rangle = \alpha \tag{3.76}$$

より，

$$\alpha = \langle\alpha|\hat{a}^\dagger\hat{a}|\alpha\rangle = \|\hat{a}|\alpha\rangle\|^2 \geqq 0 \tag{3.77}$$

となるからである．ここで，$\|\hat{a}|\alpha\rangle\|$ はケットベクトル $\hat{a}|\alpha\rangle$ のノルムを表す．

固有値 α の最低値は0となることができるとし，それに対応した固有ケットベクトル $|0\rangle$ が存在するものとする．このとき，固有値 α は整数値 $0, 1, 2, 3, \cdots$ をとることを示すことができる．そのため，まず次のことをみておこう．

$$\hat{N}\hat{a}|\alpha\rangle = (\hat{a}\hat{N} - \hat{a})|\alpha\rangle = (\alpha - 1)\hat{a}|\alpha\rangle \tag{3.78}$$

$$\hat{N}\hat{a}^\dagger|\alpha\rangle = (\hat{a}^\dagger\hat{N} + \hat{a}^\dagger)|\alpha\rangle = (\alpha + 1)\hat{a}^\dagger|\alpha\rangle \tag{3.79}$$

すなわち，$\hat{a}|\alpha\rangle$ は $\hat{N}$ の固有値が $\alpha - 1$ の固有ベクトル，$\hat{a}^\dagger|\alpha\rangle$ は $\hat{N}$ の固有値が $\alpha + 1$ の固有ベクトルであることがわかる．いい換えれば，$\hat{a}^\dagger$ と $\hat{a}$ は $\hat{N}$ の固有値をそれぞれ1だけ増減する演算子である．このため，演算子 $\hat{a}^\dagger$，$\hat{a}$ のことを**昇降演算子**とよんでいる．

上の仮定により，

$$\hat{N}|0\rangle = 0 \tag{3.80}$$

なるケットベクトル $|0\rangle$ が存在し，このケットベクトル $|0\rangle$ に対しては，それ以上固有値を下げることはできないから，

$$\hat{a}|0\rangle = 0 \tag{3.81}$$

である．固有値の最低値を与えるケットベクトル $|0\rangle$ に対して，$\hat{a}^\dagger|0\rangle$, $\hat{a}^\dagger\hat{a}^\dagger|0\rangle, \hat{a}^\dagger\hat{a}^\dagger\hat{a}^\dagger|0\rangle, \cdots$ を考えると，それらは $\hat{N}$ の固有値が $1, 2, 3, \cdots$ の固有ベクトルであることがわかる．これらの固有ケットベクトルすべてが完全系をなしているので，$\hat{N}$ の固有値 α は整数値 $0, 1, 2, 3, \cdots$ をとることが示せたことになる．

ここで，固有値 $\alpha = 0, 1, 2, 3, \cdots = n$ に対する固有ケットベクトル $|n\rangle$ は，上の議論から，

$$|n\rangle = A_n(\hat{a}^\dagger)^n|0\rangle \tag{3.82}$$

と書けることがわかる．ここで，A_n は規格化のための定数である．規格化定数 A_n を決めるために，

$$1 = \langle n|n\rangle = |A_n|^2\langle 0|\hat{a}^n\hat{a}^{\dagger n}|0\rangle \tag{3.83}$$

を計算すると，交換関係 (3.74) を用いて

$$\langle 0|\hat{a}^n\hat{a}^{\dagger n}|0\rangle = n!\langle 0|0\rangle \tag{3.84}$$

を示すことができる（章末の演習問題を参照）．ここで，ケットベクトル

$|0\rangle$ は規格化されているとすると $A_0 = 1$ となるので，(3.83) と (3.84) により

$$A_n = \frac{1}{\sqrt{n!}} \tag{3.85}$$

が得られる．ここで，A_n は実数であるとした．

以上の考察から，ハミルトニアン (3.73) の固有値 E_n（エネルギー準位）は

$$E_n = \left(n + \frac{1}{2}\right)\hbar\omega \tag{3.86}$$

であることがわかる．この結果は，§1.4 でボーア-ゾンマーフェルトの量子化条件をもとにして得た結果と比べて，定数項 $\hbar\omega/2$ だけが違っている．この定数項は**零点エネルギー**とよばれるもので，基底状態でも量子効果で振動があり，エネルギーがゼロにならないために生じるものである．

1 次元調和振動子のすべての固有状態（ケットベクトル $|n\rangle$）が (3.82) と (3.85) によって与えられたから，すべての演算子の無限次元行列表示を求めることができる．また行列要素は，演算子をブラベクトル $\langle n'|$ とケットベクトル $|n\rangle$ で挟むことによって次のように求められる．

$$\hat{a} = \begin{pmatrix} 0 & \sqrt{1} & 0 & 0 & 0 & \cdot \\ 0 & 0 & \sqrt{2} & 0 & 0 & \cdot \\ 0 & 0 & 0 & \sqrt{3} & 0 & \cdot \\ 0 & 0 & 0 & 0 & \sqrt{4} & \cdot \\ \cdot & \cdot & \cdot & \cdot & \cdot & \cdot \end{pmatrix} \tag{3.87}$$

$$\hat{a}^\dagger = \begin{pmatrix} 0 & 0 & 0 & 0 & 0 & \cdot \\ \sqrt{1} & 0 & 0 & 0 & 0 & \cdot \\ 0 & \sqrt{2} & 0 & 0 & 0 & \cdot \\ 0 & 0 & \sqrt{3} & 0 & 0 & \cdot \\ \cdot & \cdot & \cdot & \cdot & \cdot & \cdot \end{pmatrix} \tag{3.88}$$

したがって，(3.71) と (3.72) より

$$\hat{q}(0) = \sqrt{\frac{\hbar}{2m\omega}} \begin{pmatrix} 0 & \sqrt{1} & 0 & 0 & 0 & \cdot \\ \sqrt{1} & 0 & \sqrt{2} & 0 & 0 & \cdot \\ 0 & \sqrt{2} & 0 & \sqrt{3} & 0 & \cdot \\ 0 & 0 & \sqrt{3} & 0 & \sqrt{4} & \cdot \\ \cdot & \cdot & \cdot & \cdot & \cdot & \cdot \end{pmatrix} \tag{3.89}$$

$$\hat{p}(0) = -i\sqrt{\frac{\hbar m\omega}{2}}\begin{pmatrix} 0 & \sqrt{1} & 0 & 0 & 0 & \cdot \\ -\sqrt{1} & 0 & \sqrt{2} & 0 & 0 & \cdot \\ 0 & -\sqrt{2} & 0 & \sqrt{3} & 0 & \cdot \\ 0 & 0 & -\sqrt{3} & 0 & \sqrt{4} & \cdot \\ \cdot & \cdot & \cdot & \cdot & \cdot & \cdot \end{pmatrix} \tag{3.90}$$

となり，当然のことながら，これらの演算子は交換関係 (3.60) と (3.74) を満たしている．

3.3.2 シュレディンガー描像による取り扱い

シュレディンガー描像における1次元調和振動子のハミルトニアンは

$$H\left(q, \frac{\hbar}{i}\frac{\partial}{\partial q}\right) = -\frac{\hbar^2}{2m}\frac{\partial^2}{\partial q^2} + \frac{k}{2}q^2 \tag{3.91}$$

である．したがって，シュレディンガー方程式は

$$i\hbar\frac{\partial\psi(q,t)}{\partial t} = \left(-\frac{\hbar^2}{2m}\frac{\partial^2}{\partial q^2} + \frac{k}{2}q^2\right)\psi(q,t) \tag{3.92}$$

となる．ハミルトニアンは時間 t を陽には含まないので，$\psi(q,t) = \varphi(q)\chi(t)$ とおいて変数分離形で (3.92) を解くことができ，

$$\frac{i\hbar}{\chi(t)}\frac{d\chi(t)}{dt} = \frac{1}{\varphi(q)}\left(-\frac{\hbar^2}{2m}\frac{d^2}{dq^2} + \frac{k}{2}q^2\right)\varphi(q) = E \tag{3.93}$$

と書き直すことができる．この式において，左辺第1項は t のみの関数，左辺第2項は q のみの関数，右辺はハミルトニアンの固有値なので定数である．

よって，変数分離法により

$$i\hbar\frac{d\chi}{dt} = E\chi \tag{3.94}$$

$$\left(-\frac{\hbar^2}{2m}\frac{d^2}{dq^2} + \frac{k}{2}q^2\right)\varphi(q) = E\varphi(q) \tag{3.95}$$

が得られ，この (3.94) から直ちに

$$\chi(t) = \chi(0)e^{-iEt/\hbar} \tag{3.96}$$

が求まり，(3.96) は定常状態を表していることがわかる．

(3.95)は，エネルギー準位 E と波動関数 $\varphi(q)$ の q 依存性を与える式である．この2階線形常微分方程式を解くに当たり，まず，式の見通しをよくす

るために

$$q = \left(\frac{\hbar^2}{mk}\right)^{1/4}\xi \tag{3.97}$$

とおくと

$$\frac{d^2\varphi}{d\xi^2} + (\lambda - \xi^2)\varphi = 0 \tag{3.98}$$

となる．ただし，

$$\lambda = \frac{2E}{\hbar}\sqrt{\frac{m}{k}} \tag{3.99}$$

である．

これから常微分方程式 (3.98) を解くために，まず，$\xi \to \infty$ $(q \to \infty)$ における解の振る舞いを調べる．$\xi^2 \gg \lambda$ だから λ の項を無視すると，(3.98) は

$$\frac{d^2\varphi}{d\xi^2} = \xi^2\varphi \tag{3.100}$$

となる．ξ が非常に大きいところでの (3.100) の解の振る舞いは $\varphi \sim e^{\pm\xi^2/2}$ と表せることがわかるが，いま考えている1次元調和振動子は束縛状態なのだから，解は $\xi \to \infty$ で減少しなければならない（第5章を参照）．したがって，指数がマイナスの方を選択して

$$\varphi \propto e^{-\xi^2/2} \tag{3.101}$$

であるべきである．そこで，

$$\varphi = e^{-\xi^2/2}f(\xi) \tag{3.102}$$

とおいて，(3.98) を変形してみると

$$\frac{d^2f}{d\xi^2} - 2\xi\frac{df}{d\xi} + (\lambda - 1)f = 0 \tag{3.103}$$

となる．これは，エルミートの微分方程式としてよく知られたものである．

いまは1次元調和振動子という束縛状態の問題を考えているのだから，$\varphi(\xi)$ は遠方で減少していなければならず，そのためには，(3.102) で定義される $f(\xi)$ は有限項の多項式でなければならない（無限項の多項式を許せば，遠方で指数関数的に増大するものも入ってくる（付録 A.2.1 を参照））．

エルミートの微分方程式 (3.103) の解 $f(\xi)$ が有限項の多項式になるのは，

$$\lambda - 1 = 2n \qquad (n = 0, 1, 2, 3, \cdots) \tag{3.104}$$

の場合に限られる．このとき得られる解は，次のようなエルミート多項式 $H_n(\xi)$ となることが知られている[4]．

$$H_n(\xi) = (-1)^n e^{\xi^2} \frac{d^n}{d\xi^n} e^{-\xi^2} \tag{3.105}$$

したがって，最終的に1次元調和振動子の波動関数は

$$\varphi_n(\xi) = A_n e^{-\xi^2/2} H_n(\xi) \tag{3.106}$$

となる．ここで，波動関数 φ は n ごとに異なるので，添字 n を付けた．また，A_n は規格化定数であるが，エルミート多項式が満たす条件である付録の A.2.1 項の (A.72) を使って，

$$A_n^2 = \frac{1}{2^n n!}\sqrt{\frac{m\omega}{\pi\hbar}} \tag{3.107}$$

と求まる．波動関数の物理的解釈と規格化については，第4章で詳しく述べる．(3.104) に (3.99) を代入すると，エネルギー準位が求まる．

$$E_n = \left(n + \frac{1}{2}\right)\hbar\omega \tag{3.108}$$

この結果は，ハイゼンベルク描像の下で計算した結果 (3.86) と完全に一致している．

以下，参考のために，n の小さいところでのエルミート多項式の具体形を書き並べておこう．

$$H_0(\xi) = 1, \qquad H_1(\xi) = 2\xi, \qquad H_2(\xi) = -2 + 4\xi^2,$$
$$H_3(\xi) = -12\xi + 8\xi^3, \qquad H_4(\xi) = 12 - 48\xi^2 + 16\xi^4, \qquad \cdots$$

これを図にすると図3.1のようになる．

最後に，ハイゼンベルク描像で求めた固有ケットベクトル (3.82) との関係をみてみると，

$$\varphi_n(q) = \langle q | n \rangle = \frac{1}{\sqrt{n!}} \langle q | (a^\dagger)^n | 0 \rangle \tag{3.109}$$

4） エルミート多項式については，異なる定義がされている場合がある．例えば，「岩波 数学公式Ⅲ」（岩波書店）では，

$$H_n(\xi) = (-1)^n e^{\xi^2/2} \frac{d^n}{d\xi^n} e^{-\xi^2/2}$$

のように定義されている．

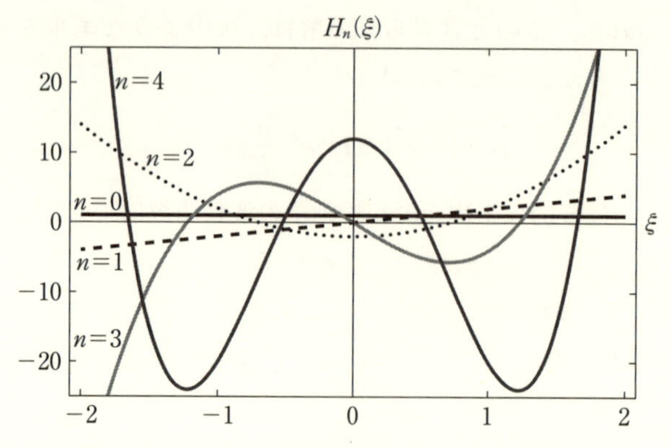

図 3.1　エルミート多項式 $H_n(\xi)$（$n=0, 1, 2, 3, 4$）

となり，基底状態の波動関数を用いると

$$\varphi_0(q) = \langle q|0\rangle = \left(\frac{m\omega}{\pi\hbar}\right)^{1/4} \exp\left(-\frac{m\omega}{2\hbar}q^2\right) \tag{3.110}$$

のように対応する．(3.71) と (3.72) より

$$\hat{a} = \sqrt{\frac{m\omega}{2\hbar}}\left\{\hat{q}(0) + i\frac{1}{m\omega}\hat{p}(0)\right\} \tag{3.111}$$

$$\hat{a}^\dagger = \sqrt{\frac{m\omega}{2\hbar}}\left\{\hat{q}(0) - i\frac{1}{m\omega}\hat{p}(0)\right\} \tag{3.112}$$

となるので，

$$\begin{aligned} \langle q|\hat{a}|0\rangle &= \sqrt{\frac{m\omega}{2\hbar}}\left(q + \frac{\hbar}{m\omega}\frac{d}{dq}\right)\left(\frac{m\omega}{\pi\hbar}\right)^{1/4} \exp\left(-\frac{m\omega}{2\hbar}q^2\right) \\ &= 0 \end{aligned} \tag{3.113}$$

を確かめることができる．

また，(3.109) の右辺は，

$$\frac{1}{\sqrt{n!}}\langle q|(\hat{a}^\dagger)^n|0\rangle = \frac{1}{\sqrt{n!}}\left(\frac{m\omega}{2\hbar}\right)^{n/2}\left(q - \frac{\hbar}{m\omega}\frac{d}{dq}\right)^n\left(\frac{m\omega}{\pi\hbar}\right)^{1/4} \exp\left(-\frac{m\omega}{2\hbar}q^2\right) \tag{3.114}$$

となる．ここで，

$$q - \frac{\hbar}{m\omega}\frac{d}{dq} = -\frac{\hbar}{m\omega}\exp\left(\frac{m\omega}{2\hbar}q^2\right)\frac{d}{dq}\exp\left(-\frac{m\omega}{2\hbar}q^2\right) \tag{3.115}$$

であるから，エルミート多項式の定義 (3.105) を用いると，(3.109) の右辺は，

$$\frac{1}{\sqrt{n!}}\langle q|(\hat{a}^{\dagger})^{n}|0\rangle = \frac{1}{\sqrt{n!2^{n}}}\left(\frac{m\omega}{\pi\hbar}\right)^{1/4}H_{n}\left(\sqrt{\frac{m\omega}{\hbar}}q\right)\exp\left(-\frac{m\omega}{2\hbar}q^{2}\right)$$
$$= \varphi_{n}(q) \tag{3.116}$$

となり，(3.109) の対応関係が正しいことを確かめることができる．

演習問題

［**1**］ $\hat{a}$ と $\hat{a}^{\dagger}$ を1次元調和振動子の昇降演算子としたとき，$\langle 0|\hat{a}^{n}\hat{a}^{\dagger n}|0\rangle = n!$ を証明せよ．

［**2**］ 1次元調和振動子のエネルギー固有状態 $|n\rangle$ が $\langle m|n\rangle = \delta_{mn}$ のように規格化されているとして，次の式を証明せよ．

$$\hat{a}|n\rangle = \sqrt{n}\,|n-1\rangle \tag{3.117}$$
$$\hat{a}^{\dagger}|n\rangle = \sqrt{n+1}\,|n+1\rangle \tag{3.118}$$

［**3**］ (3.71) と (3.72) を用いて，$\langle n|\hat{q}^{2}(t)|n\rangle$ と $\langle n|\hat{p}^{2}(t)|n\rangle$ を求めよ．

［**4**］ 1次元調和振動子の波動関数 (3.110) を用いて，

$$\langle 0|\hat{q}^{2}|0\rangle = \int_{-\infty}^{\infty}dq\,\varphi_{0}(q)^{*}q^{2}\varphi_{0}(q)$$
$$\langle 0|\hat{p}^{2}|0\rangle = \int_{-\infty}^{\infty}dq\,\varphi_{0}(q)^{*}\left(-i\hbar\frac{d}{dq}\right)^{2}\varphi_{0}(q)$$

を計算し，前問の答えと一致することを確かめよ．

4 量子力学の基本概念

本章では，量子力学を適用する際に必要となる基本的概念（波動関数の確率解釈，重ね合わせの原理，定常状態など）や量子力学の下で現れる新たな問題（不確定性関係）について解説する．§4.8 以降では，角運動量の量子論的取り扱いを示し，これが第6章の群論的考察への導入的役目を果たすことになる．

§4.1 確率解釈

シュレディンガー描像では，波動関数 $\psi(\boldsymbol{q}, t)$ という概念が現れた．3.3.2 項でみたように，シュレディンガー方程式を解いていくことによって，1次元調和振動子のエネルギー準位が正しく求められ，各エネルギー準位に対応した波動関数（固有関数）が求められた．これらの固有関数は，あるエネルギー準位を占めている電子の状態を表す波動だと考えられる．そもそも，波動関数とは一体何なのだろうか．ここでは，さらに深く追求してみよう．

ド・ブロイは，電子が波動的であるという仮説を提示した．この考えに沿って波動方程式を導出したシュレディンガーは，電子の電荷は空間的に広がっていると考え，時刻 t に位置 $\boldsymbol{q}$ にある電子の電荷密度は，

$$-e\psi(\boldsymbol{q}, t)^*\psi(\boldsymbol{q}, t) = -e|\psi(\boldsymbol{q}, t)|^2 \tag{4.1}$$

で与えられると考えた．この着想は，波動としての電子の状態を表すシュレディンガー方程式と，電磁波の状態を表すマクスウェル方程式が，対応し合っているという考えに基づいている．実際，真空中での電磁波のエネルギー

密度は

$$\frac{\varepsilon_0}{2}\boldsymbol{E}^2 + \frac{\mu_0}{2}\boldsymbol{H}^2 \tag{4.2}$$

で与えられることは電磁気学でよく知られた事実である．ここで，$\boldsymbol{E}$，$\boldsymbol{H}$ は電場および磁場であり，ε_0，μ_0 は真空の誘電率および真空の透磁率である．確かに，波動場 ϕ と $\boldsymbol{E}$，$\boldsymbol{H}$ の絶対値の 2 乗になっているという意味で (4.2) の表式は (4.1) に類似しているようにみえる．

しかしながら，このような考え方は，実験事実と相容れないことが直ちに指摘された．なぜなら，スクリーン上に飛び込んできた 1 個の電子の痕跡や霧箱の中を通過する電子の軌跡を観測すると，明らかに点状であって空間的な広がりをもっていないし，また，1 個 1 個の電子を波動とみて，1 つの電子の波動を分割して 2 個の電子ができるかといえば，そのようなことはできないからである．

デビスン-ジャーマーの実験によって電子は明らかに回折像を示しているから，「だから波動的だといったではないか」と反論する人がいるかもしれないが，あの実験では，1 個 1 個の電子を実在の波動とみなしているわけではない．あの回折像がどのようにして生じたかというと，1 個の電子が回折像をつくったのではなくて，次から次へと飛来する電子がスクリーン上のあちこちに点状の痕跡を残し，それらの多数の痕跡が集まってできた映像パターン（痕跡の濃淡）が，電子のド・ブロイ波長に対応した回折像になっているのである．

では，どうして，スクリーン上で点状にみえる電子が最終的に回折像を生じたのであろうか．それは，ニッケル板に向かって次々と入射する電子がニッケル板で散乱されるときに，何らかの理由で，個々の電子の散乱方向が，ある確率で決まってくるからである．散乱されて次々と飛来する電子はスクリーン上に点状の痕跡を無数に残すが，その痕跡のパターンには濃淡があって，それが電子のド・ブロイ波長に対応した回折像になっているのである．

シュレディンガーは，1 個の電子に対する波動関数を多数の光子が形成する電磁波と同等と考えて，(4.1) で定義した波動関数の絶対値の 2 乗を電子の空間的電荷密度とみなしたが，上で述べたように，現実と矛盾している．

そこでボルン（Max Born）は，1926年に，電子の波動関数を実在波と考えるのではなくて，関数空間で定義された確率波だとみなすことにした．ボルンがこの考えに到ったのには，以下で述べるような理由がある．

ボルンは，原子による電子の散乱問題をシュレディンガー方程式に従って解こうとして，散乱波を表す波動関数（散乱振幅）の絶対値の2乗が，電子が散乱される確率（現在の言葉に直せば「散乱の微分断面積」）になっていることに気が付いた[1)]．そこで，一般に，1個1個の電子を考えるときには，電子の波動関数の絶対値の2乗

$$\psi(\boldsymbol{q}, t)^* \psi(\boldsymbol{q}, t) = |\psi(\boldsymbol{q}, t)|^2 \tag{4.3}$$

は，電子が位置 $\boldsymbol{q}$ で見出される確率を示しているのではないかと推測した．

また，アインシュタインの光量子仮説によって，当時，すでに光の粒子像は一般に認められていたが，アインシュタインは，なぜ電磁場を光子の集合体であると考えていいのかについて，深く考えを巡らしていたようである．それを表すかのように，電磁波をある種の確率波だとする独自のアイデアを抱いていた証拠がある．この点については，11.1.3項のコラム「ルップ事件」も参照されたい[2)]．そして，アインシュタインのアイデアに接したボルンは，直ちに，電磁場に対するこの考えは，そのまま電子の波動関数にも当てはまると考え，波動関数の絶対値の2乗 (4.3) は電子を見出す確率だと考えてよいと確信するようになった[3)]．

これらのヒントを総合して，ボルンは次のような仮説に到達した．

> 波動関数の絶対値の2乗 $|\psi(\boldsymbol{q}, t)|^2$ は，電子が時刻 t に位置 $\boldsymbol{q}$ にいる確率密度（単位体積当たりに電子を見出す確率）を与える．

この考え方は，波動関数に対するボルンの**確率解釈**とよばれている．

電子を全空間にわたって探せば，必ずみつかるはずであるから，(4.3) を全空間で積分したものは1となるべきである．すなわち，

1）　M. Born : Zeitschrift für Physik **37** (1926) 863.

2）　J. van Dongen : Historical Studies in the Physical and Biological Sciences **37** (2007) Suppl. 121.

3）　M. Born : Nobel Lecture (1954), http://www.nobelprize.org/

$$\int |\psi(\boldsymbol{q}, t)|^2 \, d^3q = 1 \tag{4.4}$$

は，波動関数の規格化定数を決める式になる．ただし，波動関数が全空間に広がっていて，遠方で十分速く減少しない場合は，(4.4) が発散することもある．§4.6では，そのような場合の取り扱いについて具体的に述べることにする．

ボルンの凡ミス

ボルンは，量子力学の創生期に大活躍した人である．彼の業績の中でも特に重要なのは，波動関数に確率波としての解釈を与えたことであろう．その原論文はドイツ語で書かれていて，表題は「散乱の量子力学について」となっている[4]．この論文の中で，彼は原子による電子の散乱現象をシュレディンガーの波動方程式に従って分析しており，散乱波を表す波動関数の表式を導いた後，「この波動関数（散乱振幅）が電子散乱の確率を与える」と書いている．

この論文を投稿した後で，自分で気が付いたのか，誰か他の人（例えば論文誌のレフェリー）に指摘されたのかはわからないが，慌てて，「この波動関数（散乱振幅）の絶対値の2乗が」という修正を施している．この修正は本文の印刷には間に合わなかったのか，校正時脚注 (Anmerkung bei der Korrectur) となっている．

物理学の歴史に残るこんな重大なことが脚注で助かったとは面白い．これがボルンの発見の重大性を損なうものではないが，やはりボルンも人の子ということだろうか．この業績により（この脚注のおかげで），彼は1954年のノーベル物理学賞を受賞した．受賞理由は，「量子力学，特に波動関数の確率解釈の提唱」であった．

電子の波動関数に対するボルンの確率解釈は，量子力学の基本的な仮定である．この仮定は，電子の波動性と粒子性という二重性の問題に深く関わっている．また，光子の波動性と粒子性という二重性にも直接関係しており，さらに，一般には，ド・ブロイの物質波そのものが確率波であることを物語

4） M. Born : Zeitschrift für Physik **37** (1926) 863.

っている．この問題に関しては，第10章と第11章でさらに詳しく述べることにする．

§4.2　電子線の干渉実験

シュレディンガーの波動関数は，電子そのものを波動として表しているのではなく，電子の挙動を支配する確率波であるということを前節で述べた．この確率波の意味をより一層理解するためには，電子を粒子的なものだとみなして，1個ずつ数えることができなければならないが，シュレディンガー方程式の範囲では波動的記述しかできない．電子の粒子性を明確にするためには，シュレディンガーの波動関数で表される波動場を量子化する（**第2量子化**する）という手続きが必要となる．これについての理論的説明は，第11章「場の量子論への道」までお預けとする．

シュレディンガー方程式では，電子に対する確率波を考えるのであるが，前節でも述べたように，実際の実験では粒子的な扱いもしている．電子の粒子的性質の理論的定義は第11章まで待つこととして，ここでは，近年の実験で明らかにされた電子の干渉実験について触れておこう．

図4.1のように電子を1つずつ打ち出せる電子銃と，電子が1つ通れるくらいの小さな穴を開けた壁を設け，その先にスクリーンを配置する．まず，

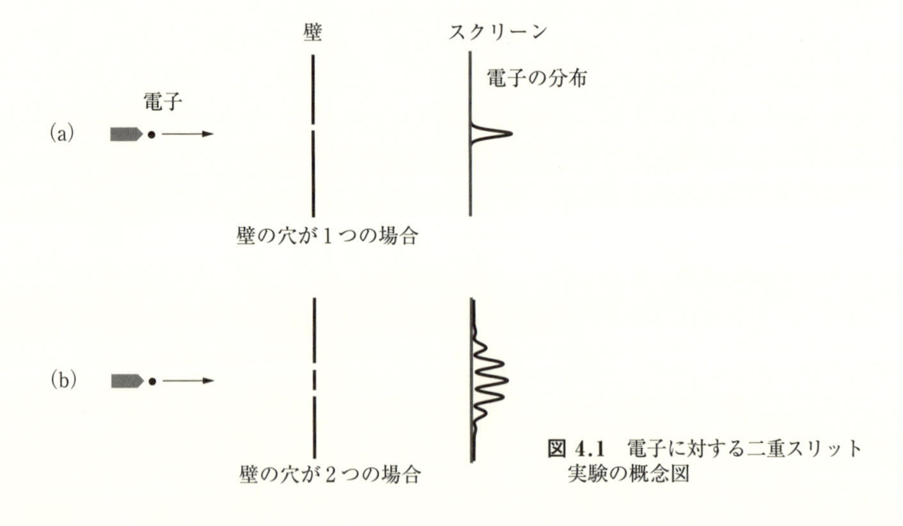

図 4.1　電子に対する二重スリット実験の概念図

電子銃から電子を１つ打ち出す．打ち出された電子は，小さな穴を通過すればスクリーン上のどこかで観測される．この操作を繰り返し，スクリーン上で観測された電子の位置を記録することにする．壁の穴を１つにした場合には，スクリーン上には図 4.1(a) のような電子痕の分布が現れる．次に，壁の穴を２つにした場合には，電子痕の分布は図 4.1(b) のようになる．この場合は，スクリーン上で観測された電子は２つの穴のうちのどちらかを通過してきたであろうと考えられるが，電子痕の分布は図 4.1(b) のように，波動によって生じる干渉縞と同じになっている．

近年，このような実験が行われるようになったが，中でも外村らの実験では[5)]，以上で述べたことが見事に証明され，粒子としての電子による美しい干渉縞が得られている．次頁の図 4.2 は，その実験結果である．電子の粒子性と波動性に関わる不思議な現象については，第 10 章と第 11 章でも述べることにする．

このような量子力学における粒子の波動的振る舞いは，理論計算によっても実験の再現が可能であり，実際にいくつかの数値シミュレーションが行われている[6)] (演習問題を参照)．

水の波のような波動は，水という媒質があって，その媒質の波動として伝わっていくもので，実際に目でみたり手で触ったりして観測することができる．このような波は**実在波**とよばれる．

これに対して，光や電波のような電磁波は，磁場が変動することによって電場を発生し，その電場が変動することによって磁場を発生する，ということを交互に繰り返して伝わっていく波動である．この波動は媒質を必要とせず，真空中でも伝播する．電磁波は，可視光であれば目でみることができ，目にみえない電波でもアンテナなどの観測機器で検知することができるので，多数の光子が関与して波動を形成している実在波だといえる．

5） A. Tonomura, *et al.* : American Journal of Physics **57** (1989) 117.

6） M. Gondran and A. Gondran : Am. J. Phys. **73** (2005).
A. Zeilinger, *et al.* : Rev. Mod. Phys. **60** (1988) 1067.
C. Philippidis, *et al.* : Nouvo Cimento **52** (1979) 15.
など．

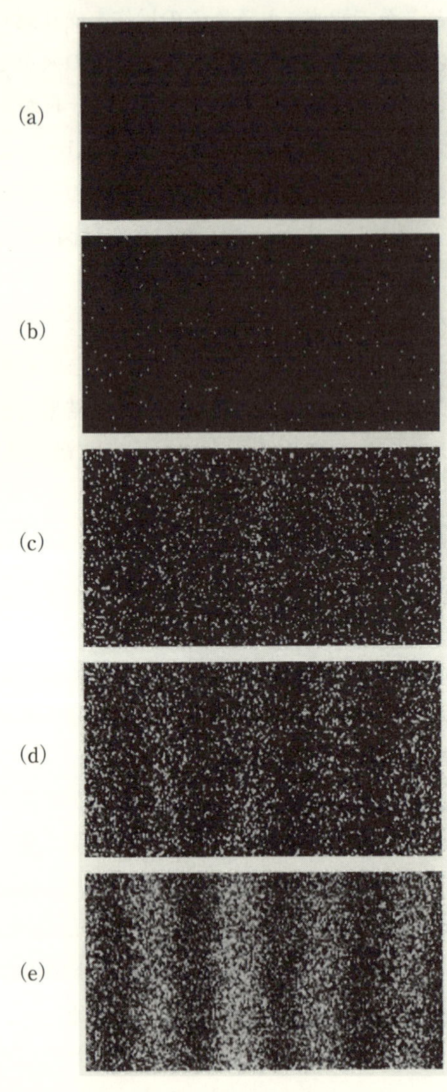

図 4.2　電子による二重スリットの実験．電子を 1 個ずつ打ち出すと，1 個ずつスクリーンに電子が記録される．時間とともに電子の数が増えると，スクリーン上に波動関数の干渉によるパターンが現れる．各写真に含まれる電子数は，上から順に，(a) 5，(b) 200，(c) 6000，(d) 40000，(e) 140000 個である．（日立製作所中央研究所 提供）

ボルンの確率解釈に従えば，波動関数は我々の空間に実在する波を表すのではなく，その絶対値の2乗が粒子の存在確率を表すような関数空間の確率波である．したがって，波動関数で表される波そのものは実在波とはいいがたい．しかしながら，多数の電子が打ち出されて，スクリーン上に点状の痕跡を残すと，結果的に確率波のパターンが現れる．この意味では，確率波が観測されているともいえる．したがって，多数の電子が関わってくると，実在波としてみえてくるといってもよい．実をいうと，電磁波も元を辿れば，光子に対する確率波から生じているのだということが11.1.3項および§11.3で明らかになる．

量子力学の確率論的な性格は，決定論的な性格をもった古典物理学とは大きな違いを生じており，量子力学の解釈を難しくしている．量子力学の確率論的性格に関する議論は，歴史的にも長らく続けられてきたが，なかでも，ボーアとアインシュタインとの間で交わされた論争は有名である[7)]．この確率論的性格がもとになって，量子論的事象の観測を巡る解釈の問題も生じている．この問題については，第10章で詳しく述べることにする．

§4.3　重ね合わせの原理

3.3.2項で，簡単な例題として，1次元調和振動子のシュレディンガー描像による取り扱いを述べた．そこでは，シュレディンガー方程式(3.98)から離散的な固有値（エネルギー準位）(3.108)が得られ，それに対する固有関数（波動関数）は(3.106)で与えられた．

これらの波動関数$\varphi_n(\xi)$は規格化されており，互いに直交している．すなわち，正規直交系をなしている．したがって，$\varphi_n(\xi)$の集合$\{\varphi_n(\xi)\}$は完備な関数空間（ヒルベルト空間）を張っている．よって，これらの波動関数の任意の2つをとって1次結合

$$\varphi(\xi) = \alpha\varphi_n(\xi) + \beta\varphi_m(\xi) \qquad (\alpha, \beta \text{ は任意定数}) \tag{4.5}$$

をつくると，この波動関数$\varphi(\xi)$もヒルベルト空間の関数であり，シュレディンガー方程式(3.98)の解になっている．

7）A. パイス著，金子 努，他 訳：「神は老獪にして…」（産業図書，1987）

このような事実は，数学的ないい方をすれば，§2.2 で述べたヒルベルト空間が線形空間である条件に対応している．量子力学では，このことを**重ね合わせの原理**とよぶ．すなわち，独立な波動関数 ψ_1 と ψ_2 があったとき，これらの波動関数の線形結合

$$\psi(\boldsymbol{r}, t) = \alpha\psi_1(\boldsymbol{r}, t) + \beta\psi_2(\boldsymbol{r}, t) \tag{4.6}$$

も波動関数になっているということを，重ね合わせの原理とよぶ．

重ね合わせの原理をケットベクトル（状態ベクトル）の言葉で表現すると，状態ベクトル $|\psi_1\rangle$ と $|\psi_2\rangle$ の線形結合

$$|\psi\rangle = \alpha|\psi_1\rangle + \beta|\psi_2\rangle \tag{4.7}$$

も，また状態ベクトルになっているということである．

重ね合わせの原理は，後述する二重スリットの実験などで重要な役割を果たすことになる．

§4.4　物理量の期待値

演算子 $\boldsymbol{q}$ や $\boldsymbol{p}$ からなるエルミート演算子 $\hat{A}(\boldsymbol{q}, \boldsymbol{p})$ を考えよう．演算子 $\hat{A}$ の具体例としては，運動エネルギー，ポテンシャルエネルギー，角運動量，等々が考えられる．状態ベクトル（ケットベクトル）$|\psi\rangle$ とそのエルミート共役なブラベクトル $\langle\psi|$ で演算子 $\hat{A}$ を挟んだ量 $\langle\psi|\hat{A}|\psi\rangle$ は，$\hat{A}$ のエルミート性のために実数であることを示すことができる．この量 $\langle\psi|\hat{A}|\psi\rangle$ は，演算子 $\hat{A}$ の**期待値**（expectation value）とよばれている．

ここで定義された期待値が，統計学の意味での**平均値**に対応していることを以下で示す．古典的な物理量 A を n 回測定して測定値 $A_1, A_2, A_3, \cdots, A_n$ を得たとしよう．この n 回の測定は同等ではなく，それぞれ重み（weight）$w_1, w_2, w_3, \cdots, w_n$ がかかっているものとすると，A の測定の平均値 $\langle A\rangle$ は

$$\langle A\rangle = \frac{\sum_{i=1}^{n} w_i A_i}{\sum_{i=1}^{n} w_i} \tag{4.8}$$

で与えられる．ここで重みは

$$\sum_{i=1}^{n} w_i = 1 \tag{4.9}$$

と規格化されているとすると，物理量 A の平均値は

$$\langle A \rangle = \sum_{i=1}^{n} w_i A_i \tag{4.10}$$

で与えられることになる．

(4.10) において，重み w_i は，n 回の測定のうちで測定値 A_i が得られる確率であると考えられる．そこで，ボルンの考え方を適用すると

$$w_i \quad \to \quad |\psi(\boldsymbol{q}, t)|^2 \tag{4.11}$$

という対応が成り立ち，(4.9) は (4.4) に対応していることがわかる．この考えを推し進めると，量子力学的には

$$\langle A \rangle \quad \to \quad \int |\psi(\boldsymbol{q}, t)|^2 \widehat{A}(\boldsymbol{q}, \boldsymbol{p}) d^3q \tag{4.12}$$

と書いてもよさそうである．ただし，量子力学では A は演算子なので，(4.12) の書き方は不正確で，

$$\langle A \rangle \quad \to \quad \int \psi(\boldsymbol{q}, t)^* \widehat{A}(\boldsymbol{q}, \boldsymbol{p}) \psi(\boldsymbol{q}, t) d^3q = \langle \psi | \widehat{A} | \psi \rangle \tag{4.13}$$

とすべきである．すなわち，演算子 $\widehat{A}$ の期待値 $\langle \psi | \widehat{A} | \psi \rangle$ は，統計学では A の平均値に対応しているといえる．

量子力学で物理量の期待値を計算すれば，それは実験で得られる測定値と比較すべきものであるといえる．

§4.5 定常状態

ボーア等による前期量子論では，水素原子の場合，電子の安定軌道が存在すると仮定している．しかしこの仮定は，電磁気学では直ちに否定されるものであることは1.3.3項で述べたとおりである．また，§1.5でみたように，極微の世界での電子の波動的な振る舞いによる広がりを考慮すると，電子の軌道という概念そのものが意味をなさないように思われる．それにもかかわらず，1.3.5項で述べたように，原子の定常状態が存在し，系のエネルギーは一定値をとって，エネルギー準位が存在している．

前期量子論でこのように矛盾に満ちた混乱状態にあった事態が，§3.2で定式化した量子力学の論理的な記述によって矛盾なく解決されることになった．量子力学では，水素原子における電子の軌道のようなものは考えない．

（直観的なイメージとして軌道概念を用いて説明するのはかまわないが，太陽の周りを公転する地球のような状況は現実には起こってはいない.）その代わりに，以下に述べる定常状態という概念を用いる.

§3.3 の例題でみたように，力学変数の演算子（ハイゼンベルク描像）や波動関数（シュレディンガー描像）の時間変化が単振動で表されている場合は，時間的には定常的であると考えられ，エネルギー準位が確定する．そこで，定常状態を次のように定義する.

> 粒子の存在確率 $|\psi(q,t)|^2$ が時間によらず一定で，エネルギー E が一定値をとる状態を**定常状態**（stationary state）という．各エネルギー準位に対応した固有ベクトルは**固有状態**ともいわれ，時間に依存しない一定の状態である.

測定可能な力学変数演算子 $\hat{q}$，$\hat{p}$ の固有値や期待値は実数でなければならないため，これらの演算子はエルミートでなければならない．実際，$\hat{p}$ の固有値を p，固有状態を $|p\rangle$ とすると

$$\hat{p}|p\rangle = p|p\rangle \tag{4.14}$$

と表せるので

$$\langle p|\hat{p}|p\rangle = p\langle p|p\rangle \tag{4.15}$$

であり，この複素共役を考えると，

$$\langle p|\hat{p}^{\dagger}|p\rangle = p^{*}\langle p|p\rangle \tag{4.16}$$

となる．ここで，固有値 p は実数であるべきであるから $p^* = p$，したがって $\hat{p}^{\dagger} = \hat{p}$ となり，演算子 $\hat{p}$ はエルミートでなければならないことがわかる．演算子 $\hat{q}$ についても同様である.

一般に，力学変数演算子 $\hat{q}$，$\hat{p}$ の任意の関数 $\hat{A}(\hat{q},\hat{p})$ についても，関数 $\hat{A}(\hat{q},\hat{p})$ の級数展開を考えることによって，上と同様の議論を行うことができ，測定可能な演算子 $\hat{A}$ はエルミート演算子でなければならないことがわかる.

可換な演算子は固有状態を共有することができる．以下で，このことを証明しよう．演算子 $\hat{A}$ と $\hat{B}$ が $\hat{A}\hat{B} = \hat{B}\hat{A}$ を満たすとき，$\hat{A}$ の固有状態を $|a\rangle$ とすると，

$$\hat{A}\hat{B}|a\rangle = \hat{B}\hat{A}|a\rangle = a\hat{B}|a\rangle \tag{4.17}$$

が成り立つから，$\hat{B}|a\rangle$ も $\hat{A}$ の固有状態である．もし，状態 $|a\rangle$ と状態 $\hat{B}|a\rangle$ が独立であれば，演算子 $\hat{A}$ の固有値 a に対して複数の独立な状態が対応していることになる．この場合，1 つの固有値 a に対して状態が重なっているので，この現象を**縮重**あるいは**縮退**という．これについては，§5.4 で詳しく述べることにする．

一方，状態 $|a\rangle$ と状態 $\hat{B}|a\rangle$ とが独立でない場合は，

$$\hat{B}|a\rangle \propto |a\rangle \tag{4.18}$$

となる．すなわち，固有状態 $|a\rangle$ は $\hat{B}$ の固有状態でもあることがわかる．したがって，演算子 $\hat{A}$ と演算子 $\hat{B}$ とは 1 つの固有状態 $|a\rangle$ を共有するといえる．また，$\hat{A}$ の固有値 a に属する固有状態 $|a\rangle$ が縮退している場合も，$\hat{B}$ と固有状態を共有できることを示すことができる（章末の演習問題を参照）．したがって，縮退があってもなくても，可換な演算子は固有状態を共有することができる．

§4.6　自由粒子と波束

自由粒子の運動について考えよう．ここでも簡単のために，1 次元の場合に話を限る．ハミルトニアンは

$$\hat{H} = \frac{\hat{p}^2}{2m} \tag{4.19}$$

で与えられる．

ハイゼンベルク描像では，運動方程式は (3.34) より，

$$\frac{d\hat{q}}{dt} = -\frac{i}{\hbar}[\hat{q}, \hat{H}] = \frac{\hat{p}}{m} \tag{4.20}$$

$$\frac{d\hat{p}}{dt} = -\frac{i}{\hbar}[\hat{p}, \hat{H}] = 0 \tag{4.21}$$

となり，見かけ上，古典力学と同じである．シュレディンガー描像では，運動方程式は (3.48) より，

$$i\hbar\frac{\partial\psi}{\partial t} = -\frac{\hbar^2}{2m}\frac{\partial^2\psi}{\partial q^2} \tag{4.22}$$

で与えられる．ψ が定常状態にあれば，

$$i\hbar\frac{\partial\psi}{\partial t}=E\psi=-\frac{\hbar^2}{2m}\frac{\partial^2\psi}{\partial q^2} \tag{4.23}$$

であり，その解 $\psi(q,t)$ は，

$$\psi(q,t)=A\exp\left(-\frac{iEt}{\hbar}\right)\cos(kq+a) \tag{4.24}$$

と表せる．ただし，$k=\sqrt{2mE/\hbar^2}$ であり，A，a は積分定数である．

自由粒子の波動関数は，(4.24) のように全空間に広がっているので，前に述べた条件式 (4.4) を単純に課すと積分が発散してしまう．しかし，(4.24) が周期関数であることを考慮して，積分領域をその 1 周期に限れば，発散の問題はなくなる．実際には，自由粒子といっても，以下に述べるように波束として考えれば発散の問題はなくなり，(4.4) によって規格化することができる．

$\psi(q,t)$ が定常状態にない場合に，(4.22) を直接解いてみよう．そのため，フーリエ変換の方法を用いる．

$$\tilde{\psi}(k,t)=\frac{1}{2\pi}\int_{-\infty}^{\infty}dq\,e^{-ikq}\,\psi(q,t) \tag{4.25}$$

とおき，(4.22) を用いて $\tilde{\psi}(k,t)$ に対する方程式に直すと

$$i\hbar\frac{\partial\tilde{\psi}}{\partial t}=\frac{\hbar^2k^2}{2m}\tilde{\psi} \tag{4.26}$$

となる．ここで，ψ および $\partial\psi/\partial q$ は無限遠方でゼロになるとした．

(4.26) を解くと，

$$\tilde{\psi}(k,t)=\exp\left(-\frac{iEt}{\hbar}\right)\tilde{\psi}(k,0) \tag{4.27}$$

を得る．ここで，$E=\hbar^2k^2/2m$ である．したがって，波動関数 $\psi(q,t)$ は

$$\begin{aligned}\psi(q,t)&=\int_{-\infty}^{\infty}dk\exp\left(-\frac{iEt}{\hbar}+ikq\right)\tilde{\psi}(k,0)\\&=\int_{-\infty}^{\infty}dq'\,K(q-q',t)\psi(q',0)\end{aligned} \tag{4.28}$$

と書ける．ただし，

$$K(q,t)=\frac{1}{2\pi}\int_{-\infty}^{\infty}dk\exp\left(ikq-\frac{iEt}{\hbar}\right) \tag{4.29}$$

である．

(4.24) でみたように，定常状態にある自由粒子の波動関数は全空間に広がった単振動の波であった．定常状態にない自由粒子の波動関数は，初期条件として，$\psi(q,0)$ という空間のある限られた領域に集中した波を想定することができる．そのような初期条件の下で波動関数の時間変化をみてみよう．このような，空間のある限られた領域に集中した波動を**波束**（wave packet）とよぶ．

いま，初期条件として，ガウス型とよばれる次のような波束を考えることにする．

$$\psi(q,0) = \frac{1}{(2\pi a^2)^{1/4}} \exp\left\{-\left(\frac{q}{2a}\right)^2 + ik_0 q\right\} \tag{4.30}$$

ここで，a，k_0 は定数である．この場合，(4.28) の積分を遂行することができて，

$$\psi(q,t) = \frac{\left(\dfrac{a^2}{2\pi}\right)^{1/4}}{\sqrt{a^2 + \dfrac{i\hbar}{2m}t}} \exp\left\{-k_0^2 a^2 + \frac{(2a^2 k_0 + iq)^2}{4\left(a^2 + \dfrac{i\hbar}{2m}t\right)}\right\} \tag{4.31}$$

となる．したがって，初期条件 (4.30) を与えられた自由粒子が時刻 t に位置 q の周りにいる確率密度は

$$|\psi(q,t)|^2 = \frac{1}{a\sqrt{2\pi}\sqrt{1+b^2t^2}} \exp\left\{-\frac{(q-vt)^2}{2a^2(1+b^2t^2)}\right\} \tag{4.32}$$

となる．ここで，$v = \hbar k_0/m$，$b = \hbar/2a^2 m$ である．

初期状態の波束から得られる確率密度は

$$|\psi(q,0)|^2 = \frac{1}{a\sqrt{2\pi}} \exp\left\{-2\left(\frac{q}{2a}\right)^2\right\} \tag{4.33}$$

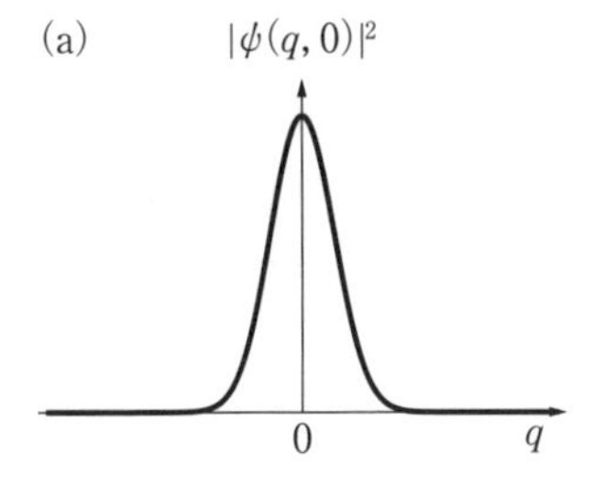

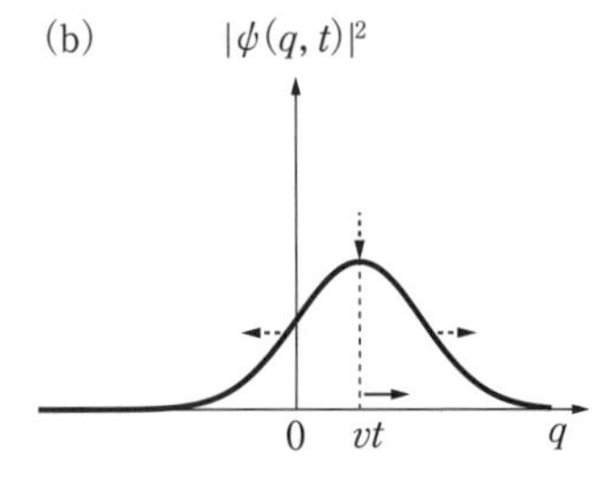

図 4.3　$t = 0$ での確率密度 (a) と時刻 t での確率密度 (b)

である．初期状態の波束から得られる確率密度 (4.33) と時刻 t における確率密度 (4.32) を図示すると，図 4.3 のようになる．最初の波束が，時間が経つとともにその中心が $q = vt$ で移動しながら広がりつつ減衰し，遂には消滅してしまう様子がわかる．

§4.7　不確定性関係

本節では，正準交換関係を前提とする限り，位置の測定精度と運動量の測定精度の間には互いに相反的な関係が存在すること，すなわち，一方の精度を極限まで上げていくと他方の精度が損なわれ，位置の測定精度も運動量の測定精度も無限に上げていくことはできないということを示す．この関係式を**不確定性関係**（uncertainty relation）という．位置と運動量の測定についてのこの関係は，単なる測定技術の問題ではなく，量子力学の原理的な問題であり，量子力学における観測問題という大きなテーマの基礎をなしているので，**不確定性原理**（uncertainty principle）ともよばれている．

4.7.1　不確定性関係の導出

この項では，正準交換関係 $[\hat{q}, \hat{p}] = i\hbar$ が成立する限り，位置の測定誤差 Δq と運動量の測定誤差 Δp には

$$\Delta q \, \Delta p \geq \frac{\hbar}{2} \tag{4.34}$$

という関係式，すなわち不確定性関係が成り立つということを証明しよう．

(4.34) の意味するところは，「もし $\hbar = 0$ であれば，(4.34) は何の制限も与えない．$\hbar$ がゼロでないならば，いい換えれば量子力学を認める限りにおいては，不確定性関係による制限を避けることができない．」ということである．

不確定性関係は，ハイゼンベルクが思考実験に基づいて最初に提示したものであるが，その後，ケンナード[8)]によって，統計学の標準偏差に対応する量を使って交換関係から数学的に直接導出された．本項でいう測定誤差

8）　E. H. Kennard : Zeitsch. fur Phys. **44** (1927) 326.

は，測定の方法とは無関係に理論的に定義される標準偏差のことを指すこととし，ケンナードの方法に従って不確定性関係を導出する．

ここでは簡単のために，1次元の場合を考えよう．まず，測定誤差の定義を与える．波動関数 ψ で与えられる状態の下でのエルミート演算子（オブザーバブル）$\widehat{A}$ の期待値 $\langle\psi|\widehat{A}|\psi\rangle$ は実数であり，その定義は (4.13) でも示したように

$$\langle\psi|\widehat{A}|\psi\rangle = \int \psi(q,t)^* A(q,p)\psi(q,t)dq \tag{4.35}$$

である．以下簡単のために $\langle\psi|\widehat{A}|\psi\rangle = \langle\widehat{A}\rangle$ とおくと，オブザーバブル $\widehat{A}$ の測定誤差 ΔA は，統計学の標準偏差にならって，

$$\Delta A = \sqrt{\langle(\widehat{A} - \langle\widehat{A}\rangle)^2\rangle} \tag{4.36}$$

で与えられる．このとき，Δq，Δp は

$$\Delta q = \sqrt{\langle\widehat{Q}^2\rangle}, \qquad \Delta p = \sqrt{\langle\widehat{P}^2\rangle} \tag{4.37}$$

と表すことができる．ここで，簡単のために，$\widehat{Q} = \widehat{q} - \langle\widehat{q}\rangle$，$\widehat{P} = \widehat{p} - \langle\widehat{p}\rangle$ とおいた．

不確定性関係を導くための準備として，まず，シュワルツの不等式を導出しておこう．ヒルベルト空間内の内積がゼロでない2つの状態ベクトル $|\psi_1\rangle$ と $|\psi_2\rangle$ を用いて

$$|\psi_3\rangle = |\psi_2\rangle - \frac{\langle\psi_1|\psi_2\rangle}{\langle\psi_1|\psi_1\rangle}|\psi_1\rangle \tag{4.38}$$

をつくると，$|\psi_3\rangle$ のノルムに対する条件 (2.28) より，不等式

$$\langle\psi_1|\psi_1\rangle\langle\psi_2|\psi_2\rangle \geq |\langle\psi_1|\psi_2\rangle|^2 \tag{4.39}$$

を導くことができる．この不等式は**シュワルツの不等式**とよばれている．

この不等式において，$|\psi_1\rangle = \widehat{Q}|\psi\rangle$ と $|\psi_2\rangle = \widehat{P}|\psi\rangle$ とおくと，

$$(\Delta q)^2(\Delta p)^2 = \langle\widehat{Q}^2\rangle\langle\widehat{P}^2\rangle \geq |\langle\widehat{Q}\widehat{P}\rangle|^2 \tag{4.40}$$

が得られ，この不等式もシュワルツの不等式とよぶことがある．

反交換子 $\{\widehat{Q},\widehat{P}\} = \widehat{Q}\widehat{P} + \widehat{P}\widehat{Q}$ を用いて (4.40) の最右辺を書き換えると

$$|\langle\widehat{Q}\widehat{P}\rangle|^2 = \left|\frac{\langle\{\widehat{Q},\widehat{P}\}\rangle}{2} + \frac{\langle[Q,P]\rangle}{2}\right|^2 \tag{4.41}$$

となり，$\langle\{\widehat{Q},\widehat{P}\}\rangle$ は実数，$\langle[\widehat{Q},\widehat{P}]\rangle$ は純虚数であることがわかるので

$$|\langle\hat{Q}\hat{P}\rangle|^2 = \left|\frac{\langle\{\hat{Q},\hat{P}\}\rangle}{2}\right|^2 + \left|\frac{\langle[Q,P]\rangle}{2}\right|^2 \geq \left|\frac{\langle[Q,P]\rangle}{2}\right|^2 \tag{4.42}$$

が成り立ち，結局

$$|\langle\hat{Q}\hat{P}\rangle|^2 \geq \frac{1}{4}|\langle[\hat{Q},\hat{P}]\rangle|^2 = \frac{1}{4}|\langle[\hat{q},\hat{p}]\rangle|^2 \tag{4.43}$$

が得られる．したがって，

$$(\varDelta q)^2(\varDelta p)^2 \geq \frac{1}{4}|\langle[\hat{q},\hat{p}]\rangle|^2 = \frac{\hbar^2}{4} \tag{4.44}$$

を得る．すなわち，(4.34) が成り立つことがわかった．

(4.34) の 3 次元への拡張は容易で，q_i，p_j $(i, j = 1, 2, 3)$ に対して

$$\varDelta q_i \, \varDelta p_j \geq \frac{\hbar}{2}\delta_{ij} \tag{4.45}$$

となる．

(4.45) は任意のオブザーバブル $\hat{A}$，$\hat{B}$ に対して拡張することができて，

$$\varDelta A \, \varDelta B \geq \frac{1}{2}|\langle[\hat{A},\hat{B}]\rangle| \tag{4.46}$$

を示すことができる．この不等式は**ロバートソンの不等式**とよばれている．したがって，互いに交換しない 2 つのオブザーバブルは，2 つを同時に限りなく精度良く測定することができない．次節で述べる角運動量演算子の各成分は互いに交換しないから，それらは同時に限りなく精度良く測定することができない例といえる．

4.7.2　最小波束

(4.34) の不等号がちょうど等号になるのはどんなときかを調べよう．それには，(4.40) から (4.43) までのプロセスを注意深く見直せばよい．これまで，シュワルツの不等式

$$\langle\psi|\hat{Q}^2|\psi\rangle\langle\psi|\hat{P}^2|\psi\rangle \geq |\langle\psi|\hat{Q}\hat{P}|\psi\rangle|^2 \tag{4.47}$$

と不等式

$$|\langle\psi|\{\hat{Q},\hat{P}\}|\psi\rangle|^2 \geq 0 \tag{4.48}$$

を用いている．そこで，これらの不等式が等式になる条件を調べると，

$$\hat{P}|\psi\rangle \propto \hat{Q}|\psi\rangle \tag{4.49}$$

$$\langle\psi|\{\hat{Q},\hat{P}\}|\psi\rangle = 0 \tag{4.50}$$

となることがわかり，(4.49) と (4.50) を書き直すと次のようになる．

$$\left(-i\hbar\frac{\partial}{\partial q} - \langle\hat{p}\rangle\right)\psi = a(q - \langle\hat{q}\rangle)\psi \tag{4.51}$$

$$\int dq\,\psi^*(\hat{Q}\hat{P} + \hat{P}\hat{Q})\psi = 0 \tag{4.52}$$

ここで，a は比例定数であり，また，簡単のために演算子 $\hat{q}$，$\hat{p}$ の期待値 $\langle\psi|\hat{q}|\psi\rangle$，$\langle\psi|\hat{p}|\psi\rangle$ を $\langle\hat{q}\rangle$，$\langle\hat{p}\rangle$ と略記した．

(4.51) と (4.52) はさらに書き換えられて，

$$\frac{\partial\psi}{\partial q} = \frac{i}{\hbar}\{a(q - \langle\hat{q}\rangle) + \langle\hat{p}\rangle\}\psi \tag{4.53}$$

$$(a^* + a)\langle(\hat{q} - \langle\hat{q}\rangle)^2\rangle = 0 \tag{4.54}$$

となり，(4.54) から，a は純虚数であることがわかる．そこで，$a = i\hbar b$ (b は実数) とおくと，(4.53) から

$$\psi(q) = C\exp\left\{i\langle\hat{p}\rangle\frac{q}{\hbar} - \frac{b}{2}(q - \langle\hat{q}\rangle)^2\right\} \tag{4.55}$$

となる．ここで，C は規格化定数で，(4.4) から次のように決まる．

$$C = \left(\frac{b}{\pi}\right)^{1/4} \tag{4.56}$$

また，Δq の定義式 (4.37) の

$$(\Delta q)^2 = \int dq\,\psi^*(q - \langle\hat{q}\rangle)^2\psi \tag{4.57}$$

に立ち戻ると，定数 b と Δq を次のように関係づけることができる．

$$b = \frac{1}{2(\Delta q)^2} \tag{4.58}$$

以上をまとめると，

$$\psi(q) = \left\{\frac{1}{2\pi(\Delta q)^2}\right\}^{1/4}\exp\left\{i\frac{\langle\hat{p}\rangle q}{\hbar} - \frac{(q - \langle\hat{q}\rangle)^2}{4(\Delta q)^2}\right\} \tag{4.59}$$

となる．これが，不確定性関係 (4.34) において等号を成立させる波束であり，**最小波束**とよばれている．また，確率密度 $|\psi(q)|^2$ を図示すると図 4.4 のようになる．

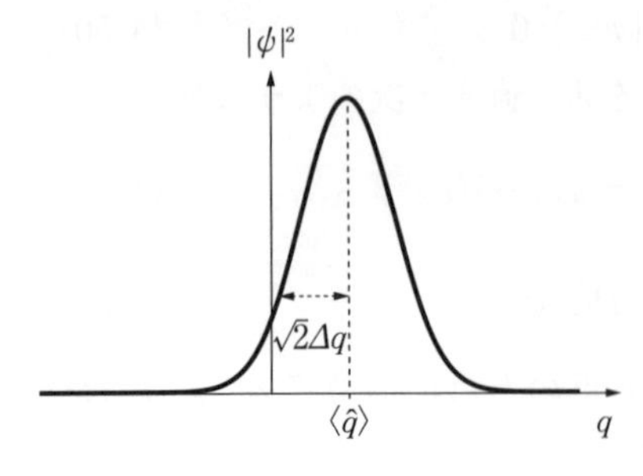

図 4.4　最小波束はガウス型である．調和振動子の基底状態の波動関数は，$\langle\hat{p}\rangle=0$ の最小波束である．

§4.8　角運動量

角運動量は，座標や運動量と並んで重要な力学変数である．それだけでなく，後述するように，空間回転の下での対称性を表す回転群の概念を導入する際に重要なはたらきをする．この節では，角運動量演算子に関する基礎的な事項をまとめ，量子力学では角運動量の大きさはとびとびの値しか許されないこと，また，角運動量の各成分は互いに交換せず，同時に限りなく精度良く測定することができないことを示す．さらに，角運動量が量子化されていることを示す実験事実について述べる．

4.8.1　角運動量が満たす交換関係

角運動量（軌道角運動量）$\boldsymbol{L}$ は位置 $\boldsymbol{r}$ と運動量 $\boldsymbol{p}$ の外積（ベクトル積）として与えられる．

$$\boldsymbol{L} = \boldsymbol{r} \times \boldsymbol{p} \tag{4.60}$$

成分で書くと

$$L_1 = x_2p_3 - x_3p_2$$
$$L_2 = x_3p_1 - x_1p_3$$
$$L_3 = x_1p_2 - x_2p_1$$

となり，これを付録の A.1.1 項の (A.26) で定義した反対称テンソル ε_{ijk} $(i, j, k = 1, 2, 3)$ を用いて表すと

$$L_i = \varepsilon_{ijk}x_jp_k \tag{4.61}$$

と書くことができる．ただし，1 つの項の中に同じ添字が 2 回現れたらその和をとるものとする，アインシュタインの縮約記法を用いた．

正準交換関係 (3.22) を用いて，角運動量の各成分 L_i が満たす交換関係を求めよう．ただし以下では，演算子としての記号 ^ は省略する．

$$
\begin{aligned}
[L_i, L_j] &= \varepsilon_{ik\ell}\varepsilon_{jmn}[x_k p_\ell, x_m p_n] \\
&= \varepsilon_{ik\ell}\varepsilon_{jmn} x_k (x_m p_\ell - [x_m, p_\ell]) p_n - x_m (x_k p_n - [x_k, p_n]) p_\ell \\
&= i\hbar \varepsilon_{ik\ell}\varepsilon_{jmn}(-\delta_{m\ell} x_k p_n + \delta_{kn} x_m p_\ell)
\end{aligned}
\tag{4.62}
$$

ここで，反対称テンソル ε_{ijk} の満たす公式

$$
\varepsilon_{ijm}\varepsilon_{k\ell m} = \delta_{ik}\delta_{j\ell} - \delta_{i\ell}\delta_{jk} \tag{4.63}
$$

を考慮すると，(4.62) は次のようになる．

$$
[L_i, L_j] = i\hbar(x_i p_j - x_j p_i) = i\hbar\varepsilon_{ijk} L_k \tag{4.64}
$$

これを成分ごとに書き表すと

$$
[L_1, L_2] = i\hbar L_3, \quad [L_2, L_3] = i\hbar L_1, \quad [L_3, L_1] = i\hbar L_2 \tag{4.65}
$$

となる．

(4.64) や (4.65) をみれば明らかなとおり，角運動量の各成分は互いに交換しない．したがって，不確定性関係により，角運動量の各成分を限りなく精度良く測定することは不可能だということになる．

次に，角運動量の大きさの 2 乗 $\boldsymbol{L}^2 = L_1^2 + L_2^2 + L_3^2$ を考える．$\boldsymbol{L}^2$ と L_i との交換関係は

$$
\begin{aligned}
[\boldsymbol{L}^2, L_i] &= [L_j L_j, L_i] = L_j L_j L_i - L_i L_j L_j \\
&= L_j [L_j, L_i] + [L_j, L_i] L_j \\
&= L_j i\hbar\varepsilon_{jik} L_k - i\hbar\varepsilon_{ijk} L_k L_j = 0
\end{aligned}
\tag{4.66}
$$

すなわち，角運動量の大きさの 2 乗 $\boldsymbol{L}^2$ は角運動量のすべての成分 L_i と交換する．したがって，4.7.1 項の不確定性関係の末尾で述べたように，$\boldsymbol{L}^2$ と L_i は同時測定が可能である．これに対して，L_1 と L_2 などは同時測定ができない．

シュレディンガー描像では，$p_i = (\hbar/i)(\partial/\partial x_i)$ だから，

$$
L_i = -i\hbar\varepsilon_{ijk} x_j \frac{\partial}{\partial x_k} \tag{4.67}
$$

すなわち，

$$\begin{cases} L_1 = -i\hbar\left(x_2\dfrac{\partial}{\partial x_3} - x_3\dfrac{\partial}{\partial x_2}\right) \\ L_2 = -i\hbar\left(x_3\dfrac{\partial}{\partial x_1} - x_1\dfrac{\partial}{\partial x_3}\right) \\ L_3 = -i\hbar\left(x_1\dfrac{\partial}{\partial x_2} - x_2\dfrac{\partial}{\partial x_1}\right) \end{cases} \tag{4.68}$$

となり，これは確かに，$[L_i, L_j] = i\hbar\varepsilon_{ijk}L_k$ および $[\boldsymbol{L}^2, L_i] = 0$ を満足する．

ここで，$L_i = \hbar J_i\ (i = 1, 2, 3)$ とおいて $\hbar$ 依存性を分離し，J_i に対する交換関係

$$[J_i, J_j] = i\varepsilon_{ijk}J_k \tag{4.69}$$

を考える．§4.5 で述べたように，可換な 2 つの演算子は固有関数を共有することができる．そのため，$\boldsymbol{L}^2$ と角運動量の成分のどれか 1 つとは固有状態を共有し，それぞれの固有値をもつことができる．そこで，いま角運動量成分の 1 つとして，$i = 3$ の成分 L_3 をとって考えよう．

$\boldsymbol{J}^2$ の固有値を λ，J_3 の固有値を m とし，$\boldsymbol{J}^2$ と J_3 の共通の固有状態を $|\lambda, m\rangle$ とすると

$$J_3|\lambda, m\rangle = m|\lambda, m\rangle \tag{4.70}$$

$$\boldsymbol{J}^2|\lambda, m\rangle = \lambda|\lambda, m\rangle \tag{4.71}$$

と表せる．$\boldsymbol{J}^2 - J_3^2 = J_1^2 + J_2^2$ であるから，

$$\langle\lambda, m|(\boldsymbol{J}^2 - J_3^2)|\lambda, m\rangle = \langle\lambda, m|(J_1^2 + J_2^2)|\lambda, m\rangle \tag{4.72}$$

ここで，$\langle\lambda, m|\lambda, m\rangle = 1$ と規格化されているとすると，(4.72) は，

$$\lambda - m^2 = \|J_1|\lambda, m\rangle\|^2 + \|J_2|\lambda, m\rangle\|^2 \geq 0 \tag{4.73}$$

となる．したがって，

$$\lambda \geq m^2 \geq 0 \tag{4.74}$$

つまり，$-\sqrt{\lambda} \leq m \leq \sqrt{\lambda}$ となり，m の上限を m_+，下限を m_- とすると

$$m_- \leq m \leq m_+ \tag{4.75}$$

と表せる．

$J_\pm = J_1 \pm iJ_2$ とおくと

$$[J_3, J_\pm] = iJ_2 \pm J_1 = \pm J_\pm \tag{4.76}$$

より

$$J_3(J_\pm|\lambda, m\rangle) = J_\pm(J_3 \pm 1)|\lambda, m\rangle = (m \pm 1)J_\pm|\lambda, m\rangle \tag{4.77}$$

すなわち,

$$(J_\pm|\lambda, m\rangle) \propto |\lambda, m \pm 1\rangle \tag{4.78}$$

となる. したがって, $J_\pm$ は m を 1 つだけ増減する演算子になっている.

$|\lambda, m_+\rangle$ と $|\lambda, m_-\rangle$ は, 最大および最小の m の状態だから,

$$J_+|\lambda, m_+\rangle = 0 \tag{4.79}$$

$$J_-|\lambda, m_-\rangle = 0 \tag{4.80}$$

したがって, $J_-J_+ = J_1^2 + J_2^2 + i[J_1, J_2] = \boldsymbol{J}^2 - J_3^2 - J_3$ であることを用いると

$$0 = J_-J_+|\lambda, m_+\rangle = (\boldsymbol{J}^2 - J_3^2 - J_3)|\lambda, m_+\rangle = (\lambda - m_+^2 - m_+)|\lambda, m_+\rangle \tag{4.81}$$

より

$$\lambda = m_+(m_+ + 1) \tag{4.82}$$

同様に, $J_+J_- = J_1^2 + J_2^2 - i[J_1, J_2] = \boldsymbol{J}^2 - J_3^2 + J_3$ であることを用いると

$$0 = J_+J_-|\lambda, m_-\rangle = (\boldsymbol{J}^2 - J_3^2 + J_3)|\lambda, m_-\rangle = (\lambda - m_-^2 + m_-)|\lambda, m_-\rangle \tag{4.83}$$

より

$$\lambda = m_-(m_- - 1) \tag{4.84}$$

したがって, (4.82) と (4.84) より, $m_+(m_+ + 1) = m_-(m_- - 1)$ を得るので, 因数分解により

$$(m_+ + m_-)(m_+ - m_- + 1) = 0 \tag{4.85}$$

となり, $m_+ > m_-$ を仮定したので, この解は

$$m_+ = -m_- \equiv j \tag{4.86}$$

となる.

(4.82) より

$$\lambda = j(j+1) \tag{4.87}$$

$$-j \leq m \leq j \tag{4.88}$$

となり, $m_+ - m_-$ は整数であるから, $2j = m_+ - m_-$ より, j がとることのできる値は,

$$j = 0, \frac{1}{2}, 1, \frac{3}{2}, 2, \cdots \tag{4.89}$$

ということになる．

角運動量演算子 L_i の固有値についてまとめると

> 角運動量演算子の固有値は，とびとびの値（離散的な値）をとる．特に，L_3 の固有値は $\hbar$ の整数倍または半整数倍となる．

質点の角運動量 $L_i = \varepsilon_{ijk} x_j p_k$ は，古典力学的には軌道角運動量に対応し，これは，j が整数の場合 $(j = 0, 1, 2, \cdots)$ に当たる．j が半整数の場合 $(j = 1/2, 3/2, \cdots)$ は，古典的な対応物がない．交換関係を通してのみ得られるのである．これを**スピン量子数**（spin）とよぶ．厳密な表現ではないが，スピン量子数は電子の自転を表す角運動量であるということができる．

4.8.2　実験的検証

ゼーマン効果（Zeemann effect）

図 4.5 に示すように光源を磁場の中に置くと，スペクトル線が数本に分裂する現象が 1896 年にゼーマン（Pieter Zeeman）によって発見され，これは**ゼーマン効果**とよばれている．特に磁場が強い場合は，スペクトル線の分裂のパターンが変わることがパッシェン（L. C. H. F. Paschen）とバック（E. Back）によって 1912 年に見出され，**パッシェン - バック効果**とよばれている．これと角運動量の量子化との関係をみるためには，磁場中の原子スペクトルに対するシュレディンガー方程式の解と摂動論の知識が必要となるが，ここでは前期量子論的な考察をもとに簡単な解説をする．

いま，水素原子を考え，電子の軌道は円形であるとする．電子の電荷を $-e$，速さを v，軌道半径を r とすると，電子の運動によって生じる円電流は

$$I = -\frac{ev}{2\pi r} \tag{4.90}$$

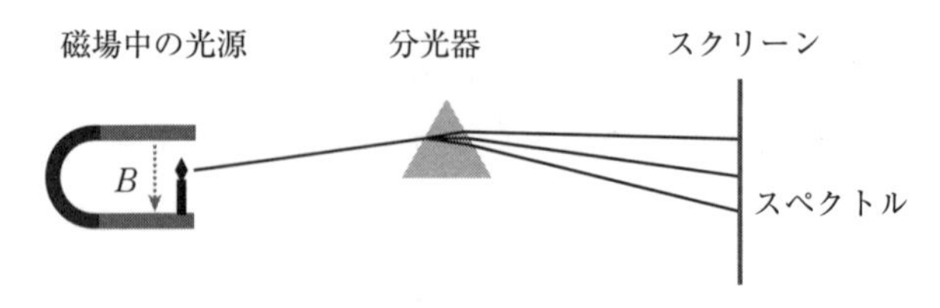

図 4.5　ゼーマン効果は，磁場中の光源の分光スペクトルを測定する．

であり，この円電流 I の周りに発生する磁場による磁気モーメントは，

$$M = \pi r^2 I = -\frac{evr}{2} = -\frac{eL}{2m_e} \tag{4.91}$$

となる．ただし，m_e は電子の質量であり，L は軌道角運動量 $L = m_e vr$ である．これをベクトルの式として書くと，

$$\boldsymbol{M} = -\mu_B \boldsymbol{J}, \qquad \mu_B = \frac{e\hbar}{2m_e} \tag{4.92}$$

と表される．ここで，$\boldsymbol{L} = \hbar \boldsymbol{J}$ とおいた．また，μ_B は**ボーア磁子**（Bohr magneton）とよばれる量である．いまは軌道角運動量を考えているので，J_3 の固有値 m は整数値をとり，磁気モーメントの固有値を決めているという意味で，m は**磁気量子数**とよばれることもある．

水素原子に磁気モーメントがあると，それが一様な外部磁場 $\boldsymbol{B}$ の下に置かれたとき，エネルギー（ハミルトニアン）が

$$\Delta H = -\boldsymbol{M} \cdot \boldsymbol{B} \tag{4.93}$$

だけずれる．磁場の方向を $x_3 (= z)$ 軸方向にとると，

$$\Delta H = -M_z B_z = \mu_B B_z J_z \tag{4.94}$$

であり，この固有値は，

$$\Delta E = m \mu_B B_z \tag{4.95}$$

である．

以上の考察からわかることは，水素原子のエネルギー準位は，外部磁場がないときに E_0 であったとすると，磁場を加えることによって，

$$E = E_0 + \Delta E, \qquad \Delta E = m \mu_B B_z \tag{4.96}$$
$$(m = -j, -j+1, \cdots, j-1, j)$$

となり，図 4.6 のようにエネルギー準位が $2j + 1$ 個の準位に分裂するということである．これがゼーマン効果の原因であると考えられ，このような電子の軌道角運動量に基づくエネルギー準位の分裂（スペクトル線の分裂）は，**正常ゼーマン効果**とよばれる．

これに対して，電子のスピン角運動量の寄与まで考えたときに得られるさらに複雑なスペクトル線の分裂も観測されており，これは，**異常ゼーマン効果**とよばれている．また，外部磁場が非常に強いときは，電子の軌道角運動

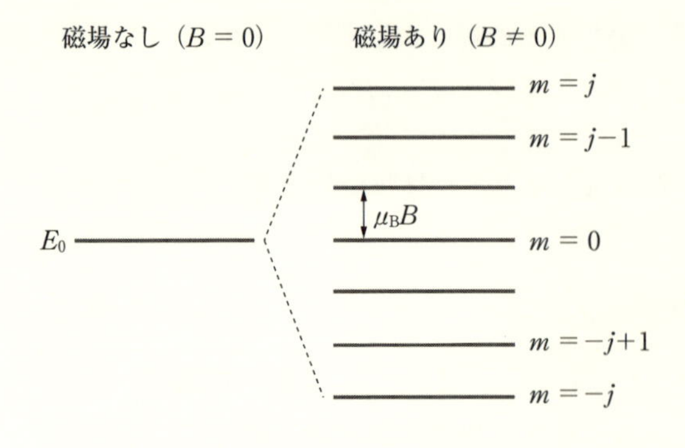

図 4.6　軌道角運動量の量子数 j のエネルギー準位 E_0 が磁場中のゼーマン効果によって $2j+1$ 個の準位に分裂する．

量による寄与が無視できて，スピン角運動量の寄与が主要なものとなる．この場合は，**パッシェン－バック効果**とよばれる．

シュテルン－ゲルラッハ効果

磁気モーメント μ をもった粒子（電荷はもたないとする）のビームは，一様でない磁場の中では力を受け，屈折する．どのくらい屈折するかは，磁気モーメントの大きさと向きによって決まる．そのため，一様でない磁場の中をくぐり抜けてきたビームは，磁気モーメントのばらつきに応じて，測定器に広がった痕跡を残すであろう．このような考えに立って，シュテルン（O. Stern）とゲルラッハ（W. Gerlach）は，1921 年に次のような実験をした．

銀原子の磁気モーメントの測定を目的として，銀原子のビームを非一様な磁場中を通し，ガラス板にぶつけて付着させた．ガラス板に付着した銀原子の位置を測定して，銀原子の磁気モーメントを逆算しようというのである．ところが結果は，ビームが分裂して，ガラス板の 2 箇所に銀が付着した．これは，古典力学では説明し難いことであり，**シュテルン－ゲルラッハ効果**とよばれている．

磁気モーメント μ は粒子のもつ角運動量に比例するから，上の事実は，角運動量の量子化を示すものである．特に，この実験では銀原子の全角運動量を測ったことになっているが，この角運動量は，基底状態では銀原子の価電子のスピン角運動量と同一である．したがって，シュテルン-ゲルラッハの実験では，電子のスピンが $m=1/2$ と $m=-1/2$ の 2 つの成分からなることを実証したことになる．

1925 年にホウトスミット（S. A. Goudsmit）とウーレンベック（G. E. Uhlenbeck）は，電子の自転に基づく角運動量をスピン角運動量と考え，実験結果を説明するためには，$j=1/2$ でなければならないことを示した．そしてパウリ（W. Pauli）は，1926 年に電子のスピンの数学的基礎付けを与えた．

スピン角運動量は，粒子の自転のようなものであるから，粒子に固有の性質である．したがって，電荷や質量のように，粒子が元々もっている固有の物理量であるとみなすことができる．電子や陽子のスピンは $j=1/2$ であり，このようなスピンが半整数の粒子は**フェルミ粒子**（fermion）とよばれる．これに対して，π 中間子のような粒子は $j=0$ であり，光子のスピンは $j=1$，重力子（graviton）のスピンは $j=2$ である．このような，スピンが整数の粒子は**ボース粒子**（boson）とよばれる（これに関しては，§9.3 を参照）．

4.8.3　軌道角運動量の固有関数

軌道角運動量演算子の具体的な表式 (4.67) を用いて，$\boldsymbol{L}^2$ と L_3 の固有関数を求めてみよう．簡単のために，ここでも $\boldsymbol{L}$ の代わりに $\boldsymbol{L}=\hbar\boldsymbol{J}$ として $\boldsymbol{J}$ を用いる．固有値方程式は (4.70) と (4.71) である．

シュレディンガー表示では，角運動量演算子は (4.67) で与えられる．ここでは，直交座標の代わりに極座標を用いると，

$$\begin{pmatrix} x_1 \\ x_2 \\ x_3 \end{pmatrix} = \begin{pmatrix} x \\ y \\ z \end{pmatrix} = \begin{pmatrix} r\sin\theta\cos\varphi \\ r\sin\theta\sin\varphi \\ r\cos\theta \end{pmatrix} \tag{4.97}$$

であるから，変数変換によって (4.68) は

$$J_1 = -i\left(y\frac{\partial}{\partial z} - z\frac{\partial}{\partial y}\right) = i\left(\sin\varphi\frac{\partial}{\partial\theta} + \cot\theta\cos\varphi\frac{\partial}{\partial\varphi}\right) \tag{4.98}$$

$$J_2 = -i\left(z\frac{\partial}{\partial x} - x\frac{\partial}{\partial z}\right) = i\left(-\cos\varphi\frac{\partial}{\partial\theta} + \cot\theta\sin\varphi\frac{\partial}{\partial\varphi}\right) \tag{4.99}$$

$$J_3 = -i\left(x\frac{\partial}{\partial y} - y\frac{\partial}{\partial x}\right) = -i\frac{\partial}{\partial\varphi} \tag{4.100}$$

と書き換えることができる．これらの式から，次の式を導くことができる（演習問題を参照）．

$$J_{\pm} = J_1 \pm iJ_2 = e^{\pm i\varphi}\left(\pm\frac{\partial}{\partial\theta} + i\cot\theta\frac{\partial}{\partial\varphi}\right) \tag{4.101}$$

$$\boldsymbol{J}^2 = -\frac{1}{\sin\theta}\frac{\partial}{\partial\theta}\left(\sin\theta\frac{\partial}{\partial\theta}\right) - \frac{1}{\sin^2\theta}\frac{\partial^2}{\partial\varphi^2} \tag{4.102}$$

以上の考察から，固有値方程式 (4.70) と (4.71) は，極座標表示では次のような微分方程式になることがわかる．

$$-i\frac{\partial}{\partial\varphi}\psi(\theta,\varphi) = m\,\psi(\theta,\varphi) \tag{4.103}$$

$$\left\{-\frac{1}{\sin\theta}\frac{\partial}{\partial\theta}\left(\sin\theta\frac{\partial}{\partial\theta}\right) - \frac{1}{\sin^2\theta}\frac{\partial^2}{\partial\varphi^2}\right\}\psi(\theta,\varphi) = \ell(\ell+1)\psi(\theta,\varphi) \tag{4.104}$$

この式 (4.104) の解は，付録の A.2.2 項の (A.99) に与えられている球面調和関数である．

演習問題

［**1**］ 図 4.7 に示すように，距離 d だけ離れた二重スリットで回折した波長 λ の波動がスクリーン上で干渉して，明暗の縞模様を形成するとき，隣り合う明線の間隔 Δx を l, d, λ を用いて表せ．ただし，$d, x \ll l$ とする．

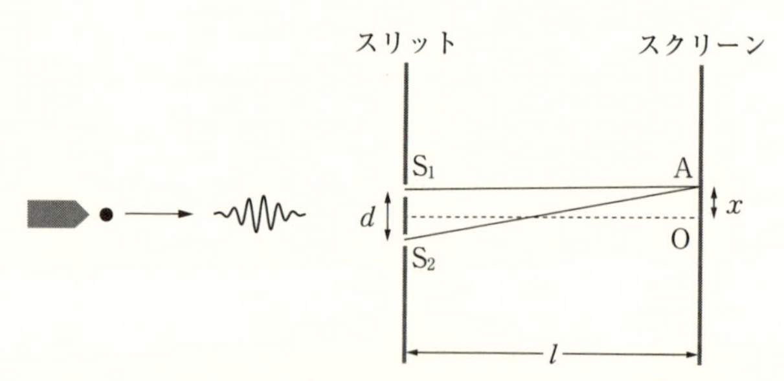

図 4.7　スリットとスクリーンの間隔は l，二重スリットの間隔は d とする．

［**2**］ 50 keV のエネルギーで加速した電子（速さ $v = 1.3 \times 10^8$ m/s）のド・ブロイ波長（5.5×10^{-12} m）を用いて二重スリットの実験を行うとき，$d = 1.0 \times 10^{-4}$ cm，$l = 20$ cm とすると明線の間隔 Δx の長さはいくらになるか．

[**3**] 温度 1 mK（速さ 1.0 m/s）に冷却したナトリウム原子（質量 3.8×10^{-26} kg）のド・ブロイ波長（1.7×10^{-8} m）を用いて二重スリットの実験を行うとき，$d = 6.0\,\mu$m，$l = 10$ cm とすると明線の間隔 Δx の長さはいくらになるか．

[**4**] 可換な演算子は固有状態を共有することができるということを，縮退がある場合について証明せよ．

[**5**] 確率密度を $P(\boldsymbol{q}, t) = |\psi(\boldsymbol{q}, t)|^2$，確率の流れ密度を

$$\mathbf{S}(\boldsymbol{q}, t) = \frac{\hbar}{2im}\{\psi^*(\nabla\psi) - (\nabla\psi^*)\psi\} \qquad (4.105)$$

と定義すると，次の式（確率の保存則）が成り立つことを示せ．

$$\frac{\partial P(\boldsymbol{q}, t)}{\partial t} + \mathrm{div}\,\mathbf{S}(\boldsymbol{q}, t) = 0 \qquad (4.106)$$

[**6**] 自由粒子のシュレディンガー方程式 (4.23) について考える．

(1) A と a を定数として，次の式が (4.23) の解であることを確かめよ．

$$\psi(q, t) = Ae^{-iEt/\hbar}e^{\pm ikq + ia} \qquad (4.107)$$

(2) 自由粒子の場合，ハミルトニアン演算子と運動量演算子が可換であることを示せ．

(3) この解は，運動量演算子とハミルトニアン演算子の固有関数になっており，それぞれ固有値が $p = \pm\hbar k$ と $E = p^2/2m = (\hbar k)^2/2m$ であることを確かめよ．

(4) 波動関数 (4.107) に対して，確率の流れ密度 (4.105) を計算せよ．また，(4.24) に対しても同様に計算を行い，理由を考察せよ．

[**7**] 1 次元調和振動子の基底状態の波動関数が最小波束となっていることを確かめよ．

[**8**] (4.98)～(4.100) を導出せよ．

[**9**] (4.101)，(4.102) を導出せよ．

5 束縛状態

束縛状態（bound state）とは，粒子が空間の限られた領域に存在を制限された状態のことをいう．したがって，束縛状態にある粒子の波動関数 ψ に対して粒子の存在確率 $|\psi|^2$ を求めると，それは遠方（無限遠）で十分速くゼロになっていなければならない．このような条件の下では，考えている系のエネルギー固有値は離散的となる（とびとびの値をとる）．本章では，束縛状態の代表的な例として，井戸型ポテンシャル，3 次元調和振動子，水素原子，線形ポテンシャルをとり上げ，その固有値と固有関数などについて述べる．

本章でとり上げる 3 次元調和振動子や水素原子は回転対称性をもっている．このような場合は，エネルギー準位に縮退という現象が起こるので，これについて解説する．そして最後に，束縛状態から発せられる電磁波のスペクトル分光を利用した物質の同定について解説する．

非束縛状態の場合は，粒子の存在確率 $|\psi|^2$ は遠方でゼロになる必要はない．粒子の散乱問題やポテンシャルの壁を透過するトンネル効果などが非束縛状態の例であるが，非束縛状態については第 7 章で述べる．

§5.1 井戸型ポテンシャル

完全弾性的な壁からなる箱の中で自由運動する粒子の量子論的な取り扱いを考える（簡単のために，ここでは 1 次元的な場合を考える）．そのような状況を記述するポテンシャル $V(q)$ は，図 5.1 のように，

$$V(q) = \begin{cases} 0 & (0 < q < a) \\ \infty & (q \leq 0,\ a \leq q) \end{cases} \tag{5.1}$$

と表すことができる．ここで a は，粒子が自由に動ける範囲を表す．

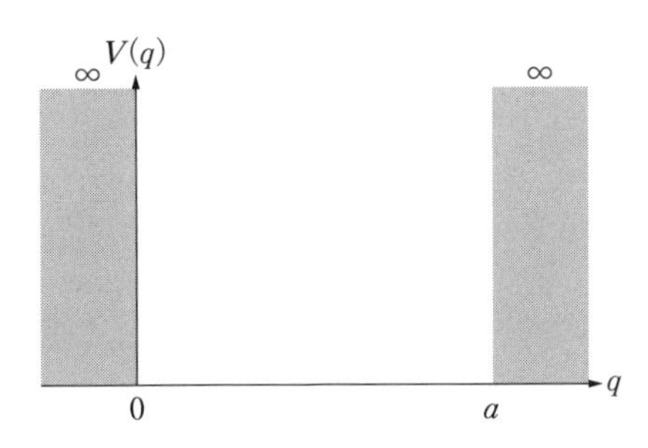

図 5.1　井戸型ポテンシャル

このようなポテンシャルを**井戸型ポテンシャル**（**箱型ポテンシャル**）とよび，原子核の内部における核子の状態を近似的に取り扱う際などに用いることが多い．

$q = 0$ および $q = a$ にあるポテンシャルの壁は無限に高いので，粒子は井戸の壁で完全弾性的に反射され，外に出ることはできない．したがって，井戸の外で粒子が見出されることはない．また，ハミルトニアン

$$H\left(q, \frac{\hbar}{i}\frac{d}{dq}\right) = -\frac{\hbar^2}{2m}\frac{d^2}{dq^2} + V(q) \tag{5.2}$$

は時間に依存しないので，系は定常状態にあり，3.3.2 項でみたように，波動関数から時間依存部分を分離することができる．ここで，m は粒子の質量である．

シュレディンガー方程式は

$$H\psi = E\psi \tag{5.3}$$

であるから，$0 < q < a$ では

$$-\frac{\hbar^2}{2m}\frac{d^2\psi}{dq^2} = E\psi \tag{5.4}$$

となる．また，$q \leq 0$ および $a \leq q$ では $V = \infty$ かつ $E\psi$ は有限だから，$\psi = 0$ でなければならない．$0 \leq q \leq a$ では (5.4) により，一般解は

$$\psi(q) = Ae^{ikq} + Be^{-ikq} \tag{5.5}$$

と与えられる．ここで，$k = \sqrt{2mE}/\hbar$ である．

しかるに，境界 $q = 0, a$ で波動関数 $\psi(q)$ が，$q \leq 0$ および $a \leq q$ の解 $\psi = 0$ とつながっていなければならないから，

$$\psi(0) = \psi(a) = 0 \tag{5.6}$$

という境界条件がつく．したがって，

$$A + B = 0 \tag{5.7}$$

$$Ae^{ika} + Be^{-ika} = 0 \tag{5.8}$$

である．

(5.7) と (5.8) から $B = -A$，$\sin ka = 0$ が得られるから，$ka = n\pi$（ただし，$n = 1, 2, 3, \cdots$）であり，これからエネルギー固有値

$$E_n = \frac{\hbar^2\pi^2 n^2}{2ma^2} \qquad (n = 1, 2, 3, \cdots) \tag{5.9}$$

が求まる（$n = 0$ は粒子が存在せず意味がないので除いた）．また，波動関数は

$$\psi_n(q) = 2iA\sin\left(\frac{n\pi q}{a}\right) \tag{5.10}$$

となる．ここで，規格化定数は (4.4) により定めることができて，

$$|A| = \frac{1}{\sqrt{2a}} \tag{5.11}$$

であるから，iA を実数とすると，結局

$$\psi_n(q) = \sqrt{\frac{2}{a}}\sin\left(\frac{n\pi q}{a}\right) \tag{5.12}$$

が得られる．エネルギー準位 E_n，波動関数 ψ_n，および粒子を見出す確率密度 $|\psi_n|^2$ を図示すると図 5.2〜図 5.4 のようになる．

井戸の中での粒子の位置の期待値は

$$\langle\hat{q}\rangle = \langle n|\hat{q}|n\rangle = \int_0^a \psi_n(q)^*\, q\, \psi_n(q)dq = \frac{a}{2} \tag{5.13}$$

となり，予想どおり，井戸の真ん中に期待値があることがわかる．また，運動量の期待値も求めることができて，

$$\langle\hat{p}\rangle = \langle n|\hat{p}|n\rangle = \int_0^a \psi_n(q)^* \frac{\hbar}{i}\frac{d}{dq}\psi_n(q)dq = 0 \tag{5.14}$$

となる．

ここでみたように，井戸型ポテンシャル模型は，極めて簡単で計算しやすい．にもかかわらず，実用上の価値が高く，原子核理論などの近似計算に活用されることが多い．井戸型ポテンシャル模型では，井戸の壁を無限に高く

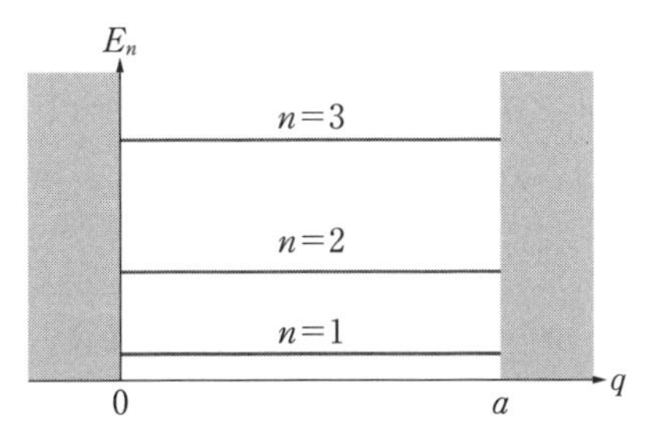

図5.2　エネルギー準位 $E_n=\dfrac{\hbar^2\pi^2n^2}{2ma^2}$（$n=1,2,3$ の場合）

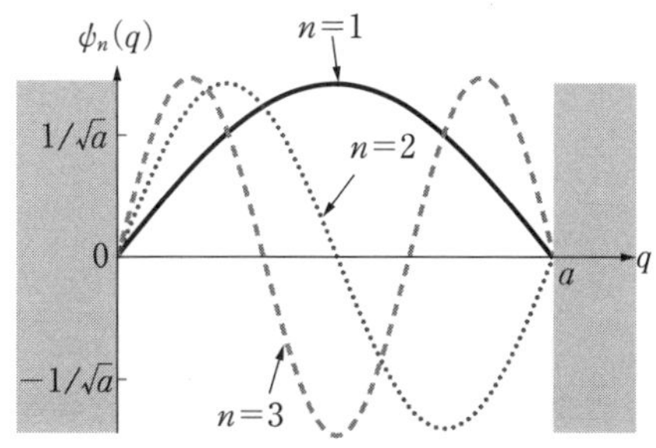

図5.3　井戸型ポテンシャルの中の粒子の波動関数 $\phi_n(q)$（$n=1,2,3$ の場合）

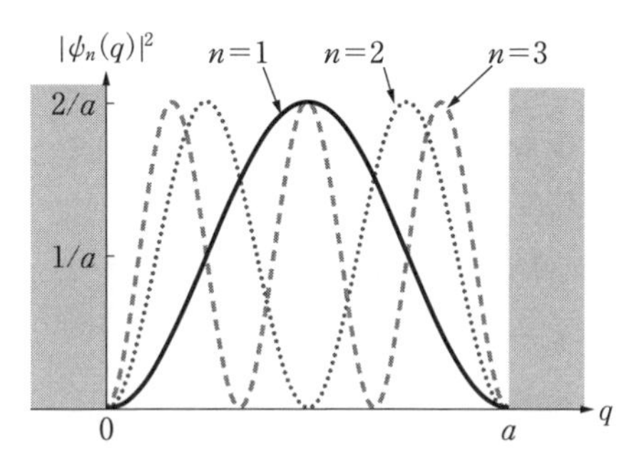

図5.4　井戸型ポテンシャルの中の粒子の確率密度 $|\phi_n(q)|^2$（$n=1,2,3$ の場合）

せず，有限の高さにしたり，ポテンシャルの底を負にしたりするバリエーションもある．近似する対象となる実際のポテンシャルによって，いろいろなバリエーションが適用される．

§5.2　3次元調和振動子

1次元調和振動子については，すでに§3.3で簡単な例題として取り扱った．本節では，より一般的な3次元調和振動子について考えることにする．1次元調和振動子は，本質的な部分は3次元調和振動子と同じであるが，3次元では運動の自由度が増すので，いくらか煩雑になる．3次元調和振動子でも§3.3のときと同じように，ハイゼンベルク描像による取り扱いとシュレディンガー描像による取り扱いを分けて述べる．

5.2.1　ハイゼンベルク描像による取り扱い

3.3.1 項と同じように，まずハイゼンベルク描像に基づいた取り扱いをしよう．3 次元調和振動子のラグランジアンは，直交座標 $\boldsymbol{r} = (x_1, x_2, x_3)$ を用いると

$$L = \frac{m}{2}\dot{\boldsymbol{r}}^2 - \frac{k}{2}\boldsymbol{r}^2 \tag{5.15}$$

と表すことができる．ここで，m は振動子の質量であり，k はバネ定数である．

位置 $\boldsymbol{r}$ に正準共役な運動量 $\boldsymbol{p} = m\dot{\boldsymbol{r}}$ を用いてハミルトニアンを書き下すと，

$$H = \frac{1}{2m}\boldsymbol{p}^2 + \frac{k}{2}\boldsymbol{r}^2 \tag{5.16}$$

となる．運動量の成分を $\boldsymbol{p} = (p_1, p_2, p_3)$ と書くことにすると，同時刻交換関係は，

$$[\hat{x}_i(t), \hat{p}_j(t)] = i\hbar\delta_{ij}, \quad [\hat{x}_i(t), \hat{x}_j(t)] = [\hat{p}_i(t), \hat{p}_j(t)] = 0 \quad (i, j = 1, 2, 3) \tag{5.17}$$

となる．

ハミルトニアン (5.16) は，この交換関係を使って，3.3.1 項で行ったのと同じようにして書き換えることができて，1 次元調和振動子の 3 個の和

$$H = \sum_{j=1}^{3}\frac{1}{2m}\{m\omega\hat{x}_j(t) - i\hat{p}_j(t)\}\{m\omega\hat{x}_j(t) + i\hat{p}_j(t)\} + \frac{3}{2}\hbar\omega \tag{5.18}$$

の形にすることができる．ここで，

$$\hat{a}_j(t) = \frac{m\omega\hat{x}_j(t) + i\hat{p}_j(t)}{\sqrt{2m\omega\hbar}} \tag{5.19}$$

$$\hat{a}_j^\dagger(t) = \frac{m\omega\hat{x}_j(t) - i\hat{p}_j(t)}{\sqrt{2m\omega\hbar}} \tag{5.20}$$

とおくと，$\hat{a}_j^\dagger(t)$ と $\hat{a}_j(t)$ は昇降演算子の j 方向成分になっていて，同時刻交換関係

$$[\hat{a}_i(t), \hat{a}_j^\dagger(t)] = \delta_{ij}, \quad [\hat{a}_i(t), \hat{a}_j(t)] = [\hat{a}_i^\dagger(t), \hat{a}_j^\dagger(t)] = 0 \quad (i, j = 1, 2, 3) \tag{5.21}$$

を満たす．

これらの昇降演算子を用いると，ハミルトニアン (5.18) は

$$H = \sum_{j=1}^{3}\left\{\hat{a}_j^\dagger(t)\hat{a}_j(t) + \frac{1}{2}\right\}\hbar\omega = \sum_{j=1}^{3}\left(\hat{a}_j^\dagger\hat{a}_j + \frac{1}{2}\right)\hbar\omega \qquad (5.22)$$

と書き下すことができ，結局，3次元調和振動子のハミルトニアンは1次元調和振動子のハミルトニアンの3つの和で表せることがわかる．

1次元の場合と同様に，3次元の場合もエネルギーの基底状態は，

$$\hat{a}_j|0\rangle = 0 \qquad (j = 1, 2, 3) \qquad (5.23)$$

によって定義される．よって，一般のエネルギー固有状態は，

$$|n_1, n_2, n_3\rangle = \frac{1}{\sqrt{n_1!\,n_2!\,n_3!}}(\hat{a}_1{}^\dagger)^{n_1}(\hat{a}_2{}^\dagger)^{n_2}(\hat{a}_3{}^\dagger)^{n_3}|0\rangle \qquad (n_j = 0, 1, 2, \cdots) \qquad (5.24)$$

と表すことができ，エネルギー固有値は

$$E_{n_1, n_2, n_3} = \left(n_1 + n_2 + n_3 + \frac{3}{2}\right)\hbar\omega \qquad (5.25)$$

となる．これは，§3.3で述べた1次元の場合とは零点エネルギーの値が異なっている．この理由は，自由度（空間の次元数）が3になったためである．

結局，3次元調和振動子は，3つの独立な1次元調和振動子の集まりとして記述できた．第11章で述べる場の量子論の構築の際は，ここで示したハイゼンベルク描像における多自由度調和振動子の技法をそのまま応用することができる．

5.2.2　シュレディンガー描像による取り扱い

次に，3次元調和振動子の問題をシュレディンガー描像に基づいて調べてみよう．まず，ハイゼンベルク描像の場合と同じように，直交座標系に基づく考察を行い，その後で，極座標表示での解法を述べる．

直交座標系での解法

ハミルトニアンは，(5.16)である．このハミルトニアンに対して，定常状態に対するシュレディンガー方程式は，

$$-\frac{\hbar^2}{2m}\Delta\psi(\boldsymbol{r}) + \frac{k}{2}\boldsymbol{r}^2\psi(\boldsymbol{r}) = E\psi(\boldsymbol{r}) \qquad (5.26)$$

となる．ここで，Δ は

$$\Delta = \nabla^2 = \frac{\partial^2}{\partial x_1^2} + \frac{\partial^2}{\partial x_2^2} + \frac{\partial^2}{\partial x_3^2} \tag{5.27}$$

という演算子であり，**ラプラシアン**とよばれている．また，ナブラ ∇ は付録の A.1.1 項の (A.21) で定義されている微分演算子である．したがって，直交座標系のもとでのシュレディンガー方程式は，

$$-\frac{\hbar^2}{2m}\left(\frac{\partial^2}{\partial x_1^2} + \frac{\partial^2}{\partial x_2^2} + \frac{\partial^2}{\partial x_3^2}\right)\phi + \frac{k}{2}(x_1^2 + x_2^2 + x_3^2)\phi = E\phi \tag{5.28}$$

となり，その解は $\phi(x_1, x_2, x_3) = X(x_1)Y(x_2)Z(x_3)$ と変数分離することによって求めることができる．

シュレディンガー方程式の両辺を $\phi(x_1, x_2, x_3) = X(x_1)Y(x_2)Z(x_3)$ で割ると

$$-\frac{\hbar^2}{2m}\left(\frac{1}{X}\frac{d^2X}{dx_1^2} + \frac{1}{Y}\frac{d^2Y}{dx_2^2} + \frac{1}{Z}\frac{d^2Z}{dx_3^2}\right) + \frac{k}{2}(x_1^2 + x_2^2 + x_3^2) = E \tag{5.29}$$

となるので，x_1 のみによる項，x_2 のみによる項，x_3 のみによる項に分けることができ，それらが定数であるべきだから，

$$-\frac{\hbar^2}{2m}\frac{1}{X}\frac{d^2X}{dx_1^2} + \frac{1}{2}kx_1^2 = E_1 \tag{5.30}$$

$$-\frac{\hbar^2}{2m}\frac{1}{Y}\frac{d^2Y}{dx_2^2} + \frac{1}{2}kx_2^2 = E_2 \tag{5.31}$$

$$-\frac{\hbar^2}{2m}\frac{1}{Z}\frac{d^2Z}{dx_3^2} + \frac{1}{2}kx_3^2 = E_3 \tag{5.32}$$

が得られる．ただし，$E_1 + E_2 + E_3 = E$ である．

この 3 つの方程式は，それぞれが 1 次元調和振動子の方程式と同じになっている．したがって，エネルギー固有状態は 3 つの整数の組み (n_1, n_2, n_3) $(n_1, n_2, n_3 = 0, 1, 2, \cdots)$ によって指定され，エネルギー固有値は (5.25) と同じになる．また，その固有関数は次のようになる．

$$\phi(x_1, x_2, x_3) = \frac{1}{\sqrt{n_1!2^{n_1}}}\frac{1}{\sqrt{n_2!2^{n_2}}}\frac{1}{\sqrt{n_3!2^{n_3}}}\left(\frac{m\omega}{\pi\hbar}\right)^{3/4} H_{n_1}\left(\sqrt{\frac{m\omega}{\hbar}}\,x_1\right)$$

$$\times H_{n_2}\left(\sqrt{\frac{m\omega}{\hbar}}x_2\right)H_{n_3}\left(\sqrt{\frac{m\omega}{\hbar}}x_3\right)\exp\left\{-\frac{m\omega}{2\hbar}(x_1^2+x_2^2+x_3^2)\right\} \tag{5.33}$$

極座標での解法

ここでは，3次元調和振動子のシュレディンガー方程式 (5.26) を極座標を用いて解いてみる．極座標 (r, θ, φ) を用いて変数変換すると，ラプラシアン Δ は次のように書くことができる（章末の演習問題を参照）．

$$\Delta = \frac{1}{r^2}\left\{\frac{\partial}{\partial r}\left(r^2\frac{\partial}{\partial r}\right) + \frac{1}{\sin\theta}\frac{\partial}{\partial\theta}\left(\sin\theta\frac{\partial}{\partial\theta}\right) + \frac{1}{\sin^2\theta}\frac{\partial^2}{\partial\varphi^2}\right\}$$
$$= \frac{1}{r^2}\left\{\frac{\partial}{\partial r}\left(r^2\frac{\partial}{\partial r}\right) - \boldsymbol{J}^2\right\} \tag{5.34}$$

ここで，$\boldsymbol{J}^2$ は (4.102) で与えられている（$\hbar$ を分離した）角運動量演算子の2乗である．

この式で注目すべきことは，微分演算子を使った角運動量の大きさの2乗の極座標表示が，ラプラシアン Δ の極座標表示とほぼ同じになることである．この事実は，角運動量が回転と関わっていることを考えれば納得できることである．

上で得られたラプラシアンの極座標表示 (5.34) をシュレディンガー方程式 (5.26) に代入すると

$$-\frac{\hbar^2}{2m}\frac{1}{r^2}\left\{\frac{\partial}{\partial r}\left(r^2\frac{\partial}{\partial r}\right) - \boldsymbol{J}^2\right\}\psi + \frac{k}{2}r^2\psi = E\psi \tag{5.35}$$

となる．$\boldsymbol{J}^2$ の固有関数が球面調和関数 $Y_{\ell m}(\theta, \varphi)$ であることは 4.8.3 項でみたとおりである．そこで，上式の解 $\psi(\boldsymbol{r})$ は

$$\psi(\boldsymbol{r}) = u(r)\,Y_{\ell m}(\theta, \varphi) \tag{5.36}$$

とおくことができて，未知関数 $u(r)$ に対する次の方程式が得られる．

$$\frac{d^2}{dr^2}u(r) + \frac{2}{r}\frac{d}{dr}u(r) + \left\{\frac{2mE}{\hbar^2} - \frac{mk}{\hbar^2}r^2 - \frac{\ell(\ell+1)}{r^2}\right\}u(r) = 0 \tag{5.37}$$

ここで

$$r = \left(\frac{\hbar^2}{mk}\right)^{1/4}\rho, \qquad \lambda = \frac{2E}{\hbar}\sqrt{\frac{m}{k}} \tag{5.38}$$

とおくと，

$$\frac{d^2}{d\rho^2}u(\rho)+\frac{2}{\rho}\frac{d}{d\rho}u(\rho)+\left\{\lambda-\rho^2-\frac{\ell(\ell+1)}{\rho^2}\right\}u(\rho)=0 \quad (5.39)$$

と書き直すことができる．

この式で $\rho\to\infty$ を考えると，

$$\frac{d^2}{d\rho^2}u(\rho)=\rho^2u(\rho)+\mathcal{O}(1)u(\rho) \quad (5.40)$$

となる．ここで，$\mathcal{O}(1)$ は1程度の数値を意味する．したがって，1次元調和振動子の場合と同様に，$u(\rho)$ の $\rho\to\infty$ での漸近形は

$$u(\rho)\simeq e^{-\rho^2/2} \quad (5.41)$$

と表せる．

他方，$\rho\to 0$ での振る舞いは (5.39) より $u(\rho)\sim\rho^{\ell}$ と求められるので

$$u(\rho)=e^{-\rho^2/2}\rho^{\ell}L(\rho^2) \quad (5.42)$$

とおくと，無限遠方での漸近形を乱さないためには，$L(\rho^2)$ は有限項の多項式でなければならない．したがって，$L(\rho^2)$ に対する方程式は，$\rho^2=x$ とおくと

$$x\frac{d^2L}{dx^2}+\left(\ell+\frac{3}{2}-x\right)\frac{dL}{dx}+\frac{\lambda-2\ell-3}{4}L=0 \quad (5.43)$$

となる．これは，**ラゲールの陪微分方程式**とよばれる，よく知られた常微分方程式である．

ラゲールの陪微分方程式は，(5.71)～(5.78) で詳しく述べるように合流型超幾何微分方程式であり，これが多項式の解をもつためには，

$$\frac{\lambda-2\ell-3}{4}=n'=0,1,2,3,\cdots \quad (5.44)$$

でなければならない．この条件からエネルギー固有値 E_n が決まり，

$$E_n=\hbar\omega\left(2n'+\ell+\frac{3}{2}\right)=\hbar\omega\left(n+\frac{3}{2}\right) \qquad (n=2n'+\ell=0,1,2,3,\cdots) \quad (5.45)$$

となる．

L の多項式解はラゲールの陪多項式で，付録の A.2.4 項の (A.113) の定義に従って

$$L(\rho^2) = L_{n'}^{\ell+1/2}(\rho^2), \qquad n' = \frac{n-\ell}{2} \tag{5.46}$$

と表される．結局まとめると，(5.36) 中の動径部分の解 $u(r)$ は

$$u(r) = e^{-\rho^2/2}\rho^\ell L_{n'}^{\ell+1/2}(\rho^2) \qquad (n' = 0, 1, 2, \cdots) \tag{5.47}$$

となることがわかった．

5.2.3　内部エネルギーの計算

直交座標を用いた場合には，1次元調和振動子の問題に帰着するので，§1.2 でみたように，温度 T の正準分布に従う N 個の独立な3次元調和振動子のエネルギーの期待値は容易に求めることができて，

$$\begin{aligned} U &= N\frac{3\sum_{n_1=0}^{\infty} E_{n_1} e^{-E_{n_1}/k_{\mathrm{B}}T}}{\sum_{n_1=0}^{\infty} e^{-E_{n_1}/k_{\mathrm{B}}T}} \\ &= N\frac{3\sum_{n_1=0}^{\infty} \hbar\omega(n_1+1/2)e^{-\hbar\omega(n_1+1/2)/k_{\mathrm{B}}T}}{\sum_{n_1=0}^{\infty} e^{-\hbar\omega(n_1+1/2)/k_{\mathrm{B}}T}} \\ &= 3N\hbar\omega\left(\frac{1}{e^{\hbar\omega/k_{\mathrm{B}}T}-1} + \frac{1}{2}\right) \end{aligned} \tag{5.48}$$

となる．

同様の結果を極座標を用いて証明できる．(5.45) のエネルギー固有値 E_n の縮退度は $(n+1)(n+2)/2$ である（章末の演習問題を参照）．よって，温度 T の正準分布に従う N 個の3次元調和振動子のエネルギーの期待値は，

$$U = \frac{N\sum_{n=0}^{\infty}\frac{1}{2}(n+1)(n+2)\hbar\omega\left(n+\frac{3}{2}\right)e^{-\hbar\omega(n+3/2)/k_{\mathrm{B}}T}}{\sum_{n=0}^{\infty}\frac{1}{2}(n+1)(n+2)e^{-\hbar\omega(n+3/2)/k_{\mathrm{B}}T}} \tag{5.49}$$

となる．ここで，

$$\sum_{n=0}^{\infty}(n+1)(n+2)e^{-\hbar\omega(n+3/2)/k_{\mathrm{B}}T} = \sum_{n=0}^{\infty}(n+1)(n+2)\xi^{n+3/2} = \xi^{3/2}f(\xi)$$

$$\sum_{n=0}^{\infty}n(n+1)(n+2)e^{-\hbar\omega(n+3/2)/k_{\mathrm{B}}T} = \sum_{n=0}^{\infty}n(n+1)(n+2)\xi^{n+3/2}$$

$$= \xi^{5/2} \frac{d}{d\xi} \sum_{n=0}^{\infty} (n+1)(n+2)\xi^n$$

$$= \xi^{5/2} \frac{df(\xi)}{d\xi}$$

ただし,

$$\xi = e^{-\hbar\omega/k_B T} \tag{5.50}$$

$$f(\xi) = \frac{d^2}{d\xi^2} \sum_{n=0}^{\infty} \xi^{n+2} = \frac{d^2}{d\xi^2}\left(\frac{\xi^2}{1-\xi^2}\right) = \frac{2}{(1-\xi)^3} \tag{5.51}$$

を用いた．これらを用いると，(5.49) は以下のように書けるので，(5.48) との一致が確かめられる．

$$U = N\hbar\omega\left\{\xi \frac{d}{d\xi} \ln f(\xi) + \frac{3}{2}\right\} \tag{5.52}$$

ここで，§1.2 で述べた固体の比熱のアインシュタインの計算を思い起こしてみよう．アインシュタインの模型では，格子上に配置された N 個の原子の微小振動をそれぞれ独立な 3 次元調和振動子として取り扱っている．(5.48) を §1.2 の (1.13) で与えられた $N\langle E\rangle$ と比較すると，$\varepsilon = \hbar\omega$ という対応関係が成り立っているが，$3N\hbar\omega/2$ だけ余分な項が付け加わっていることがわかる．これは調和振動子の零点振動のエネルギーの寄与が含まれたためである．(5.48) を用いて，比熱を $\partial U/\partial T$ に基づいて計算すると，(1.14) と同じ結果が得られる．

§5.3　水 素 原 子

水素原子は，陽子と，その周りにクーロン力によって束縛された電子からなる系である．陽子の質量は電子の質量の約 2000 倍もあって大変重いので，陽子は静止しているものとして差し支えない．そこで，陽子の位置を原点とする座標系をとって電子の位置を表すことにする．

電子の位置を $\boldsymbol{r}$，運動量を $\boldsymbol{p}$ とすると，水素原子の中の電子に対するハミルトニアンは，

$$H = \frac{1}{2m_e}\boldsymbol{p}^2 - \frac{e^2}{4\pi\varepsilon_0 r} \tag{5.53}$$

で与えられ，シュレディンガー方程式は

$$-\frac{\hbar^2}{2m_e}\Delta\psi(\boldsymbol{r}) - \frac{e^2}{4\pi\varepsilon_0 r}\psi(\boldsymbol{r}) = E\psi(\boldsymbol{r}) \tag{5.54}$$

となる．極座標 (r, θ, φ) を用いると，3 次元調和振動子の場合と同じように

$$-\frac{\hbar^2}{2m_e}\frac{1}{r^2}\left\{\frac{\partial}{\partial r}\left(r^2\frac{\partial}{\partial r}\right) - \boldsymbol{J}^2\right\}\psi - \frac{e^2}{4\pi\varepsilon_0 r}\psi = E\psi \tag{5.55}$$

と書き直すことができるので，波動関数を球面調和関数 $Y_{\ell m}(\theta, \varphi)$ を用いて

$$\psi(\boldsymbol{r}) = u(r)\,Y_{\ell m}(\theta, \varphi) \tag{5.56}$$

とおくと，$u(r)$ に対して次の式を得る．

$$\frac{d^2}{dr^2}u(r) + \frac{2}{r}\frac{d}{dr}u(r) + \left\{\frac{2m_e E}{\hbar^2} + \frac{2m_e e^2}{4\pi\varepsilon_0\hbar^2 r} - \frac{\ell(\ell+1)}{r^2}\right\}u(r) = 0 \tag{5.57}$$

ここで，物理的な境界条件を考えよう．いま考えている系は水素原子であるから，束縛状態である．電子の波動関数 ψ は，遠方で急速に減少している必要がある．つまり，$r \to \infty$ において，$u(r) \to 0$ という境界条件が課されるので，$r \to \infty$ において，

$$\frac{d^2}{dr^2}u(r) + \frac{2m_e E}{\hbar^2}u(r) \sim 0 \tag{5.58}$$

となる．この式は簡単に解けて，一般解は，E の正負により場合分けすると，

$$u(r) \sim \begin{cases} Ae^{i\sqrt{2m_e E}r/\hbar} + Be^{-i\sqrt{2m_e E}r/\hbar} & (E > 0) \\ Ce^{\sqrt{-2m_e E}r/\hbar} + De^{-\sqrt{-2m_e E}r/\hbar} & (E < 0) \end{cases} \tag{5.59}$$

となる．ここで，A, B, C, D は任意定数である．このうち，束縛状態の条件を満たすものは，$E < 0$ の場合に

$$u(r) \sim e^{-\sqrt{-2m_e E}r/\hbar} \tag{5.60}$$

のみである．

このように，エネルギー E が負のもののみが許されることになったが，このことは古典物理学でも理解できる．実際，古典力学的な水素原子の系の全エネルギー E は，半径 r の円軌道の場合には，§1.3 の (1.22) でみたように負の値をもつ．

いま，変数 $\rho = (2\sqrt{-2m_e E}/\hbar)r$ を用いると (5.57) は，

$$\frac{d^2}{d\rho^2}u(r) + \frac{2}{\rho}\frac{d}{d\rho}u(\rho) + \left\{\frac{n}{\rho} - \frac{1}{4} - \frac{\ell(\ell+1)}{\rho^2}\right\}u(\rho) = 0 \tag{5.61}$$

と表される．ここで

$$n = \frac{1}{4\pi\varepsilon_0}\frac{e^2}{\hbar}\sqrt{\frac{m_e}{-2E}} \tag{5.62}$$

とおいた．条件 (5.60) より，$\rho \to \infty$ において

$$u(r) \sim e^{-\rho/2} \tag{5.63}$$

であることがわかるので，

$$u(r) = e^{-\rho/2}U(\rho) \tag{5.64}$$

とおくと，(5.61) より

$$\frac{d^2}{d\rho^2}U(\rho) + \left(\frac{2}{\rho} - 1\right)\frac{d}{d\rho}U(\rho) + \left\{\frac{n-1}{\rho} - \frac{\ell(\ell+1)}{\rho^2}\right\}U(\rho) = 0 \tag{5.65}$$

を得る．

次に，ρ の小さいところでの $U(\rho)$ の振る舞いをみる．$\rho \sim 0$ の極限で

$$U(\rho) \propto \rho^{\beta} \quad (\beta \text{ は未定定数}) \tag{5.66}$$

とおいて (5.65) に代入すると，

$$\{\beta(\beta+1) - \ell(\ell+1)\}\rho^{\beta-2} + \mathcal{O}(\rho^{\beta-1}) = 0 \tag{5.67}$$

となる．ここで $\mathcal{O}(\rho^{\beta-1})$ は，$\rho \to 0$ のとき $\rho^{\beta-1}$ か，それより速くゼロになる項を表す．(5.67) が成り立つためには，

$$\beta(\beta+1) - \ell(\ell+1) = (\beta-\ell)(\beta+\ell+1) = 0 \tag{5.68}$$

でなければならないので，$\ell \geq 0$ より (5.68) から $\beta = \ell$ が解となる．なお，$\beta = -\ell - 1$ のときは解 $U(\rho)$ が $\rho \sim 0$ で正則でなくなるから採用しない．

そこで，

$$U(\rho) = \rho^{\ell}L(\rho) \tag{5.69}$$

とおき，$L(\rho)$ に対する方程式を導くと，

$$\rho\frac{d^2}{d\rho^2}L(\rho) + (2\ell + 2 - \rho)\frac{d}{d\rho}L(\rho) + (n - \ell - 1)L(\rho) = 0 \tag{5.70}$$

となる．これは，**合流型超幾何微分方程式**とよばれるもので，数学的にはよく調べられている．通常は，$2\ell+2=\gamma$，$\ell+1-n=\alpha$ とおき，

$$\rho\frac{d^2}{d\rho^2}L(\rho)+(\gamma-\rho)\frac{d}{d\rho}L(\rho)-\alpha L(\rho)=0 \tag{5.71}$$

と書かれる．

合流型超幾何微分方程式の解 $L(\rho)$ は，合流型超幾何関数とよばれ，次のような級数で表される．

$$L(\rho)=F(\alpha,\gamma,\rho)=\sum_{k=0}^{\infty}\frac{(\alpha)_k\rho^k}{(\gamma)_k k!} \tag{5.72}$$

ここで，$(\alpha)_k$ は次のように定義される．

$$(\alpha)_k=\alpha(\alpha+1)(\alpha+2)\cdots(\alpha+k-1)=\frac{\Gamma(\alpha+k)}{\Gamma(\alpha)} \tag{5.73}$$

ただし，$\Gamma(\alpha)$ はガンマ関数であり，$(\gamma)_k$ も同様に定義される．なお，合流型超幾何微分方程式 (5.71) のもう 1 つの解は $\rho^{1-\gamma}F(\alpha-\gamma+1,2-\gamma,\rho)$ で与えられるが，原点での境界条件を満たさない．(5.72) は，$\rho\to 0$ で解析的な解であることは明らかである．

以上をまとめると，求めている関数 $u(r)$ は

$$u(r)=C\rho^{\ell}e^{-\rho/2}F(\ell+1-n,2\ell+2;\rho) \tag{5.74}$$

となる．ここで，C は任意定数である．

さてここで，(5.72) の $\rho\to\infty$ での境界条件について考える．ρ が十分大きいところでの展開式

$$F(\alpha,\gamma;\rho)\sim\frac{\Gamma(\gamma)}{\Gamma(\alpha)}e^{\rho}\rho^{\alpha-\gamma}\sum_{k=0}^{\infty}\frac{(1-\alpha)_k(\gamma-\alpha)_k}{k!\,\rho^k}+\frac{\Gamma(\gamma)}{\Gamma(\gamma-\alpha)}(-\rho)^{-\alpha}\sum_{k=0}^{\infty}\frac{(-1)^k(\alpha)_k(\alpha-\gamma+1)_k}{k!\rho^k} \tag{5.75}$$

を用いて，$u(r)$ の振る舞いを調べると，

$$u(r)\sim C\frac{\Gamma(2\ell+2)}{\Gamma(\ell+1-n)}e^{\rho/2}\rho^{-n-1}\sum_{k=0}^{\infty}\frac{(n-\ell)_k(n+\ell+1)_k}{k!\rho^k}+C\frac{\Gamma(2\ell+2)}{\Gamma(n+\ell+1)}(-1)^{\ell}e^{-\rho/2}(-\rho)^{n-1}\sum_{k=0}^{\infty}\frac{(-1)^k(\ell+1-n)_k(-n-\ell)_k}{k!\rho^k} \tag{5.76}$$

となる．

第1項は，明らかに $\rho \to \infty$ での境界条件と矛盾する．しかし，ガンマ関数 $\Gamma(z)$ は $z = 0, -1, -2\cdots$ に1位の極をもつので（付録のA.2.3項を参照），

$$-\alpha = -(\ell + 1 - n) = n' = 0, 1, 2, \cdots \tag{5.77}$$

の場合に限り，第1項からの寄与はない．しかも $\gamma = 2\ell + 2$ は正の整数なので，(5.72) は多項式になる．そして，(5.77) が成り立つとき，係数 C を適当に選んで，

$$L(\rho) = \frac{\Gamma(\gamma + n')}{\Gamma(\gamma) n'!} F(-n', \gamma; \rho) \equiv L_{n'}^{\gamma-1}(\rho) = L_{n'}^{2\ell+1}(\rho) \tag{5.78}$$

となる．ただし，$n' = 0, 1, 2, \cdots$ で，$L_{n'}^{\gamma-1}(\rho)$ はラゲールの陪多項式 (A.113) である．

最終的に，シュレディンガー方程式 (5.55) の解は，

$$\psi_{n\ell m}(r, \theta, \varphi) = N_{n\ell} e^{-\rho/2} \rho^{\ell} L_{n-\ell-1}^{2\ell+1}(\rho) Y_{\ell m}(\theta, \varphi) \tag{5.79}$$

となり，規格化定数 $N_{n\ell}$ は，(A.116) の

$$\int_0^{\infty} d\rho\, e^{-\rho} \rho^{2\ell+2} L_{n-\ell-1}^{2\ell+1}(\rho) L_{n-\ell-1}^{2\ell+1}(\rho) = \frac{2n(n+\ell)!}{(n-\ell-1)!} \tag{5.80}$$

を用いて，

$$N_{n\ell} = \sqrt{\left(\frac{2}{n a_{\mathrm{B}}}\right)^3 \frac{(n-\ell-1)!}{2n(n+\ell)!}} \tag{5.81}$$

と決まる．また，ρ は (1.24) のボーア半径を用いて，

$$\rho = \frac{2}{n a_{\mathrm{B}}} r \tag{5.82}$$

と表せる．そして，エネルギー準位は

$$E_n = -\frac{m_{\mathrm{e}}}{2n^2} \left(\frac{e^2}{4\pi\varepsilon_0 \hbar}\right)^2 = -\frac{e^2}{8\pi\varepsilon_0 a_{\mathrm{B}}} \frac{1}{n^2} \tag{5.83}$$

のようになり，ボーア模型の結果と一致する．

§5.4　縮　退

§5.2の3次元調和振動子や§5.3の水素原子でみたように，固有関数 $\psi_{n\ell m}$ は量子数 n, ℓ, m の許される数だけ独立なものがあるにも関わらず，固有値（エネルギー準位）E_n は n のみに依存している．量子数 n に対応する

固有関数 $\psi_{n\ell m}$ は ℓ と m の許される値に対応する数だけ存在するのだから，エネルギー準位 E_n に対応している固有関数は複数個存在することになる．一般に，1つのエネルギー準位に対して複数個の独立な固有関数が存在する場合，そのエネルギー準位には**縮退**（degeneracy）があるといい，対応する独立な固有関数の数を**縮退度**という．

エネルギー準位の縮退という現象は，系がもっている対称性が原因となっているが，そのことは後で考察することにして，まず，縮退の実例を水素原子の場合を例にとって述べる．

エネルギー準位 E_n を指定する量子数 n は，§5.3でみたように正の整数値 $(n = 1, 2, 3, \cdots)$ をとり，**主量子数**とよばれている．角運動量の大きさに対応する量子数 ℓ は，$n' = n - \ell - 1 \geq 0$ なる条件から $n - 1 \geq \ell$ となるので，$n - 1$ 以下の正またはゼロの整数値 $(\ell = 0, 1, 2, 3, \cdots, n - 1)$ をとり，**方位量子数**とよばれている．角運動量の z 成分に対応する量子数 m は，4.8.2項でみたゼーマン効果によるスペクトル線の分裂と関係しているので，**磁気量子数**とよばれている．そのとり得る値は，4.8.1項で示したように $-\ell, -\ell + 1, \cdots, \ell - 1, \ell$ である．

具体的にそれらの値を n の小さい領域で書き表すと，次の表のようになる．

n (主量子数)	d_n (縮退度)	ℓ (方位量子数)	m (磁気量子数)
1, K	1	0, s	0
2, L	4	0, s 1, p	0 −1, 0, 1
3, M	9	0, s 1, p 2, d	0 −1, 0, 1 −2, −1, 0, 1, 2
…	…	…	…

表中にも記したが，主量子数が $n = 1, 2, 3, 4, 5, \cdots$ の状態は **K, L, M, N, O, … 殻**とよばれ，方位量子数が $\ell = 0, 1, 2, 3, 4, \cdots$ の状態は **s, p, d, f, g, … 軌道**とよばれる．これは，原子の電子軌道模型に基づいたスペクトル線の分類で用いられていた用語であるが，今日でも慣習的に用いられることがあ

る．表からわかるように，縮退度 d_n は $n = 1, 2, 3, \cdots$ に対して，$d_n = 1, 4, 9, \cdots$ となっている．実際，n を固定して縮退度を計算すると

$$d_n = \sum_{\ell=0}^{n-1} \sum_{m=-\ell}^{\ell} = \sum_{\ell=0}^{n-1} (2\ell + 1) = n^2 \tag{5.84}$$

という一般式を得る．

このような縮退が起こるのはなぜだろうか．その原因は，ここで考えている系がもっている対称性にある．いまとり上げている水素原子の場合は，クーロンポテンシャルが r のみに依存し，θ や φ によらない，すなわち，球対称であるため，ハミルトニアンが回転対称性をもっていることが原因である．実際，ハミルトニアン演算子は極座標表示で，§5.3 でも示したように

$$H = -\frac{\hbar^2}{2m_e}\frac{1}{r^2}\left\{\frac{\partial}{\partial r}\left(r^2\frac{\partial}{\partial r}\right) - \boldsymbol{J}^2\right\} - \frac{e^2}{4\pi\varepsilon_0 r} \tag{5.85}$$

の形をしており，このハミルトニアン H は角運動量演算子の大きさ $\hbar^2\boldsymbol{J}^2$ やその各成分 $\hbar J_i\ (i = 1, 2, 3)$ と可換である．

§4.5 で述べたように，縮退がない場合は，可換である 2 つの演算子は固有状態を共有する．しかし，いま考えている場合のように縮退がある場合は，ハミルトニアンの 1 つの固有値（エネルギー準位）E_n に対して，固有状態 $|E_n\rangle$ の他に $\boldsymbol{J}^2|E_n\rangle$ や $J_z|E_n\rangle$ も固有状態となる．しかも，演算子 $\boldsymbol{J}^2$ と演算子 J_z の固有状態はすべて正規直交系をなすようにとることができる．したがって，1 つのエネルギー準位 E_n に対してたくさんの独立な状態が対応し，縮退が起こっているのである．

回転対称性を破るような外力が加わったらどうなるであろうか．この最適な例はゼーマン効果である．z 方向に外部磁場が加わったとすると 3 次元の回転対称性は破れて，z 方向の周りの 2 次元的な（円筒状の）回転対称性のみが残る．このため，J_z の固有状態は磁気量子数の値に応じて異なったエネルギー準位をとる．これがゼーマン効果の原因である．

このように，外部からの力などによって対称性が破れてエネルギー準位の縮退が一部または全部なくなることを，**縮退が解ける**という．8.2.4 項でとり上げるシュタルク効果（一様電場の下での水素原子のスペクトルの分裂現象）の場合も同様である．

ここで述べた回転対称性は，3 次元回転群 $SO(3)$ の下での対称性である．回転群については，第 6 章で詳しく述べる．

回転対称性に基づく縮退現象は上で述べたとおりではあるが，少し不思議な点がある．すなわち，3 次元回転対称性のみが原因で縮退が起こっているのなら，エネルギー準位は ℓ に依存し，m に依存しないという縮退が起こるべきであって，エネルギー準位が正体不明の主量子数 n という量子数のみによっていて，ℓ や m に依存しないというのはおかしいのではないか，ということである．これは確かに不思議なことであって，水素原子の場合にみられるこの異常な縮退現象は偶発的なものだと考えて，しばしば**偶然縮退** (accidental degeneracy) とよばれることがある．しかし，これは偶発的なものではなくて，我々が，3 次元回転対称性だけではない，より高い対称性があることを見落としているせいだということが知られている[1]．

主量子数 n は一体どこから現れたのであろうか．そのヒントになるのは，古典力学でよく知られているルンゲ - レンツベクトル

$$\boldsymbol{A} = \frac{\boldsymbol{p} \times \boldsymbol{L}}{m_{\mathrm{e}}} - \frac{\gamma}{r}\boldsymbol{r} \tag{5.86}$$

である．ここで，$\gamma = e^2/4\pi\varepsilon_0$ である．

重力による太陽の周りでの地球の運動を考えてみよう．地球の公転が一平面上で起こっているのは，地球の公転に伴う角運動量の方向が保存されているからである．太陽の周りの楕円軌道のみならず，放物線軌道や双曲線軌道の場合も同じことがいえる．角運動量 $\boldsymbol{L}$ の保存は，重力，より一般的には中心力の下での粒子の運動に関してよく知られた基本法則である．これがハミルトニアンの 3 次元回転対称性をもたらしているのである．

実は，重力のような特殊な中心力（距離の逆 2 乗ではたらく力）の下での粒子の運動に関しては，さらに，上のルンゲ-レンツベクトルも保存量になっている．このベクトル $\boldsymbol{A}$ は，力の中心から近日点の方向を向いていて，軌道上の粒子とともに移動してもその方向と大きさを変えない．

1） 例えば，B. G. Wybourne : *Classical Groups for Physicists* (John Wiley & Sons, Inc., 1974) 参照．

水素原子の場合も，状況は古典力学の場合と同じで，ルンゲ-レンツベクトルが保存量となっている．ただし，演算子として，ハミルトニアン (5.85) と交換するためには，少し変形しておく必要があって，

$$\boldsymbol{A} = \frac{1}{2m_{\mathrm{e}}}(\boldsymbol{p}\times\boldsymbol{L} - \boldsymbol{L}\times\boldsymbol{p}) - \frac{\gamma}{r}\boldsymbol{r} \tag{5.87}$$

と書き直される[2)]．

ルンゲ-レンツベクトル演算子 (5.87) が確かにハミルトニアン (5.85) と交換することは，退屈な計算によって確かめることができる．この新しい保存量がみつかったので，先に述べた $SO(3)$ 回転対称性は，より大きな対称性に広げられる．群論的考察によると，この新しい対称性は 4 次元回転群 $SO(4)$ に対応していることがわかっている．そして，$SO(4)$ 回転対称性の下でエネルギー準位の縮退を調べることによって，主量子数 n が導出される．

なお，距離の逆 2 乗ではたらく力の場合のように，力の性質に強く依存して現れる対称性は**動的対称性**（dynamical symmetry）とよばれている．

§5.5　線形ポテンシャルの下での粒子の運動

$V(x) = fx$ で与えられる 1 次元線形ポテンシャルを考える．ここで，f は正定数である．このポテンシャルの下でのシュレディンガー方程式は，

$$\left(-\frac{\hbar^2}{2m}\frac{d^2}{dx^2} + fx\right)\psi = E\psi \tag{5.88}$$

である．いま，

$$z = \frac{x}{\alpha} - \frac{E}{f\alpha}, \qquad \alpha = \left(\frac{\hbar^2}{2mf}\right)^{1/3} \tag{5.89}$$

とおくと，上のシュレディンガー方程式は

$$\left(-\frac{d^2}{dz^2} + z\right)\psi = 0 \tag{5.90}$$

となる．この微分方程式は，エアリー関数 $A_i(z)$ と $B_i(z)$ を独立な解として

2） W. Pauli : Über das Wasserstoffspektrum vom Standpunkt der neuen Quantenmechanik, Zeitschrift für Physik **36** (1926) 336.

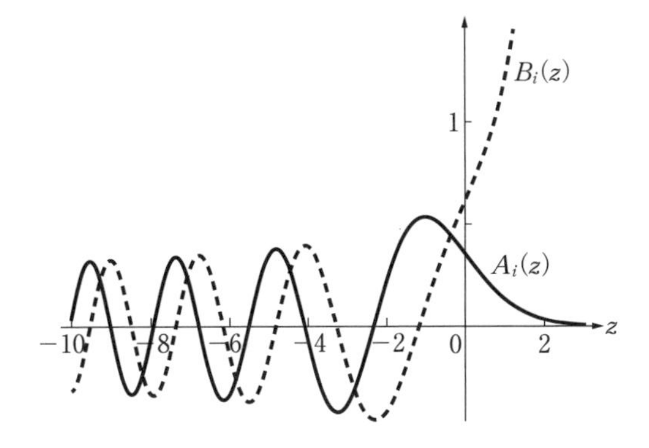

図 5.5　エアリー関数 $A_i(z), B_i(z)$

もつ(図 5.5, 付録の A.2.5 項を参照). したがって, 方程式(5.90)の一般解は

$$\phi(x) = c_1 A_i(z) + c_2 B_i(z) \tag{5.91}$$

と書くことができる. ただし, c_1 と c_2 は任意定数である.

線形ポテンシャルの応用の一例として, 一様な重力場の中で落下する中性子が水平な物質面に衝突して跳ね返る運動を考えてみよう. この衝突は完全弾性衝突だと仮定すると, 中性子は跳ね返る運動を繰り返す. この問題を量子力学的に考えてみよう.

速度の遅い中性子は, ド・ブロイ波長が長くなるので, 物質面で鏡面反射が起こる. この現象を用いて, 地上の重力による中性子の束縛状態が検証されている[3]. 鉛直方向に y 軸をとり, $y = 0$ は物質面を表すものとする. $y > 0$ から落下してきた質量 m の中性子は, $y = 0$ で完全弾性衝突して $y > 0$ に跳ね返るものとする. このときシュレディンガー方程式は, 重力加速度の大きさを g として,

$$\left\{-\frac{\hbar^2}{2m}\frac{d^2}{dy^2} + V(y)\right\}\phi = E\phi \tag{5.92}$$

となる. ポテンシャル $V(y)$ は,

$$V(y) = \begin{cases} mgy & (y > 0) \\ \infty & (y \leq 0) \end{cases} \tag{5.93}$$

で与えられ, これを図示すると図 5.6 のようになる.

3） V. V. Nesvizhevsky, *et al.* : Nature **415** (2002) 297.

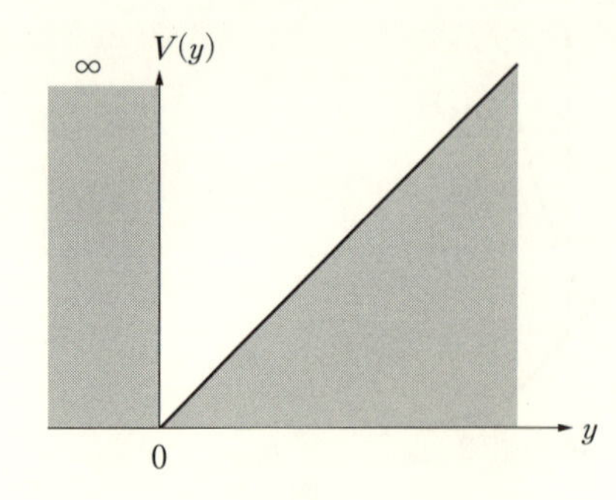

図 5.6　(5.93)のポテンシャル

(5.89) において，$f = mg$ とおくと

$$z = \frac{y}{\alpha} - \frac{E}{mg\alpha}, \qquad \alpha = \left(\frac{\hbar^2}{2m^2g}\right)^{1/3} \tag{5.94}$$

となる．シュレディンガー方程式の一般解は，エアリー関数 $A_i(z)$ と $B_i(z)$ を用いて (5.91) で与えられ，境界条件は

$$\phi(y = \infty) = 0 \tag{5.95}$$

$$\phi(y = 0) = 0 \tag{5.96}$$

である．$B_i(y)$ は $y > 0$ で単調増加関数なので，(5.95) より $c_2 = 0$ が得られる．また，(5.96) より $A_i(-E/mg\alpha) = 0$ を得る．$A_i(z) = 0$ となる零点を $z = z_n < 0$ $(n = 0, 1, 2, \cdots)$ とすると，エネルギー固有値は

$$E_n = -mg\alpha z_n \tag{5.97}$$

となる．

z_n の具体的な値は，$z_0 = -2.34$，$z_1 = -4.08$，$z_2 = -5.52, \cdots$ であり，重力加速度の大きさを $g = 9.8\,\mathrm{m/s^2}$ とすると，基底状態のエネルギーは $E_0 = 1.4 \times 10^{-12}\,\mathrm{eV}$ となる．

§5.6　スペクトル分光による天体物質の同定

§1.3 や §1.4 で述べたように，原子スペクトルや分子振動スペクトルの観測は量子力学の構築期に重要な役割を果たした．このような原子・分子からのスペクトル線は，原子・分子が構成する物質に特徴的なパターンをしているので，逆に，スペクトル線を観測することによって，そのスペクトル線の元になっている物質が何なのかを知ることができる．したがって，スペクトル分光技術は，直接触れることのできない遠方の物質を同定するのに利用することができる．

宇宙の観測においては，近年，ロケット技術の進展により，直接惑星や小惑星等に降り立って調査研究できるようになりつつあるが，それでも，太陽系内に限られている．すぐお隣の恒星ケンタウルス座 α ですら，その距離は 4.4 光年である．とても現在のロケット技術ですぐに行けるものではない．はるか彼方の天体現象を調べようとすると，昔は，可視光線による眼視観測や写真観測をするしかなかったが，19 世紀末頃からは，スペクトル分光が天体観測の重要な手段となってきた．今日では，観測される電磁波の波長領域は，可視光線領域のみならず，γ 線から電波領域までに広がっている．

もちろん，今後，ニュートリノ天文学や重力波天文学が研究分野として台頭してくる可能性もあり，それに大きな期待がかけられるが，当面は電磁波が主たる研究手段である．

恒星を分光観測すると，連続スペクトルの他に，吸収線が観測される．これらの吸収線は，恒星の表面付近にあるイオンや原子が恒星内部から来る光を吸収して準位間の遷移を起こすために生じるもので，発見者の名に因んで**フラウンホーファー線**ともよばれている．この吸収線を調べることによって，恒星大気に含まれる元素を同定することができる．

図 5.7 は，典型的な星のスペクトルである．このスペクトルの背景となっている連続スペクトルは 12000 K の熱放射によって説明することができる．ところどころに吸収線がみられるが，これらの吸収線は水素原子のバルマー系列にちょうど一致している．この星が水素の見事な吸収線をみせるということは，この星の表層部にある大気がほとんど水素であるということを意味している．

この星は，ペガスス座 ξ 星とよばれるもので，ペガスス座の端の方にある 3 等星で，地球から約 204 光年離れている．一般に，星のスペクトル型は O，B，A，F，G，K，M の 7 種類に分類されていて，ペガスス座 ξ 星は B 型に入っている．このスペクトル型分類は星の表面温度によって分類されたもので，B 型の星は絶対温度 10000～29000 K だとされている．ペガスス座 ξ 星はきれいな水素の吸収線をみせる安定した星なので，スペクトル標準星

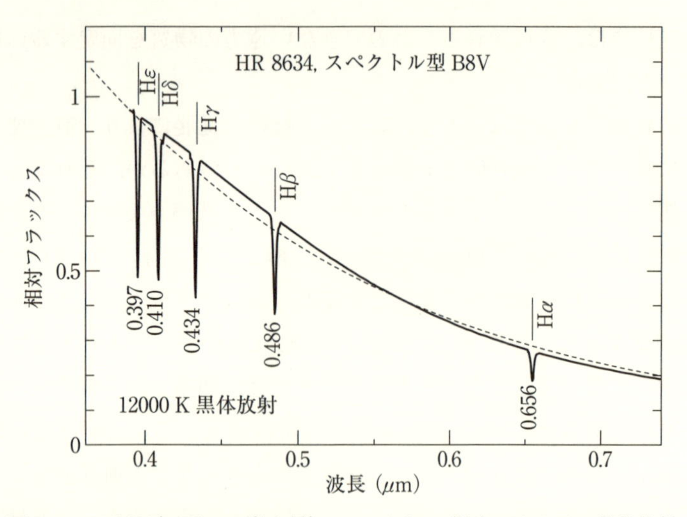

図 5.7　HR8634(ペガスス座 ζ 星)のスペクトル．温度 12000 K の黒体放射スペクトルを背景として水素のバルマー系列吸収線がみられる．Hα, Hβ, Hγ, Hδ, Hε の吸収線は，電子が $n=2$ の状態から $n=3$, $n=4$, $n=5$, $n=6$, $n=7$ へそれぞれ遷移する際に光を吸収することによって現れる．（広島大学かなた望遠鏡にて観測．川端弘治氏 提供）

として利用されている．

重い星は，進化の最終段階において超新星爆発を起こす．爆発時の分光観測によって得られるスペクトルは，爆発直前の星を構成する物質の組成や構造を直接知る手掛かりとなる．超新星爆発の後に残される超新星残骸は，高温のプラズマガスをつくり出し，その分光観測により，宇宙空間にばらまかれた重元素が観測できる．図 5.8 は，いくつかの超新星の分光観測によって得られたフラックスと波長の分光スペクトルであるが，酸素原子とカルシウムイオンの輝線スペクトルを確認できる．

恒星の集まりである銀河の中心には，極めて明るく活動的な中心核をもつ銀河があり，活動銀河核とよばれている．そこには太陽の 100 万倍から 1 億倍の質量をもつブラックホールが存在していると考えられている．明るく輝く活動銀河核の分光観測から，酸素や鉄の吸収線が観測され，ブラックホール周辺のガスの分布や運動の情報が得られる．

数千個の銀河の集団である銀河団は，暗黒物質がつくる重力ポテンシャルによって束縛されている．銀河団には，1 億度にも達するプラズマガスが閉

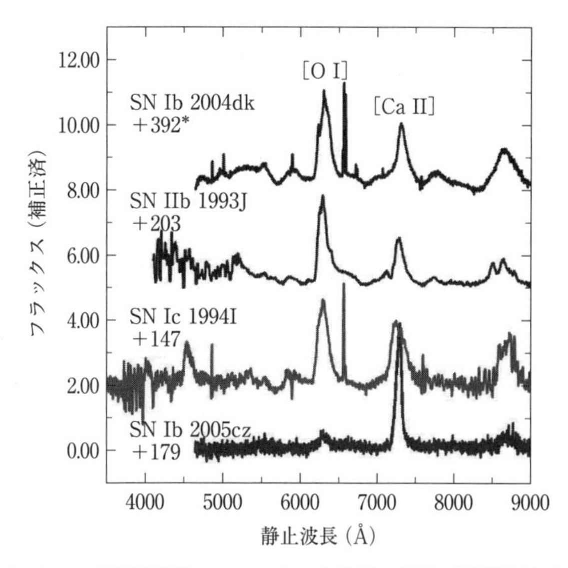

図 5.8 4つの超新星爆発のフラックスと波長の関係（川端弘治氏 提供）

じ込められており，この銀河団のガスをX線領域で観測すると，鉄イオンの輝線が数多く検出される．鉄イオンの他にも，酸素やカルシウムなどの輝線が観測される．これらの情報から，ガスの密度や温度などを知ることができ，銀河団の成り立ちと進化に対する手掛かりが得られる．

我々が住んでいる天の川銀河の中には約千億個の恒星があるが，それらの恒星の間にはたくさんの星間ガス（星間物質）がある．これらの星間物質はそれ自身が光を放つわけではないが，周りにある恒星によって照らされて光っているものがある．これらの星間物質の中でも，比較的温度の低い星間物質では，分子分光観測が重要な役割を果たす．

このような分子の量子状態は，振動と回転によって特徴づけられる．分子振動については，§1.4 で述べたとおり，2原子分子のような簡単な分子に対しては，調和振動子によって近似できる．複雑な分子に対しては，いろいろな振動モードや回転モードが現れる．

分子の回転運動に関するハミルトニアンは，分子の慣性モーメントを I，角運動量を $\boldsymbol{L}$ とすると，

$$H = \frac{\boldsymbol{L}^2}{2I} \tag{5.98}$$

と表せるから，回転運動に関するシュレディンガー方程式の固有関数は，球面調和関数 $Y_{\ell m}$ になることがわかる．したがって，分子の回転運動のエネルギー固有値は

$$E_\ell^{\mathrm{rot}} = \frac{\hbar^2 \ell(\ell+1)}{2I} \qquad (\ell = 0, 1, 2, \cdots) \tag{5.99}$$

であり，$2\ell + 1$ 重に縮退していることがわかる．

回転のエネルギー準位間の遷移は，$\Delta\ell = \pm 1$ の場合のみ許されるので，光子のエネルギーとしては，

$$h\nu = \frac{\hbar^2(\ell+1)}{I} \qquad (\ell = 0, 1, 2, \cdots) \tag{5.100}$$

となる．その典型的な大きさは，10^{-8}～10^{-3} eV 程度であり，電波領域のスペクトル線となる．

10～数 10 K の極めて温度の低い星間分子雲では，電波領域で純粋な回転スペクトルを検出することができる．しかし，これに比べて比較的温度の高い星間分子雲では，振動回転遷移とよばれる回転準位の他に，振動準位の遷移も同時に起こる．この場合の，遷移前後でのエネルギー差は，

$$|\Delta E^{\mathrm{viv-rot}}| = \hbar\omega + \frac{\hbar^2(\ell+1)}{I} \qquad (\ell = 0, 1, 2, \cdots) \tag{5.101}$$

となる．

図 5.9 は，彗星のスペクトル観測によって得られた，分子の振動回転遷移のスペクトルを示している．分子の回転遷移によって生じる等間隔の輝線スペクトルをみることができる．スペクトル観測によって，彗星に含まれる物質から太陽系や惑星の起源，星間物質の化学進化を探ることができる．

遠方の銀河のスペクトル観測もかなり前から行われていて，得られたスペクトルが実験室のスペクトルからずれていることが発見され，それがハッブル（Edwin P. Hubble）の宇宙膨張の発見につながったのは有名な話である．

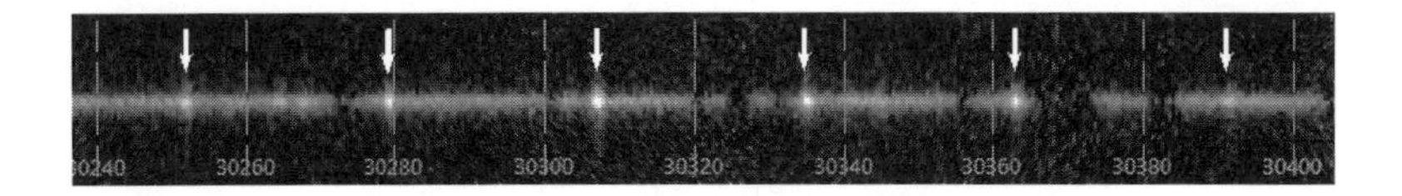

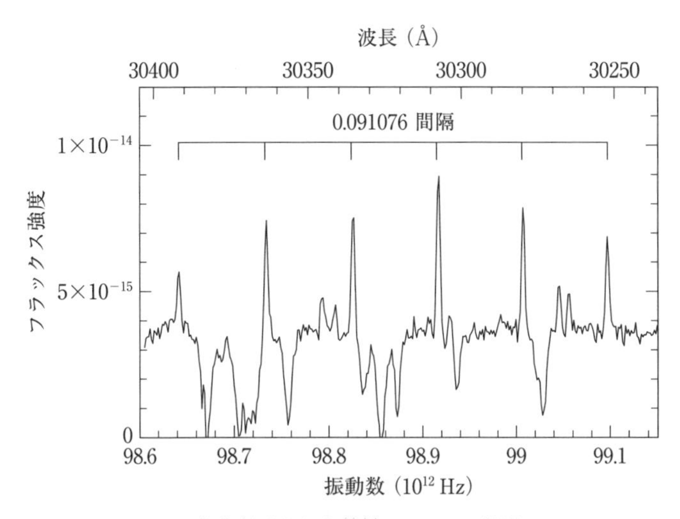

図 5.9　103P/Hartley 2 と名付けられた彗星の 3.03 μm 付近のスペクトル．HCN の振動回転遷移の輝線スペクトルを読み取ることができる．上は 2 次元スペクトル画像，下はフラックス強度の波長依存性と，HCN 輝線の位置を示している．
（京都産業大学 河北秀世教授 提供）

演 習 問 題

［**1**］　5.1 節の井戸型ポテンシャルの例で，$\langle n|\hat{q}^2|n\rangle$ と $\langle n|\hat{p}^2|n\rangle$ を計算し，

$$\Delta q\,\Delta p = \frac{\hbar}{2}\sqrt{\frac{\pi^2 n^2}{3} - 2} > \frac{\hbar}{2}$$

を示せ．

［**2**］　3 次元ラプラシアンの極座標での表式を，直交座標系からの変数変換によって求めよ．

［**3**］　3 次元調和振動子における縮退度が

$$d_n = \frac{(n+1)(n+2)}{2}$$

となることを確かめよ.

［**4**］ 水素原子の波動関数 $\psi_{n\ell m}$ に対して，次の関係を証明せよ.

$$\langle r \rangle_{1,0} = \frac{3}{2}a_{\mathrm{B}}, \quad \langle r \rangle_{2,0} = 6a_{\mathrm{B}}, \quad \langle r \rangle_{2,1} = 5a_{\mathrm{B}},$$

$$\langle r \rangle_{3,0} = \frac{27}{2}a_{\mathrm{B}}, \quad \langle r \rangle_{3,1} = \frac{25}{2}a_{\mathrm{B}}, \quad \langle r \rangle_{3,2} = \frac{21}{2}a_{\mathrm{B}}$$

ただし，$\langle r \rangle_{n,\ell} = \int d^3r\, \psi_{n\ell m}(\boldsymbol{r})^* r \psi_{n\ell m}(\boldsymbol{r})$，$a_{\mathrm{B}}$ はボーア半径 ($a_{\mathrm{B}} = 5.3 \times 10^{-11}\,\mathrm{m}$) である.

［**5**］ §5.5 の重力場の中で中性子が水平な物質面で鏡面反射する運動において，基底状態のエネルギーを不確定性関係を用いて概算せよ.

［**6**］ 次の 3 次元球対称井戸型ポテンシャル $V(r)$ をもつ粒子の束縛状態を考える．方位量子数 $\ell = 0$ に対する，束縛エネルギー準位を決める式を求めよ．また，束縛状態が 1 つは存在するための条件を求めよ.

$$V(r) = \begin{cases} -V_0 < 0 & (0 \leq r < a) \\ 0 & (r \geq a) \end{cases} \tag{5.102}$$

［**7**］ スカラーポテンシャル $\phi(\boldsymbol{x}, t)$，ベクトルポテンシャル $\boldsymbol{A}(x, t)$ を外場として，電荷 e をもつ粒子のラグランジアンは，

$$L = \frac{m}{2}\dot{\boldsymbol{x}}^2 - e\phi(\boldsymbol{x}, t) + e\dot{\boldsymbol{x}}\cdot\boldsymbol{A}(\boldsymbol{x}, t) \tag{5.103}$$

と書くことができる．オイラー-ラグランジュ方程式から，古典力学における粒子の運動方程式を求めよ．また，ハミルトニアン演算子を構成して，一様な磁場中のエネルギー固有状態について論じよ.

6 角運動量と回転群

§5.2の調和振動子ポテンシャルや§5.3のクーロンポテンシャルのように球対称なポテンシャルの場合は，ハミルトニアンが空間回転のもとで不変となる．このとき，角運動量の大きさと角運動量の各成分はハミルトニアンと交換するので，空間回転に対する不変量となり，ハミルトニアンの固有状態は，角運動量の固有状態を用いて表すことができる．このように，ハミルトニアンの空間回転不変性という一般的性質から，問題の大枠が解けてしまい，本質的な部分はポテンシャルが関与する式のみを解けばよいことになる．

このような例は，系の空間回転対称性という概念によって，より一般的な形で表現することができる．それが**回転群**である．本章では，回転群（rotation group）とその表現（representation）について解説し，表現空間を調べることによって，すべての固有状態を得ることができることを示す．

§6.1 空間回転と角運動量

位置 $\boldsymbol{r}$ での粒子の波動関数 $\psi(\boldsymbol{r})$ に対する空間回転の影響は，角運動量演算子によって表すことができる．このことをみるために，まず，原点の周りの微小回転 $d\boldsymbol{\theta} = (d\theta_1, d\theta_2, d\theta_3)$ による位置 $\boldsymbol{r}$ での変位 $d\boldsymbol{r}$ を表す式が $d\boldsymbol{r} = d\boldsymbol{\theta} \times \boldsymbol{r}$ となることを示そう．

簡単のために，手始めとして，x_3 軸の周りの回転 θ_3 のみの場合を考えてみよう．図6.1より，

$$
\begin{cases}
x_1 = \sqrt{x_1^2 + x_2^2}\cos\theta_3 \\
x_2 = \sqrt{x_1^2 + x_2^2}\sin\theta_3 \\
x_3 = 0
\end{cases}
\tag{6.1}
$$

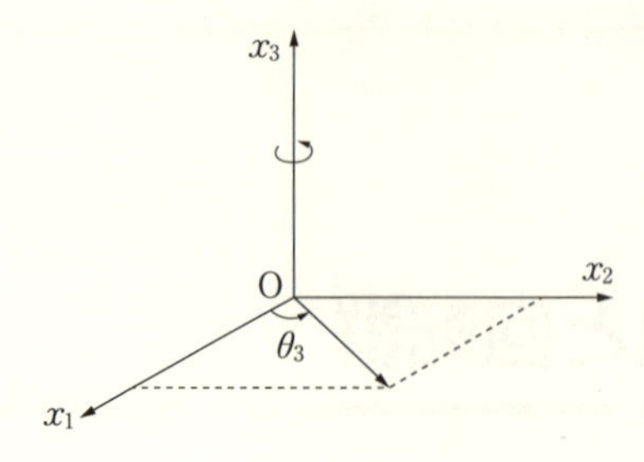

図 6.1　x_3 軸の周りの回転 θ_3

と表されるので，したがって，x_3 軸の周りの無限小回転 $d\theta_3$ の効果は

$$\begin{cases} dx_1 = -\sqrt{x_1^2 + x_2^2}\sin\theta_3\, d\theta_3 = -x_2\, d\theta_3 \\ dx_2 = +\sqrt{x_1^2 + x_2^2}\cos\theta_3\, d\theta_3 = +x_1\, d\theta_3 \\ dx_3 = 0 \end{cases} \tag{6.2}$$

となる．同様にして，x_1 軸の周りの無限小回転 $d\theta_1$ では

$$\begin{cases} dx_1 = 0 \\ dx_2 = -x_3\, d\theta_1 \\ dx_3 = +x_2\, d\theta_1 \end{cases} \tag{6.3}$$

となる．また，x_2 軸の周りの無限小回転 $d\theta_2$ では

$$\begin{cases} dx_1 = +x_3\, d\theta_2 \\ dx_2 = 0 \\ dx_3 = -x_1\, d\theta_2 \end{cases} \tag{6.4}$$

となる．

一般に，x_1, x_2, x_3 軸の周りにそれぞれ無限小回転 $d\theta_1, d\theta_2, d\theta_3$ を行うと

$$\begin{cases} dx_1 = x_3\, d\theta_2 - x_2\, d\theta_3 \\ dx_2 = x_1\, d\theta_3 - x_3\, d\theta_1 \\ dx_3 = x_2\, d\theta_1 - x_1\, d\theta_2 \end{cases} \tag{6.5}$$

となるので，これをベクトルの形で表せば

$$d\boldsymbol{r} = -\boldsymbol{r} \times d\boldsymbol{\theta} = d\boldsymbol{\theta} \times \boldsymbol{r} \tag{6.6}$$

となる．

したがって，原点の周りの無限小回転 $d\boldsymbol{\theta}$ では，位置 $\boldsymbol{r}$ が

$$\boldsymbol{r} \quad \to \quad \boldsymbol{r}' = \boldsymbol{r} + d\boldsymbol{r} = \boldsymbol{r} + d\boldsymbol{\theta} \times \boldsymbol{r} \tag{6.7}$$

のように変化する．これを成分で表すと $r_i' = r_i + (d\boldsymbol{\theta} \times \boldsymbol{r})_i$ であるから，

$$r_i' = (\delta_{ij} + \varepsilon_{ikj}\, d\theta_k) x_j \tag{6.8}$$

と書くことができる．ここで，δ_{ij} はクロネッカーのデルタ，ε_{ikj} は反対称テンソルであり，アインシュタインの縮約記法を用いている．

この座標回転を，行列演算子 A を用いて $\boldsymbol{r}' = A\boldsymbol{r}$ と書くことにすると，行列 A の行列要素は

$$A_{ij} = \delta_{ij} - \varepsilon_{ijk}\, d\theta_k \tag{6.9}$$

と表すことができる．また，逆演算 $\boldsymbol{r} = A^{-1}\boldsymbol{r}'$ における逆行列 A^{-1} の各成分は

$$A_{ij}^{-1} = \delta_{ij} + \varepsilon_{ijk}\, d\theta_k \tag{6.10}$$

となる．

次に，原点の周りの波動関数の微小回転が $\psi(\boldsymbol{r})$ にどのような影響を与えるかをみてみよう．微小回転後の波動関数を $\psi'(\boldsymbol{r})$ と書くと，波動関数の微小回転と座標の微小回転をともに行うと元に戻るので，$\psi'(\boldsymbol{r}') = \psi(\boldsymbol{r})$ であるから，$\psi'(\boldsymbol{r}) = \psi(A^{-1}\boldsymbol{r})$ となる．ただし，$\boldsymbol{r}'$ を $\boldsymbol{r}$ と書き直した．結局，原点の周りにおける微小回転により，波動関数は次のように変化する．

$$\psi(\boldsymbol{r}) \quad \to \quad \psi'(\boldsymbol{r}) = \psi(A^{-1}\boldsymbol{r}) = \psi(\boldsymbol{r} - d\boldsymbol{r}) = \psi(\boldsymbol{r}) - d\boldsymbol{r}\cdot\nabla\psi(\boldsymbol{r}) + \mathcal{O}(d\boldsymbol{r}^2) \tag{6.11}$$

この変化をさらに詳しくみると

$$\begin{aligned} d\psi(\boldsymbol{r}) &= \psi'(\boldsymbol{r}) - \psi(\boldsymbol{r}) = -d\boldsymbol{r}\cdot\nabla\psi(\boldsymbol{r}) = -(d\boldsymbol{\theta}\times\boldsymbol{r})\cdot\nabla\psi(\boldsymbol{r}) \\ &= -d\boldsymbol{\theta}\cdot(\boldsymbol{r}\times\nabla)\psi(\boldsymbol{r}) = -\frac{i}{\hbar}d\boldsymbol{\theta}\cdot\boldsymbol{L}\psi(\boldsymbol{r}) \end{aligned} \tag{6.12}$$

となり，結局まとめると

$$\psi'(\boldsymbol{r}) = \left(1 - \frac{i}{\hbar}d\boldsymbol{\theta}\cdot\boldsymbol{L}\right)\psi(\boldsymbol{r}) \tag{6.13}$$

と表せることがわかった（i は虚数）．

このように，無限小空間回転の下での波動関数 ψ の変化は，角運動量演算子を用いて $\boldsymbol{L}\psi$ と表すことができる．

ポテンシャルエネルギーが球対称であって，ハミルトニアン H が空間回転の下で不変である場合は，$\psi(\boldsymbol{r})$ に H を作用させて次に空間回転させた場合と，空間回転させた後の $\psi'(\boldsymbol{r})$ に H を作用させた場合とは同じはずである．すなわち，式で書くと

$$H\left(1 - \frac{i}{\hbar}d\boldsymbol{\theta}\cdot\boldsymbol{L}\right)\psi(\boldsymbol{r}) = \left(1 - \frac{i}{\hbar}d\boldsymbol{\theta}\cdot\boldsymbol{L}\right)H\psi(\boldsymbol{r}) \tag{6.14}$$

となる．この式は任意の $d\boldsymbol{\theta}$ に対して成り立つので，

$$(HL_j - L_jH)\psi = 0 \qquad (j = 1, 2, 3) \tag{6.15}$$

が成り立つ．ここで，$\psi(\boldsymbol{r})$ も任意だから，結局

$$[H, L_j] = 0 \qquad (j = 1, 2, 3) \tag{6.16}$$

が成り立ち，空間回転でハミルトニアン H が不変であれば，H は $\boldsymbol{L}$ と交換しなければならないことがわかる．

ここで述べたことは，もっと一般化することができる．すなわち，ある対称性があれば，その対称性に対して常に保存量が存在する．この事実は，量子力学に限らず，古典物理学においても成り立つ一般的な定理である．この定理はネーター（A. E. Noether）によって理論的に見出されたので，**ネーターの定理**とよばれている．

上で述べた事実により，H は $\boldsymbol{L}$ の関数としては，$\boldsymbol{L}^2$ のみにしか依存できないということを示している．なぜなら，$\boldsymbol{L}$ の関数のうちで，$\boldsymbol{L}$ のすべての成分と可換なのは，§4.8 でみたように，$\boldsymbol{L}^2$ のみだからである．

$$[\boldsymbol{L}^2, L_j] = 0 \qquad (j = 1, 2, 3) \tag{6.17}$$

したがって，回転対称性をもったハミルトニアンは

$$H = \alpha \boldsymbol{L}^2 + \beta \tag{6.18}$$

と表せることがわかる．ここで，α, β は $\boldsymbol{L}$ に依存しない量である．§5.2 の 3 次元調和振動子の場合 (5.35) や §5.3 の水素原子の場合 (5.55) は，確かにこの形をしていたことを思い出そう．

§6.2　群論的考察

前節でみたように，位置 $\boldsymbol{r}$ に対する無限小回転は (6.7) で与えられる．この式を行列の演算の形で書き直すと $\boldsymbol{r}' = A\boldsymbol{r}$ となり，行列 A の行列要素は (6.9) で与えられる．また，この無限小回転が波動関数に及ぼす効果は (6.13) で与えられており，この効果を表す演算子を

$$U = \left(1 - \frac{i}{\hbar} d\boldsymbol{\theta} \cdot \boldsymbol{L}\right) \tag{6.19}$$

とおくことにする．ここで，$\boldsymbol{L} = -i\hbar \boldsymbol{r} \times \nabla$ である．(6.13) は

$$\psi'(\boldsymbol{r}) = U\psi(\boldsymbol{r}) \tag{6.20}$$

と表せることになる．すなわち，空間回転の行列 A は，波動関数に対しては U という演算に対応していることがわかる．

(6.9) で与えられる空間回転の行列 A は次のような式を満たす．

$$(AA^T)_{ij} = A_{ik}A^T_{kj} = A_{ik}A_{jk} = (\delta_{ik} + \varepsilon_{i\ell k}d\theta_\ell)(\delta_{jk} + \varepsilon_{j\ell' k}d\theta_{\ell'})$$
$$= \delta_{ij} + \mathcal{O}(d\theta^2) = \delta_{ij} \tag{6.21}$$
$$\det A = \det(\delta_{ij}) + \mathrm{Tr}(\varepsilon_{i\ell j}d\theta_\ell) = 1 \tag{6.22}$$

ここで，T は転置行列を表し，また，$\varepsilon_{i\ell j}d\theta_\ell + \varepsilon_{j\ell i}d\theta_\ell = 0$, $\mathrm{Tr}(\varepsilon_{ikj}d\theta_k) = 0$ を用いた．したがって，空間回転（原点を固定する変換）は，

$$AA^T = 1, \qquad \det A = 1 \tag{6.23}$$

という性質をもっている．すなわち，A は直交行列であって，$\det A = 1$ を満たす行列であることがわかる．

空間回転を表す直交行列 A の集合 R

$$\{A;\ AA^T = 1, \det A = 1\} \equiv R \tag{6.24}$$

は，次のような**群**（group）の条件を満たしている．

1. 引き続いた2つの回転 A_1，A_2 は，$\boldsymbol{r}' = A_2A_1\boldsymbol{r}$ によって表される．すなわち，R の要素 A_1，A_2 に対して積 A_2A_1 も R の要素である．（積演算の存在）
2. 回転を全く行わない行列 **1** は，R の特殊な要素である．（恒等演算の存在）
3. 回転 A に対して，必ず逆演算 A^{-1} が存在する（いまの場合，$AA^T = 1$ だから $A^{-1} = A^T$）．（逆演算の存在）
4. 引き続いた3つの回転 A_1，A_2，A_3 に対して，結合則 $A_3(A_2A_1) = (A_3A_2)A_1$ が成り立つ．（結合則の存在）

この空間回転 A がつくる集合 $R = \{A\}$ を**回転群**（rotation group）とよび，$R = SO(3)$ と書く．これは，Special Orthogonal（3-dimentions）の略である．

回転群は**リー群**（**連続群**）とよばれるものの1つで，連続パラメター $\boldsymbol{\theta}$ によって特徴づけられる．また，空間回転 A が波動関数に及ぼす効果 $\psi'(\boldsymbol{r}) = U\psi(\boldsymbol{r})$ は，回転群 $SO(3)$ の**表現**（representation）とよばれているものである．集合 $\{U\}$ は $R = \{A\}$ が満たしている性質1～4と同じ性質をもった

演算子の集合で，$R = \{A\}$ に準同型（homomorphic）である．すなわち，$U \leftrightarrow A$ は1対1対応ではないが，1つの A には必ず1つの U が対応している（その逆は必ずしも成り立たず，1つの U には複数の A が対応することがある）．

集合 $\{U\}$ は，それ自体が回転群を表しており，群 $\{A\}$ と同じ性質をもっている．この U は (6.19) で与えられているが，そこで現れる $\boldsymbol{L}$ は角運動量演算子であり，交換関係

$$[L_i, L_j] = i\hbar\varepsilon_{ijk}L_k \tag{6.25}$$

を満たすことは，すでに§4.8でみた．集合 $\{L_i\}$ は回転群に対する**リー代数**（**リー環**）とよばれるものである．数学的には，集合 R の任意の元 x, y に対して交換子 $[x, y]$ が定義されていて，$[x+y, z] = [x, y] + [y, z]$，$[ax, y] = a[x, y]$（$a$ は任意定数），$[x, y] = -[y, x]$，$[x, [y, z]] + [y, [z, x]] + [z, [x, y]] = 0$ が満たされるときに集合 R はリー環とよばれるが，集合 $\{L_i\}$ はこの条件を満たしているので，リー環（リー代数）とよばれるのである．

プランク定数 $\hbar$ が随所に現れるのは煩わしいので，§4.8で行ったのと同じように，以下では $\boldsymbol{L} = \hbar\boldsymbol{J}$ とおくと，

$$U = 1 - id\boldsymbol{\theta}\cdot\boldsymbol{J}, \qquad [J_i, J_j] = i\varepsilon_{ijk}J_k \tag{6.26}$$

となる．実は，この性質はもともと，回転群 $\{A\}$ の各元がもっていたものである．実際，(6.9) で与えられているように，$A_{ij} = \delta_{ij} + \varepsilon_{ikj}d\theta_k$ と表せるのだから，

$$A = 1 + id\boldsymbol{\theta}\cdot\boldsymbol{T}, \qquad (iT_k)_{ij} = \varepsilon_{ikj} \tag{6.27}$$

と書き直すことができる．ここで，行列 T_k を具体的に書き表すと，

$$T_1 = \begin{pmatrix} 0 & 0 & 0 \\ 0 & 0 & i \\ 0 & -i & 0 \end{pmatrix}, \quad T_2 = \begin{pmatrix} 0 & 0 & -i \\ 0 & 0 & 0 \\ i & 0 & 0 \end{pmatrix}, \quad T_3 = \begin{pmatrix} 0 & i & 0 \\ -i & 0 & 0 \\ 0 & 0 & 0 \end{pmatrix} \tag{6.28}$$

となり（i は虚数），確かに行列 $\boldsymbol{T}$ は

$$[T_i, T_j] = i\varepsilon_{ijk}T_k \tag{6.29}$$

を満たし，回転群 $\{A\}$ のリー代数（リー環）になっていることがわかる．

§6.3 回転群の表現

群の表現

§6.1と§6.2で，回転群$\{A\}$の元Aが波動関数に及ぼす効果Uについて述べ，これが回転群の表現$\{U\}$になっていることをみた．ここでは，より一般的に，数学用語を使って群の表現を定義しておこう．

群$G=\{g\}$の表現とは，Gの元gの準同形写像（線形変換）$u(g)$の集合$\{u(g)\}$であって，

$$u(g_1)u(g_2)=u(g_1g_2) \tag{6.30}$$

$$u(1)=1 \tag{6.31}$$

を満たすものである．

環の表現

環$R=\{r\}$の表現とは，準同形写像（線形変換）の集合$\{u(r);r\to u(r)\}$であって，

$$u(ar)=au(r) \tag{6.32}$$

$$u(r_1+r_2)=u(r_1)+u(r_2) \tag{6.33}$$

$$u([r_1,r_2])=[u(r_1),u(r_2)] \tag{6.34}$$

を満たすものである．

群を無限小変換の形で表せば，群はその環によって完全に表すことができるので，群の表現は環の表現で与えることができる．実際，回転群の場合を考えてみると，群$\{A;AA^T=1,\det A=1\}$の表現は，その環$\{T_i;[T_i,T_j]=i\varepsilon_{ijk}T_k\}$の表現によって決まっていた．このことをまとめると表のようになる．

回転群		リー環（代数）
$A=1+id\theta_kT_k$	$\longleftrightarrow$	$\{T_k;[T_i,T_j]=i\varepsilon_{ijk}T_k\}$
$\downarrow$		$\downarrow$
回転群の表現 $u(A)=1+id\theta_ku(T_k)$	$\longleftrightarrow$	リー環の表現 $u(T_k)$

回転群のリー環

$$\{T_k;[T_i,T_j]=i\varepsilon_{ijk}T_k\} \tag{6.35}$$

の具体的な表現を求めよう．T_kに対する準同形写像$u(T_k)$を見出すこと

は，実は，§6.1の波動関数に対する作用ですでにやったことである．そのときの操作は，

$$[u(T_i), u(T_j)] = i\varepsilon_{ijk} u(T_k) \tag{6.36}$$

を満たす行列 $u(T_i)$ を求めることに相当していた．以下では，煩雑さを避けるために，$u(T_i)$ を略して T_i と書くことにする．そこで，(4.70)，(4.71)，(4.87) で得られた結果をもう一度書いておくと

$$\boldsymbol{T}^2 |j, m\rangle = j(j+1)|j, m\rangle \tag{6.37}$$

$$T_3 |j, m\rangle = m|j, m\rangle \tag{6.38}$$

ただし，$j = 0, 1/2, 1, 3/2, \cdots$，$m = -j, -j+1, \cdots, j-1, j$ である．

行列 T_i の具体的な形を求めるために，

$$T_\pm |j, m\rangle = a_{jm}^\pm |j, m \pm 1\rangle \qquad (T_\pm = T_1 \pm iT_2) \tag{6.39}$$

を用いる．これを $T_\pm$ の行列要素の形で表すと，

$$a_{jm}^\pm = \langle j, m \pm 1 | T_\pm | j, m\rangle \tag{6.40}$$

となり，これ以外の行列要素はすべて0となる．以下では，$a_{jm}^\pm$ を求めることにする．

$T_- = T_+^\dagger$ であるから，

$$\begin{aligned}(a_{jm}^+)^* &= \langle j, m | T_+^\dagger | j, m+1\rangle \\ &= \langle j, m | T_- | j, m+1\rangle = a_{j, m+1}^-\end{aligned} \tag{6.41}$$

である．ここで，†はエルミート共役を表す．また，$[T_+, T_-] = [T_1 + iT_2, T_1 - iT_2] = -2i[T_1, T_2] = 2T_3$ であるから

$$\langle j, m | [T_+, T_-] | j, m\rangle = 2\langle j, m | T_3 | j, m\rangle \tag{6.42}$$

したがって，

$$a_{j\,m-1}^+ a_{jm}^- - a_{j\,m+1}^- a_{jm}^+ = 2m \tag{6.43}$$

が得られる．これに $(a_{jm}^+)^* = a_{j\,m+1}^-$ を代入すると

$$|a_{j\,m-1}^+|^2 - |a_{jm}^+|^2 = 2m \tag{6.44}$$

となり，これは $|a_{jm}^+|^2$ に対する漸化式で，その解は C を定数として

$$|a_{jm}^+|^2 = C - m(m+1) \tag{6.45}$$

となる．ここで，$\langle j, j+1 | T_+ | j, j\rangle = 0$ であるから $a_{jj}^+ = 0$ となり，結局

$$C = j(j+1) \tag{6.46}$$

が得られる．したがって，

$$|a^{+}_{jm}|^2 = j(j+1) - m(m+1) = (j-m)(j+m+1) \tag{6.47}$$

$$|a^{-}_{jm}|^2 = |a^{+}_{j\,m-1}|^2 = (j+m)(j-m+1) \tag{6.48}$$

となる.

ここで，a^{+}_{jm} の位相は決まらないので，コンドン-ショートレイの位相則に従って $+1$ をとることにすると，最終的に

$$\langle j, m \pm 1 | T_{\pm} | j, m \rangle = a^{\pm}_{jm} = \sqrt{(j \mp m)(j \pm m + 1)} \tag{6.49}$$

が得られる.

$T_{\pm} = T_1 \pm iT_2$ より，T_1 と T_2 はすぐに求まって，

$$\begin{aligned}\langle j, m' | T_1 | j, m \rangle = \delta_{m'\,m+1} \frac{1}{2} \sqrt{(j-m)(j+m+1)} \\ + \delta_{m'\,m-1} \frac{1}{2} \sqrt{(j+m)(j-m+1)}\end{aligned} \tag{6.50}$$

$$\begin{aligned}\langle j, m' | T_2 | j, m \rangle = \delta_{m'\,m+1} \frac{1}{2i} \sqrt{(j-m)(j+m+1)} \\ - \delta_{m'\,m-1} \frac{1}{2i} \sqrt{(j+m)(j-m+1)}\end{aligned} \tag{6.51}$$

となり，T_3 の行列要素は，

$$\langle j, m' | T_3 | j, m \rangle = m\delta_{m'\,m} \tag{6.52}$$

となる.

具体的に $j = 0, 1/2, 1$ の場合について求めてみると，次のようになる.

$j = 0$ の場合：

$$T_1 = T_2 = T_3 = 0 \tag{6.53}$$

$j = 1/2$ の場合：

$$T_1 = \frac{1}{2}\begin{pmatrix} 0 & 1 \\ 1 & 0 \end{pmatrix}, \quad T_2 = \frac{1}{2}\begin{pmatrix} 0 & -i \\ i & 0 \end{pmatrix}, \quad T_3 = \frac{1}{2}\begin{pmatrix} 1 & 0 \\ 0 & -1 \end{pmatrix} \tag{6.54}$$

$j = 1$ の場合：

$$T_1 = \frac{1}{\sqrt{2}}\begin{pmatrix} 0 & 1 & 0 \\ 1 & 0 & 1 \\ 0 & 1 & 0 \end{pmatrix}, \quad T_2 = \frac{i}{\sqrt{2}}\begin{pmatrix} 0 & -1 & 0 \\ 1 & 0 & -1 \\ 0 & 1 & 0 \end{pmatrix}, \quad T_3 = \begin{pmatrix} 1 & 0 & 0 \\ 0 & 0 & 0 \\ 0 & 0 & -1 \end{pmatrix} \tag{6.55}$$

ここで，パウリのスピン行列

$$\sigma_1 = \begin{pmatrix} 0 & 1 \\ 1 & 0 \end{pmatrix}, \quad \sigma_2 = \begin{pmatrix} 0 & -i \\ i & 0 \end{pmatrix}, \quad \sigma_3 = \begin{pmatrix} 1 & 0 \\ 0 & -1 \end{pmatrix} \tag{6.56}$$

を用いると，$j = 1/2$ の場合は，

$$T_i = \frac{1}{2}\sigma_i \tag{6.57}$$

と表すことができる．

また，$j = 1$ の場合は，T_i は (6.28) で与えられている T_i と同じ 3×3 行列であるが，形が違っている．しかし，これは見かけ上のことであって，直交変換 OT_iO^T によってつながっており，同等であることがわかる．

以上で，j の各々の値に対して T_i の表現が定まった．すなわち，異なる角運動量の大きさ j に対して異なった表現が対応していることがわかった．各々の j に対応する表現での行列の次元数は m の数だけあり，$2j+1$ である．これを**表現の次元**という．$j = 1$ の 3 次元表現は元々のリー環と同じものであり，このようなものを**随伴**（adjoint）**表現**という．

表現行列 $u(T_i)$ は写像（線形変換）であるから，それが作用するベクトル $|f\rangle$ があって，

$$u(T_i)|f\rangle \tag{6.58}$$

のように作用をする．このベクトルの集まりがつくる空間 $\{|f\rangle\}$ を**表現空間**とよぶ．この表現空間が部分空間

$$\{|g\rangle\} \subset \{|f\rangle\} \tag{6.59}$$

をもち，それが $u(T_i)$ のもとで不変，すなわち，

$$u(T_i)\{|g\rangle\} = \{|g\rangle\} \tag{6.60}$$

のとき，$\{|g\rangle\}$ を $u(T_i)$ に関する $\{|f\rangle\}$ の**不変部分空間**という．

$\{|f\rangle\}$ が不変部分空間をもたないとき，表現 $\{u(T_i)\}$ は**既約**（irreducible）であるという．ここで求めた回転群の表現は，表現空間（$2j+1$ 次元）が不変部分空間をもたないので既約である．もし，$\{|f\rangle\}$ が複数の不変部分空間をもてば，$\{|f\rangle\}$ は**可約**（reducible）であるという．

j が整数 $j = \ell(\ell = 0, 1, 2, 3, \cdots)$ の場合には，表現行列 $u(T_i)$ は微分演算子を用いて，

$$u(T_i) = -i\boldsymbol{r} \times \nabla \tag{6.61}$$

と表すことができる．4.8.3 項でみたように，$\boldsymbol{T}^2$ と T_3 の固有関数は球面調和関数 $Y_{\ell m}(\theta, \varphi)$ である．したがって，球面調和関数の集合 $\{Y_{\ell m}(\theta, \varphi)\}$ は，T_i に対する $j = \ell$（整数）の場合の表現空間になっている．

j が半整数の場合は，$\boldsymbol{T}$ の空間座標についての微分演算子による表示は存在しない．このことは，半整数 j の固有関数が 2 価関数なので，$Y_{\ell m}$ のような 1 価連続関数では表せないことに対応している．したがって，この場合は行列表示をとる以外にない．

$\boldsymbol{T}^2$ と T_3 の固有値方程式は，

$$\boldsymbol{T}^2 |j, m\rangle = j(j+1)|j, m\rangle \tag{6.62}$$

$$T_3 |j, m\rangle = m|j, m\rangle \tag{6.63}$$

である．$j = 1/2$ の場合は，(6.56) と (6.57) を用いて整理すると

$$\boldsymbol{T}^2 = \frac{1}{4}(\sigma_1^2 + \sigma_2^2 + \sigma_3^2) = \frac{3}{4} \tag{6.64}$$

$$T_3 = \frac{1}{2}\sigma_3 \tag{6.65}$$

となり，固有ベクトルは

$$\left|\frac{1}{2}, \frac{1}{2}\right\rangle = \begin{pmatrix} 1 \\ 0 \end{pmatrix} \equiv \chi_+ \tag{6.66}$$

$$\left|\frac{1}{2}, -\frac{1}{2}\right\rangle = \begin{pmatrix} 0 \\ 1 \end{pmatrix} \equiv \chi_- \tag{6.67}$$

となる．これは確かに

$$T_3 \chi_\pm = \pm\frac{1}{2}\chi_\pm \tag{6.68}$$

を満たす．ゆえに，$\{\chi_+, \chi_-\}$ は $j = 1/2$ に対する表現空間であり，これを**スピノル空間** (spinor space)，$\chi_\pm$ を**スピン固有ベクトル**とよぶ．したがって，一般のベクトル $\boldsymbol{v}$ は，任意の複素数 $a_\pm$ を用いて次のように表すことができる．

$$\boldsymbol{v} = a_+\chi_+ + a_-\chi_+ = \begin{pmatrix} a_+ \\ a_- \end{pmatrix} \tag{6.69}$$

ここで，§4.8 で述べたシュテルン-ゲルラッハ効果について補足をして

おこう．軌道角運動量による縮退度は $2\ell + 1$ であるから，シュテルン-ゲルラッハの実験でみられたように，磁場によってスペクトル線が二重に分裂するだけという現象は，軌道角運動量による縮退が解けたとして説明することはできない．

二重に分裂するためには，もともとの角運動量が $\hbar/2$ でなければならない．そこで1925年，ハウトスミット（S. A. Goudsmit）とウーレンベック（G. E. Uhlenbeck）は，電子が自転による固有角運動量 $\hbar/2$ をもっていれば，この実験結果が説明できるとした．ハウトスミットとウーレンベックの物理的考察はパウリ（W. Pauli）によって否定されたが，1927年になって，パウリは電子の固有角運動量（スピン）が

$$\boldsymbol{L} = \frac{\hbar}{2}\boldsymbol{\sigma} \tag{6.70}$$

と表せることを示した．これにより，一様磁場 $\boldsymbol{B}$ の中の電子のハミルトニアンは

$$H = \frac{\boldsymbol{p}^2}{2m_{\mathrm{e}}} + V(r) + \frac{\hbar}{2}\boldsymbol{\sigma}\cdot\boldsymbol{B}\frac{e}{m_{\mathrm{e}}} \tag{6.71}$$

となる．このハミルトニアンは，後にディラックが発見する電子のディラック方程式からその非相対論的極限として得られるものに一致している．

§6.4　$SO(3)$ と $SU(2)$

これまで，回転群 $SO(3)$ とその表現について述べてきた．§6.4では，回転群そのものの構造についてさらに調べてみよう．以下で，回転群 $SO(3)$ は特殊ユニタリー群 $SU(2)$ と準同型であることを示す．ここで，$SU(2)$ は Special Unitary (2-dimentions) の略である．本節の考察から，$SO(3)$ の表現を求めることは $SU(2)$ の表現を求めることと同等であることがわかる．

まず，回転群 $SO(3)$ のパラメターの数を数えてみよう．$SO(3)$ の定義は

$$SO(3) = \{A\,;3\text{行}3\text{列の実行列}, AA^T = 1, \det A = 1\} \tag{6.72}$$

である．3行3列の実行列は9個のパラメターで記述される．一方，$AA^T = 1$ は対称行列に対する条件なので6個の条件式を与えるが，この条件の下

では $\det A = 1$ なので，これは新たな条件式を与えない．よって，$SO(3)$ のパラメターの数は 3 個であり，これは，θ_1，θ_2，θ_3 に対応している．

特殊ユニタリー群 $SU(2)$ の定義は

$$SU(2) = \{u; 2\text{ 行 }2\text{ 列の複素行列}, u^\dagger u = 1, \det u = 1\} \tag{6.73}$$

である．2 行 2 列の複素行列は 8 個のパラメターで記述される．一方，$u^\dagger u = 1$ は対角成分が実数になることに注意すれば，4 個の条件式を与える．また，$\det u = 1$ は 1 つの条件式を与える．したがって，$SU(2)$ のパラメターの数は 3 個である．

ゆえに，$SO(3)$ と $SU(2)$ のパラメターの数はともに 3 個で同じである．

ところで，$SO(3)$ は 3 次元実空間の $x^2 + y^2 + z^2 = 1$ を満たす点を不変に保つ実変換行列の集まりである．一方，$SU(2)$ は 2 次元複素空間の $|\xi|^2 + |\zeta|^2 = 1$ を不変に保つ複素変換行列の集まりである．

いま，図 6.2 のように，$x^2 + y^2 + z^2 = 1$ を満たす単位球面上の 1 点 $\mathrm{P}(x, y, z)$ を xy 面上の点 $\mathrm{P}'(x', y', 0)$ に投影し，

$$\zeta = x' + iy', \qquad \rho = \frac{\overline{\mathrm{SP}'}}{\overline{\mathrm{SP}}} \tag{6.74}$$

とおくと，相似性より

$$\rho = \frac{x'}{x} = \frac{y'}{y} = \frac{1}{1+z} \tag{6.75}$$

となる．これより，

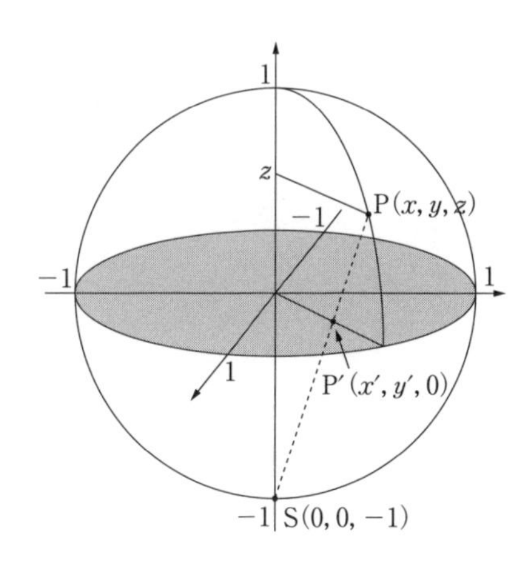

図 6.2　$x^2+y^2+z^2=1$ という球面上の点 $\mathrm{P}(x, y, z)$ と点 $\mathrm{S}(0, 0, -1)$ と結ぶ点線が (x, y) 面と交わる点を $\mathrm{P}'(x', y', 0)$ とする

$$\rho = \frac{x' + iy'}{x + iy} = \frac{\zeta}{x + iy} \tag{6.76}$$

$$\rho = \frac{x' - iy'}{x - iy} = \frac{\zeta^*}{x - iy} \tag{6.77}$$

が得られるので,

$$\rho^2 = \frac{|\zeta|^2}{x^2 + y^2} \tag{6.78}$$

となる.

一方で, $\rho^2 = 1/(1+z)^2$ でもあるので,

$$\rho^2 = \frac{|\zeta|^2 + 1}{x^2 + y^2 + (1+z)^2} = \frac{1 + \zeta\zeta^*}{2(1+z)} = \frac{1 + \zeta\zeta^*}{2}\rho \tag{6.79}$$

より

$$\rho = \frac{1 + \zeta\zeta^*}{2} \tag{6.80}$$

となる. したがって,

$$x + iy = \frac{\zeta}{\rho} = \frac{2\zeta}{1 + \zeta\zeta^*} \tag{6.81}$$

$$x - iy = \frac{2\zeta^*}{1 + \zeta\zeta^*} \tag{6.82}$$

$$z = \frac{1}{\rho} - 1 = \frac{1 - \zeta\zeta^*}{1 + \zeta\zeta^*} \tag{6.83}$$

が得られる.

ここで, 新たな複素変数 ξ と η を用いて

$$\zeta = \frac{\eta}{\xi}, \qquad |\xi|^2 + |\eta|^2 = 1 \tag{6.84}$$

と表すと

$$1 + \zeta\zeta^* = \frac{1}{|\xi|^2} \tag{6.85}$$

となる.

まとめると

$$\begin{cases} x + iy = 2\eta\xi^* \\ x - iy = 2\eta^*\xi \\ z = |\xi|^2 - |\eta|^2 \end{cases} \tag{6.86}$$

または

$$\begin{cases} x = \eta\xi^* + \eta^*\xi \\ y = -i(\eta\xi^* - \eta^*\xi) \\ z = \xi\xi^* - \eta\eta^* \end{cases} \tag{6.87}$$

となり，これらは $x^2 + y^2 + z^2 = \xi\xi^* + \eta\eta^* = 1$ を満たしている．よって，(x, y, z) と (ξ, η) は 1 対 1 に対応していることがわかる．したがって，$SO(3)$ と $SU(2)$ は完全に 1 対 1 に対応している．

§6.5　クレプシュ - ゴルダン係数

古典物理学では，2 つの角運動量 $\boldsymbol{L}_1$ と $\boldsymbol{L}_2$ を合成して

$$\boldsymbol{L} = \boldsymbol{L}_1 + \boldsymbol{L}_2 \tag{6.88}$$

のように新しい角運動量 $\boldsymbol{L}$ を定義すると，

$$|\boldsymbol{L}_1| + |\boldsymbol{L}_2| \geq |\boldsymbol{L}| \geq ||\boldsymbol{L}_1| - |\boldsymbol{L}_2|| \tag{6.89}$$

が成り立つ．

量子力学ではどうであろうか．量子力学では，$\boldsymbol{L}_1^2$，$\boldsymbol{L}_2^2$，$\boldsymbol{L}^2$ の固有値は

$$\begin{cases} \boldsymbol{L}_1^2 & \to & j_1(j_1 + 1)\hbar \\ \boldsymbol{L}_2^2 & \to & j_2(j_2 + 1)\hbar \\ \boldsymbol{L}^2 & \to & j(j + 1)\hbar \end{cases} \tag{6.90}$$

のように対応しているので，

$$j_1 + j_2 \geq j \geq |j_1 - j_2| \tag{6.91}$$

が成り立っている．したがって，固有値 j の値は $j_1 + j_2, j_1 + j_2 - 1, \cdots,$ $|j_1 - j_2|$ をとることができる．

j_1, j_2, j はそれぞれ $SO(3)$ の表現を指定する数であるから，このことは，

$$\text{表現 } j_1 \text{ と表現 } j_2 \text{ の合成} = \text{表現 } j_1 + j_2, \text{表現 } j_1 + j_2 - 1, \cdots, \text{表現 } |j_1 - j_2| \tag{6.92}$$

を意味している．ここで，角運動量 j で指定される表現空間を表す記号として $\mathscr{D}_j$ を導入すると，上記の事実は

$$\mathscr{D}_{j_1} \times \mathscr{D}_{j_2} = \mathscr{D}_{j_1+j_2} + \mathscr{D}_{j_1+j_2-1} + \cdots + \mathscr{D}_{|j_1-j_2|} \tag{6.93}$$

という数式で表すことができる．表現 $\mathscr{D}_{j_1} \times \mathscr{D}_{j_2}$ は，§6.3 で定義したように可約であって，既約表現 $\mathscr{D}_{j_1+j_2}, \mathscr{D}_{j_1+j_2-1}, \cdots$ に分解されている．

いま，$\boldsymbol{L} = \boldsymbol{L}_1 + \boldsymbol{L}_2$ の固有値 $j_1 + j_2, j_1 + j_2 - 1, \cdots, |j_1 - j_2|$ の中の1つを j とし，$\mathcal{D}_j$ の表現空間のベクトルを $|j, m\rangle$ とする．次に，$\mathcal{D}_{j_1} \times \mathcal{D}_{j_2}$ の表現空間の状態ベクトルを $|j_1, m_1, j_2, m_2\rangle$ とすると，$|j_1, m_1, j_2, m_2\rangle$ には $\boldsymbol{L}_1, \boldsymbol{L}_2$ が作用し，$|j, m\rangle$ は，

$$|j, m\rangle = \sum_{\substack{m_1, m_2 \\ m = m_1 + m_2}} |j_1, m_1, j_2, m_2\rangle \langle j_1, m_1, j_2, m_2 | j, m\rangle \tag{6.94}$$

のように $|j_1, m_1, j_2, m_2\rangle$ の1次結合として表すことができる．この $\langle j_1, m_1, j_2, m_2 | j, m\rangle$ は $\{|j, m\rangle\}$ が $\{|j_1, m_1, j_2, m_2\rangle\}$ のどのような部分空間かを表す係数であり，**クレプシュ-ゴルダン**（Clebsh-Gordan）**係数**とよばれている．

例えば，$j_1 = 1/2, j_2 = 1/2$ のとき，$j = 1, 0$ をとり，$\mathcal{D}_{1/2} \times \mathcal{D}_{1/2} = \mathcal{D}_1 + \mathcal{D}_0$ である．また，$j = 1$ と $j = 0$ に対して，

$$|1, m\rangle = \sum_{\substack{m_1, m_2 \\ m = m_1 + m_2}} \left|\frac{1}{2}, m_1, \frac{1}{2}, m_2\right\rangle \left\langle \frac{1}{2}, m_1, \frac{1}{2}, m_2 \middle| 1, m\right\rangle \tag{6.95}$$

$$|0, 0\rangle = \sum_{m_1} \left|\frac{1}{2}, m_1, \frac{1}{2}, -m_1\right\rangle \left\langle \frac{1}{2}, m_1, \frac{1}{2}, -m_1 \middle| 0, 0\right\rangle \tag{6.96}$$

のように表すことができる．ここで，

$$\left\langle \frac{1}{2}, m_1, \frac{1}{2}, m_2 \middle| 1, m\right\rangle = \sqrt{\frac{1 \pm m}{2}}, \qquad m_2 = \pm\frac{1}{2} \tag{6.97}$$

$$\left\langle \frac{1}{2}, m_1, \frac{1}{2}, -m_1 \middle| 0, 0\right\rangle = \pm\frac{1}{\sqrt{2}}, \qquad m_1 = \pm\frac{1}{2} \tag{6.98}$$

である．

j_1，j_2，j の具体的な値に対するクレプシュ-ゴルダン係数の一覧表は多くの本に示されている（例えば，ローズの本[1)]を参照）．

1）M. E. ローズ著，山内恭彦・森田正人訳：「角運動量の基礎理論」（みすず書房，1971）

演習問題

[1] 一般化座標 q_i とそれに正準共役な運動量を p_i とする．ハミルトニアンが座標 q_i を含まず，p_i のみの関数とすると，ハミルトンの正準方程式より $\dot{p}_i = -\partial H/\partial q_i = 0$ となって，p_i が保存する．この系において，運動量とエネルギーの同時固有状態が存在することを示せ．また，このときハミルトニアン演算子のもつ対称性について述べよ．

[2] $\boldsymbol{n} = (n_1, n_2, n_3)$ を 3 次元の単位ベクトル $(|\boldsymbol{n}| = 1)$ として，パウリのスピン演算子 $\sigma_j (j = 1, 2, 3)$ に関する以下の性質を示せ．

$$(\boldsymbol{\sigma}\cdot\boldsymbol{n})^2 = \mathbf{1} \tag{6.99}$$

$$e^{i\omega t\boldsymbol{\sigma}\cdot\boldsymbol{n}} = \mathbf{1}\cos\omega t + i\boldsymbol{\sigma}\cdot\boldsymbol{n}\sin\omega t \tag{6.100}$$

ただし，$\boldsymbol{\sigma} = (\sigma_1, \sigma_2, \sigma_3)$ とし，$\boldsymbol{\sigma}\cdot\boldsymbol{n} = \sigma_j n_j$ である．

[3] §6.3 の終わりで述べたように，電子のスピン磁気モーメントを $\boldsymbol{\mu}$ とすると，磁場 $\boldsymbol{B}$ の中のスピン状態に対するハミルトニアンは $H = -\boldsymbol{\mu}\cdot\boldsymbol{B}$ で与えられる．ボーア磁子を $\mu_{\mathrm{B}} = |e|\hbar/2m_{\mathrm{e}}$ とすると，電子のスピン磁気モーメントは，$\mu = -1.011596\,\mu_{\mathrm{B}}$ で与えられる（$\mu = -\mu_{\mathrm{B}}$ からのずれは異常磁気モーメントとよばれ，量子電気力学により説明される）．$\omega = |e\boldsymbol{B}|/2m_{\mathrm{e}}$，$\boldsymbol{n} = \boldsymbol{B}/|\boldsymbol{B}|$ を定義すると，電子のスピン状態に対するハミルトニアンは，$H = \hbar\omega\boldsymbol{n}\cdot\boldsymbol{\sigma}$ と書ける．この系のシュレディンガー方程式を解いて，スピン状態の時間発展を求めよ．

7 散乱状態

ポテンシャルの作用によって粒子が有限領域に閉じ込められた状態が，第5章で取り扱った束縛状態である．他方，遠方から飛来した粒子がポテンシャルの影響を受けた後で再び遠方に飛び去る現象は**散乱**とよばれ，このような状態を**散乱状態**という．本章では，1.3.2項で触れた，クーロンポテンシャルによるラザフォード散乱を詳しく取り扱う．その前に，重要な応用例をもったトンネル効果について，散乱問題の範疇に入るものとして解説することにする．

§7.1 トンネル効果

古典力学では，図7.1に示すようにポテンシャルの壁の高さよりも低い運動エネルギーで飛来した粒子はすべて，ポテンシャルの壁で跳ね返されて，それより先に進むことはできず，ポテンシャルの高さよりも高い運動エネル

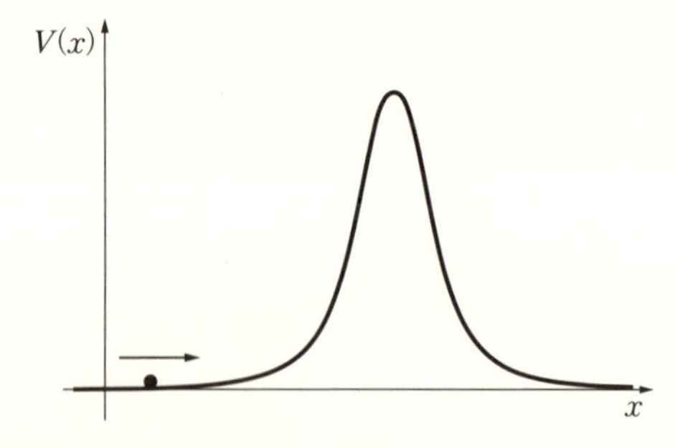

図 7.1 左側から進入した粒子とポテンシャルの壁．サッカーボールの山越えと同じで，初速度(運動エネルギー)が小さいと山の途中で返ってくるが，初速度が大きいと山を越えることができる．

ギーをもった粒子のみが壁を越えることができる．ところが，量子力学では，エネルギーが十分高くない粒子でも，ポテンシャルの壁を通過するという現象が起こる．この現象は波動関数の浸み出しによって起こるものである．このように，ポテンシャルの壁をエネルギーが低い粒子でも通り抜ける現象を，**トンネル効果**（quantum tunneling）という．

1928年に，ジョージ・ガモフ（ビッグバン宇宙模型を提唱した物理学者）とガーニーおよびコンドンはそれぞれ独立に，原子核におけるα崩壊をトンネル効果によって説明した．α崩壊は，ウラニウムなどの重い原子核が核内からα粒子（ヘリウム原子核）を放出する現象で，原子核を保っているポテンシャルの壁をα粒子がトンネル効果によって透過する現象である．α粒子はヘリウムの原子核であるから，α崩壊は原子核の核分裂だとみなすこともできる．また，太陽のエネルギー源である核融合反応もトンネル効果によって引き起こされていると考えられている．

近年は，エサキダイオード，フラッシュメモリー，走査型トンネル顕微鏡など，身近なところでトンネル効果の応用例がみられる．

計算を簡単にするために，粒子に対する壁となっているポテンシャルを角張った箱状のものだとしよう．図7.2に示すような1次元ポテンシャル

$$V(x) = \begin{cases} V_0 & (0 < x < a) \\ 0 & (x < 0,\ a < x) \end{cases} \tag{7.1}$$

を考え，これに向かってエネルギー$E(>0)$で左$(x<0)$から入射する質量mの粒子を考える．

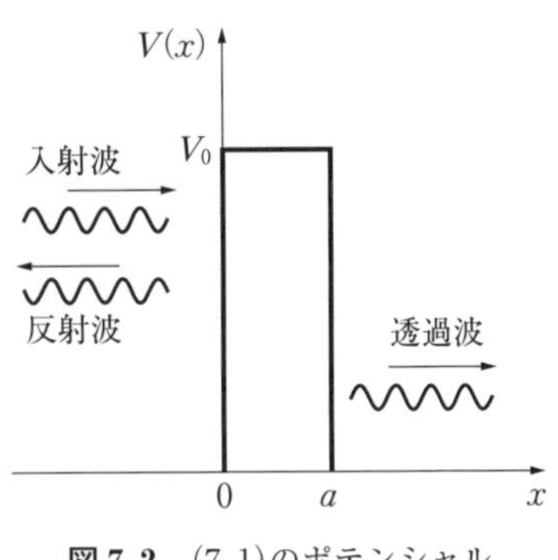

図7.2　(7.1)のポテンシャル

古典力学の場合には，粒子のエネルギーEが$E < V_0$であれば，粒子はポテンシャルの壁で跳ね返されて，壁の右側$x > a$の領域に達することはない．しかし，量子力学では，古典力学では許されない過程が可能となり，粒子を壁の右側（$x > a$の領域）で見出す確率がゼロでなくなる．これがトンネル効果である．以下では，具体的な計算によって，トンネル効果をみてみよう．

図7.2のポテンシャルに対するシュレディンガー方程式は

$$i\hbar\frac{\partial\psi}{\partial t} = \left\{-\frac{\hbar^2}{2m}\frac{\partial^2}{\partial x^2} + V(x)\right\}\psi \tag{7.2}$$

である．この方程式は，基本的に自由粒子の方程式と同じ形をしているので，xの各領域で簡単に解くことができる．

$E < V_0$の場合の解は，

$$\psi(t,x) = \begin{cases} Ae^{-iEt/\hbar+ikx} + Be^{-iEt/\hbar-ikx} \equiv \psi_1(x) & (x < 0) \\ Ce^{-iEt/\hbar-qx} + De^{-iEt/\hbar+qx} \equiv \psi_2(x) & (0 < x < a) \\ Fe^{-iEt/\hbar+ikx} + Ge^{-iEt/\hbar-ikx} \equiv \psi_3(x) & (a < x) \end{cases} \tag{7.3}$$

と書くことができる．ただし，A～Gは未定定数で，$k = \sqrt{2mE}/\hbar$，$q = \sqrt{2m(V_0 - E)}/\hbar$である．

$E > V_0$の場合には，$0 < x < a$の領域の解を$\psi_2 = Ce^{-iEt/\hbar+ipx} + De^{-iEt/\hbar-ipx}$とすればよい．実は，$E > V_0$の場合は，わざわざ解かなくても，$E < V_0$の場合の解で$p = iq$とおくことで得られる．ただし，$p = \sqrt{2m(E - V_0)}/\hbar$である．

ポテンシャルの壁の外側$x < 0$と$a < x$では，粒子は自由粒子として振る舞っている．その一般解のうち$e^{-iEt/\hbar+ikx}$および$e^{-iEt/\hbar-ikx}$は，波の形が，時間の進行とともに右向きに移動するものと，左向きに移動するものとを表している．すなわち，それぞれxの正の方向（右向き）に進む波動解とxの負の方向（左向き）に進む波動解になっている．

ここでは，ポテンシャルの壁の左側から来た波が，壁を通過して右側に出て行くかどうかという問題を考えているのであるから，境界条件として，

- ポテンシャルの壁の左側$x < 0$では，入射波と反射波が存在する．
- ポテンシャルの壁の右側$x > a$では，右向きの透過波のみが存在する．

とおくことにする．この条件から，(7.3) のψ_3に対して$G = 0$となる．

また，$x = 0$と$x = a$ではポテンシャルのとびは有限なので，波動関数は$x = 0$と$x = a$において滑らかに接続されるはずである．したがって，波動

関数は1階微分まで一致しなければならない．

$$\psi_1(t,0) = \psi_2(t,0), \qquad \psi_1'(t,0) = \psi_2'(t,0) \tag{7.4}$$

$$\psi_2(t,a) = \psi_3(t,a), \qquad \psi_2'(t,a) = \psi_3'(t,a) \tag{7.5}$$

ここで，$'$ は x に関する微分を表す．

$E > V_0$ の場合は，上の条件は

$$A + B = C + D, \qquad k(A - B) = p(C - D) \tag{7.6}$$

$$Ce^{ipa} + De^{-ipa} = Fe^{ika}, \qquad p(Ce^{ipa} - De^{-ipa}) = kFe^{ika} \tag{7.7}$$

となる．(7.6) を書き直すと，

$$C = \frac{1}{2}\left(1 + \frac{k}{p}\right)A + \frac{1}{2}\left(1 - \frac{k}{p}\right)B \tag{7.8}$$

$$D = \frac{1}{2}\left(1 - \frac{k}{p}\right)A + \frac{1}{2}\left(1 + \frac{k}{p}\right)B \tag{7.9}$$

また，(7.7) より F を消去すると

$$\left(1 - \frac{p}{k}\right)Ce^{ipa} + \left(1 + \frac{p}{k}\right)De^{-ipa} = 0 \tag{7.10}$$

となるので，この式に (7.8) と (7.9) を代入すると

$$\left\{\left(1 - \frac{p}{k}\right)\left(1 + \frac{k}{p}\right)e^{ipa} + \left(1 + \frac{p}{k}\right)\left(1 - \frac{k}{p}\right)e^{-ipa}\right\}A + \left\{\left(1 - \frac{p}{k}\right)\left(1 - \frac{k}{p}\right)e^{ipa} + \left(1 + \frac{p}{k}\right)\left(1 + \frac{k}{p}\right)e^{-ipa}\right\}B = 0 \tag{7.11}$$

が得られる．したがって，

$$\frac{B}{A} = \frac{(k^2 - p^2)(e^{ipa} - e^{-ipa})}{(k-p)^2e^{ipa} - (k+p)^2e^{-ipa}} = \frac{(k^2 - p^2)\sin pa}{(k^2 + p^2)\sin pa + 2ikp\cos pa} \tag{7.12}$$

となる．

さらに，(7.8) と (7.9) にこの式を代入すると

$$C = A\frac{-2k(k+p)e^{-ipa}}{(k-p)^2e^{ipa} - (k+p)^2e^{-ipa}} \tag{7.13}$$

$$D = A\frac{2k(k-p)e^{ipa}}{(k-p)^2e^{ipa} - (k+p)^2e^{-ipa}} \tag{7.14}$$

となり，これらを (7.7) の左の式に代入して

$$\frac{F}{A} = \frac{-4kpe^{-ika}}{(k-p)^2e^{ipa} - (k+p)^2e^{-ipa}} = \frac{2kp(\sin ka + i\cos ka)}{(k^2+p^2)\sin pa + 2ikp\cos pa} \tag{7.15}$$

を得る．したがって，最終的に

$$R \equiv \left|\frac{B}{A}\right|^2 = \frac{1}{1 + \dfrac{4k^2p^2}{(k^2-p^2)^2\sin^2 pa}} = \frac{1}{1 + \dfrac{4E(E-V_0)}{V_0^2\sin^2\sqrt{2m(E-V_0)a^2/\hbar^2}}} \tag{7.16}$$

$$T \equiv \left|\frac{F}{A}\right|^2 = \frac{1}{1 + \dfrac{(k^2-p^2)^2\sin^2 pa}{4k^2p^2}} = \frac{1}{1 + \dfrac{V_0^2\sin^2\sqrt{2m(E-V_0)a^2/\hbar^2}}{4E(E-V_0)}} \tag{7.17}$$

が得られる．

これらの式の物理的意味は明らかで，

$R = \left|\dfrac{B}{A}\right|^2$ は入射波に対する反射波の割合，すなわち反射率

$T = \left|\dfrac{F}{A}\right|^2$ は入射波に対する透過波の割合，すなわち透過率

となる．

古典力学では，$E > V_0$ のときは粒子は必ず透過する．すなわち，$R = 0$，$T = 1$ である．しかるに量子力学では，図 7.3 に示すように，反射率 R は 0 ではなく，透過率 T も 1 ではない．E を無限大にしたときに初めて $R = 0$，

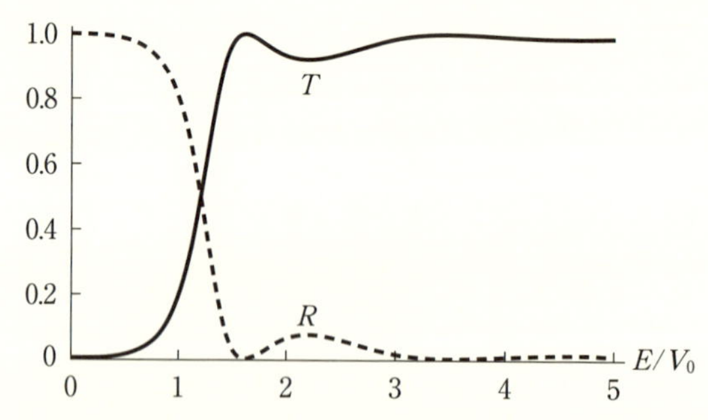

図 7.3　透過率 T（実線）と反射率 R（点線）の E/V_0 の関数（ただし，$ma^2V_0/\hbar^2 = 2$ の場合）

$T = 1$ となる．$R + T = 1$ となっているので，確率は保存している．

$E < V_0$ の場合は，前述のごとく，$p = iq$ とおくことによって得られるので，

$$R \equiv \left|\frac{B}{A}\right|^2 = \frac{1}{1 + \dfrac{4E(V_0 - E)}{V_0^2 \sinh^2\sqrt{2m(V_0 - E)a^2/\hbar^2}}} \tag{7.18}$$

$$T \equiv \left|\frac{F}{A}\right|^2 = \frac{1}{1 + \dfrac{V_0^2 \sinh^2\sqrt{2m(V_0 - E)a^2/\hbar^2}}{4E(V_0 - E)}} \tag{7.19}$$

となる．

古典力学では，$E < V_0$ のときは粒子は必ず反射され，透過することはない．すなわち，$R = 1$，$T = 0$ である．量子力学では，図 7.3 に示すように，反射率 R は 1 ではなく，透過率 T も 0 ではない．$E = 0$ の極限では，$R = 1$，$T = 0$ となる．ここで示したように，ポテンシャルの壁の高さよりも低いエネルギーの粒子が壁を通り抜ける現象を**トンネル効果**とよぶ．なお，$E > V_0$ の場合と同様に，$R + T = 1$ なので確率は保存している．

§7.2　フラッシュメモリー

コンピュータの記憶装置として，磁気ディスク装置や光学ディスク装置の他にも，半導体記憶装置（半導体メモリー）が盛んに使われるようになってきた．半導体メモリーの中でも，小さくて運びやすいフラッシュメモリーは，USB メモリー，メモリーカード，SD メモリーカード，メモリースティック等として，パーソナルコンピュータのみならず，デジタルカメラ，携帯電話，スマートフォン，監視カメラ，携帯音楽プレーヤー等々に使われていて，我々の日常生活にはなくてはならないものとなっている．

本節では，これらのフラッシュメモリーの基本機能として，量子力学のトンネル効果が重要な役割を果たしていることについて紹介する．

フラッシュメモリーは，シリコン単結晶基板上に形成された数億個の**記憶セル**（memory cell）から成り立っている．記憶セルは記憶機能の最小単位であり，記憶セル 1 個の大きさは，標準的なもので，横幅が 20 nm（1 nm $= 10^{-9}$ m）程度である．基板に含まれるそれぞれの記憶セルがオン状態に

なると数字の1という信号が記録され，オフ状態になると数字の0という信号が記録される．こうして記録された信号は，2進法に基づいて情報処理され，意味のある情報としてフラッシュメモリーに記憶される．

フラッシュメモリーの基板に記憶された情報は，電源を切ってもすぐに消えることなく保存されていなければならない．また，記憶セルをオンやオフにする機構をどのようにするかも大きな問題である．これらの問題をうまく解決してくれるのが絶縁体層によるトンネル効果であり，この機構をとり入れた典型的な記憶装置がフラッシュメモリーである．

フラッシュメモリー基板の中にある1個の記憶セルの構造を図7.4に示した．図7.4で，下層部の半導体には**P型半導体**が使われており，P型半導体の上部両端に**N型半導体**が埋め込まれている．ここで，N型半導体とは，フェルミ準位（フェルミエネルギー）が十分高くないために電荷を運ぶ主体が自由電子となるもので，P型半導体とは，フェルミ準位がほぼ全部詰まっているために正電荷をもつ空孔しか電荷を運ぶことができないものである（フェルミ準位については，9.3.1項を参照）．

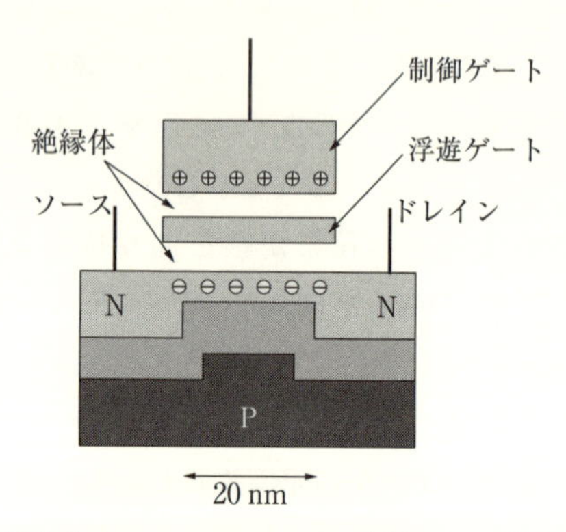

図7.4　フラッシュメモリー記憶セルの構造．下層部に半導体を置き，その上に絶縁体，導体，絶縁体，導体と積み上げたもの．導体部分をゲートという．

いま，図7.5(a)のように，制御ゲートに電圧7Vをかけておく．この電圧は製品とメーカーによって異なってくることもある．図7.5(b)の状態では，N型半導体の部分から流れ出た自由電子のために，P型半導体のフェルミ面上部に自由電子の薄い層ができているが，制御ゲートの電圧が十分ではないために，これらの電子は絶縁層（トンネル酸化膜）を透過して浮遊ゲートに移ることはない．すなわち，オフの状態(0)を保っている．

制御ゲートに対する電圧を2倍の14Vにすると，図7.5(b)のようにP型半導体のフェルミ面上部にあった自由電子がトンネル効果によって絶縁

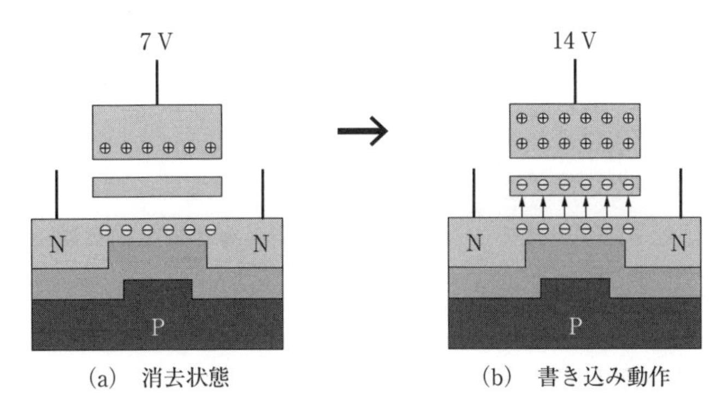

図 7.5　トンネル効果による半導体メモリーへの書き込みの様子

層（トンネル酸化膜）を透過し，浮遊ゲートに蓄えられる．これがオンの状態 (1) であり，情報が書き込まれたことになる．

浮遊ゲートと半導体の間にあるトンネル酸化膜では，電場の線形ポテンシャルによって，図 7.6 のように上方に尖った特徴的なポテンシャルが生じる．このポテンシャルのお蔭で，電圧の微調整によってトンネル透過の割合を変化させることができるようになっている．このような傾斜したポテンシャルによるトンネル効果を，**ファウラー-ノルトハイム**（Fowler - Nordheim）**トンネル効果**とよんでいる．

ファウラー-ノルトハイムトンネル効果に対する透過率の計算は，前節のような箱型ポテンシャルの計算では不十分であるが，8.5.2 項の WKB 近似で求める透過率の式 (8.178) を用いることができる．

せっかく浮遊ゲートに移した自由電子が，またトンネル効果によって制御ゲートに移動してしまわないかと心配になるが，制御ゲートと浮遊ゲートの間の絶縁体は絶縁力のより高いものになっているので大丈夫である．浮遊ゲ

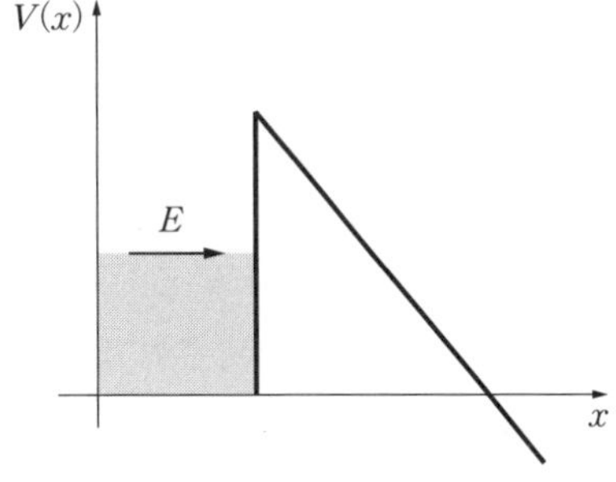

図 7.6　ファウラー - ノルトハイムトンネル効果のポテンシャル

ートは絶縁体の壁で周りを覆われているので，溜まった電子はトンネル効果以外では漏れ出ることはなく，長期間保存可能なメモリーの役割を果たすことになる．

メモリーの消去には，前記の操作と逆の操作を行えばよい．すなわち，制御ゲートの電圧を下げ，逆にＰ型半導体の下から電圧をかければ，浮遊ゲートにあった電子はすべてトンネル効果でＰ型半導体の上面に戻る．すなわち，オフの状態 (0) になる．

フラッシュメモリーは桝岡富士雄によって開発されたもので，上記の記憶セルを多数個同時に書き込んだり消去したりできるように工夫されているため，操作が非常に軽快である．「フラッシュ」というのは，写真のフラッシュのように，パッと一斉に読み書きができるという意味である．

§7.3　散乱現象と散乱断面積

本節以降では，ラザフォード散乱の量子力学的取り扱いについて述べるが，その前に，ラザフォードが 1911 年に行った古典力学に基づく散乱確率の計算を §7.4 で再現し，荷電粒子がクーロンポテンシャルによって散乱される現象の古典力学的理解を深める．そして §7.5 で，シュレディンガー方程式を使った量子力学的計算を示し，古典力学的計算の結果と一致することを示す．

まず，散乱現象を記述するのになぜ**散乱断面積**という概念が必要なのかということについて説明しよう．図 1.5 のラザフォード散乱の場合のように，1 個の粒子が入射して中心力によって運動の方向が変えられる場合を考える．古典力学では，粒子の入射方向と速度が与えられていれば，その後の粒子の軌道は完全に求めることができ，粒子の位置と速度は正確に予言できる．実際の散乱現象では，たくさんの粒子からなるビームが入射し，各粒子は力学の法則に従っていろいろな方向に散乱される．各粒子の運動は古典力学によって完全に決定されるので，ビームのすべての粒子の運動を調べれば，この散乱問題は解けたことになる．しかし，ビーム中の粒子は無数にあるので，実際問題として，すべての粒子に対して軌道を求めることは無理である．そこで，ビーム全体としての振る舞いを統計的に扱う方法を考える方

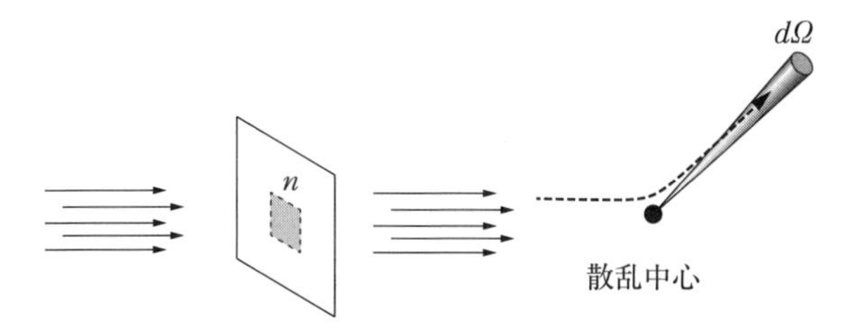

図 7.7　散乱中心によって散乱されるフラックス n の入射ビーム

がより有効である．散乱断面積という概念を導入するのは，このためである．

散乱断面積という考え方は，古典力学でも量子力学でも適用できる一般的方法である．以下で，古典力学における散乱断面積の定義を与えよう．

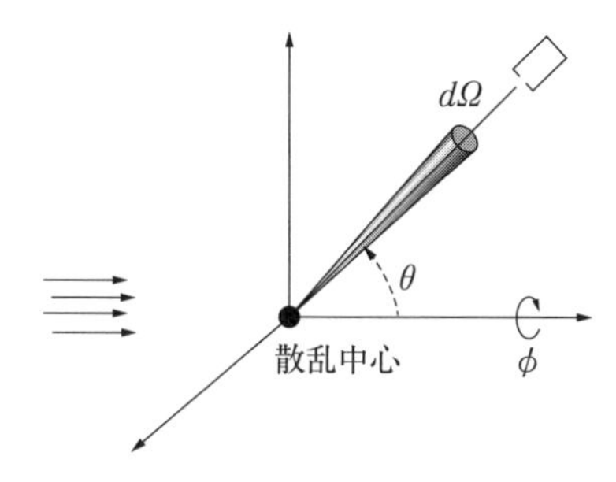

図 7.8　散乱により立体角 $d\Omega$ 内に単位時間当たりに見出される粒子数 $N(\theta, \phi)\, d\Omega$

図 7.7 のように，入射ビームに対して垂直な平面を，単位面積当たり単位時間に通過する粒子数 n を**入射フラックス**（incident flux）とよぶ．

入射ビーム中の粒子は散乱中心によって方向を変える．図 7.8 のように散乱中心から (θ, ϕ) の方向に検出器を置き，粒子を検出すると，立体角 $d\Omega = \sin\theta d\theta d\phi$ 内に単位時間当たりに見出される粒子数は $N(\theta, \phi)d\Omega$ と表せる．ここで，散乱粒子数 $N(\theta, \phi)$ は θ, ϕ 方向に単位時間に単位立体角当たりに見出される粒子数である．入射フラックス n 当たりの散乱粒子数 $N(\theta, \phi)$ は，単位立体角方向への散乱確率を与える．

そこで，

$$\sigma(\theta, \phi) = \frac{N(\theta, \phi)}{n} = \frac{d\sigma}{d\Omega} \tag{7.20}$$

を**散乱の微分断面積**（differential cross section）とよび，それを全方向で足し合わせたもの

$$\sigma = \int \sigma(\theta, \phi) d\Omega \tag{7.21}$$

を**散乱の全断面積** (total cross section) とよぶ. $\sigma(\theta, \phi)$ および σ は, 入射ビームのエネルギー E と散乱ビームのエネルギー E' にも依存する.

上記の定義 (7.20) において次元解析を行うと, n の次元は「個数/長さ^2/時間」であり, N の次元は「個数/時間」であるから, σ の次元は「長さ^2」となり, 面積の次元をもっていることがわかる. (7.20) および (7.21) で定義された量が断面積とよばれるのは, このためである.

散乱には, 弾性散乱と非弾性散乱があり, 次のように分類される.

- 弾性散乱 (elastic scattering)：　入射粒子が散乱中心によってエネルギーを吸収されることなく, 運動の方向のみが変えられるような散乱を**弾性散乱**という. 特に, ポテンシャル $V(\boldsymbol{r})$ によって記述される場合を**ポテンシャル散乱**とよぶ. また, ポテンシャルが θ, ϕ によらず動径 r のみに依存する場合は**中心力散乱**とよばれる.
- 非弾性散乱 (inelastic scattering)：　入射粒子が散乱中心によってエネルギーを吸収されたり (それによって散乱中心が励起状態に移る), 散乱中心がエネルギーを放射したり, 新たな粒子が生成されたりするような散乱を**非弾性散乱**とよぶ.

§7.4　ラザフォード散乱の古典論

1909年にガイガーとマースデンは, α 線を金属箔に照射したとき, α 線がその入射方向から 90° 以上も曲げられる大角度散乱が起こることを見出した. ラザフォードはこの実験結果を知って, α 線は硬い中心核によって散乱されていると考え, 古典力学のもとでクーロン力による α 線の散乱断面積を求め, これが $1/\sin^4(\theta/2)$ (θ は散乱角) に比例し, 実験データをよく説明できることを示した. また, 1911年には, 種々の原子番号のターゲットを用いた実験でも計算結果がよく合うことを確かめた.

クーロン力の場合は, 古典力学に基づく計算結果が量子力学的な計算結果と一致することが今日ではよく知られている. この節では, 古典力学に基づくラザフォードの計算を詳しく再現することにする. これによって, 後に§7.5および§7.6で行う量子力学的計算への理解がより深まると考えるからである.

7.4.1 中心力場による古典力学的弾性散乱

入射ビーム中の粒子が受ける力が中心力

$$\boldsymbol{F} = f(r)\frac{\boldsymbol{r}}{r} = -\nabla V(r) \tag{7.22}$$

である場合の古典力学的散乱を考えよう．ここで，$f(r)$ は中心力の大きさであり，$V(r)$ はそれに対するポテンシャルである．ポテンシャルと力の関係は

$$f(r) = -\frac{dV(r)}{dr} \tag{7.23}$$

で与えられる．この場合，後述するように粒子の軌道は同一平面上にあるので，方位角 ϕ は入射粒子と散乱粒子に対して同じであると考えてよい．

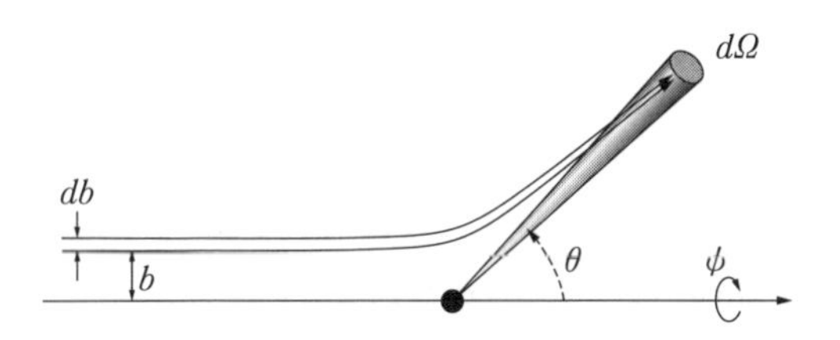

図 7.9 衝突径数 b（入射ビーム方向と散乱中心との垂直距離）

図 7.9 のように，力の中心から垂直距離 b だけ離れた方向から入射するビームを考える．b は**衝突径数**（impact parameter）とよばれる．衝突径数が $b \sim b + db$，方位角が $\phi \sim \phi + d\phi$ の間に入射した粒子が，$\theta \sim \theta + d\theta$，$\phi \sim \phi + d\phi$ 方向に散乱されるものとする．前節の定義を用いると，入射粒子数と散乱粒子数は同じでなければいけないから，

$$nb\,db\,d\phi = n\frac{d\sigma}{d\Omega}d\Omega \tag{7.24}$$

が成り立つ．ここで，$d\Omega = \sin\theta\,d\theta\,d\phi$ であるから，

$$\frac{d\sigma}{d\Omega} = b\frac{db\,d\phi}{d\Omega} = b\frac{db}{d(\cos\theta)} \tag{7.25}$$

となる．したがって，中心力場における散乱では，衝突径数 b と散乱角 θ の間の関係さえわかれば，散乱断面積は直ちに求まり，その関係を知るには，

中心力場での粒子の軌道を求めればよい.

以下で，質量 m の粒子が中心力場（特にクーロン場）の中で描く軌道を求める．これは，古典力学でよく知られていることであるが[1)]，ここで復習をしておく．なお，運動方程式は

$$m\frac{d^2\boldsymbol{r}}{dt^2} = f(r)\frac{\boldsymbol{r}}{r} \tag{7.26}$$

で与えられる．ここで，$f(r)$ は中心力の大きさである.

まず，粒子の軌道は同一平面内にあることを示そう．中心力場の下では，

$$\frac{d\boldsymbol{L}}{dt} = \frac{d}{dt}(\boldsymbol{r}\times\boldsymbol{p}) = m\frac{d}{dt}(\boldsymbol{r}\times\dot{\boldsymbol{r}}) = m\boldsymbol{r}\times\frac{d^2\boldsymbol{r}}{dt^2} = \frac{f(r)}{r}\boldsymbol{r}\times\boldsymbol{r} = 0 \tag{7.27}$$

が得られる．すなわち，角運動量ベクトル $\boldsymbol{L}$ は不変である．角運動量ベクトル $\boldsymbol{L}$ は，粒子の運動平面 $\boldsymbol{r}$-$\dot{\boldsymbol{r}}$ に垂直なのだから，角運動量ベクトルが不変であることは，粒子の運動平面が時間に依存しないことを意味する.

そこで，粒子の運動平面を x-z 平面に選ぶことにする．すなわち，方位角 ϕ はゼロ $(\phi=0)$ にとり，動径 r と偏角 θ を使って極座標をこの平面上にとると，$x = r\sin\theta$，$z = r\cos\theta$ と表せる[2)].

この極座標 r, θ を用いて運動方程式 (7.26) を書き換えればいいのであるが，直交座標 x, z から極座標 r, θ への変数変換を実行する代わりに，最初の作用積分を極座標表示して，変分原理で運動方程式を導くという方法をとることにする.

中心力場の中にある質量 m の粒子に対する作用は，極座標表示では，

$$S = \int dt\left\{\frac{m}{2}(\dot{r}^2 + r^2\dot{\theta}^2) - V(r)\right\} \tag{7.28}$$

で与えられる．ここで $V(r)$ は，(7.23) で示した中心力場 $f(r)$ のポテンシャルである．この作用積分からオイラー–ラグランジュ方程式を求めると

$$m(\ddot{r} - r\dot{\theta}^2) + \frac{\partial V(r)}{\partial r} = 0 \tag{7.29}$$

1） 例えば，ゴールドスタイン 著，瀬川富士，他 訳：「古典力学」（吉岡書店，1983）を参照.

2） 偏角 θ と散乱角 θ は別のものであることに注意.

$$m\frac{d}{dt}(r^2\dot{\theta}) = 0 \tag{7.30}$$

となり，(7.30) より直ちに

$$r^2\dot{\theta} = J \tag{7.31}$$

が得られる．ここで，(7.31) は面積速度一定の法則であり，J は面積速度を表す積分定数である．

(7.31) を (7.29) に代入すると

$$m\left(\ddot{r} - \frac{J^2}{r^3}\right) + \frac{\partial V(r)}{\partial r} = 0 \tag{7.32}$$

となる．ここで，両辺に $\dot{r}$ を掛けて積分をすると

$$\frac{m}{2}\left(\dot{r}^2 + \frac{J^2}{r^2}\right) + V(r) = E \tag{7.33}$$

が得られる．E は積分定数で，エネルギーに相当する．この式を変形すると

$$\dot{r}^2 = \frac{2}{m}\{E - V(r)\} - \frac{J^2}{r^2} \tag{7.34}$$

となるので，(7.31) と組み合わせることにより，

$$\left(\frac{dr}{d\theta}\right)^2 = \frac{r^4}{J^2}\left[\frac{2}{m}\{E - V(r)\} - \frac{J^2}{r^2}\right] \tag{7.35}$$

が得られ，$u = 1/r$ とおくことによって次式が得られる．

$$\left(\frac{du}{d\theta}\right)^2 = \frac{2}{mJ^2}\left\{E - V\left(\frac{1}{u}\right)\right\} - u^2 \tag{7.36}$$

この式の両辺を θ で微分すれば，最終的に，中心力場中の運動方程式

$$\frac{d^2u}{d\theta^2} = -\frac{1}{mJ^2}\frac{f(1/u)}{u^2} - u \tag{7.37}$$

が得られる．

ここで，中心力としてクーロン力

$$f(r) = -\frac{\gamma}{r^2}, \qquad V(r) = -\frac{\gamma}{r} \qquad \begin{cases} \gamma > 0 & (\text{引力}) \\ \gamma < 0 & (\text{斥力}) \end{cases} \tag{7.38}$$

を考え，クーロン場における荷電粒子の運動の軌道を求めることにする．エネルギー保存則は (7.33) より

$$\frac{m}{2}\left(\dot{r}^2 + \frac{J^2}{r^2}\right) - \frac{\gamma}{r} = E \tag{7.39}$$

であり，軌道を与える方程式 (7.37) は

$$\frac{d^2u}{d\theta^2} + u = \frac{\gamma}{mJ^2} \tag{7.40}$$

であるから，この解は，A と α を未定定数として，次のように与えられる．

$$u = A\cos(\theta - \alpha) + \frac{\gamma}{mJ^2} \tag{7.41}$$

ここで $u = 1/r$ であるから，r に対する式に直すと

$$r = \frac{\ell}{1 + e\cos(\theta - \alpha)} \tag{7.42}$$

となる．ただし，

$$\ell = \frac{mJ^2}{\gamma}, \qquad e = A\ell \tag{7.43}$$

である．

軌道上の1点（惑星）から原点（太陽）までの距離 r が最小となる点は，天文学の用語では**近日点**とよばれている．(7.42) で動径 r が最小になるのは $\cos(\theta - \alpha)$ が最大になるとき，すなわち $\cos(\theta - \alpha) = 1$ のときである．そのとき $\theta - \alpha = 0$ であるから，$\theta = \alpha$ となり，近日点の方向は z 軸から角度 α だけ傾いた方向となる．

座標軸 x, z を角度 α だけ回す座標変換をして (7.42) を扱いやすくする方法もあるが，それよりも，未定乗数である α をゼロ（$\alpha = 0$）に選んだ方がはるかに簡単である．そうすると，近日点の方向は z 軸方向（$\theta = 0$ の方向）になり，このとき，軌道方程式は

$$r = \frac{\ell}{1 + e\cos\theta} \tag{7.44}$$

となる．この軌道（双曲線の場合）を示したのが図 7.10 である．

軌道方程式を直交座標 x, z を使って書き直してみよう．$r = \sqrt{x^2 + z^2}$，$z = r\cos\theta$ であるから，(7.44) は

$$\left(z - \frac{e\ell}{e^2 - 1}\right)^2 - \frac{x^2}{e^2 - 1} = \left(\frac{\ell}{e^2 - 1}\right)^2 \tag{7.45}$$

となる．したがって，

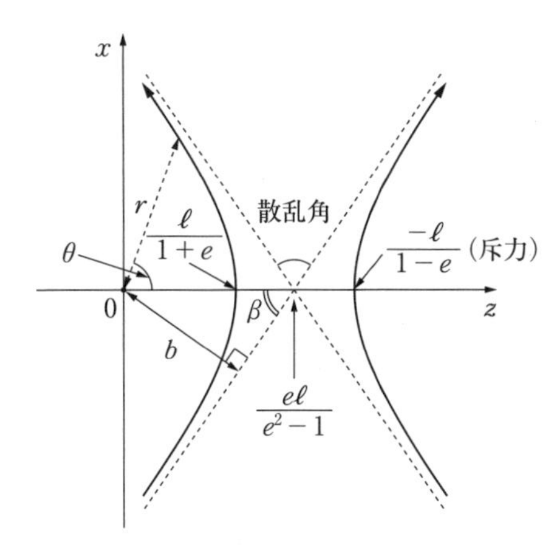

図 7.10 ラザフォード散乱による粒子の双曲線軌道．引力（左の軌道）と斥力(右の軌道)の両方の場合を示す．

$$\begin{cases} e^2 > 1 \text{のとき} & \text{双曲線} \\ e^2 = 1 \text{のとき} & \text{放物線}\ (x^2 = \pm 2\ell z + \ell^2) \\ e^2 < 1 \text{のとき} & \text{楕円} \end{cases} \tag{7.46}$$

であることがわかる．エネルギー E は定数であるから，動径 r をどのようにとっても変わらないので，$r \to \infty$ とすると (7.39) より

$$E = \lim_{r\to\infty} \frac{m}{2}\dot{r}^2 = \lim_{r\to\infty} \frac{m}{2}\dot{\theta}^2 \left(\frac{dr}{d\theta}\right)^2 = \frac{mJ^2}{2\ell^2}(e^2 - 1) = \frac{\gamma^2}{2mJ^2}(e^2 - 1) \tag{7.47}$$

となる（章末の演習問題を参照）．

以下では，散乱問題 $(E > 0)$ のみを考えるので，双曲線 $(e^2 > 1)$ の場合に限ることにする．このとき，粒子の軌道は図 7.10 のようになる．(7.45) より，近日点の位置は $(z, x) = (\ell/(1 + e), 0)$ であり，双曲線に対する漸近線は，

$$x = \pm\sqrt{e^2 - 1}\left(z - \frac{e\ell}{e^2 - 1}\right) \tag{7.48}$$

となる．この 2 つの漸近線のなす角が散乱角である．

7.4.2 クーロン引力による古典力学的散乱断面積

クーロン引力による散乱の微分断面積を求めよう．引力による双曲線軌道を考えるので，$\gamma > 0$ $(\ell > 0, e > 1)$ である．前にも述べたように，散乱断

面積を求めるためには，衝突径数 b と散乱角 θ の関係を求めればよい．ここで注意すべきことは，極座標に使われている偏角 θ と散乱角 θ は別ものだということである．散乱角は，図 7.10 に示したように，荷電粒子の入射方向を示す漸近線と散乱方向を示す漸近線がなす角度である．散乱の微分断面積を表すときには，通常 散乱角として記号 θ が使われるので，ここでは敢えて混乱を恐れずに，極座標の偏角と同じ記号 θ を用いることにする．

図 7.10 より，

$$\sin\beta = \frac{b}{\dfrac{e\ell}{e^2-1}} = \frac{b(e^2-1)}{e\ell} \tag{7.49}$$

ここで $\theta + 2\beta = \pi$ であるから，

$$\sin\beta = \sin\frac{\pi-\theta}{2} = \cos\frac{\theta}{2} \tag{7.50}$$

一方，(7.47) より，

$$e = \sqrt{1+\frac{2J^2Em}{\gamma^2}} \tag{7.51}$$

であるから，

$$\cos\frac{\theta}{2} = \frac{b}{e\ell}(e^2-1) = \frac{2Eb}{\gamma}\frac{1}{\sqrt{1+\dfrac{2J^2Em}{\gamma^2}}} \tag{7.52}$$

となる．ここで角運動量の定義より

$$mJ = L = bmv_0 = bm\sqrt{\frac{2E}{m}} \tag{7.53}$$

であるから，

$$J^2 = \frac{2b^2E}{m} \tag{7.54}$$

となり，(7.52) は

$$\cos\frac{\theta}{2} = \frac{2Eb}{\gamma}\frac{1}{\sqrt{1+\dfrac{2J^2Em}{\gamma^2}}} = \frac{1}{\sqrt{1+\left(\dfrac{\gamma}{2Eb}\right)^2}} \tag{7.55}$$

と表すことができる．

この式を b について解くと，

$$b = \frac{\gamma}{2E}\frac{1}{\sqrt{\dfrac{1}{\cos^2\theta/2} - 1}} = \frac{\gamma}{2E}\cot\frac{\theta}{2} \tag{7.56}$$

が得られ，目標としてきた衝突係数 b と散乱角 θ の関係式が求まり，(7.56) を $\cos\theta$ で微分することによって，

$$\frac{d\sigma}{d\Omega} = b\frac{db}{d\cos\theta} = \left(\frac{\gamma}{4E}\right)^2 \frac{1}{\sin^4\dfrac{\theta}{2}} \tag{7.57}$$

が得られる．この式は**ラザフォードの公式**としてよく知られている．(7.57) を散乱角 θ の関数として図示すると図 7.11 のようになる．

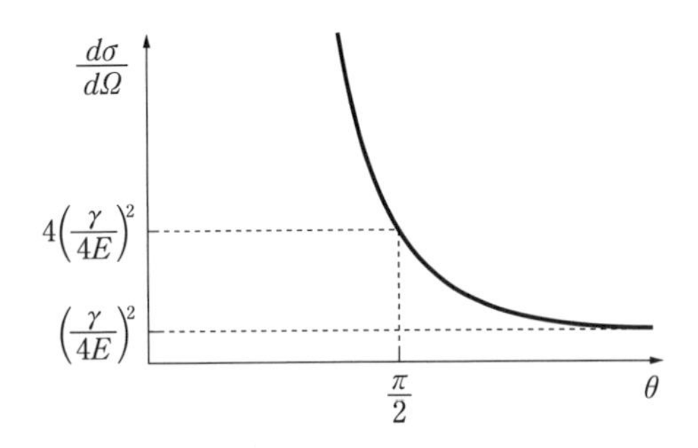

図 7.11　ラザフォード散乱の微分断面積

図から明らかなように，大角度散乱，すなわち 90° ($\pi/2$) 以上の方向への散乱が有意に頻繁に起こることがわかる．このことが原子模型を判定する決め手となったことは 1.3.2 項で述べたとおりである．散乱の微分断面積が前方 ($\theta = 0$) 方向で無限大になるのは，クーロンポテンシャルが遠方で十分速く減少しないという特徴のためである．このことは，散乱の全断面積が無限大になるということにも反映されている．

§7.5　量子力学における散乱断面積

次に，いよいよ量子力学的な考察に移る．まず，量子力学の場合の散乱断面積を定義しよう．質量 m の粒子が中心力ポテンシャル $V(r)$ によって散乱される状態に対するハミルトニアンは

$$H = \frac{1}{2m}\boldsymbol{p}^2 + V(r) \tag{7.58}$$

である．ここで $\boldsymbol{p}$ は，位置 $\boldsymbol{r}$ に正準共役な運動量である．

このハミルトニアンに対するシュレディンガー方程式は

$$i\hbar\frac{\partial}{\partial t}\psi(t,\boldsymbol{r}) = \left\{-\frac{\hbar^2}{2m}\nabla^2 + V(r)\right\}\psi(t,\boldsymbol{r}) \tag{7.59}$$

となり，この方程式の定常状態の解は

$$\psi(t,\boldsymbol{r}) = e^{-iEt/\hbar}\psi(\boldsymbol{r}) \tag{7.60}$$

と表せるので，時間依存部分を分離すると，シュレディンガー方程式は

$$\left\{-\frac{\hbar^2}{2m}\nabla^2 + V(r)\right\}\psi(\boldsymbol{r}) = E\psi(\boldsymbol{r}) \tag{7.61}$$

となる．

なお，このシュレディンガー方程式は，

$$(\nabla^2 + k^2)\psi(\boldsymbol{r}) = v(r)\psi(\boldsymbol{r}) \tag{7.62}$$

と書き換えることができる．ただし，

$$E = \frac{\hbar^2 k^2}{2m}, \qquad V(r) = \frac{\hbar^2}{2m}v(r) \tag{7.63}$$

とおいた．

(7.62) の微分方程式は，積分方程式

$$\psi(\boldsymbol{r}) = e^{i\boldsymbol{k}\cdot\boldsymbol{r}} - \frac{1}{4\pi}\int d^3r'\frac{e^{ik|\boldsymbol{r}-\boldsymbol{r}'|}}{|\boldsymbol{r}-\boldsymbol{r}'|}v(\boldsymbol{r}')\psi(\boldsymbol{r}') \tag{7.64}$$

と同等である．実際，公式

$$(\nabla^2 + k^2)\frac{e^{ik|\boldsymbol{r}-\boldsymbol{r}'|}}{|\boldsymbol{r}-\boldsymbol{r}'|} = -4\pi\delta(\boldsymbol{r}-\boldsymbol{r}') \tag{7.65}$$

に注意すれば，(7.64) は (7.62) に戻ることを容易に証明することができる．

この積分方程式を使って，$r\to\infty$ での解の振る舞いを求めよう．そのために，$r\to\infty$ での展開式

$$\begin{aligned}
|\boldsymbol{r}-\boldsymbol{r}'| &= \sqrt{(\boldsymbol{r}-\boldsymbol{r}')^2} = \sqrt{r^2 - 2\boldsymbol{r}\cdot\boldsymbol{r}' + r'^2} = r\sqrt{1 - \frac{2\boldsymbol{r}\cdot\boldsymbol{r}'}{r^2} + \frac{r'^2}{r^2}} \\
&= r\left\{1 + \frac{1}{2}\left(-2\frac{\boldsymbol{r}\cdot\boldsymbol{r}'}{r^2} + \frac{r'^2}{r^2}\right) - \frac{1}{8}\left(-2\frac{\boldsymbol{r}\cdot\boldsymbol{r}'}{r^2} + \frac{r'^2}{r^2}\right)^2 + \cdots\right\} \\
&= r - \frac{\boldsymbol{r}\cdot\boldsymbol{r}'}{r} + \cdots
\end{aligned} \tag{7.66}$$

を用いて，展開の第 2 項までをとると

$$\phi(\boldsymbol{r}) = e^{i\boldsymbol{k}\cdot\boldsymbol{r}} - \frac{1}{4\pi}\frac{e^{ikr}}{r}\int d^3r' e^{-ik\boldsymbol{r}\cdot\boldsymbol{r}'/r} v(\boldsymbol{r}')\phi(\boldsymbol{r}') \tag{7.67}$$

が得られる.

ここで, $\boldsymbol{k}' = k\boldsymbol{r}/r$ とおき, 関数

$$\begin{aligned} f(\theta) &\equiv -\frac{1}{4\pi}\int d^3r' e^{-i\boldsymbol{k}'\cdot\boldsymbol{r}'/r} v(\boldsymbol{r}')\phi(\boldsymbol{r}') \\ &= -\frac{1}{4\pi}\int_0^\infty dr' r'^2 \int_{-1}^{1} d\cos\theta' \int_0^{2\pi} d\varphi' e^{-ik'r'\cos\theta'} v(\boldsymbol{r}')\phi(\boldsymbol{r}') \end{aligned} \tag{7.68}$$

を定義する. $\boldsymbol{k}$ は入射波の波数ベクトルで, 入射波の進む方向を向いている. $|\boldsymbol{r}'| = k' = k$ であるから, この式は θ と k の関数である. ただし, θ は $\boldsymbol{k}$ と $\boldsymbol{r}$ とのなす角である. なお, (7.68) で $f(\theta)$ は k の関数でもあるが, 単に $f(\theta)$ と書いて θ 依存性のみに着目することにする.

このとき, 波動関数 $\phi(\boldsymbol{r})$ の $r \to \infty$ での振る舞いは

$$\phi(\boldsymbol{r}) = e^{i\boldsymbol{k}\cdot\boldsymbol{r}} + \frac{f(\theta)}{r}e^{ikr} \tag{7.69}$$

と表すことができる. ここで出てきた関数 $f(\theta)$ は**散乱振幅** (scattering amplitude) とよばれるものである. 先ほど分離した時間依存性と合わせて書くと,

$$\phi(t, \boldsymbol{r}) = e^{-iEt/\hbar + i\boldsymbol{k}\cdot\boldsymbol{r}} + \frac{f(\theta)}{r}e^{-iEt/\hbar + ikr} \tag{7.70}$$

となる. ここで, 第1項は入射進行波であり, 第2項は散乱によって拡がる球面波を表している.

よって, 入射平面波 $e^{i\boldsymbol{k}\cdot\boldsymbol{r}}$ に対する散乱波の割合は $f(\theta)e^{ikr}/r$ となる. ここで, $|f(\theta)e^{ikr}/r|^2 = f^2(\theta)/r^2$ は, 入射フラックス n を1としたときに点 (r, θ, ϕ) で散乱粒子を見出す確率だから, 点 (r, θ, ϕ) の微小断面を単位時間に通過する粒子数は

$$n\left|\frac{f(\theta)e^{ikr}}{r}\right|^2 r^2 \sin\theta d\theta d\phi = n|f(\theta)|^2 d\Omega = N(\theta, \phi)d\Omega \tag{7.71}$$

となり, 散乱断面積は

$$\sigma(\theta, \phi) = \frac{d\sigma}{d\Omega} = \frac{N(\theta, \phi)}{n} = |f(\theta)|^2 \tag{7.72}$$

となる．すなわち，量子力学的散乱の微分断面積を求めるためには，シュレディンガー方程式を遠方 $r \to \infty$ で解いて，散乱振幅 $f(\theta)$ を求めればよいことがわかる．

§7.6　ラザフォード散乱の量子論

シュレディンガー方程式 (7.61) の散乱状態の解を求めよう．境界条件は，$r \to \infty$ において，波動関数が (7.69) を満たしていることである．この条件を満たす解を求めて，散乱振幅 $f(\theta)$ を決めてやれば，散乱の微分断面積が求まる．

(7.61) において，$E < 0$ の状態が束縛状態に対応することは，第 5 章ですでに述べたとおりである．ここでは散乱状態を考えているので，$E > 0$ の状態に限ることにする．

いま，入射波の方向を z 軸にとると $\boldsymbol{k}\cdot\boldsymbol{r} = kr\cos\theta = kz$ である．方程式 (7.61) の下で散乱問題を扱うには，極座標 (r, θ, ϕ) 表示から放物線座標 (ξ, η, ϕ) 表示へ移るのが便利である．もちろん，(7.61) は極座標表示でも解くことができる．ただしこの場合には，軌道角運動量の固有状態に分解する，部分波分解の方法を用いることが多い．

放物線座標の (ξ, η, ϕ) と極座標 (r, θ, ϕ) の関係は

$$\xi = r - r\cos\theta = r - z \tag{7.73}$$

$$\eta = r + r\cos\theta = r + z \tag{7.74}$$

$$\phi = \phi \tag{7.75}$$

である．極座標表示から放物線座標への変数変換により，

$$\frac{1}{r^2}\frac{\partial}{\partial r}\left(r^2\frac{\partial}{\partial r}\right) + \frac{1}{r^2\sin\theta}\frac{\partial}{\partial\theta}\left(\sin\theta\frac{\partial}{\partial\theta}\right) = \frac{4}{\xi+\eta}\left\{\frac{\partial}{\partial\xi}\left(\xi\frac{\partial}{\partial\xi}\right) + \frac{\partial}{\partial\eta}\left(\eta\frac{\partial}{\partial\eta}\right)\right\} \tag{7.76}$$

であるから，

$$\nabla^2 = \frac{4}{\xi+\eta}\left\{\frac{\partial}{\partial\xi}\left(\xi\frac{\partial}{\partial\xi}\right) + \frac{\partial}{\partial\eta}\left(\eta\frac{\partial}{\partial\eta}\right)\right\} + \frac{1}{\xi\eta}\frac{\partial^2}{\partial\phi^2} \tag{7.77}$$

となる．したがって，シュレディンガー方程式 (7.61) は

$$-\frac{\hbar^2}{2m}\left[\frac{4}{\xi+\eta}\left\{\frac{\partial}{\partial\xi}\left(\xi\frac{\partial}{\partial\xi}\right)+\frac{\partial}{\partial\eta}\left(\eta\frac{\partial}{\partial\eta}\right)\right\}+\frac{1}{\xi\eta}\frac{\partial^2}{\partial\phi^2}\right]\psi+V\psi=E\psi \tag{7.78}$$

となる．

これを少し書き直すと，

$$\frac{\partial}{\partial\xi}\left(\xi\frac{\partial\psi}{\partial\xi}\right)+\frac{\partial}{\partial\eta}\left(\eta\frac{\partial\psi}{\partial\eta}\right)+\frac{\xi+\eta}{4\xi\eta}\frac{\partial^2\psi}{\partial\phi^2}-\frac{mrV(r)}{\hbar^2}\psi=-\frac{k^2}{4}(\xi+\eta)\psi \tag{7.79}$$

と表すことができる．ここで，$\xi+\eta=2r$，$k^2=2mE/\hbar^2$ を用いた．この式から，すぐに変数 ϕ については変数分離型の式

$$\frac{1}{\psi}\frac{\partial^2\psi}{\partial\phi^2}=-C^2 \tag{7.80}$$

が導かれ，解 $e^{iC\phi}$ が求まる．ここで C は未定定数であるが，$C=0$ ととれば，解 ψ には ϕ 依存性がなくなる．これは，中心力による散乱では，粒子の軌道が一平面上にあるということに対応している．

ここで，ポテンシャルが (7.38) の場合，すなわち $V(r)=-\gamma/r$ の場合を考えよう．(7.79) は，

$$\frac{\partial}{\partial\xi}\left(\xi\frac{\partial\psi}{\partial\xi}\right)+\frac{\partial}{\partial\eta}\left(\eta\frac{\partial\psi}{\partial\eta}\right)+\left\{\frac{m\gamma}{\hbar^2}+\frac{k^2}{4}(\xi+\eta)\right\}\psi=0 \tag{7.81}$$

となる．境界条件を再度書くと，$r\to\infty$ において，

$$\psi(\boldsymbol{r})=e^{i\boldsymbol{k}\cdot\boldsymbol{r}}+\frac{f(\theta)}{r}e^{ikr}=e^{ik(\eta-\xi)/2}\left\{1+\frac{f(\theta)}{r}e^{ik\xi}\right\} \tag{7.82}$$

である．そこで，

$$\psi=e^{ik(\eta-\xi)/2}g(\xi) \tag{7.83}$$

とおいてみると，

$$\frac{\partial}{\partial\xi}\left(\xi\frac{\partial\psi}{\partial\xi}\right)=e^{ik(\eta-\xi)/2}\left\{\xi g''+(1-ik\xi)g'-\left(\frac{ik}{2}+\frac{k^2}{4}\xi\right)g\right\} \tag{7.84}$$

$$\frac{\partial}{\partial\eta}\left(\eta\frac{\partial\psi}{\partial\eta}\right)=e^{ik(\eta-\xi)/2}\left(\frac{ik}{2}-\frac{k^2}{4}\eta\right)g \tag{7.85}$$

となるので，(7.81) は

$$\xi\frac{d^2g}{d\xi^2}+(1-ik\xi)\frac{dg}{d\xi}+\frac{m\gamma}{\hbar^2}g=0 \tag{7.86}$$

となる．そこで，$\zeta=ik\xi$ とおくと，

$$\zeta\frac{d^2g}{d\zeta^2}+(1-\zeta)\frac{dg}{d\zeta}-i\lambda g=0 \tag{7.87}$$

が得られる．ただし，$\lambda=m\gamma/\hbar^2k$ とした．これは，付録の A.2.4 項の (A.111) で与えた**合流型超幾何微分方程式**である．

合流型超幾何微分方程式については付録の A.2.4 節で説明したとおりである．(7.87) の解 $g(\xi)$ は (A.110) で定義した合流型超幾何関数を用いて，

$$g(\zeta)=CF(i\lambda,1;ik\zeta) \tag{7.88}$$

と表せる．ただし，C は未定の規格化定数である．以下では，関数 g の変数として，ξ と ζ を区別せずに用いる．

(A.112) を用いると，$|\zeta|\to\infty$ における漸近形がわかる．$\xi\to\infty$ での $g(\xi)$ の振る舞いは，

$$\begin{aligned}g(\xi)\quad&\to\quad\frac{C}{\Gamma(1-i\lambda)}(-ik\xi)^{-i\lambda}+\frac{C}{\Gamma(i\lambda)}e^{ik\xi}(ik\xi)^{i\lambda-1}\\&\to\quad C\frac{e^{-\pi\lambda/2-i\lambda\ln k\xi}}{\Gamma(1-i\lambda)}+C\frac{e^{ik\xi-\pi\lambda/2+i\lambda\ln k\xi}}{\Gamma(i\lambda)ik\xi}\end{aligned} \tag{7.89}$$

であることがわかり，$\psi=e^{ikz}g(\xi)=e^{ik(\eta-\xi)/2}g(\xi)$ であったから，

$$\psi\quad\to\quad C\frac{e^{-\pi\lambda/2-i\lambda\ln k(r-z)}}{\Gamma(1-i\lambda)}\left\{e^{ikz}+\frac{\Gamma(1-i\lambda)}{ik\Gamma(i\lambda)}\frac{e^{2i\lambda k(r-z)}}{1-\cos\theta}\frac{e^{ikr}}{r}\right\} \tag{7.90}$$

となる．

したがって，$\ln k(r-z)=\ln 2kr+\ln\sin^2(\theta/2)$ を用いて，境界条件 (7.82) を参照すると

$$f(\theta)=e^{2i\lambda\ln 2kr}\frac{\Gamma(1-i\lambda)}{ik\Gamma(i\lambda)}\frac{e^{4i\lambda\ln\sin(\theta/2)}}{2\sin^2(\theta/2)} \tag{7.91}$$

が得られ，$\Gamma(1-i\lambda)=-i\lambda\Gamma(-i\lambda)$ であるから，(7.91) は

$$f(\theta)=-e^{2i\lambda\left(\ln 2kr+\ln\sin^2\frac{\theta}{2}\right)}\frac{\lambda\Gamma(-i\lambda)}{k\Gamma(i\lambda)}\frac{1}{2\sin^2(\theta/2)} \tag{7.92}$$

と書き換えられる．(7.92) に現れている $e^{2i\lambda\left(\ln 2kr+\ln\sin^2\frac{\theta}{2}\right)}$ という位相因子は，

クーロン力が遠方 $r \to \infty$ で十分に速く減少しないために現れるもので，**クーロン因子**（Coulomb phase）とよばれている．

Γ 関数の積分表示 (A.102) を実部と虚部に分けて絶対値の 2 乗をとることによって，$|\Gamma(-i\lambda)|^2 = |\Gamma(i\lambda)|^2$ を示すことができる．したがって，(7.91) の絶対値の 2 乗は

$$|f(\theta)|^2 = \frac{\lambda^2}{4k^2 \sin^4(\theta/2)} = \frac{m\gamma^2}{4\hbar^2 k^4 \sin^4(\theta/2)} = \left(\frac{\gamma}{4E}\right)^2 \frac{1}{\sin^4(\theta/2)} \tag{7.93}$$

となる．これで散乱振幅 $f(\theta)$ の絶対値の 2 乗が完全に求められたので，(7.72) により，散乱の微分断面積が次のように得られる．

$$\frac{d\sigma}{d\Omega} = \left(\frac{\gamma}{4E}\right)^2 \frac{1}{\sin^4(\theta/2)} \tag{7.94}$$

この結果は，驚くべきことに，古典力学的計算によって得られたラザフォードの公式 (7.57) と完全に一致している．どうして古典力学による計算と量子力学による計算が一致してしまったのだろうか．

量子力学による計算の過程を振り返ってみよう．量子力学の特徴を表すプランク定数 $\hbar$ は，計算の当初，シュレディンガー方程式 (7.78) には確かに含まれていた．その後，プランク定数 $\hbar$ はパラメター $\lambda = m\gamma/\hbar^2 k$ の中に含まれながら，式の演算の途中には残っていたが，散乱振幅の最終表式 (7.92) で $\lambda/k = \gamma/2E$ という形で消えてしまって，クーロン因子と $\Gamma(-i\lambda)/\Gamma(i\lambda)$ という因子としてしか残っていない．しかも，これらの因子も，散乱振幅の絶対値の 2 乗をとったときになくなってしまうので．結局，物理的な結果には量子力学的効果は現れずに終わって，古典力学的結果と完全に一致してしまったのである．

8.3.1 項で散乱のボルン近似について述べるが，γ のべき展開の高次の項はすべてクーロン因子から出てくるので，最低次の項をとっただけで，ラザフォード散乱の微分断面積は (7.94) と一致してしまう．したがって，ここでも，古典力学的な計算結果が再現されることになる．

ラザフォード散乱の微分断面積に量子力学的効果が現れない物理的原因を辿れば，結局，クーロンポテンシャルの特殊性にあると考えられる．後に

11.1.3項で述べるように，電磁気学は理論の中にプランク定数を含まないにもかかわらず，量子力学の体系の中で成立している．それは，光子の質量がゼロであることが原因となっている．ラザフォードが古典力学的計算で，原子に中心核（原子核）があることを証明できたのは，幸運であったというよりは，電磁気力の不思議な特性のお蔭であったというべきであろう．

最後に，興味あるコメントを1つしておきたい．散乱振幅の式 (7.91) をみると，$\Gamma(1-i\lambda)$ という因子がある．ガンマ関数 $\Gamma(z)$ は $z=0,-1,-2,-3,\cdots$ に極をもつので，この散乱振幅は（変数 λ について解析接続すると）$1-i\lambda=0,-1,-2,-3,\cdots$，すなわち，$i\lambda=1,2,3,\cdots\equiv n$ に極をもっていることがわかる．これを k について解くと $k=\gamma m/i\hbar^2 n$ となるので，エネルギー E は

$$E=\frac{\hbar^2k^2}{2m}=-\frac{\gamma^2 m}{2\hbar^2 n^2} \tag{7.95}$$

と表され，これは水素原子のエネルギー準位にピタリと一致している．すなわち，水素原子のエネルギー準位は，（解析接続した）散乱振幅の極になっているということがわかる．実際，シュレディンガー方程式に対する束縛状態の解を求めて，エネルギー準位を求めることは，散乱振幅を求めてそれをエネルギーについて解析接続し，散乱振幅の極を求めることと同等である，ということを証明することができる．

演習問題

［**1**］ シュレディンガー方程式を用いて，一般に粒子のエネルギー E はポテンシャルエネルギーの最低値よりも大きくなければならないことを証明せよ．

［**2**］ (7.47) を導出せよ．

［**3**］ 入射エネルギー $E=\hbar^2k^2/2m$ の粒子に対して，球対称ポテンシャル $V(r)$ による散乱振幅が

$$f(\theta)=\frac{1}{k}\sum_{\ell=0}^{\infty}(2\ell+1)e^{i\delta_\ell}\sin\delta_\ell P_\ell(\cos\theta) \tag{7.96}$$

と表されることを示せ．ただし，$P_\ell(\cos\theta)$ はルジャンドル多項式である．

なお，δ_ℓ は**位相のずれ**とよばれ，波動関数を $\psi \propto R_\ell(kr)P_\ell(\cos\theta)$ と変数分離し，R_ℓ に対して得られる方程式

$$-\frac{\hbar^2}{2mr^2}\frac{d}{dr}\left(r^2\frac{dR_\ell}{dr}\right)+\left\{V(r)+\frac{\ell(\ell+1)}{r^2}-\frac{\hbar^2k^2}{2m}\right\}R_\ell=0 \tag{7.97}$$

を解いて，$\lim_{r\to\infty}V(r)=0$ の漸近領域で得る漸近解

$$R_\ell(kr)\propto\frac{\sin(kr-\ell\pi/2+\delta_\ell)}{kr}$$

の位相によって定義される．(7.96) は**散乱振幅の部分波分解**とよばれている．

8 近似法

古典力学であれ量子力学であれ，基礎方程式が正確に解けて，解が解析的に完全な形で求められる場合は極めてまれである．量子力学の場合は，これまでみてきたとおり，基礎方程式を正確に解くことができるのは，クーロンポテンシャルの下での束縛問題と散乱問題，それに調和振動子の問題等である．例えば，湯川ポテンシャルは応用上大変重要であるが，残念ながら，それに対する基礎方程式を正確に解くことはできない．そこで，実用的な見地から，問題を近似的にでもいいから解くという必要性が生じてくる．

問題が厳密に解ける場合が偶発的であり，必ずしも組織的かつ系統的に得られないのに比べると，近似的方法には，比較的系統的な処方が存在するので，やり方さえ知っておけば誰にでも近似的方法を活用することができる．本章では，摂動論，変分法，準古典的近似（WKB 法）に大別して，近似的解法の解説を行う．

§8.1 摂動論

摂動（perturbation）という言葉は，もともと天体力学において用いられてきたものである．太陽の周りを回る地球の軌道運動は，ニュートンの万有引力の法則に従い，太陽と地球の 2 体問題として厳密に解くことができる．しかし，実際は金星や木星など他の天体からの引力の影響まで考慮すると，解析的に解くことは難しくなる．これらの他の天体が地球の軌道に及ぼす影響は，太陽と地球の 2 体問題として得た地球の軌道の形を，原形をとどめないほど変えてしまうものではなく，わずかな軌道のずれを生じるにすぎない．このような他の天体によるわずかな影響が**摂動**とよばれるものである．

「摂」という漢字には「引っ張る」という意味があり，「摂動（引っ張り動かす)」という言葉がつくられた．多分，perturbation という英語（ドイツ語では Störung)を邦訳するときに，perturbation の元々の意味である攪乱や動揺などでは相応しくないと考え，我々の先達が苦心して摂動という訳語を編み出したのであろう．この微小な摂動について“べき級数”に類似した展開を行うことによって近似解を求める方法が，**摂動法**（**摂動論**）とよばれるものである．量子力学でも多電子原子に対しては，太陽系の場合と同じような摂動がはたらいているから，摂動論は当然必要となる．また，電場や磁場のような外場による摂動やスピンの効果なども摂動論で取り扱うことができる．

いま，2電子原子を考えてみよう．電子と原子核の間にはたらくクーロンポテンシャル $V_i\,(i=1,2)$ のみを考えたとき，系のハミルトニアン H_0 は，

$$H_0 = K + V, \qquad K = \sum_{i=1}^{2} \frac{p_i^2}{2m_{\mathrm{e}}}, \qquad V = \sum_{i=1}^{2} V_i \tag{8.1}$$

と表すことができ，これに対するシュレディンガー方程式は，水素原子と同様に厳密に解くことができる．しかるに，電子間には斥力クーロンポテンシャル V' がはたらいており，これを摂動と考えて，ハミルトニアン H_0 に加えると，全ハミルトニアン H は

$$H = H_0 + V' \tag{8.2}$$

となる．

H に対するシュレディンガー方程式は厳密には解けない．そこで，摂動 V' は小さいものと考えて，全ハミルトニアン H の下での解を，H_0 に対する厳密な解からのずれとして，V' のべき展開の形で逐次的に求めようとするのが摂動論である．このとき，条件として

- 摂動展開（べき展開）の級数の収束性
- H_0 に対する正確な解に対して，摂動項は小さいこと
- 摂動の低次の項で良い近似が得られること(収束の速さ，実用性)

が必要であるが，これらの条件は満たされているものとして以下の議論を進める．

摂動論には2つの方法があって，問題に応じて使い分ける必要がある．

(1)　定常的摂動論：系が定常状態にあって，摂動によって系のエネルギーに小さな補正が加わるだけの場合（時間に依存しない摂動）

(2)　非定常的摂動論：系の状態が別の状態に移るという遷移が起こる場合(時間に依存する摂動)

(1)の方法は，系が定常状態にとどまり，摂動項が時間に依存しない場合にのみ有用であり，定常状態にある原子のエネルギーのずれや，弾性散乱の断面積の計算などに用いられる．

(2)の方法は，系が摂動によって，ある状態から他の状態へ移る場合や，摂動項が時間的に変化する場合などに適用される．したがって，光の吸収によって原子の状態が変わる場合の遷移確率の計算や，散乱標的の状態が時間変化する散乱の問題などに用いられる．

§8.2　定常的摂動論

ハミルトニアン H は，無摂動部分 H_0 と摂動部分 H_1 との和

$$H = H_0 + \lambda H_1 \tag{8.3}$$

と表せるものとする．ここで，λ は摂動の大きさを表すパラメターである．

H_0 に対するシュレディンガー方程式は解けているとし，その固有関数を $\psi_{0n\ell}$，固有エネルギーを $E_{0n\ell}$ とする．ただし，n はエネルギー準位を指定する量子数で，ℓ は縮退がある場合に状態を指定するために必要な量子数とする．このとき，シュレディンガー方程式は

$$H_0\psi_{0n\ell} = E_{0n}\psi_{0n\ell} \tag{8.4}$$

である．全ハミルトニアン H に対するシュレディンガー方程式を

$$H\psi_{nk} = E_{nk}\psi_{nk} \tag{8.5}$$

とおくと，ここでは定常的摂動を考えているので，無摂動状態での遷移はない．したがって，量子数 n は変わらないが，摂動の加わった全エネルギー E_{nk} は別の量子数 k にもよる可能性があるので，添字 k を付けた．

ψ_{nk} と E_{nk} は，$\psi_{0n\ell}$ と E_{0n} から摂動の影響によってずれているが，そのずれの大きさは λ の程度である．そこで，波動関数とエネルギーのずれを λ のべき展開で次のように書き表そう．

$$\psi_{nk} - \psi'_{0nk} = \lambda\psi_{1nk} + \lambda^2\psi_{2nk} + \cdots \tag{8.6}$$

$$E_{nk} - E_{0n} = \lambda E_{1nk} + \lambda^2 E_{2nk} + \cdots \tag{8.7}$$

無摂動系 $\psi_{0n\ell}$ に縮退がある場合とない場合とで取り扱い方が若干異なってくるので，以下で別々に解説する．

8.2.1　縮退がない場合

まず，比較的簡単な縮退のない場合を考えよう．縮退のない場合は，上の表式において，縮退した状態を表す添字 ℓ と k を削除すればよい．シュレディンガー方程式 $H\psi_n = E_n\psi_n$ に展開式を代入すると，

$$(H_0 + \lambda H_1)(\psi_{0n} + \lambda\psi_{1n} + \lambda^2\psi_{2n} + \cdots)$$
$$= (E_{0n} + \lambda E_{1n} + \lambda E_{2n} + \cdots)(\psi_{0n} + \lambda\psi_{1n} + \lambda^2\psi_{2n} + \cdots) \tag{8.8}$$

となり，この式で，λ の次数ごとに各項を並べ替え，各次数で係数を比較すると，

$$H_0\psi_{0n} = E_{0n}\psi_{0n} \tag{8.9}$$

$$H_0\psi_{1n} + H_1\psi_{0n} = E_{0n}\psi_{1n} + E_{1n}\psi_{0n} \tag{8.10}$$

$$H_0\psi_{2n} + H_1\psi_{1n} = E_{0n}\psi_{2n} + E_{1n}\psi_{1n} + E_{2n}\psi_{0n} \tag{8.11}$$

のように，λ の次数に応じた式が得られる．(8.9)は無摂動系のシュレディンガー方程式である．

(8.10)に対して ψ^*_{0m} を掛けて積分すると，

$$(\psi_{0m}, H_0\psi_{1n}) + (\psi_{0m}, H_1\psi_{0n}) = E_{0n}(\psi_{0m}, \psi_{1n}) + E_{1n}(\psi_{0m}, \psi_{0n})$$

が得られる．ここで，任意の演算子 A に対して，波動関数 ψ，φ による行列要素

$$(\psi, A\varphi) = \int d^3r\, \psi^* A\varphi \tag{8.12}$$

を定義した．

次に，$a_{1mn} = (\psi_{0m}, \psi_{1n})$ とおき，ψ_{0m} が完全系をなすことに注意し，ψ_{0n} が正規直交系をなすこと，すなわち，$(\psi_{0m}, \psi_{0n}) = \delta_{mn}$ に着目すると，

$$\psi_{1n} = \sum_{m \neq n} a_{1mn}\psi_{0m} \tag{8.13}$$

$$E_{1n}\delta_{mn} + (E_{0n} - E_{0m})a_{1mn} = H_{1mn} \tag{8.14}$$

を得る．ここで，$a_{1nn} = 0$ とおいた．また，$H_{1mn} = (\psi_{0m}, H_1\psi_{0n})$ であり，(8.14)で $m = n$ ととれば，摂動エネルギー

$$E_{1n} = H_{1nn} \tag{8.15}$$

が求められ，また，$m \neq n$ のときは，ψ_{1n} の展開係数

$$a_{1mn} = \frac{H_{1mn}}{E_{0n} - E_{0m}} \tag{8.16}$$

が得られる．

したがって，λ の 1 次までの摂動解は，

$$E_n = E_{0n} + \lambda H_{1nn} + \mathcal{O}(\lambda^2) \tag{8.17}$$

$$\psi_n = \psi_{0n} + \lambda \sum_{m \neq n} \frac{H_{1mn}}{E_{0n} - E_{0m}} \psi_{0m} + \mathcal{O}(\lambda^2) \tag{8.18}$$

のようになり，摂動展開が良い近似であるための条件は

$$\left| \frac{H_{1mn}}{E_{0n} - E_{0m}} \right| \ll 1 \tag{8.19}$$

となる．つまり，摂動ハミルトニアンの行列要素がエネルギー準位差より小さくなければならない．

次に，(8.11)に ψ_{0m}^* を掛けて積分すると

$$\begin{aligned}(\psi_{0m}, H_0\psi_{2n}) &+ (\psi_{0m}, H_1\psi_{1n}) \\ &= E_{0n}(\psi_{0m}, \psi_{2n}) + E_{1n}(\psi_{0m}, \psi_{1n}) + E_{2n}(\psi_{0m}, \psi_{0n})\end{aligned} \tag{8.20}$$

となる．ここで，$a_{2mn} = (\psi_{0m}, \psi_{2n})$ とおき，1 次摂動の場合と同様にして

$$\psi_{2n} = \sum_m a_{2mn}\psi_{0m} \tag{8.21}$$

$$E_{0m}a_{2mn} + \sum_j H_{1mj}a_{1jn} = E_{0n}a_{2mn} + E_{1n}a_{1mn} + E_{2n}\delta_{mn} \tag{8.22}$$

を得る．(8.22)において，$a_{1nn} = 0$ に注意すると，$m = n$ のとき，

$$E_{2n} = \sum_{j \neq n} H_{1nj}a_{1jn} = \sum_{j \neq n} \frac{H_{1nj}H_{1jn}}{E_{0n} - E_{0j}} = \sum_{j \neq n} \frac{|H_{1nj}|^2}{E_{0n} - E_{0j}} \tag{8.23}$$

が求められ，$m \neq n$ とすれば，ψ_{2n} の展開係数

$$a_{2mn} = \frac{1}{E_{0n} - E_{0m}} \left(\sum_{j \neq n} H_{1nj}a_{1jn} - E_{1n}a_{1mn} \right)$$

$$= \frac{1}{E_{0n}-E_{0m}}\left(\sum_{j\neq n}\frac{H_{1mj}H_{1jn}}{E_{0n}-E_{0j}} - \frac{H_{1nn}H_{1mn}}{E_{0n}-E_{0m}}\right) \tag{8.24}$$

が得られる．なお，a_{2nn} は決まらないので，規格化条件 $(\psi_{2m},\psi_{2n}) = \delta_{mn}$ を満たすようにとることにする．

8.2.2　縮退がある場合

縮退がある場合は，1つのエネルギー準位 E_{0n} に対して，いくつかの状態 $\psi_{0n\ell}$ が対応しているから，無摂動系のシュレディンガー方程式は

$$H_0\psi_{0n\ell} = E_{0n}\psi_{0n\ell} \tag{8.25}$$

となり，摂動 H_1 によって E_{0n} が影響を受け，縮退が解ける可能性がある．したがって，新たなエネルギー準位は，量子数 n のみでなく ℓ にも依存する可能性が出てくるので，

$$H\psi_{nk} = E_{nk}\psi_{nk} \qquad (H = H_0 + \lambda H_1) \tag{8.26}$$

と書いておくことにする．ここで，k は主量子数以外のすべての量子数を表すものとする．摂動が小さいとすれば，エネルギーの変化は λ のべき展開で，

$$E_{nk} - E_{0n} = \lambda E_{1nk} + \lambda^2 E_{2nk} + \cdots \tag{8.27}$$

と表すことができる．

波動関数のずれも同様に展開できるが，そのずれの元になっている無摂動系の波動関数 $\psi_{0n\ell}$ が，どの ℓ に対応したものであるのかわからない．そこで，一般に $\psi_{0n\ell}$ の ℓ についての線形結合であると考えて，

$$\psi'_{0nk} = \sum_{\ell} C_{k\ell}\psi_{0n\ell} \tag{8.28}$$

とおいてみよう．ここで，$C_{k\ell}$ は線形結合の係数で，後に決まることになるので，摂動展開の式は

$$\psi_{nk} - \psi'_{0nk} = \lambda\psi_{1nk} + \lambda^2\psi_{2nk} + \cdots \tag{8.29}$$

となる．これらの式をシュレディンガー方程式に代入すると

$$\begin{aligned}(H_0 + \lambda H_1)&(\psi'_{0nk} + \lambda\psi_{1nk} + \lambda^2\psi_{2nk} + \cdots)\\ &= (E_{0n} + \lambda E_{1nk} + \lambda^2 E_{2nk} + \cdots)(\psi'_{0nk} + \lambda\psi_{1nk} + \lambda^2\psi_{2nk} + \cdots)\end{aligned} \tag{8.30}$$

となるので，この式で λ のべきの等しいところを比較すると

$$H_0\psi'_{0nk} = E_{0n}\psi'_{0nk} \tag{8.31}$$

$$H_0\psi_{1nk} + H_1\psi'_{0nk} = E_{0n}\psi_{1nk} + E_{1nk}\psi'_{0nk} \tag{8.32}$$

$$H_0\psi_{2nk} + H_1\psi_{1nk} = E_{0n}\psi_{2nk} + E_{1nk}\psi_{1nk} + E_{2nk}\psi'_{0nk} \tag{8.33}$$

が得られる．

(8.31)は，無摂動系の式 $H_0\psi_{0n\ell} = E_{0n}\psi_{0n\ell}$ を考慮すると，当然成り立っており，(8.32)は，1 次の摂動項を与える方程式である．この式に $\psi^*_{0m\ell}$ を掛けて積分すると

$$(\psi_{0m\ell}, H_0\psi_{1nk}) + (\psi_{0m\ell}, H_1\psi'_{0nk}) = E_{0n}(\psi_{0m\ell}, \psi_{1nk}) + E_{1nk}(\psi_{0m\ell}, \psi'_{0nk}) \tag{8.34}$$

を得る．ここで，(8.28)と正規直交性 $(\psi_{0m\ell}, \psi_{0nk}) = \delta_{mn}\delta_{\ell k}$ に注意して，

$$\psi_{1nk} = \sum_{m,\ell} a_{m\ell,nk}\psi_{0m\ell}, \qquad (\psi_{0m\ell}, \psi_{1nk}) = a_{m\ell,nk} \tag{8.35}$$

とおくと，次の式を得る．

$$E_{0m}a_{m\ell,nk} + \sum_{\ell'} C_{k\ell'}(\psi_{0m\ell}, H_1\psi_{0n\ell'}) = E_{0n}a_{m\ell,nk} + E_{1nk}C_{k\ell}\delta_{mn} \tag{8.36}$$

さらに，$(\psi_{0m\ell}, H_1\psi_{0n\ell'}) = H_{1m\ell,n\ell'}$ とおくと，

$$\sum_{\ell'} C_{k\ell'}H_{1m\ell,n\ell'} = (E_{0n} - E_{0m})a_{m\ell,nk} + E_{1nk}C_{k\ell}\delta_{mn} \tag{8.37}$$

となる．

$m = n$ のときは，

$$\sum_{\ell'} C_{k\ell'}H_{1n\ell,n\ell'} = E_{1nk}C_{k\ell} \tag{8.38}$$

であるが，簡単化のため，k と n を省略して書くと，

$$\sum_{\ell'} H_{1\ell\ell'}C_{\ell'} = E_1C_\ell \tag{8.39}$$

と表せる．この式で，C_ℓ をベクトルの $\boldsymbol{C}$ の成分とみなし，$H_{1\ell\ell'}$ を行列 $\boldsymbol{H}_1$ の行列要素とみなせば

$$\boldsymbol{H}_1\boldsymbol{C} = E_1\boldsymbol{C} \tag{8.40}$$

と表すことができる．この式は，固有値方程式の形をしており，これが解けるためには，$\det(\boldsymbol{H}_1 - E_1\boldsymbol{1}) = 0$ でなければならない．この固有値方程式に対する固有値は E_{1nk} で与えられる．また，固有値方程式と ψ'_{0nk} の規格化条

件により，$C_{k\ell}$ をすべて決めることができる．

$m \neq n$ のときは，$a_{m\ell,nk}$ を次のように決めることができる．

$$a_{m\ell,nk} = \frac{1}{E_{0n} - E_{0m}} \sum_{\ell'} C_{k\ell'} H_{1m\ell,n\ell'} \tag{8.41}$$

なお，(8.33)で与えられる2次摂動については省略する．

8.2.3　1次元調和振動子への摂動

縮退のない場合の簡単な例として，1次元調和振動子を考えてみよう．電荷 e をもった振動子に，摂動として一様電場 $\mathscr{E}$ がかかっているとすると，摂動ハミルトニアンは

$$\lambda H_1 = -e\mathscr{E}q \tag{8.42}$$

と表すことができる．無摂動系は3.3.2項ですでに考察したとおりで，そこでの結論のみを再録すると，

$$H_0 = \frac{p^2}{2m} + \frac{m\omega^2}{2}q^2 \tag{8.43}$$

$$E_{0n} = \left(n + \frac{1}{2}\right)\hbar\omega \tag{8.44}$$

$$\psi_{0n} = C_n e^{-m\omega q^2/2\hbar} H_n\left(\sqrt{\frac{m\omega}{\hbar q}}\right) \tag{8.45}$$

$$C_n = (2^n n!)^{-1/2}\left(\frac{m\omega}{\hbar\pi}\right)^{1/4} \tag{8.46}$$

である．前述の定常的摂動論を適用すると（摂動パラメーター λ を e と置き換える），摂動によるエネルギーの変化は直ちに計算できて，$E_n - E_{0n} = eE_{1n} + e^2E_{2n} + \cdots$ となる．ここで

$$E_{1n} = (\psi_{0n}, H_1\psi_{0n}) = -\mathscr{E}\int_{-\infty}^{\infty} dq\, \psi_{0n}^* q \psi_{0n} = 0 \tag{8.47}$$

$$\begin{aligned} E_{2n} &= \sum_{m\neq n} \frac{|(\psi_{0m}, H_1\psi_{0n})|^2}{E_n - E_m} = \frac{\mathscr{E}^2}{\hbar\omega} \sum_{m\neq n} \frac{|(\psi_{0m}, q\psi_{0n})|^2}{n - m} \\ &= \frac{\mathscr{E}^2}{\hbar\omega}\frac{\hbar}{m\omega} \sum_{m\neq n} \frac{1}{n-m}\left|\left(\sqrt{\frac{n+1}{2}}\delta_{m,n+1} + \sqrt{\frac{n}{2}}\delta_{m,n-1}\right)\right|^2 \\ &= \frac{\mathscr{E}^2}{m\omega^2}\left(-\frac{n+1}{2} + \frac{n}{2}\right) = -\frac{\mathscr{E}^2}{2m\omega^2} \end{aligned} \tag{8.48}$$

である．

実は，この問題は摂動論に頼らなくとも厳密に解くことができる．しかも，厳密解は2次摂動と完全に一致することを示すことができる．実際，全ハミルトニアン H を

$$H = H_0 + \lambda H_1 = \frac{p^2}{2m} + \frac{m\omega^2}{2}q^2 - e\mathcal{E}q$$
$$= \frac{p^2}{2m} + \frac{m\omega^2}{2}\left(q - \frac{e\mathcal{E}}{m\omega^2}\right)^2 - \frac{e^2\mathcal{E}^2}{2m\omega^2} \tag{8.49}$$

のように書き換えると，座標変換によって摂動のない調和振動子と同じになるので，H の固有値は直ちに求められて，$E_{0n} + e^2E_{2n}$ と一致していることがわかる．したがって，一様電場による1次元荷電調和振動子への摂動の問題は，2次の摂動までで正しい結果が得られるということがわかる．

8.2.4　シュタルク効果

縮退がある場合の定常的摂動論の典型的な応用例について述べる．すでに4.8.2項で述べたゼーマン効果については，前期量子論的な取り扱いによって説明したので，ここでは，シュタルク効果について摂動論を適用してみよう．

ゼーマン効果は，一様な磁場の中に置かれた原子のスペクトルが分裂する現象であった．これは，磁場による摂動効果によって，角運動量量子数についての縮退が解けて起こる現象である．一方，電場による効果も存在する．一様な電場の中に置かれた原子のスペクトルが分裂する現象は**シュタルク効果**(Stark effect)とよばれていて，1931年にドイツの物理学者ヨハネス・シュタルクによって見出されたものである．

強さ $|\boldsymbol{E}|$ の一様な電場の中に置かれた水素原子を考える．水素原子の中の電子は電荷 $-e$ をもち，一様な電場 $\boldsymbol{E}$ によって受ける力は $-e\boldsymbol{E}$ である．それに対するポテンシャルは $e\boldsymbol{E}\cdot\boldsymbol{r}$ であるので，摂動ハミルトニアンは

$$H_1 = e\boldsymbol{E}\cdot\boldsymbol{r} \tag{8.50}$$

となり，$\boldsymbol{E}$ の方向に z 軸を選べば，

$$H_1 = e\mathcal{E}z = e\mathcal{E}r\cos\theta \tag{8.51}$$

となる．ただし，$|\boldsymbol{E}| = \mathscr{E}$ とした．

無摂動系のハミルトニアンは，

$$H_0 = -\frac{\hbar^2}{2\mu}\nabla^2 - \frac{e^2}{4\pi\varepsilon_0 r} \tag{8.52}$$

となり，これに対する固有関数と固有値（エネルギー準位）はすでに§5.3で得られていて，

$$\psi_{n\ell m}(\boldsymbol{r}) = u_{n\ell}(r)\, Y_{\ell m}(\theta, \varphi) \tag{8.53}$$

$$u_{n\ell}(r) = C_{n\ell}\rho^{\ell} e^{-\rho/2} L^{2\ell+1}_{n-\ell-1}(\rho) \tag{8.54}$$

および

$$E_{0n} = -\frac{e^4\mu}{2(4\pi\varepsilon_0)^2\hbar^2 n^2} = -\frac{e^2}{2a_{\mathrm{B}}n^2} \tag{8.55}$$

である．ただし，

$$\rho = \frac{2\sqrt{-2m_{\mathrm{e}}E_{0n}}}{\hbar} = \frac{2r}{a_{\mathrm{B}}n}, \qquad a_{\mathrm{B}} = \frac{4\pi\varepsilon_0\hbar^2}{e^2 m_{\mathrm{e}}} \tag{8.56}$$

$$C_{n\ell} = \sqrt{\left(\frac{2}{na_{\mathrm{B}}}\right)^3 \frac{(n-\ell-1)!}{2n(n+1)!}} \tag{8.57}$$

である．

これに対して，一様電場 $\boldsymbol{E}$ による摂動(8.51)の効果を考えよう．以下では，$n=1$，$n=2$ に対する1次の摂動エネルギーを求めてみる．

$n=1$ のときは，$\ell = m = 0$ のみ($\ell = 0, 1, 2, \cdots, n-1$)なので縮退はなく，

$$\psi_{100} \propto e^{-r/a_{\mathrm{B}}}, \qquad L^1_0 = 1 \tag{8.58}$$

である．摂動エネルギーを求めると，

$$E_{1\,n=1} = (\psi_{100}, H_1\psi_{100}) \propto \int d^3r\, e^{-2r/a_{\mathrm{B}}} e\mathscr{E} r\cos\theta$$

$$\propto \int_{-1}^{1} d(\cos\theta)\cos\theta = 0 \tag{8.59}$$

となり，$n=1$ に対しては1次の摂動はないことがわかる．

$n=2$ のときは縮退があり，$(\ell, m) = (0,0)\,(1,-1)\,(1,0)\,(1,1)$ の4つの状態が存在する．すなわち，

$$Y_{00} = \frac{1}{\sqrt{4\pi}}, \quad Y_{1\pm1} = \sqrt{\frac{3}{8\pi}}\, e^{\pm i\varphi}\sin\theta, \quad Y_{10} = \sqrt{\frac{3}{4\pi}}\cos\theta \tag{8.60}$$

であり，摂動項（8.51）に対して

$$(\psi_{2\ell' m'}, H_1\psi_{2\ell m}) \propto \int_0^{2\pi} d\varphi \int_{-1}^{1} d(\cos\theta)\ Y^*_{\ell' m'} Y_{\ell m} \cos\theta \propto \delta_{\ell' \ell\pm 1}\delta_{m' m} \tag{8.61}$$

が得られる．つまり，$\ell' = \ell \pm 1, m = m' = 0$ のみゼロでない行列要素をもつ．

$$(\psi_{200}, H_1\psi_{210}) = (\psi_{210}, H_1\psi_{200}) = 3e\mathscr{E}a_{\mathrm{B}} \tag{8.62}$$

そこで，8.2.2 項で得た固有値方程式（8.40）を適用し，固有値を決める行列式

$$\det\begin{pmatrix} -E_1 & 3e\mathscr{E}a_{\mathrm{B}} \\ 3e\mathscr{E}a_{\mathrm{B}} & -E_1 \end{pmatrix} = 0 \tag{8.63}$$

を解く．この式は簡単に解けて，摂動エネルギー $E_1 = \pm 3e\mathscr{E}a_{\mathrm{B}}$ が得られる．したがって，$n = 2$ のエネルギー準位は 3 つに分裂することがわかる．この状況を示したものが図 8.1 である．

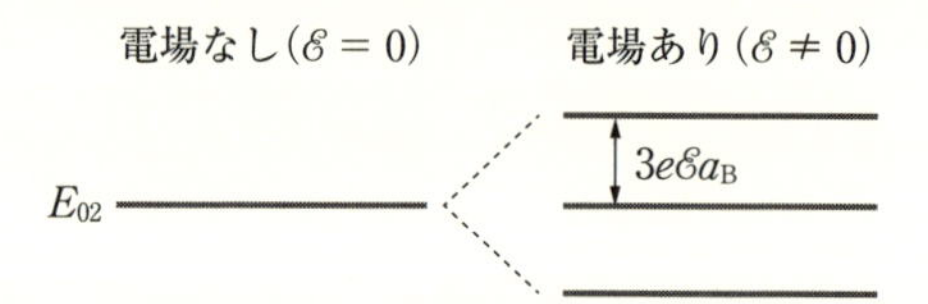

図 8.1　水素原子の $n = 2$ の無摂動エネルギー準位 E_{02} が電場中のシュタルク効果によって3個の準位に分裂する．

§8.3　非定常的摂動論

摂動ハミルトニアンが次のように時間に依存する場合を考える．

$$H = H_0 + \lambda H_1(t) \tag{8.64}$$

この場合，解くべき方程式は，時間に依存するシュレディンガー方程式である．

$$i\hbar\frac{\partial\psi(t)}{\partial t} = H\,\psi(t) \tag{8.65}$$

ここで $\psi(t) = e^{-iH_0t/\hbar}\psi^I(t)$ とおくと，$\psi^I(t)$ に対する方程式は

$$i\hbar\frac{\partial\psi^I(t)}{\partial t} = \lambda\, H_1^I(t)\ \psi^I(t) \tag{8.66}$$

となる．ここで，$H_1^I(t)$ は次の式で定義される．

$$H_1^I(t) = e^{iH_0t/\hbar} H_1(t)\, e^{-iH_0t/\hbar} \tag{8.67}$$

したがって,

$$\frac{d}{dt}H_1^I(t) = \frac{i}{\hbar}[H_0, H_1^I(t)] \tag{8.68}$$

が成り立つ.

時間に依存するシュレディンガー方程式を,上記のように変換して問題を解こうとする方法を**相互作用表示**とよんでいる.この表示は,シュレディンガー表示とハイゼンベルク表示の中間に当たるものであり,量子力学のみならず場の量子論などでも,その便利さ故に多用されている.相互作用表示の下では,$H_1^I(t)$ の時間発展が,無摂動ハミルトニアン H_0 によって決定されるので,無摂動の場合の解が得られている場合は,その解をもとにして $H_1^I(t)$ が求まり,それによって $\psi^I(t)$ の時間発展が決定できるという利点がある.

(8.66)を時間について積分すると,

$$\psi^I(t) = \psi^I(0) - i\frac{\lambda}{\hbar}\int_0^t dt'\, H_1^I(t')\, \psi^I(t') \tag{8.69}$$

となり,$\psi^I(t)$ に対する積分方程式となる.逐次近似により得られる解は,

$$\begin{aligned}\psi^I(t) &= \psi^I(0) - i\frac{\lambda}{\hbar}\int_0^t dt_1\, H_1^I(t_1)\, \psi^I(0) \\ &\quad + \left(-i\frac{\lambda}{\hbar}\right)^2\int_0^t dt_1\int_0^{t_1} dt_2\, H_1^I(t_1)\, H_1^I(t_2)\, \psi^I(0) + \cdots \\ &= \sum_{n=0}^{\infty}\left(-i\frac{\lambda}{\hbar}\right)^n\int_0^t dt_1 \cdots \int_0^{t_{n-1}} dt_n\, H_1^I(t_1) \cdots H_1^I(t_n)\, \psi^I(0)\end{aligned}$$

と表すことができる.ここで,時刻の違うハミルトニアン $H_1^I(t)$ と $H_1^I(t')$ は一般には交換しないことに注意する.

実は,この長い式を簡潔に書き直す方法がある.そのために,**時間順序演算子**

$$T(A(t)B(t')) = \begin{cases} A(t)\, B(t') & (t \geq t') \\ B(t')\, A(t) & (t < t') \end{cases} \tag{8.70}$$

というものを導入すると,$\psi^I(t)$ の解は次のように書くことができる.

$$\psi^I(t) = T\exp\left\{-\frac{i}{\hbar}\int_0^t dt'\, H_1^I(t')\right\}\psi^I(0) \tag{8.71}$$

$\psi(t)$ の初期条件を次のように決める．すなわち，$\psi(t)$ は $t=0$ において H_0 の固有値 E_{0k} に対応する固有状態 ψ_{0k} であったとする（縮退はないものとする）．

$$\psi^I(0) = \psi(0) = \psi_{0k}, \qquad H_0\psi_{0k} = E_{0k}\psi_{0k} \tag{8.72}$$

このとき，期待値

$$\begin{aligned}(\psi_{0m}, \psi(t)) &= \sum_{n=0}^{\infty}\left(-i\frac{\lambda}{\hbar}\right)^n \int_0^t dt_1 \cdots \int_0^{t_{n-1}} dt_n (\psi_{0m}, e^{-iH_0t/\hbar} H_1^I(t_1) \cdots H_1^I(t_n)\psi_{0k}) \\ &= e^{-iE_{0m}t/\hbar} \sum_{n=0}^{\infty}\left(-i\frac{\lambda}{\hbar}\right)^n \int_0^t dt_1 \cdots \int_0^{t_{n-1}} dt_n (H_1^I(t_1)\cdots H_1^I(t_n))_{mk}\end{aligned} \tag{8.73}$$

を求めよう．ただし，$(H_1^I(t_1)\cdots H_1^I(t_n))_{mk} = (\psi_{0m}, H_1^I(t_1)\cdots H_1^I(t_n)\psi_{0k})$ である．

ここで，

$$(H_1^I(t_1)\cdots H_1^I(t_n))_{mk} = \sum_{\ell_1}\cdots\sum_{\ell_{n-1}} (H_1^I(t_1))_{m\ell_1}(H_1^I(t_1))_{\ell_1\ell_2}\cdots(H_1^I(t_n))_{\ell_{n-1}k} \tag{8.74}$$

と表せる．ここで，$\omega_{n\ell} = (E_{0n} - E_{0\ell})/\hbar$ とおいて，

$$H_1(t)_{n\ell} = (\psi_{0n}, H_1(t)\ \psi_{0\ell}) = \int d^3r\ \psi_{0n}^* H_1(t)\ \psi_{0\ell} \tag{8.75}$$

を定義すると

$$(H_1^I(t))_{n\ell} = (\psi_{0n}, H_1^I(t)\ \psi_{0\ell}) = e^{i\omega_{n\ell}t}(\psi_{0n}, H_1(t)\ \psi_{0\ell}) = e^{i\omega_{n\ell}t}H_1(t)_{n\ell} \tag{8.76}$$

となり，

$$\begin{aligned}(\psi_{0m}, \psi(t)) &= e^{-iE_{0m}t/\hbar}\sum_{n=0}^{\infty}\left(-i\frac{\lambda}{\hbar}\right)^n \int_0^t dt_1 \cdots \int_0^{t_{n-1}} dt_n \\ &\quad \times e^{i\omega_{m\ell_1}t_1} H_1(t_1)_{m\ell_1} e^{i\omega_{\ell_1\ell_2}t_2} H_1(t_2)_{\ell_1\ell_2} \cdots e^{i\omega_{\ell_{n-1}k}t_n} H_1(t_n)_{\ell_{n-1}k}\end{aligned} \tag{8.77}$$

が得られる．

λ についてのべき展開の各項を

$$(\psi_{0m}, \psi(t)) = e^{-iE_{0m}t/\hbar}\{a_{0m}(t) + \lambda a_{1m}(t) + \lambda^2 a_{2m}(t) + \cdots\} \tag{8.78}$$

と表すと

$$a_{0m}(t) = \delta_{mk} \tag{8.79}$$

$$a_{1m}(t) = -\frac{i}{\hbar}\int_0^t dt_1\, e^{i\omega_{mk}t_1} H_1(t_1)_{mk} \tag{8.80}$$

$$a_{2m}(t) = \left(-\frac{i}{\hbar}\right)^2\int_0^t dt_1\int_0^{t_1} dt_2 \sum_{\ell_1} e^{i\omega_{m\ell_1}t_1} H_1(t_1)_{m\ell_1}\, e^{i\omega_{\ell_1 k}t_2} H_1(t_2)_{\ell_1 k}$$

$$\cdots \tag{8.81}$$

となる．

$H_1(t)_{mk}$ の時間変化が穏やかである場合には，$H_1(t)_{mk}$ はほぼ一定として $H_1(t)_{mk} \simeq H_1(0)_{mk}$ と近似してもよい．そのような場合を考えると，

$$a_{1m}(t) = -\frac{1}{\hbar\omega_{mk}} H_1(0)_{mk}(e^{i\omega_{mk}t} - 1)$$

$$a_{2m}(t) = \sum_{\ell}\frac{H_1(0)_{m\ell}H_1(0)_{\ell k}}{\hbar\omega_{\ell k}}\left(\frac{e^{i\omega_{mk}t}-1}{\hbar\omega_{mk}} - \frac{e^{i\omega_{m\ell}t}-1}{\hbar\omega_{m\ell}}\right)$$

となる．

ここで $|(\psi_{0m}, \psi(t))|^2$ は，$t = 0$ で $\psi(0) = \psi_{0k}$ にあった系が時刻 t に ψ_{0m} にある確率を表す．したがって，$t = 0$ で $\psi(0) = \psi_{0k}$ にあった系が，時刻 t に ψ_{0k} 以外の状態に遷移している全確率は

$$W(t) = \sum_{m \neq k} |(\psi_{0m}, \psi(t))|^2 \tag{8.82}$$

で与えられ，単位時間当たりの遷移確率は

$$w = \frac{dW(t)}{dt} \tag{8.83}$$

となる．なお，$(\psi_{0m}, \psi(t))$ の最低次の項 $a_{1m}(t)$ を(8.82)に代入すると，$W(t)$ に対する λ の1次の近似式が次のように得られる．

$$\begin{aligned} W(t) &= \sum_{m\neq k} |e^{-iE_{0m}t/\hbar}\lambda a_{1m}(t)|^2 \\ &= \sum_{m\neq k}\left|\frac{\lambda H_1(0)_{mk}}{\hbar\omega_{mk}}(e^{i\omega_{mk}t}-1)\right|^2 \\ &= \sum_{m\neq k}\left|\frac{\lambda H_1(0)_{mk}}{E_{0m}-E_{0k}}\right|^2 4\sin^2\frac{(E_{0m}-E_{0k})t}{2\hbar} \end{aligned} \tag{8.84}$$

ここで，量子数 m についての和をエネルギー E_m についての和とみなし，さらに，近似的な意味で，連続スペクトルと見直すことにすると，E_m につ

いての和は積分で置き換えられる．この置き換えの際に，エネルギー幅 dE に含まれる状態数を $\rho(E)\,dE$ とし，$H_1(0)_{mk} = H_1(E)$ と書き直すと，(8.84)は，

$$W(t) = \int_{-\infty}^{\infty} dE\,\rho(E) \left| \frac{\lambda H_1(E)}{E - E_{0k}} \right|^2 4 \sin^2 \frac{(E - E_{0k})t}{2\hbar} \tag{8.85}$$

となる．

いま，時間 t が十分大きい場合を考えると，$\sin^2 xt/x^2$ はリーマン - ルベーグの定理により $x = 0$ 以外では積分にきかない．したがって，$E = E_{0k}$ のみの寄与をとり出すことができて，

$$W(t) = \rho(E_{0k}) |\lambda H_1(E_{0k})|^2 \frac{2t}{\hbar} \int_{-\infty}^{\infty} dy \frac{\sin^2 y}{y^2} \tag{8.86}$$

と書き換えることができる．ここで，部分積分により

$$\int_{-\infty}^{\infty} dy \frac{\sin^2 y}{y^2} = \int_{-\infty}^{\infty} dy \frac{2 \sin y \cos y}{y} = \int_{-\infty}^{\infty} dx \frac{\sin x}{x} = \pi \tag{8.87}$$

を示すことができて，結局，遷移確率は

$$W(t) = \frac{2\pi t}{\hbar} \rho(E_{0k}) |\lambda H_1(E_{0k})|^2 \tag{8.88}$$

となる．また，単位時間当たりの遷移確率は

$$w = \frac{dW}{dt} = \frac{2\pi}{\hbar} \rho(E_{0k})\,|\lambda H_1(E_{0k})|^2 \tag{8.89}$$

で与えられる．

8.3.1　散乱のボルン近似

§8.3（非定常的摂動論）で述べた近似法を，中心力ポテンシャル $V(r)$ による自由粒子の散乱問題へ適用してみよう．中心力ポテンシャル $V(r)$ の影響が $t = 0$ で加わり，それが摂動で取り扱えるとすると，初期状態の波動関数 ψ_{0k} は自由粒子の波動関数（平面波）なので，

$$\psi_{0k}(\boldsymbol{r}) = e^{i\boldsymbol{k}\cdot\boldsymbol{r}} \tag{8.90}$$

と表される．ここで，状態 k は波数ベクトル $\boldsymbol{k}$ によって指定されている．

単位時間当たりの遷移確率 w は

$$w = \frac{2\pi}{\hbar}\rho(E)\,|(\psi'_{0k}, V(r)\,\psi_{0k})|^2 \tag{8.91}$$

で与えられる．これが散乱の確率を表すから，散乱断面積を得るためには，w を入射フラックス $n = |\boldsymbol{v}| = \sqrt{2E/m}$ で割ればよい．よって，

$$\frac{d\sigma}{d\Omega} = \frac{2\pi\,\rho(E)}{\hbar\sqrt{2E/m}}\,|V(\boldsymbol{k}, \boldsymbol{k}')|^2 \tag{8.92}$$

ただし，

$$V(\boldsymbol{k}, \boldsymbol{k}') = (\psi'_{0k}, V(r)\,\psi_{0k}) = \int d^3r\, e^{i(\boldsymbol{k}-\boldsymbol{k}')\cdot\boldsymbol{r}}\,V(r) \tag{8.93}$$

である．また，$\rho(E)$ はエネルギー E での状態数密度だから，

$$\rho(E)\,dE\,d\Omega = \frac{d^3k}{(2\pi)^3}, \qquad E = \frac{\hbar^2k^2}{2m} \tag{8.94}$$

が成り立つ．

したがって，

$$\rho(E) = \frac{1}{(2\pi)^3}\frac{d^3k}{dE\,d\Omega} = \frac{1}{(2\pi)^3}\frac{k^2\,dk}{dE} = \frac{k^2}{(2\pi)^3}\frac{m}{\hbar^2k} = \frac{m\sqrt{2mE}}{(2\pi\hbar)^3} \tag{8.95}$$

と表すことができて，これを(8.92)に代入すると，

$$\frac{d\sigma}{d\Omega} = \frac{m^2}{4\pi^2\hbar^4}|V(\boldsymbol{k}, \boldsymbol{k}')|^2 \tag{8.96}$$

が得られる．この式は，散乱微分断面積に対する摂動の1次の近似式を与える．このような摂動の最低次の近似はマックス・ボルンによって最初に開発されたので，通常，**ボルン近似**とよばれている．

クーロンポテンシャル(7.38)の場合には，

$$V(r) = -\frac{\gamma}{r} \tag{8.97}$$

と表すことができるので，

$$\begin{aligned} V(\boldsymbol{k}, \boldsymbol{k}') &= -\gamma\int d^3r\,\frac{e^{i(\boldsymbol{k}-\boldsymbol{k}')\cdot\boldsymbol{r}-\varepsilon r}}{r} \\ &= -2\pi\gamma\int_0^\infty dr\,r\int_{-1}^1 d(\cos\theta)\;e^{i|\boldsymbol{k}-\boldsymbol{k}'|r\cos\theta-\varepsilon r} \\ &= -\frac{4\pi\gamma}{|\boldsymbol{k}-\boldsymbol{k}'|}\int_0^\infty dr\,\sin(|\boldsymbol{k}-\boldsymbol{k}'|\,r)e^{-\varepsilon r} \end{aligned} \tag{8.98}$$

となる．ここで，積分の収束性を保証するために減衰項 $e^{-\varepsilon r}$ $(\varepsilon > 0)$ を導入した．

積分する前に $\varepsilon = 0$ とおくと (8.98) は発散するので，積分遂行の後で $\varepsilon = 0$ とおく．この事実は，ラザフォード散乱の厳密解について述べたとき（§7.6）に現れたクーロン位相因子の問題に対応している．(8.98) より，

$$V(\boldsymbol{k}, \boldsymbol{k}') = -\frac{4\pi\gamma}{|\boldsymbol{k} - \boldsymbol{k}'|^2} \tag{8.99}$$

が得られる．ここで，

$$|\boldsymbol{k} - \boldsymbol{k}'|^2 = 2k^2(1 - \cos\theta) = 4k^2 \sin^2\frac{\theta}{2} = 4\,\frac{2mE}{\hbar^2}\sin^2\frac{\theta}{2} \tag{8.100}$$

を用いると，最終的に

$$\frac{d\sigma}{d\Omega} = \left(\frac{\gamma}{4E}\right)^2 \frac{1}{\sin^4(\theta/2)} \tag{8.101}$$

を得る．これは完全にラザフォード散乱の厳密解と一致する．

§7.6 で，ラザフォード散乱の微分断面積が前方向 $(\theta = 0)$ で発散し，それに伴って全断面積も発散するのは，クーロン力が遠方まで到達する長距離力であるのが原因であると述べた．そこで，比較のために近距離力の例を調べることができればよかったのであるが，近距離力で厳密解が得られる例がなかったので，そうすることはできなかった．いま我々はボルン近似という有力な手段を手にしたのであるから，近距離力についての議論を行うことができる．そこで，近距離力の典型的な例として，**湯川ポテンシャル**

$$V(r) = g\,\frac{e^{-\mu r}}{r} \tag{8.102}$$

を考えてみよう．ここで，g と μ は定数とする．

このポテンシャルは，湯川秀樹が原子核内部で核子を結び付けている核力の問題を考察し，中間子論に到達したときに核力ポテンシャルとして用いたので，湯川ポテンシャルとよばれている．湯川ポテンシャルでは，減衰項 $e^{-\mu r}$ が付いているために，原点から離れるとポテンシャルは急激に減衰する．したがって，湯川ポテンシャルは近距離力を表すと考えられ，原子核内のごく近くでのみはたらく核力を表すのに適している．ちなみに，$1/\mu$ は力

の到達距離を表す.

実際，m をパイ中間子の質量とすると，$\mu = mc/\hbar$ という関係があるから，$2\pi/\mu$ はパイ中間子のコンプトン波長であり，核力の到達距離に相当する．湯川は原子核の大きさを力の到達距離と考え，その値から μ の値を逆算して，中間子の質量を電子質量の 200 倍程度と予測した.

(8.102)を(8.93)に代入し，積分すると，

$$V(\boldsymbol{k}, \boldsymbol{k}') = \frac{4\pi g}{|\boldsymbol{k} - \boldsymbol{k}'|^2 + \mu^2} \tag{8.103}$$

となる．したがって，

$$\frac{d\sigma}{d\Omega} = \left(\frac{g}{4E}\right)^2 \frac{1}{\{\sin^2(\theta/2) + \mu^2/4k^2\}^2} \tag{8.104}$$

を得る．この式で明らかなように，μ^2 の項が，微分断面積が前方 $\theta = 0$ で発散するのを防いでいる.

8.3.2　定常的方法について

中心力ポテンシャル $V(r)$ による散乱問題を，定常的シュレディンガー方程式

$$\left\{-\frac{\hbar^2}{2m}\nabla^2 + V(r)\right\}\phi(\boldsymbol{r}) = E\,\phi(\boldsymbol{r}) \tag{8.105}$$

の下でもう一度眺め直してみよう.

いま，(8.105)を $k^2 = 2mE/\hbar^2$ を用いて書き直すと

$$(\nabla^2 + k^2)\,\phi(\boldsymbol{r}) = \frac{2m}{\hbar^2}V(r)\,\phi(\boldsymbol{r}) \tag{8.106}$$

となり，この偏微分方程式を積分方程式に直すと，

$$\phi(\boldsymbol{r}) = e^{i\boldsymbol{k}\cdot\boldsymbol{r}} - \frac{m}{2\pi\hbar^2}\int d^3r'\,\frac{e^{ik|\boldsymbol{r}-\boldsymbol{r}'|}}{|\boldsymbol{r} - \boldsymbol{r}'|}V(r')\,\phi(\boldsymbol{r}') \tag{8.107}$$

となる．ここで，右辺の $\phi(\boldsymbol{r}')$ に，摂動展開の 1 次の式 $e^{i\boldsymbol{k}\cdot\boldsymbol{r}'}$ を代入すると，

$$\phi(\boldsymbol{r}) = e^{i\boldsymbol{k}\cdot\boldsymbol{r}} - \frac{m}{2\pi\hbar^2}\int d^3r'\,\frac{e^{ik|\boldsymbol{r}-\boldsymbol{r}'|}}{|\boldsymbol{r} - \boldsymbol{r}'|}V(r')\,e^{i\boldsymbol{k}\cdot\boldsymbol{r}'} \tag{8.108}$$

となり，ボルン近似に相当する．十分遠方 $(r \to \infty)$ では，

$$|\boldsymbol{r} - \boldsymbol{r}'| = r\sqrt{1 - \frac{2\boldsymbol{r}\cdot\boldsymbol{r}'}{r^2} + \frac{r'^2}{r^2}} \simeq r - \frac{\boldsymbol{r}\cdot\boldsymbol{r}'}{r} \tag{8.109}$$

と近似できるから,

$$\psi(r) = e^{i\boldsymbol{k}\cdot\boldsymbol{r}} - \frac{m}{2\pi\hbar^2 r} e^{ikr} \int d^3r' \, V(r') \, e^{i\boldsymbol{k}\cdot\boldsymbol{r}' - ik\boldsymbol{r}\cdot\boldsymbol{r}'/r} \, e^{i\boldsymbol{k}\cdot\boldsymbol{r}} \tag{8.110}$$

となる.

したがって,

$$f(\theta) = -\frac{m}{2\pi\hbar^2} \int d^3r' \, V(r') \, e^{i\boldsymbol{k}\cdot\boldsymbol{r}' - ik\boldsymbol{r}\cdot\boldsymbol{r}'/r} \, e^{i\boldsymbol{k}\cdot\boldsymbol{r}} \tag{8.111}$$

であり,

$$f(\theta) = -\frac{m}{2\pi\hbar^2} V(\boldsymbol{k}, \boldsymbol{k}'), \qquad \boldsymbol{k} = \frac{k\boldsymbol{r}}{r} \tag{8.112}$$

が得られる. よって,

$$\frac{d\sigma}{d\Omega} = |f(\theta)|^2 = \left(\frac{m}{2\pi\hbar^2}\right)^2 |V(\boldsymbol{k}, \boldsymbol{k}')|^2 \tag{8.113}$$

となり, ボルン近似の散乱断面積(8.96)と一致する.

§8.4　変分法を用いた近似

摂動級数の収束が悪い場合には, もっと他の近似法が必要になる. 変分法は摂動論ほど系統的ではないが, 摂動計算ではできない問題をうまく扱える方法である.

8.4.1　変分法の基礎

エネルギー準位 E_n に対するシュレディンガー方程式は,

$$H\psi_n = E_n\psi_n \tag{8.114}$$

である. ただし, ψ_n は固有関数である. 簡単のために, 以下では縮退は考えないことにする.

この式に ψ_n^* を掛けて積分すると

$$(\psi_n, H\psi_n) = E_n(\psi_n, \psi_n) \tag{8.115}$$

であるから,

$$E_n = \frac{(\psi_n, H\psi_n)}{(\psi_n, \psi_n)} \tag{8.116}$$

と表せる. ここで, もし ψ_n が固有関数でなくて一般の波動関数 ψ であれば,

もちろんこの等式は成り立たない．しかしながら，E_0 を基底状態であるとすると，

$$E_0 = \frac{(\psi_0, H\psi_0)}{(\psi_0, \psi_0)} \leq \frac{(\psi, H\psi)}{(\psi, \psi)} \tag{8.117}$$

が常に成り立つことを示すことができる．以下で，このことを証明しよう．

[証明]　ψ は任意の波動関数であるが，a_n を展開係数として，次のように固有関数の完全系 $\{\psi_n\}$ によって展開することができる．

$$\psi = \sum_n a_n \psi_n \tag{8.118}$$

簡単のために，ここでは離散固有値の場合を考えると，

$$(\psi, \psi) = \sum_{n,m} a_n^* a_m (\psi_n, \psi_m) = \sum_{n,m} a_n^* a_m \delta_{nm} = \sum_n |a_n|^2 \tag{8.119}$$

$$\begin{aligned}(\psi, H\psi) &= \sum_{n,m} a_n^* a_m (\psi_n, H\psi_m) = \sum_{n,m} a_n^* a_m E_n \delta_{nm} \\ &= \sum_n E_n |a_n|^2 \geq \sum_n E_0 |a_n|^2\end{aligned} \tag{8.120}$$

であるから

$$E_0 \leq \frac{(\psi, H\psi)}{(\psi, \psi)} \tag{8.121}$$

が得られる．　　(証明終)

したがって，ψ をできるだけうまくとって右辺を最小にすれば，良い精度で基底状態のエネルギー E_0 の上限が求まることがわかる．

さて，$(\psi, H\psi)$ と (ψ, ψ) は ψ の汎関数であるから，ψ を変化させて $(\psi, H\psi)/(\psi, \psi)$ が最小になるようにする．そこで，ψ としてできるだけ ψ_0 に近いと思われる関数（これを**テスト関数**とよぶ）をとり，これに含まれる任意パラメターを変化させて，$(\psi, H\psi)/(\psi, \psi)$ が最小になるようにパラメターを決めてみよう．

例えば，$\psi \sim e^{-\lambda r}$ のような関数をとってみて，λ を変化させて $(\psi, H\psi)/(\psi, \psi)$ が最小になるように λ を決める．このような方法を**変分法**とよんでいる．この近似の欠点は，近似の精度を系統的に評価できないことであるが，ψ がたまたま真の関数 ψ_0 に近いときは，近似が非常に良いことが示される．

いま，

$$\psi = \psi_0 + \varepsilon\psi', \qquad (\psi_0, \psi_0) = (\psi', \psi') = 1 \tag{8.122}$$

とおいて，ε は小さいとすると，

$$\begin{aligned}\frac{(\psi, H\psi)}{(\psi, \psi)} &= \frac{(\psi_0 + \varepsilon\psi', H(\psi_0 + \varepsilon\psi'))}{(\psi_0 + \varepsilon\psi', \psi_0 + \varepsilon\psi')} \\ &= \frac{E_0 + \varepsilon E_0((\psi_0, \psi') + (\psi', \psi_0)) + \varepsilon^2(\psi', H\psi') + \cdots}{1 + \varepsilon((\psi_0, \psi') + (\psi', \psi_0)) + \varepsilon^2 + \cdots} \\ &\simeq E_0 + \mathcal{O}(\varepsilon^2) \qquad (8.123)\end{aligned}$$

となり，ψ が真の波動関数 ψ_0 から ε だけずれていても，E は真の値 E_0 から $\mathcal{O}(\varepsilon^2)$ しかずれないことがわかる．

なお，変分法は励起状態のエネルギーに対しても拡張することができるが，ここでは省略する．

8.4.2　変分法の応用例

1 次元の束縛問題を考える．ポテンシャルが

$$V(q) = kq^4 \qquad (8.124)$$

で与えられるとすると，ハミルトニアンは，

$$H = -\frac{\hbar^2}{2m}\frac{d^2}{dq^2} + kq^4 \qquad (8.125)$$

となる．ポテンシャルが調和振動子の場合と似ているので，1 次元調和振動子の波動関数に似ていると考え，基底状態の波動関数（a はパラメター）

$$\psi(q) \propto e^{-q^2/2a^2} \qquad (8.126)$$

をテスト関数として採用する．これを用いて，

$$E_0 \leq \frac{(\psi, H\psi)}{(\psi, \psi)} \equiv f(a) \qquad (8.127)$$

を計算し，パラメター a を変化させて右辺の最小値を求めよう．

$$\begin{aligned}(\psi, H\psi) &= \int_{-\infty}^{\infty} e^{-q^2/2a^2}\left(-\frac{\hbar^2}{2m}\frac{d^2}{dq^2} + kq^4\right)e^{-q^2/2a^2} \\ &= \int_{-\infty}^{\infty} e^{-q^2/a^2}\left(\frac{\hbar^2}{2ma^2} - \frac{\hbar^2}{2ma^4}\,q^2 + kq^4\right) \qquad (8.128)\end{aligned}$$

ここで，

$$\int_{-\infty}^{\infty} q^n e^{-q^2/a^2} = (n-1)!!\,\frac{a^{n+1}\sqrt{\pi}}{\sqrt{2^n}} \qquad (8.129)$$

ただし，偶数の n に対して $(n-1)!! = (n-1)(n-3)(n-5)\cdots 3\cdot 1$ である．

したがって，

$$
\begin{aligned}
(\psi, H\psi) &= \frac{\hbar^2}{2ma^2}a\sqrt{\pi} - \frac{\hbar^2}{2ma^4}\frac{a^3\sqrt{\pi}}{2} + k\frac{3a^5\sqrt{\pi}}{4} \\
&= \frac{\sqrt{\pi}\,\hbar^2}{4ma} + \frac{3\sqrt{\pi}\,ka^5}{4} \qquad (8.130)
\end{aligned}
$$

$$
(\psi, \psi) = \sqrt{\pi}\,a \qquad (8.131)
$$

となり，(8.127)で定義した $f(a)$ が次のように求まる．

$$
f(a) = \frac{\hbar^2}{4ma^2} + \frac{3ka^4}{4} \qquad (8.132)
$$

この $f(a)$ を最小にする a の値は，$df(a)/da = 0$ より

$$
-\frac{\hbar}{2ma^3} + 3ka^3 = 0 \qquad (8.133)
$$

つまり，

$$
a^2 = \left(\frac{\hbar^2}{6mk}\right)^{1/3} \equiv a_0^2 \qquad (8.134)
$$

と与えられる．このとき

$$
f(a_0) = \frac{\hbar^2}{4ma_0^2}\left(1 + \frac{3km}{\hbar^2}a_0^6\right) = \frac{3\hbar^2}{8ma_0^2} = \frac{3\hbar^2}{8m}\left(\frac{6mk}{\hbar^2}\right)^{1/3} \qquad (8.135)
$$

となり，ゆえに，

$$
E_0 \leq \frac{3\hbar^2}{8m}\left(\frac{6mk}{\hbar^2}\right)^{1/3} = \frac{3}{8}\sqrt[3]{6}\left(\frac{\hbar^4 k}{m^2}\right)^{1/3} = 0.68142\left(\frac{\hbar^4 k}{m^2}\right)^{1/3} \qquad (8.136)
$$

となる．

これに対して，数値計算を用いて得た正確な値は

$$
E_0 = 0.667947\left(\frac{\hbar^4 k}{m^2}\right)^{1/3} \qquad (8.137)
$$

であり，変分法が有効であることがわかる．

§8.5　準古典近似（WKB 法）

粒子のド・ブロイ波長が十分に小さいときは，系の振る舞いは古典力学的なものに近づく．このようなときは，古典力学からの量子力学的ずれを近似的に評価すればよく，それには，$\hbar$ についての展開を行えばよい．このように，$\hbar$ についての級数展開に基づく近似法を**準古典近似**とよび，この近似法はウェンツェル（Wentzel），クラマース（Kramers），ブリルアン（Brillouin）によって考案されたので，彼らの頭文字をとって **WKB 法**ともよばれている．

簡単のために，1 次元シュレディンガー方程式を用いて議論を進めよう．

$$\left\{-\frac{\hbar^2}{2m}\frac{d^2}{dx^2}+V(x)\right\}\phi(x)=E\,\phi(x) \tag{8.138}$$

波動関数を

$$\phi(x)=e^{iS(x)/\hbar} \tag{8.139}$$

とおき，シュレディンガー方程式を $S(x)$ に対する方程式に書き直すと，

$$\frac{d^2\phi(x)}{dx^2}=\frac{d}{dx}\left(\frac{i}{\hbar}\frac{dS}{dx}e^{iS/\hbar}\right)=\frac{i}{\hbar}\frac{d^2S}{dx^2}e^{iS/\hbar}-\frac{1}{\hbar^2}\left(\frac{dS}{dx}\right)^2e^{iS/\hbar} \tag{8.140}$$

となるので，

$$-\frac{\hbar^2}{2m}\left\{\frac{i}{\hbar}\frac{d^2S}{dx^2}-\frac{1}{\hbar^2}\left(\frac{dS}{dx}\right)^2\right\}+V=E \tag{8.141}$$

が得られ，これを整理し直すと，

$$\left(\frac{dS}{dx}\right)^2-i\hbar\frac{d^2S}{dx^2}=2m\{E-V(x)\}=p^2 \tag{8.142}$$

となる．

この S を $\hbar$ のべき展開

$$S=S_0(x)+\hbar S_1(x)+\hbar^2S_2(x)+\cdots \tag{8.143}$$

で求めることにする．ここで，S_0 は古典力学を記述する役割をする．これを元の式に代入して，整理すると，

$$\left(\frac{dS_0}{dx}\right)^2-p^2+\hbar\left(2\frac{dS_0}{dx}\frac{dS_1}{dx}-i\frac{d^2S_0}{dx^2}\right)+O(\hbar^2)=0 \tag{8.144}$$

となるので，$\hbar$ の 0 次と 1 次の式は，

$$\left(\frac{dS_0}{dx}\right)^2 = 2m\{E - V(x)\} = p^2 \tag{8.145}$$

$$2\frac{dS_0}{dx}\frac{dS_1}{dx} - i\frac{d^2S_0}{dx^2} = 0 \tag{8.146}$$

となる．

まず，$2m\{E - V(x)\} = p^2 > 0$ の場合を考えよう．この場合は，

$$\frac{dS_0}{dx} = \pm p = \pm\sqrt{2m\{E - V(x)\}} \tag{8.147}$$

$$\frac{dS_1}{dx} = \frac{i}{2}\frac{d}{dx}\ln\left|\frac{dS_0}{dx}\right| \tag{8.148}$$

であり，その解は，

$$S_0 = \pm\int p\,dx + C_1 \tag{8.149}$$

$$S_1 = i\ln\sqrt{p} + C_2 \tag{8.150}$$

と与えられる．ここで，C_1 と C_2 は未定定数であり，$C_1 = 0$ ととると，S_0 は古典力学の作用積分に一致する．したがって，(8.139) で新たに定義した量 S は作用積分の量子力学的拡張と考えられ，$\hbar$ の 1 次までとると，波動関数 ψ は

$$\psi = e^{iS_0/\hbar + iS_1 + O(\hbar)} = \frac{C_\pm}{\sqrt{p}}\exp\left\{\pm\frac{i}{\hbar}\int p\,dx + O(\hbar)\right\} \tag{8.151}$$

となる．ただし，$C_\pm$ は未定定数である．

同様に，$2m\{E - V(x)\} = p^2 < 0$ の場合も解を構成できる．この場合は，(8.147) の代わりに，

$$\frac{dS_0}{dx} = \pm i|p| = \pm i\sqrt{2m\{V(x) - E\}} \tag{8.152}$$

であり，準古典近似による波動関数（WKB 波動関数）は，

$$\psi = \frac{c_\pm}{\sqrt{|p|}}\exp\left\{\pm\frac{1}{\hbar}\int |p|\,dx + O(\hbar)\right\} \tag{8.153}$$

と書ける．ただし，$c_\pm$ は未定定数である．

このようにして ψ を求める方法を**準古典近似**（**WKB 法**）とよぶ．準古典近似がうまくいくためには，$\hbar$ による展開の高次項が十分小さくなっていな

ければならない．そのためには，シュレディンガー方程式(8.144)で，

$$\left(\frac{dS}{dx}\right)^2 \gg \hbar\frac{d^2S}{dx^2} \tag{8.154}$$

すなわち，

$$\left|\frac{d}{dx}\left(\frac{\hbar}{dS/dx}\right)\right| \ll 1 \tag{8.155}$$

が満たされていなければならない．

いま，$S \simeq S_0$ とおくと，(8.147) より $|dS/dx| \simeq p$ だから，

$$\left|\frac{d}{dx}\left(\frac{\hbar}{p}\right)\right| \ll 1 \tag{8.156}$$

となり，ド・ブロイ波長 $\lambda = h/p$ の変化がゆるやかでなければならないという条件に至る．すなわち，粒子のド・ブロイ波長は，粒子の運動領域内ではほとんど変化しなければ良い近似となるが，$p = 0$ 付近では近似が悪いことがわかる．$p = 0$ に対応する座標 $x = x_0$ を**転回点**とよぶ．

近似解は，p が実数，すなわち $E > V$ の場合について述べたが，量子力学では $E < V$ でもよく，その場合には p は虚数となる．転回点 $x = x_0$ では

$$p^2(x_0) = E - V(x_0) = 0 \tag{8.157}$$

が成り立ち，$x < x_0$ では $E > V(x)$ である（図 8.2 を参照）．

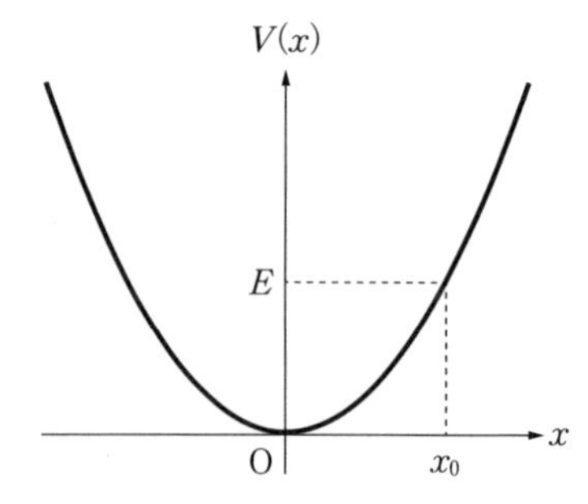

図 8.2　1 次元ポテンシャル $V(x)$ に対してエネルギー E をもつ場合，$E = V(x_0)$ となる x_0 が転回点である．

古典力学の運動の場合には，$x = x_0$ で転回し，$x > x_0$ への運動は不可能である．量子力学では，これがトンネル効果のために可能で，波動関数は $x > x_0$ で 0 ではない．

準古典近似では，$x < x_0$ において波動関数は(8.151)で与えられ，

$$\psi(x) = \frac{c_1}{\sqrt{p}} e^{\frac{i}{\hbar}\int p\,dx} + \frac{c_2}{\sqrt{p}} e^{-\frac{i}{\hbar}\int p\,dx} \tag{8.158}$$

となる．ただし，$p = \sqrt{2m\{E - V(x)\}}$，$c_1$，$c_2$ は任意定数である．

$x > x_0$ においては，波動関数は(8.153)で与えられ，

$$\psi(x) = \frac{c_1'}{\sqrt{|p|}} e^{-\frac{1}{\hbar}\int |p|\,dx} + \frac{c_2'}{\sqrt{p}} e^{\frac{1}{\hbar}\int |p|\,dx} \tag{8.159}$$

が解となる．ただし，$|p| = \sqrt{2m\{V(x) - E\}}$，$c_1'$，$c_2'$ は任意定数である．$x > x_0$ では，$V(x)$ が減少しないとすると，x の増大とともに $|\psi(x)|^2$ は減少しなければならない．したがって，$c_2' = 0$ でなければならないので，

$$\psi_E(x) = \frac{c}{2} \frac{1}{\sqrt{|p|}} e^{-\frac{1}{\hbar}\int |p|\,dx} \tag{8.160}$$

となる．ここで，$c_1' = c/2$ とした．

これを，$x < x_0$ における解につなぐとどうなるだろうか．それには，転回点 $x = x_0$ での連続の条件を課して接続する必要があるが，$x = x_0$ では準古典近似は悪くなり，上で求めた式は使えない．そこで，次のような**解析接続**の方法を用いる．

$x > x_0$ の解を $x < x_0$ に接続するのに，WKB 近似では $x = x_0$ を通れないが，x を複素変数に拡張し，図 8.3 のような上下 2 つの経路を通って解析接続をすることができる．次に示すように，上半平面を通った接続と下半平面を通った接続は，各々独立な $x < x_0$ での解を与える．

転回点 $x = x_0$ の周りでは，$V - E = f(x - x_0)$ と近似できるとする．ただし，f は定数である．図 8.3 の上半平面を通った接続では，$x - x_0 \to e^{i\pi}(x_0 - x)$ として接続すればよいので

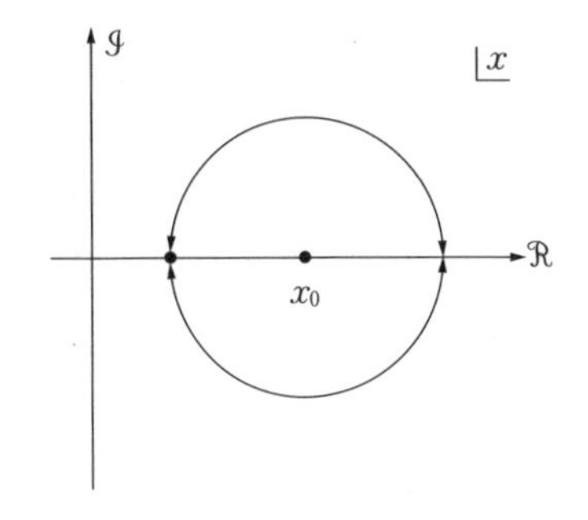

図 8.3　x の複素平面を考える．$x = x_0$ が転回点であり，$\mathfrak{R}x < x_0$ から $\mathfrak{R}x > x_0$ への解析接続には上下 2 つの経路が考えられる．

$$|p| = \sqrt{V(x) - E} \quad \to \quad e^{i\pi/2}\sqrt{E - V(x)} = ip \tag{8.161}$$

となり，したがって，$\psi_E(x)$ を $x < x_0$ に解析接続した波動関数は，

$$\psi_U = \frac{c}{2}\frac{1}{\sqrt{p}}e^{-i\frac{1}{\hbar}\int p\,dx - \frac{i\pi}{4}} \tag{8.162}$$

となる．

一方，図 8.3 の下半平面を通った接続では，$x - x_0 \to e^{-i\pi}(x_0 - x)$ として接続すればよいので

$$|p| = \sqrt{V(x) - E} \quad \to \quad e^{-i\pi/2}\sqrt{E - V(x)} = -ip \tag{8.163}$$

となり，したがって，$\psi_E(x)$ を $x < x_0$ に解析接続した波動関数は，

$$\psi_D = \frac{c}{2}\frac{1}{\sqrt{p}}e^{+i\frac{1}{\hbar}\int p\,dx + \frac{i\pi}{4}} \tag{8.164}$$

となる．

第 5 章でみたように，1 次元の束縛状態を表す波動関数は縮退がない．ψ がシュレディンガー方程式の束縛状態の解なら ψ^* も解であるが，縮退がない場合には ψ は実数となる．つまり，1 次元の束縛状態の波動関数は実関数にとることができるので，$x < x_0$ での波動関数を ψ_U と ψ_D が実数になるように組み合わせると

$$\begin{aligned}\psi = \psi_U + \psi_D &= \frac{c}{2}\frac{1}{\sqrt{p}}\left(e^{-i\frac{1}{\hbar}\int p\,dx - \frac{i\pi}{4}} + e^{+i\frac{1}{\hbar}\int p\,dx + \frac{i\pi}{4}}\right) \\ &= \frac{c}{\sqrt{p}}\cos\left(\frac{1}{\hbar}\int_{x_0}^{x} p\,dx + \frac{\pi}{4}\right) \\ &= \frac{c}{\sqrt{p}}\sin\left(\frac{1}{\hbar}\int_{x}^{x_0} p\,dx + \frac{\pi}{4}\right)\end{aligned} \tag{8.165}$$

となる．

転回点の周りでの WKB 解を接続する方法として，次のような方法も知られている[1)]．転回点付近のポテンシャル f を定数として $V(x) - E \simeq f(x - x_0)$ と近似すると，§5.5 で述べた線形ポテンシャルと同じになる．線形ポテンシャルはエアリー関数で表される厳密解があるので，付録の A.2.5 項に記したエアリー関数の漸近的振る舞いを利用して，$x < x_0$ の

1）　シッフ著，井上 健 訳：「新版 量子力学」（吉岡書店，1970）

WKB 解と $x > x_0$ の WKB 解を接続することができる．この接続法に従って(8.160)の $x > x_0$ での WKB 解 $\psi_E(x)$ を $x < x_0$ に接続すると，(8.165)が得られる．

8.5.1 ボーア - ゾンマーフェルトの量子化条件

§1.4 で述べたボーア - ゾンマーフェルトの量子化条件を準古典近似を利用して導出してみよう．

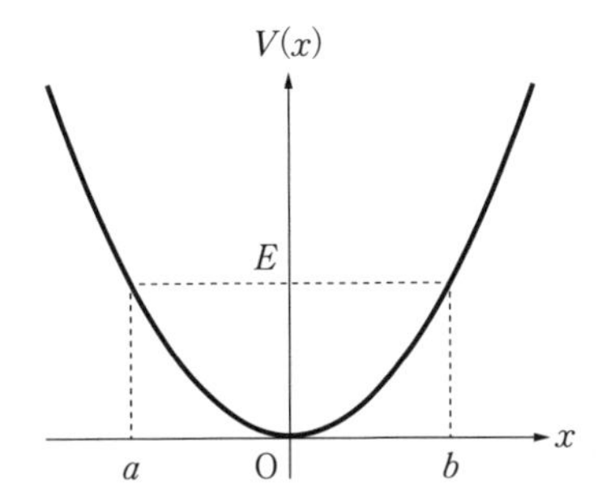

図 8.4 1 次元ポテンシャル $V(x)$ に対してエネルギー E をもち，$x = a$ と $x = b$ が転回点となる場合．

図 8.4 のように，ポテンシャルの中に束縛されたエネルギー E の粒子を考える．$a \leq x \leq b$ において $E \geq V(x)$ であるとすると，$a < x < b$ での波動関数 $\psi(x)$ は，この束縛状態の波動関数で，$x = b$ での接続条件より，

$$\psi = \frac{c}{\sqrt{p}} \sin\left(\frac{1}{\hbar}\int_x^b p\,dx + \frac{\pi}{4}\right) \tag{8.166}$$

となる．$x = a$ での接続条件から，

$$\psi = \frac{c'}{\sqrt{p}} \sin\left(\frac{1}{\hbar}\int_a^x p\,dx + \frac{\pi}{4}\right) \tag{8.167}$$

となり，この 2 つの表式が一致するためには，$c = \pm c'$ で，かつ

$$\sin\left(\frac{1}{\hbar}\int_x^b p\,dx + \frac{\pi}{4}\right) \pm \sin\left(\frac{1}{\hbar}\int_a^x p\,dx + \frac{\pi}{4}\right) = 0 \tag{8.168}$$

でなければならない．よって，

$$\sin\frac{1}{2}\left(\frac{1}{\hbar}\int_a^b p\,dx + \frac{\pi}{2}\right)\cos\frac{1}{2}\left(\frac{1}{\hbar}\int_x^b p\,dx - \frac{1}{\hbar}\int_a^x p\,dx\right) = 0 \tag{8.169}$$

または，

$$\cos\frac{1}{2}\left(\frac{1}{\hbar}\int_a^b p\,dx + \frac{\pi}{2}\right)\sin\frac{1}{2}\left(\frac{1}{\hbar}\int_x^b p\,dx - \frac{1}{\hbar}\int_a^x p\,dx\right) = 0 \tag{8.170}$$

が成り立つので，解は，

$$\frac{1}{2}\left(\frac{1}{\hbar}\int_a^b p\,dx + \frac{\pi}{2}\right) = \frac{\pi}{2}n \qquad (n = 1, 2, \cdots) \tag{8.171}$$

となる．よって，

$$\oint p\,dx = h\left(n - \frac{1}{2}\right) \tag{8.172}$$

となり，ここでは準古典近似で考えているから $n \gg 1/2$ として $1/2$ を無視すれば，ボーア-ゾンマーフェルトの量子化条件が得られる．

8.5.2 トンネル効果

図8.5に示したように，質量 m の粒子がエネルギー E で左側からポテンシャルの壁に入射したとき，右側に通り抜ける確率をWKB近似に基づいて求めてみよう．

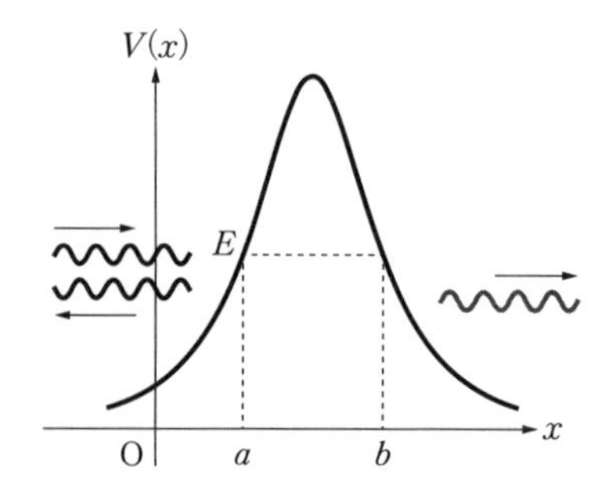

図8.5　1次元ポテンシャル $V(x)$ の系に左から質量 m の粒子がエネルギー E で入射する．E が $V(x)$ の最大値より小さい場合，$x = a$ と $x = b$ が転回点となる．

$x > b$ では右向きの進行波のみで，WKB近似により

$$\psi_1 = \frac{C_1}{\sqrt{p}}e^{+i\frac{1}{\hbar}\int_b^x p\,dx + \frac{i\pi}{4}} \tag{8.173}$$

である．一方，$x < a$ では，

$$\psi_3 = \frac{C}{\sqrt{p}}\sin\left(\frac{1}{\hbar}\int_x^a p\,dx + \frac{\pi}{4}\right) \tag{8.174}$$

となり，これに接続すべき $a < x < b$ での解は，右側に通り抜ける確率が

極めて小さいとすると，

$$\psi_2 = \frac{C}{2\sqrt{|p|}} e^{-\frac{1}{\hbar}\int_a^x |p|\,dx} \tag{8.175}$$

と書ける．これを書き換えて，

$$\psi_2 = \frac{C}{2\sqrt{|p|}} e^{-\frac{1}{\hbar}\int_a^b |p|\,dx + \frac{1}{\hbar}\int_x^b |p|\,dx} \tag{8.176}$$

さらに，$x > b$ への解析接続を考えると，

$$\psi_1 = \frac{C}{2\sqrt{p}} e^{-\frac{1}{\hbar}\int_a^b |p|\,dx + \frac{i}{\hbar}\int_b^x p\,dx + \frac{\pi}{4}i} \tag{8.177}$$

となる．これは ψ_3 の入射波に対して，透過波は途中で $e^{-\frac{1}{\hbar}\int_a^b |p|\,dx}$ だけ振幅が減衰したことを表している．したがって，透過率は

$$T = e^{-\frac{2}{\hbar}\int_a^b |p|\,dx} \tag{8.178}$$

となる．

演習問題

［**1**］　§8.3 の摂動ハミルトニアンが，$\widehat{V}(= \widehat{V}(q, p))$ を時間的に一定の演算子として次のような単振動の時間依存性をもつ場合，その遷移確率を求めよ．

$$\lambda H_1(t) = \begin{cases} 0 & (t < 0) \\ \lambda \widehat{V} \sin \Omega t & (t \geq 0) \end{cases} \tag{8.179}$$

［**2**］　§8.3 のように系のハミルトニアン $H = H_0 + H_1$ が無摂動ハミルトニアン $H_0(q, p, t)$ と摂動ハミルトニアン $H_1(q, p, t)$ からなる系を考える．q と p は，座標と運動量の演算子である．

この系の q と p からなる任意のハイゼンベルク演算子 $\widehat{A}_{\mathrm{H}}(t)$ は，ユニタリー演算子

$$U(t) = \exp\left(-\frac{i}{\hbar}\int_0^t H\,dt\right)$$

によって，$\widehat{A}_{\mathrm{H}}(t) = U^{-1}(t)\,\widehat{A}_{\mathrm{H}}(0)\,U(t)$ のように時間発展する．$\widehat{A}_{\mathrm{H}}(t)$ の相互作用表示での演算子を $\widehat{A}_I(t) = U_0^{-1}(t)\,\widehat{A}_{\mathrm{H}}(0)\,U_0(t)$ と定義する．ただし，

$$U_0(t) = \exp\left(-\frac{i}{\hbar}\int_0^t H_0\,dt\right)$$

である．

相互作用表示での摂動ハミルトニアン

$$H_1^I(t) = U_0^{-1}(t)\, H_1(q, p, t)\, U_0(t) = H_1(q_I(t), p_I(t), t)$$

を定義すると，

$$U(t) = U_0(t) F(t)$$

となることを示せ．ただし，$F(t)$ は時間順序演算子 T を用いて

$$F(t) = T \exp\left(-\frac{i}{\hbar}\int_0^t H_1^I(t)\, dt\right)$$

である．

［**3**］ 上の問題で，ハイゼンベルク演算子 $\widehat{A}_{\mathrm{H}}(t)$ の期待値が以下のように表せることを示せ[2)]．

$$\langle\psi(0)|\widehat{A}_{\mathrm{H}}(t)|\psi(0)\rangle = \sum_{n=0}^{\infty} i^n \int_0^t dt_n \int_0^t dt_{n-1} \cdots \int_0^{t_2} dt_1 \times \langle\psi(0)|[H_1^I(t_1), [H_1^I(t_2), \cdots [H_1^I(t_n), A_I(t)] \cdots]]|\psi(0)\rangle \tag{8.180}$$

2） S. Weinberg : Phys. Rev. D **72** (2005) 043514.

9 多体系の量子力学

粒子が2個以上存在する系を**多体系**とよぶ．量子力学では，複数の同種粒子を原理的に区別できないことが起こるので，多体系の扱いに関して古典力学と異なった事態が発生する．本章では，同種粒子の多体系に関する量子力学的考察を行う．§9.1では，同種粒子には2つの種類があって，電子のようなフェルミ粒子と光子のようなボース粒子があることを示し，フェルミ粒子に対するパウリの排他律について解説する．§9.2では，同種粒子の多体系に対する波動関数の構成方法について述べる．§9.3では，フェルミ粒子とボース粒子の統計性と粒子のスピンが関わり合っていることを示し，分布関数を与える．9.3.1項と9.3.2項では，フェルミ粒子とボース粒子に固有の現象について説明する．

§9.1 同種粒子

古典力学では，同一の粒子はその位置と速度が異なっていれば，その軌道から見分けることができる．しかし，量子力学では，電子のような質量と電荷が全く同じ2つの粒子を，原理的には見分けることができない．もちろん，巨視的に離れた2つの電子は見分けられるが，原子のレベルの距離まで近づくと波動関数が重なり合うために，その位置と運動量を確定して見分けることは原理的にできない．2つの電子のように同一の粒子のことを**同種粒子**（identical particle）とよび，同種粒子は，量子力学的には識別できない（indistinguishable）．

粒子を識別するためには，位置$\boldsymbol{r}$だけではなく，スピンの成分なども指定しなければならない．そこで本書では，粒子の位置$\boldsymbol{r}$とスピンをもつ場合には，スピンの成分の値 s との組をまとめて $\xi = (\boldsymbol{r}, s)$ と表すことにして，ξ は位置以外の属性もすべて含めたものとして以下の議論を進める．また，波動関数をフーリエ変換して運動量（波数）表示にした場合は，運動量 $\boldsymbol{p}$（または波数 $\boldsymbol{k}$）が $\boldsymbol{r}$ に代わる変数となる．

いま，同種粒子の2体系を考え，系全体の波動関数を $\psi(\xi_1, \xi_2)$ と表すことにする．同種粒子の場合，2つの粒子を識別することができないので，2つの粒子を入れ替えても波動関数は同じ物理的状態を表す．なぜなら，2つの粒子を入れ替えてもハミルトニアンが不変であるという置換対称性があれば，2つの粒子を入れ替えた波動関数も同じシュレディンガー方程式の解になっているからである．実際，通常問題とするポテンシャル（クーロンポテンシャルや調和振動子ポテンシャルなど）は，ほとんど置換対称性をもっており，ハミルトニアンは置換不変である．したがって，置換後の波動関数は

$$\psi(\xi_2, \xi_1) = a\psi(\xi_1, \xi_2) \tag{9.1}$$

と表すことができる．ここで，比例定数 a の任意性が残るが，波動関数はその絶対値の2乗が物理的意味をもつので，$|a| = 1$ である．よって，$a = e^{i\alpha}$ と書いてもよい．ここで，α は位相を表す実数である．

さらに，もう一度2つの粒子を入れ替えると，

$$\psi(\xi_1, \xi_2) = a\psi(\xi_2, \xi_1) = a^2\psi(\xi_1, \xi_2) \tag{9.2}$$

となるが，2度入れ替えた後は元の状態に戻るはずだから，

$$a^2 = 1, \qquad \therefore \quad a = \pm 1 \tag{9.3}$$

が得られる．したがって，

$$\psi(\xi_2, \xi_1) = \pm\psi(\xi_1, \xi_2) \tag{9.4}$$

となる．

(9.4) のような性質をもった波動関数は，任意の関数 $\phi(\xi_1, \xi_2)$ を用いて

$$\psi(\xi_1, \xi_2) = \frac{1}{\sqrt{2}}\{\phi(\xi_1, \xi_2) \pm \phi(\xi_2, \xi_1)\} \tag{9.5}$$

と表すことができる．(9.4) で + 符号をとった場合に対応する粒子は**ボース粒子**（boson）とよばれ，− 符号をとった場合に対応する粒子は**フェルミ粒子**（fermion）とよばれる．なぜそうよばれるかについては，§9.3 で解説する．

フェルミ粒子の場合は，特殊な事情があることを注意しておこう．(9.5) において，粒子 1 と 2 が同じ場所（スピンの成分など）を占めたとして，$\xi_1 = \xi_2 \equiv \xi$ とおくと

$$\phi(\xi, \xi) = 0 \tag{9.6}$$

となる．すなわち，2 個のフェルミ粒子が同じ量子状態（同じ位置とスピンの成分）を占めることはできないことがわかった．この事実は，2 個以上のフェルミ粒子についても示すことができて，**パウリの排他律**（Pauli's exclusion principle）とよばれている（11.2.3 項も参照）．

§9.2　多体系の波動関数

同種粒子の多体系を考えよう．N 個の同種粒子からなる系のシュレディンガー方程式は

$$i\hbar\frac{\partial}{\partial t}\psi(\xi_1, \cdots, \xi_N, t) = H(\boldsymbol{p}_1, \cdots, \boldsymbol{p}_N, \xi_1, \cdots, \xi_N)\psi(\xi_1, \cdots, \xi_N, t) \tag{9.7}$$

と表せる．ハミルトニアンはこれらの粒子の入れ替えに対して不変であるとする．すると，粒子の順序を入れ替えた波動関数も，またシュレディンガー方程式の解になっている．

前節で述べた 2 個の同種粒子の場合に導いた式 (9.5) の拡張として，N 個の同種粒子に対する波動関数を書き下すことができる．そのために，関数 $\phi(\xi_1, \xi_2)$ を N 変数関数 $\phi(\xi_1, \xi_2, \cdots, \xi_N)$ に拡張する．これを用いると，N 個のボース粒子に対する波動関数は

$$\psi(\xi_1, \xi_2, \cdots, \xi_N) = \frac{1}{\sqrt{N!}}\sum_\sigma \phi(\xi_1, \xi_2, \cdots, \xi_N) \tag{9.8}$$

と書き下すことができて，N 個のフェルミ粒子に対する波動関数は

$$\psi(\xi_1, \xi_2, \cdots, \xi_N) = \frac{1}{\sqrt{N!}}\sum_\sigma \varepsilon_{1, 2, \cdots, N}\phi(\xi_1, \xi_2, \cdots, \xi_N) \tag{9.9}$$

と表すことができる．ただし，$\sum_\sigma$ は $\xi_1, \xi_2, \cdots, \xi_N$ についてすべての入れ替えを行った $N!$ 個の項の和を表し，$\sum_\sigma \varepsilon_{1, 2, \cdots, N}$ は，$\xi_1, \xi_2, \cdots, \xi_N$ についての入れ

替えで，偶置換の場合は各項に＋，奇置換の場合は－を付けて，$N!$ 個の項の和をとることを意味する．

(9.9) において，i 番目の粒子と j 番目の粒子が同じ位置とスピン状態にあったとすると，$\xi_i = \xi_j \equiv \xi$ であるから，

$$\psi(\xi_1, \xi_2, \cdots, \xi, \cdots, \xi, \cdots, \xi_N) = 0 \tag{9.10}$$

となる．(9.10) はパウリの排他律に他ならない．

§9.3　粒子のスピンと統計性

前節でもみたように，同じ量子状態 j を占めることができる粒子数 n_j には2通りしかない．すなわち，

$$(\mathrm{A}):\quad n_j = 0, 1 \tag{9.11}$$

$$(\mathrm{B}):\quad n_j = 0, 1, 2, \cdots, \infty \tag{9.12}$$

である．

(A) の場合は**フェルミ－ディラック統計**とよばれ，(B) の場合は**ボース－アインシュタイン統計**とよばれている．§9.1で，(A) に対応する粒子をフェルミ粒子（fermion），(B) に対応する粒子をボース粒子（boson）とよんだのは，このためである．

粒子のスピンと上記の統計性との間には関係があって，スピンが半整数 ($s = 1/2, 3/2, 5/2, \cdots$) の粒子はフェルミ粒子であり，スピンが整数 ($s = 0, 1, 2, \cdots$) の粒子はボース粒子であることが知られている．例えば，電子や陽子や中性子はスピンが1/2であるからフェルミ粒子である．また，光子はスピンが1であり，π 中間子はスピンが0なので，どちらもボース粒子である．なお，陽子と中性子の結合状態（bound state）である重水素原子核は，核スピンが1であるから，ボース粒子である．

エネルギーが ε_j の状態 j を占有する粒子の数の平均値 $f(\varepsilon_j)$ は，絶対温度 T の平衡状態の下で，フェルミ-ディラック統計では，

$$f(\varepsilon_j) = \frac{1}{e^{(\varepsilon_j - \mu)/kT} + 1} \tag{9.13}$$

と与えられる．ここで，μ は化学ポテンシャルである．これは，エネルギー ε_j の状態を占めるフェルミ粒子の粒子数分布を与えるので，**フェルミ分布関数**

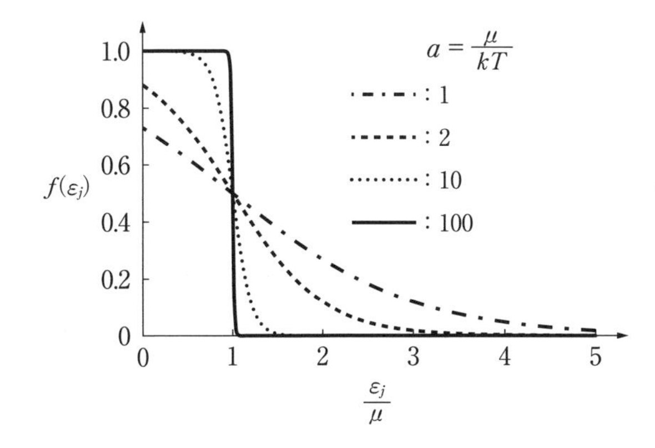

図 9.1　フェルミ分布関数

とよばれている．ここで $x = \varepsilon_j/\mu$ とおき，$a = \mu/kT$ とおけば

$$f(x) = \frac{1}{e^{a(x-1)} + 1} \tag{9.14}$$

と表すことができ，フェルミ分布関数 $f(x)$ を a のいくつかの値に対して x の関数として示すと図 9.1 のようになる．

ボース-アインシュタイン統計では

$$f(\varepsilon_j) = \frac{1}{e^{(\varepsilon_j - \mu)/kT} - 1} \tag{9.15}$$

となり，これは**ボース分布関数**とよばれている．(9.15) で $f(\varepsilon_j)$ は正定値なので，$\varepsilon_j - \mu \geq 0$ でなければならず，ここでは $\mu < 0$ として，$a = -\mu/kT$，$x = \varepsilon_j/(-\mu)$ とおくと，

$$f(x) = \frac{1}{e^{a(x+1)} - 1} \tag{9.16}$$

となり，図 9.2 のようになる[1]．

本書の冒頭（§1.1）でプランクの放射公式について述べたが，あの公式は，光子がボース粒子であることから，(9.15) に基づいて得られるものである．ただし，光子は質量がなく粒子数が変化しうるので，化学ポテンシャル μ はゼロとなる．

ボース粒子は 1 つの量子状態に何個でも詰めることができるが，フェルミ

1）　詳しくは，本シリーズの香取眞理 著：「統計力学」（裳華房，2010）などを参照．

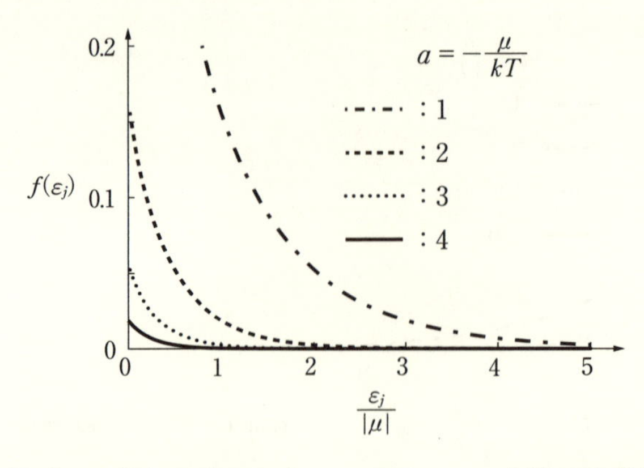

図 9.2　ボース分布関数

粒子は１個しか許されない．では，この中間の性質をもった粒子はあり得ないだろうか．すなわち，１つの量子状態に p 個まで粒子を詰め込むことができる統計に従う粒子はないだろうか．このような統計はオーダー p の**パラ統計**とよばれているが，これまでのところ，パラ統計に従う粒子は自然界では見出されていない[2]．

9.3.1　フェルミ粒子

図 9.1 をみるとわかるように，フェルミ分布関数は，絶対温度 T が非常に小さくなると $(a \gg 1)$ **階段関数**（step function）の形に近づき，$T \to 0$ の極限では

$$f(\varepsilon_j) = \begin{cases} 1 & (\varepsilon_j \leq \mu) \\ 0 & (\varepsilon_j > \mu) \end{cases} \tag{9.17}$$

となる．

空間を体積 $V = L^3$ の箱とすると，質量 m の粒子の基準振動モード（粒子の定在波）の数は

$$g_* \sum_{\boldsymbol{n}} = V \frac{g_*}{(2\pi)^3} \int d^3k = V \frac{g_*}{h^3} \int d^3p \tag{9.18}$$

で表せる．ここで g_* は内部自由度の数であり，$\boldsymbol{k}$ は波数ベクトルで $\boldsymbol{k} =$

2）　Y. Ohnuki and S. Kamefuchi : *Quantum Field Theory and Parastatistics* (University of Tokyo Press, 1982)

$2\pi\boldsymbol{n}/L$（$\boldsymbol{n}$ は3つの整数の組）である．波数ベクトルは運動量 $\boldsymbol{p}$ と $\hbar\boldsymbol{k} = \boldsymbol{p}$ の関係があり，スピン s をもつ粒子は $g_* = 2s + 1$ 個の自由度をもつ．

フェルミ粒子の場合は，パウリの排他律により，1つの量子状態に1個の粒子しか存在できない．箱の中の $\boldsymbol{n}$ で指定される量子状態に，エネルギー準位の低い方から順々に粒子を詰め込んで N 個になったとすると，

$$N = g_* \sum_{\boldsymbol{n}} f(\varepsilon) = V \frac{g_*}{(2\pi)^3} \int d^3k\, f(\varepsilon) = V \frac{g_*}{h^3} \int_{p \le p_{\mathrm{F}}} d^3p \quad (9.19)$$

が得られるので，粒子数密度は

$$\frac{N}{V} = \frac{g_* 4\pi}{h^3} \int_0^{p_{\mathrm{F}}} dp\, p^2 = \frac{g_* 4\pi p_{\mathrm{F}}^3}{3h^3} \quad (9.20)$$

となる．したがって，絶対温度 $T = 0$ における状態は，(9.20) で与えられる運動量 p_{F} に対応したエネルギー $E_{\mathrm{F}} = p_{\mathrm{F}}^2/2m$ よりも低いエネルギーの固有状態にびっしりと粒子が詰まった状態であるといえる．ここで，p_{F} は**フェルミ運動量**，E_{F} は**フェルミエネルギー**とよばれている．

なお，(9.20) を p_{F} について解くと，

$$p_{\mathrm{F}} = \left(\frac{3h^3 N}{4\pi g_* V} \right)^{1/3} \quad (9.21)$$

となり，p_{F} を半径とする球面を**フェルミ面**という．

パウリの排他律があるために，上記のように，フェルミ粒子の多体系はある程度以上は押し潰すことができないという特徴がある．そこで，押し潰そうとしたときにどのくらいの反発力を示すかを求めてみよう．

フェルミ粒子系の全エネルギーを計算すると，

$$\begin{aligned} E &= g_* \sum_{\boldsymbol{n}} \sqrt{m^2c^4 + p_{\boldsymbol{n}}^2 c^2} = V \frac{g_* 4\pi}{h^3} \int_0^{p_{\mathrm{F}}} dp\, p^2 \sqrt{m^2c^4 + p^2c^2} \\ &= V \frac{g_* 4\pi}{h^3 c^3} \frac{1}{8} \Biggl\{ p_{\mathrm{F}} c \sqrt{p_{\mathrm{F}}^2 c^2 + m^2c^4}\, (m^2c^4 + 2p_{\mathrm{F}}^2 c^2) \\ &\qquad + m^4c^8 \log\left(\frac{mc^2}{p_{\mathrm{F}} c + \sqrt{m^2c^4 + p_{\mathrm{F}}^2 c^2}} \right) \Biggr\} \end{aligned} \quad (9.22)$$

となる．この結果から，エネルギー密度 u と圧力 P は，

$$u = \frac{E}{V} = \frac{g_* 4\pi}{h^3 c^3} \frac{1}{8} \left\{ p_{\mathrm{F}} c \sqrt{p_{\mathrm{F}}^2 c^2 + m^2 c^4} (m^2 c^4 + 2 p_{\mathrm{F}}^2 c^2) + m^4 c^8 \log\left(\frac{mc^2}{p_{\mathrm{F}} c + \sqrt{m^2 c^4 + p_{\mathrm{F}}^2 c^2}} \right) \right\} \tag{9.23}$$

$$P = -\frac{\partial E}{\partial V} = \frac{g_* 4\pi}{3h^3 c^3} p_{\mathrm{F}}^3 c^3 \sqrt{m^2 c^4 + p_{\mathrm{F}}^2 c^2} - u \tag{9.24}$$

と求められ，相対論的な極限 $p_{\mathrm{F}} \gg mc$ では，次の関係が得られる．

$$u \sim \frac{g_* \pi p_{\mathrm{F}}^4 c}{h^3} \tag{9.25}$$

$$P \sim \frac{1}{3} u \tag{9.26}$$

ここで，P は**量子力学的圧力**とよばれている．

この量子力学的圧力は，白色矮星とよばれる恒星の存在にとって重要な役割を果たしている．質量が太陽質量の3倍より軽い恒星は，進化の最終段階において赤色巨星となる．赤色巨星は，外層部の質量をガスとして放出し，惑星状星雲をつくり出す．恒星は，さらに内部の核エネルギーを使い果たすと収縮して，原子核と電子からなる白色矮星となる．白色矮星は，すでに内部の核反応による反発力をなくしているから，重力によってつぶれてしまうかと思われるが，そうではなくて，電子の量子力学的圧力（縮退圧）によって支えられているのである[3)]．

白色矮星の質量の大部分は，原子核（陽子と中性子）によるものだから，白色矮星内部での質量密度 ρ は

$$\rho = \alpha m_{\mathrm{p}} n_{\mathrm{e}} \tag{9.27}$$

で与えられる．ここで，m_{p} は陽子の質量であり，α は1～2程度の数値，n_{e} は電子の数密度である．白色矮星の内圧に寄与するのは電子の量子力学的圧力である．

電子に対して $g_* = 2$ であるから，フェルミ運動量は (9.21) より

3） B. F. Schutz : *A first course in general relativity* (Cambridge University Press). 邦訳は，江里口良治・二間瀬敏史 共訳：「相対論入門」（丸善出版，2010）

$$p_{\mathrm{F}} = \left(\frac{3h^3 n_{\mathrm{e}}}{8\pi}\right)^{1/3} \tag{9.28}$$

となる．相対論的なフェルミ運動量 $p_{\mathrm{F}} \gg m_{\mathrm{e}}c$ に対しては (9.25) と (9.26) を用いると，

$$P = \frac{2\pi c}{3h^3}\left(\frac{3h^3 n_{\mathrm{e}}}{8\pi}\right)^{4/3} = \frac{2\pi c}{3h^3}\left(\frac{3h^3 \rho}{8\pi m_{\mathrm{p}} \alpha}\right)^{4/3} \tag{9.29}$$

が得られる．ここで，(9.27) を用いて n_{e} を消去した．

星の平衡状態を決めるのは，静水圧平衡の式

$$\frac{dP(r)}{dr} = -\rho \frac{GM(r)}{r^2} \tag{9.30}$$

である．ただし，G はニュートンの万有引力定数，

$$M(r) = 4\pi \int_0^r dr' r'^2 \rho(r') \tag{9.31}$$

である．これらの式を

$$\frac{P}{R} \sim \rho \frac{GM}{R^2} \tag{9.32}$$

$$M \sim R^3 \rho \tag{9.33}$$

と近似して，白色矮星の質量を求めると，

$$M \sim \frac{P^{3/2}}{G^{3/2}\rho^2} \sim \left(\frac{2\pi c}{3h^3 G}\right)^{3/2} \left(\frac{3h^3}{8\pi \alpha m_{\mathrm{p}}}\right)^2 \tag{9.34}$$

となる．この質量は α を除いては物理定数だけで決まっていて，太陽質量と同程度の値となり，**チャンドラセカール質量**とよばれている．正確な星の質量を計算するには微分方程式を解く必要があるが，太陽質量の 1.4 倍程度になることが知られている．

9.3.2　ボース粒子

整数スピンのボース粒子の特徴は，同じ量子状態を占める粒子の数に制限がないことである．体積 $V = L^3$ の空間に閉じ込められた質量 m の粒子の基準振動モードの数は (9.18) によって与えられるので，温度 T で熱平衡状態にある粒子の数は

$$N = g_* \sum_{\boldsymbol{n}} f(\varepsilon) = V \frac{g_*}{(2\pi)^3} \int d^3k \frac{1}{e^{(\varepsilon - \mu)/kT} - 1} \tag{9.35}$$

となる．ここで，$e^{\mu/kT}=\lambda$ とおくと，

$$N = V\frac{g_*}{(2\pi)^3}\int d^3k \frac{1}{e^{(\varepsilon-\mu)/kT}-1} = V\frac{g_*}{\lambda_T^3}\phi\left(\frac{3}{2},\lambda\right) \tag{9.36}$$

となる．ただし，$\phi(3/2,z)$ は変形されたツェータ関数とよばれるもので[4]，次のように定義される．

$$\phi\left(\frac{3}{2},z\right) = \frac{2}{\sqrt{\pi}}\int_0^\infty dt \frac{t^{3/2-1}}{z^{-1}e^t-1} = \sum_{n=1}^{\infty}\frac{1}{n^{3/2}}z^n \tag{9.37}$$

$$\lambda_T^2 = \frac{h^2}{2\pi mkT} \tag{9.38}$$

化学ポテンシャル μ は，(9.35) または (9.36) から決めることができる．しかし，絶対温度 T が次の値

$$T_c = \frac{h^2}{2\pi mk}\left\{\frac{N}{g_* V\phi(3/2,1)}\right\}^{2/3}, \qquad \phi\left(\frac{3}{2},1\right) = 2.16 \tag{9.39}$$

以下の場合には，化学ポテンシャル μ は決まらない．その理由は次のとおりである．

$f(0) \geq 0$ であるから，ボース分布関数に対して $\mu \leq 0$ である．したがって，(9.36) が最大となるのは，$\mu = 0$ すなわち $\lambda = 1$ の場合である．これが温度 T_c を決める条件 (9.39) である．よって，温度が $T < T_c$ では，必ず (9.36) の右辺は N より小さくなり，(9.36) の解がなくなることになる．

そこで，$T < T_c$ では，$\boldsymbol{k} = 0$ つまり $\varepsilon = 0$ の状態を多くの粒子が占有すると考えて，(9.36) を次のように修正する．

$$N = V\frac{g_*}{(2\pi)^3}\int d^3k \frac{1}{e^{(\varepsilon-\mu)/kT}-1} + V\frac{g_*}{e^{-\mu/kT}-1} \tag{9.40}$$

右辺の第 2 項が $\boldsymbol{k} = 0(\varepsilon = 0)$ の状態をとる粒子の数で，これを N_0 と書くことにする．

$$N_0 = V\frac{g_*}{e^{-\mu/kT}-1} \tag{9.41}$$

$T < T_c$ では (9.40) が化学ポテンシャルを決定する方程式となるが，以下で示すように $N_0 \sim N$ 程度となるため，$T < T_c$ では実質上 $\lambda = 1$，つま

4）　森口繁一，他 著：「岩波 数学公式Ⅲ」（岩波書店，1987）

り，化学ポテンシャルは $\mu = 0$ としてよいことがわかる．よって，(9.36) と (9.38) から (9.41) を用いて

$$N_0 = N\left[1 - \left(\frac{T}{T_c}\right)^{3/2}\right] \tag{9.42}$$

を得る．すなわち，$\boldsymbol{k} = 0$ の状態は，N 個程度の粒子によって占有されることになる．

このように，多数のボース粒子が1つの量子状態を占めることで現れる物質の現象を**ボース-アインシュタイン凝縮**とよび，ボースからの手紙をきっかけにして1924年にアインシュタインが予言した．

$\boldsymbol{k} = 0$ の状態では運動量がゼロなので，ド・ブロイ波長が無限大となる．しかし，実際には，わずかな熱運動のため，粒子が $\Delta p = \sqrt{2\pi mkT}$ 程度の運動量をもつ．ここで m は，粒子の質量である．この運動量で決まる（熱的）ド・ブロイ波長 $\lambda_T = h/\sqrt{2\pi mkT}$ が，粒子の波束の幅を表す．(9.39) から，熱的ド・ブロイ波長が粒子間の平均間隔より長くなると，ボース-アインシュタイン凝縮が起こることがわかる．

1937年に，低温において液体 ^{4}He の粘性が消える**超流動現象**がカピッツァ（P. L. Kapitsa）によって実験的に発見され，ボース-アインシュタイン凝縮が深く関与していることが1938年にロンドン（F. W. London）によって指摘された．

また，低温において電気抵抗が消える**超伝導現象**は，1911年にオンネス（H. K. Onnes）によって発見された．超伝導現象は，2つの電子がスピン・ゼロの結合状態（**クーパー対**）を形成してボース粒子として振る舞うためにボース-アインシュタイン凝縮が起こる現象であるとする模型（**BCS理論**）が，バーディーン-クーパー-シュリーファー（J. Bardeen, L. N. Cooper, J. R. Schriefer）によって提唱され，背後にボース-アインシュタイン凝縮が深く関与していることが知られるようになった．

中性原子気体のボース-アインシュタイン凝縮が直接的に検証されたのは1995年になってからで，コーネル（E. A. Cornell），ケターレ（W. Ketterlen），ワイマン（C. E. Wieman）によるものである．

演習問題

［1］ 同種フェルミオンからなる N 粒子系の波動関数を1粒子の相異なる波動関数 $\{\phi_n(\xi)\}(n=1,\cdots,N)$ によって表すとき，以下のような行列式（**スレイター行列式**）になることを示せ．

$$\psi(\xi_1,\xi_2,\cdots,\xi_N)=\frac{1}{\sqrt{N!}}\begin{vmatrix}\phi_1(\xi_1) & \phi_1(\xi_2) & \cdots & \phi_1(\xi_N)\\ \phi_2(\xi_1) & \phi_2(\xi_2) & \cdots & \phi_2(\xi_N)\\ \vdots & \vdots & \cdots & \vdots\\ \vdots & \vdots & \cdots & \vdots\\ \phi_N(\xi_1) & \phi_N(\xi_2) & \cdots & \phi_N(\xi_N)\end{vmatrix} \tag{9.43}$$

［2］ 調和振動子の昇降演算子を $\hat{a}^\dagger, \hat{a}$ とするとき，$\hat{a}\,|\alpha\rangle=\alpha\,|\alpha\rangle$ を満たすような状態を**コヒーレント状態**とよぶ．コヒーレント状態の表式を求めよ．

［3］ 調和振動子の昇降演算子を $\hat{a}^\dagger, \hat{a}$ とする．$\hat{a}$ に関する基底状態を $|0\rangle_a$ とすると，$\hat{a}|0\rangle_a=0$ である．r を実数として，$\hat{b}=\hat{a}\cosh r+\hat{a}^\dagger\sinh r$ を定義すると，$[\hat{b},\hat{b}^\dagger]=1$ であることを示し（このような変換を**ボゴリューボフ変換**とよぶ），$\hat{b}|0\rangle_b=0$ を満たす状態 $|0\rangle_b$ を $\hat{a}^\dagger$ と $|0\rangle_a$ を用いて表せ．

10 量子基礎論概説

量子力学の定式化そのものは，第3章で示したとおり，論理的にも数学的にも明快であり，何ら疑問を差し挟む余地はない．しかしながら，第4章で述べたように，量子力学の基礎方程式（ハイゼンベルク方程式やシュレディンガー方程式）から導かれる数学的予言をどう解釈するかについては，当初から議論の余地を残していた．この点に関しては，§4.2でも紹介したように，確率論的立場に立ったボーアと決定論的立場に立ったアインシュタインとの論争は有名である．量子力学の基本仮定並びにそれに基づく理論的予言の解釈に関わる諸問題を対象とした考察を，以下ではまとめて量子基礎論とよぶことにする．

電子や光子の二重スリットの実験でみられるように，量子力学の理論的予言と，その観測との関わりについては，多くの議論が重ねられてきた．量子力学の理論的予言に対する観測の意味を，確率解釈に基づいてどう理解するかという検討は古くから行われていて，**観測の理論**とよばれてきた[1)]．観測の理論の多くは，§10.1で述べるコペンハーゲン解釈を基礎として構成されており，哲学的考察が支配的であった．観測の理論に厳密な数学形式を最初にもち込んだのはフォン・ノイマン（J. von Neumann）であろう[2)]．

近年，10.2.2項で述べるように，EPR問題に対するベルの不等式のような実験的検証可能な理論的研究が提示かつ検証されて，量子力学の基礎についての理解が大いに深まった．また，量子コンピュータを目指して進展しつつある量子情報理論の基礎と関連して，§10.3で述べる量子測定理論が急速な発展をみせている．このような研究の進展により，観測の理論で取り扱われていた問題が，相当程度

1） 例えば，B.デスパニヤ 著，亀井 理 訳：「量子力学と観測の問題」（ダイヤモンド社，1971）を参照．

2） J.フォン・ノイマン 著，井上 健，他 訳：「量子力学の数学的基礎」（みすず書房，1957）

まで数学的形式で表現できるようになってきた．その中でも，§10.4 で述べる小澤の不等式は，ハイゼンベルクの不確定性原理に対する見方を大きく変える発見であった．

本章で述べる量子基礎論に関する研究の多くは未だ発展途上のものが多いため，ここでは，現状を要約するに留めることにする．

§10.1　コペンハーゲン解釈

ボーアやハイゼンベルクのように確率論的立場に立った物理学者たちは，量子力学の理論的予言をどのように解釈するかについて，基本的な考え方をつくり上げていった．この考え方は，デンマークの首都コペンハーゲンにあるニールス・ボーア研究所を中心として広まっていったことから，**コペンハーゲン解釈**とよばれている．コペンハーゲン解釈は，波動関数に対するボルンの確率解釈に土台を置くもので，その内容は，以下のように要約することができる．

量子力学は，確率の波（確率波）を表す波動関数によって記述され，波動関数から得られる存在確率という情報のみが実在する．量子力学の理論的予言は，それに対する実験的測定が行われて初めて確定するものであり，その測定結果に到る途中の過程についての情報を与えるものではない．

霧箱や泡箱のような装置で電子を測定すると，1つの線状の飛跡となって観測される．また，電子線をスクリーン上で測定すると，点状の痕跡が得られる．波動関数が電子に付随したものだと考えると，波動関数によって表される確率波が，電子が測定された途端に，測定された1点に収縮したかのように思える．確率波が我々の空間に実在して，電子に付随したものであるならば，スクリーン上で電子がその点にあるとわかった途端に，その点での電子の存在確率は100％なのだから，確率波の波束が収縮していなければならない．この考え方は，しばしば，観測による「波束の収縮」とよばれてきた．「波束の収縮」もコペンハーゲン解釈の一部として含めることが多い．

しかしながら，確率波は我々の空間に実在する波ではなく，架空の関数空間に存在する波なので，測定によって電子が1点として観測されても，確率波そのものが瞬間的に収縮する必要はない．波動関数の絶対値の2乗は，電子がそこで観測される確率を示しているだけであり，電子はその確率に従ってスクリーン上の1点に痕跡を残したにすぎない．例えば，ある場所に電子が来る確率が30%と予言されているならば，10個の電子のうち3個程度の電子がここにくると考えられるだけである[3)]．

電子がスクリーン上の1点に痕跡を残したことを「波束の収縮」とよぶことは，感覚的な表現として用いるのであれば差し支えはないと思われるが，理論上必要とされるものではない．電子の位置がスクリーン上で確定することを，電子に付随した波束がスーッと1点に縮まるという感覚はよく理解できるが，むしろ「波束の収縮」という言葉で表すよりは「測定による状態の確定」という言葉に置き換えた方が，より理論的には正確であると考えられる．英文では reduction of wave function (packet) と表現されていて，「状態の確定」に近いように思われる（collapse of wave function という表現もある）．いくつかの固有状態の重ね合わせで構成される状態にある電子が，特定の固有状態で観測されるときは，まさしく測定によって状態が確定したのである．ただし，歴史的な経緯を述べる場合などは，比喩的な意味で「波束の収縮」という表現を用いた方が，取り上げている話題に相応しいこともあるので，そのような場合は本書でも比喩的な意味で用いることにする．

コペンハーゲン解釈では，量子力学は根本的に確率論的な理論であると考える．これに対して，アインシュタインを始め多くの科学者が疑問を抱き，コペンハーゲン解釈に基づく量子力学は最終的な理論ではなく，更に精密化する必要がある理論であると主張してきたのも事実である．この論争については，後の節で詳しく述べることにする．

以下では，量子力学に特徴的な粒子性と波動性の二重性を例にとって，コペンハーゲン解釈の考え方を解説する．そのために，電子と光に対する二重スリットを用いた干渉実験についてまとめておこう．

3）上田正仁 著：「現代量子物理学」（培風館，2007）p. 9 を参照．

(1)　電子の波動的性質に着目した実験

電子の波動的性質について，§1.5で述べたデビスン－ジャーマーの実験(1927年）やトムスンの実験（1928年）を思い起こそう．この実験では，電子ビームを結晶で散乱させたり，薄い金箔膜を透過させたりした結果，波動の干渉によって起こるのと同じ干渉縞がみられ，電子の波動性が証明された．

(2)　電子の粒子的性質に着目した実験

§4.2で紹介した電子の粒子性に着目した実験（外村・遠藤・松田・川崎・江沢）は1987年に行われた．この実験では，入射電子数が1個であることを確認した上で二重スリット（実際は二重スリットと同等なバイプリズムとよばれる電子装置）を通過させ，その電子をスクリーン上で確認した．この過程を数万回繰り返すと，スクリーン上に電子痕の濃淡がみられるようになり，電子の粒子的性質を用いても図4.2のような干渉縞が見事に現れた．

実験（1）と（2）の結果，電子は粒子的性質と波動的性質を併せもつが，そのどちらの性質を用いても干渉縞についての結果は同じになることが明らかになったのである．

(3)　光の波動的性質に着目した実験

光（電磁波）についてはどうであろうか．いまから200年ほど遡って，ヤングの実験を思い起こしてみよう．トーマス・ヤングが二重スリットを用いた光の干渉実験を行ったのはよく知られている[4)]．光源からの光を二重スリットに通過させると，2つのスリットを波源とする電磁波が互いに干渉して，スクリーン上に縞模様が発生する．これは，光が波に特徴的な干渉という性質を示していることを意味し，光の波動性が示された．

(4)　光の粒子的性質に着目した実験

§1.6で述べたように，光は粒子的な振る舞いもする．光の粒子的性質に基づいてヤングの実験をやり直すことはできるであろうか．こうした観点に

4）T. Young: "The Bakerian Lecture: Experiments and Calculations Relative to Physical Optics", Phil. Trans. Roy. Soc. Lond. **94** (1804) 1-16.

基づいた思考実験は以前から行われていた[5]．実際の実験は1980年代になって行われるようになり，グレンジャー－ロジャー－アスペが決定的な実験を行い，1986年にその実験結果を発表した[6]．

実験（4）の概要は本書でまだ解説していないので，少し長くなるが，以下で紹介しよう．その後で，これら4つの実験に関する解説を行う．

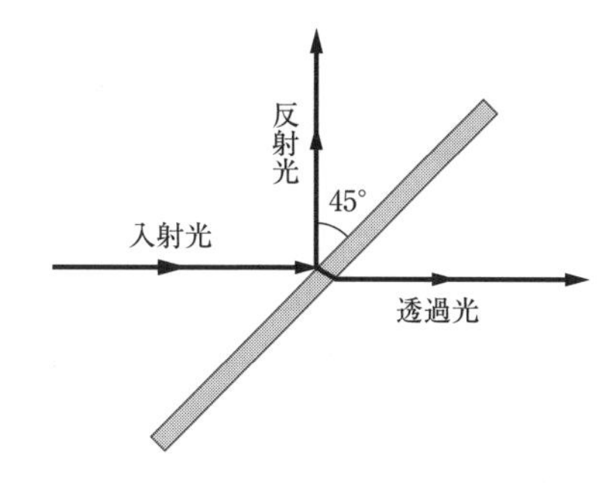

図10.1　ハーフミラー（ビームスプリッター）

グレンジャー－ロジャー－アスペは，二重スリットに相当するハーフミラー（ビームスプリッター）を用いて実験を行った．ハーフミラーは図10.1に示したような，薄い平板ガラス上に（ビームスプリッターとして機能するための）適当な光学薄膜を蒸着したものである．

ハーフミラーは，入射光の50%を透過し，残りの50%を反射するようにできている．ハーフミラーを図10.2のように入射方向に対して45°に傾け

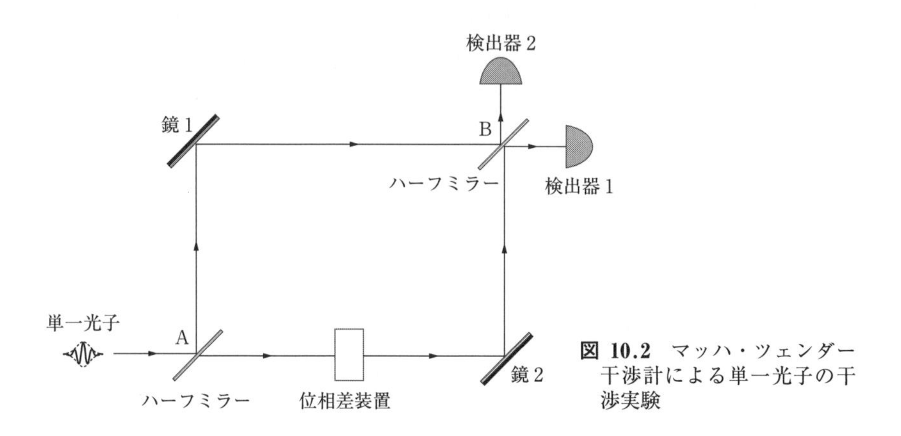

図 10.2　マッハ・ツェンダー干渉計による単一光子の干渉実験

5）　朝永振一郎 著：「鏡の中の物理学」（講談社，1976）第3章「光子の裁判」を参照．
6）　P. Grangier, G. Roger and A. Aspect : Europhysics Letters **1**(4) (1986) 173.

て点Aに置くと，入射光は直進し，反射光は90°上向きに進む．これらの分割された2方向の光をさらに別の鏡1と鏡2でそれぞれ90°曲げてやると，それらの光は点Bで交わることになる．この図から明らかなように，ハーフミラーは二重スリットと同じはたらきをしている．このような装置を**マッハ・ツェンダー干渉計**とよぶ．

このように実験の設定をした上で，入射光を1光子に限定する．それを実現する方法は次のとおりである．特定の原子を励起すると，励起状態から電子が基底状態に遷移するときに，短時間，途中の状態を通る（これを**カスケード遷移**という）ために，光子がほぼ同時に2個放出されるという現象がある．この2個の光子の一方を検出器で検出すれば（これを**トリガー**という），もう一方の光子が1個だけ走って行ったことがわかる．この光子を図10.2の入射光として使うのである．

この入射光子は，ハーフミラーで反射されて上向きに進むか，透過して右向きに直進するかである．この光子は2つのルートのどちらかを通って点Bにやってくる．点Bにもハーフミラーを置き，その先に検出器1と検出器2を置くと，1つ1つやってくる光子が検出器1と検出器2のどちらかで観測される．

次に，光子の行路の一方の距離を他方の距離と少しずつ変えていき（実際は位相差装置を置き，実質的な行路を変えていく），行路差に対して光子の検出数をプロットすると，図10.3のようになる．光子数が十分多いと，

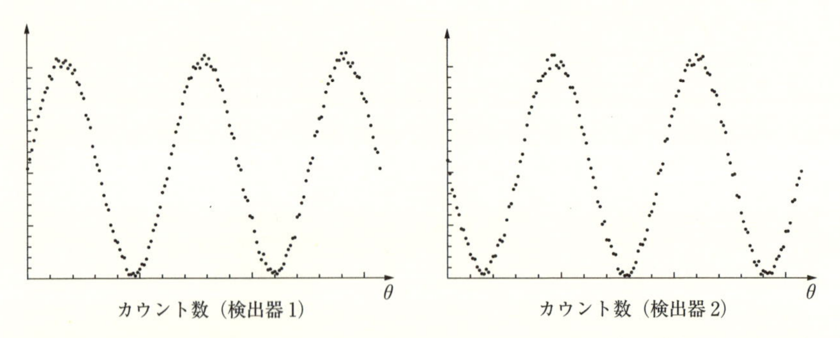

図10.3　著者らが模擬データをもとに作成した光子の干渉縞．左は検出器1，右は検出器2の光子のカウント数．（P. Grangier, G. Roger and A. Aspect : Europhysics Lett. **1**(4) (1986) 173を参照）

きれいな干渉縞が生じる.

さて，先の (1)～(4) で示した4つの実験に戻って検討をしよう.

まず，波動的性質に着目した実験 (1) と (3) で干渉縞が出現する原因は明らかで，二重スリットから出た2次波が互いに干渉したと考えれば納得がいく.

次に，粒子的性質を重視した実験 (2) と (4) については，干渉縞の発生原因に大きな疑問が残る. 1つ1つの粒子（電子または光子）はスクリーン上に干渉縞をつくるという任務をどこで命じられたのであろうか. 干渉縞が発生する場合と発生しない場合の違いは，スリットが1つか二重かの違いだけである. これらの粒子はスリットを通過するときに何らかの指示を受けているかのようにみえる. 個々の粒子は，他の粒子と何の相関 (correlation) ももっていないはずであるから，干渉縞の原因を粒子間の相互作用に求めることはできない. 量子力学という理論は，二重スリット付近で何が起こっているかを説明できなければならないと思うのはごく自然なことであり，このような疑問は，アインシュタインだけでなく，誰しももつものであろう.

ところが，二重スリット付近で何が起こっているのかを知るために，そこで粒子を測定してしまうと，その後のプロセスは乱されてしまい，干渉縞は発生しなくなるのである. したがって，実験的に途中経過を調べることは原理的にできない.

コペンハーゲン解釈は，まさに，これこそが考えてはいけないことだと主張しているのである. 量子力学の予言は，1つ1つの粒子が何万回も二重スリットを通過すると，波動関数の絶対値の2乗で与えられる確率に従ってスクリーン上に痕跡を残し，その痕跡が何万個も集積して確率的な縞模様が発生するということだけであって，その途中過程を説明するものではない. 逆のいい方をすると，二重スリットの実験を行うと，スクリーン上の痕跡が集まりやすいところと，あまり痕跡が残らないところがあって，たくさんの痕跡を集めると干渉縞がみえてくる，ということである. この実験結果は，確かに波動関数の予言と一致している.

ここで考えた問題は§11.3でもう一度とり上げることにし，そこでは，場の量子論に基づく見通しの良い解答を与えることにする.

もう一つ重要なことをここで指摘しておこう．上で示した干渉実験の結果をみると，電子の場合も光子の場合も状況は全く同じである．だとすると，電子を記述する波動関数が確率波を表しているのと同じように，光子を記述する電磁場も確率波と解釈すべきなのであろうか．この問題についても第11章で詳しく論じることにしたい．

この節で述べたコペンハーゲン解釈がどうしても納得できない人は，アインシュタインでなくとも大勢いるであろう．しかし現状では，量子的世界を理解するのに，コペンハーゲン解釈に基づいた量子力学を用いることで何の支障もみつかってはいないのも事実である．

もっとも，コペンハーゲン解釈を超えようとする試みはいくつか存在する．例えば，エベレットが試みた多世界解釈がその一つである．エベレットの理論では，ボルンの確率解釈を定理として導出する試みがなされ，測定による波束の収縮という考え方を用いない代わりに，可能なすべての状態が重ね合わせの状態として共存して発展し続けると考える[7)]．

次節では，コペンハーゲン解釈に対するアインシュタインの挑戦（EPR問題）について述べることにしよう．

§10.2　EPR問題

アインシュタインは，ポドルスキー（B. Podolsky）およびローゼン（N. Rosen）と協力して量子力学の不完全性に関する考察を進め，1935年に論文として発表した[8)]．アインシュタインらがここで指摘した量子力学の問題点のことを，ここではアインシュタイン - ポドルスキー - ローゼン（EPR）問題とよぶことにする．その内容は，量子力学の根幹を揺るがす指摘であるとも考えられたため，**アインシュタイン - ポドルスキー - ローゼン（EPR）パラドクス**ともよばれている．しかしながら，アインシュタインらは量子力学が間違った理論だと主張しているわけではなく，量子力学はまだ理論的に

7）H. Everett III : Rev. Mod. Phys. **29**（1957）454 および Colin Bruce 著，和田純夫 訳：「量子力学の解釈問題 －実験が示唆する『多世界』の実在－」（講談社，2008）

8）A. Einstein, B. Podolsky and N. Rosen : Phys. Rev. **47**（1935）777.

不完全であると示唆しているだけなので，パラドクスというのはいいすぎかもしれない．彼らが指摘している不完全性とは，量子力学が，物理理論が保有すべき特性としての「実在性」と「局所性」を欠いているというものである．ここで，実在性と局所性の意味は下記のとおりである．

実在性：物理量に対する理論的予言は測定とは無関係になされ得るから，物理量の予言値は測定前にすでに存在している．

局所性：離れた2ヶ所での物理的操作が光速を超えて影響し合うことはない．

アインシュタインらが示唆しているように，量子力学の背後により深い理論が隠されていて，その理論では測定の結果を決定論的に予言できるのではないだろうかという期待があった．そこで，未だみつかっていないと考えられる新たな変数を加えて，量子力学を完全な理論にするという試み，すなわち，隠れた変数理論の探求が行われた．量子力学の不完全性を解決すると考えられる隠れた変数理論を実験的に検証する手段はないのではないかと考えられていたが，それを可能にする考察が1964年になって現れた．それが**ベルの不等式**[9]である．

ベルの不等式を検証する実験は1969年頃から試みられたが，決定的な結論が得られたのは1982年になってからであった．アスペやその他の人々の実験[10]によって，隠れた変数理論が否定されることが明らかになった．

以上で概観したことを，以下の項で詳しくみていくことにしよう．

10.2.1　2準位系の量子力学

EPR問題に入る前の準備として，その議論で必要となる，2つの状態のみが現れる量子系である**2準位系**について解説する．2準位系の量子力学は，

9）J. S. Bell : Physics **1** (1964) 195.

10）A. Aspect, P. Grangier and G. Roger : Phys. Rev. Lett. **47** (1981) 460.
A. Aspect, P. Grangier and G. Roger : Phys. Rev. Lett. **49** (1982) 91.
A. Aspect, J. Dalibard and G. Roger : Phys. Rev. Lett. **49** (1982) 1804.
W. Tittel, J. Brendel, H. Zbinden and N. Gisin : Phys. Rev. Lett. **81** (1998) 3563.
M. A. Rowe, *et al.* : Nature **409** (2001) 791.

スピン 1/2 の粒子を記述するときに用いられるだけでなく，量子情報理論で現れる量子ビットである q - ビット（キュービット）の記述にも用いられている．また，量子光学では，光子の偏光状態は 2 つしかないので，その記述には必然的に 2 準位系の量子力学と同等の理論的枠組みを用いることになる．2 準位系の量子力学は，このようにいろいろな分野で役に立つ枠組みであるので，ここで解説しておこう．

2 準位系の一般的状態は，2 つの複素数 α, β を用いて表すことができる．

$$|s\rangle = \alpha|u\rangle + \beta|d\rangle \tag{10.1}$$

ただし，$|u\rangle$ と $|d\rangle$ は正規直交系をなしているとする．（u は up，d は down のことである．電子スピンの上向きと下向きの類推である．）ここでは，z 方向のスピン演算子 σ_3 の固有状態

$$|z_+\rangle = |u\rangle = \begin{pmatrix} 1 \\ 0 \end{pmatrix}, \qquad |z_-\rangle = |d\rangle = \begin{pmatrix} 0 \\ 1 \end{pmatrix} \tag{10.2}$$

を選ぶことにする．ただし，状態 $|s\rangle$ の規格化条件から

$$|\alpha|^2 + |\beta|^2 = 1 \tag{10.3}$$

が成り立つものとする．

状態 $|s\rangle$ を指定するパラメターは，2 つの複素数，すなわち 4 つの実数であるが，条件(10.3)によって 3 つの実数となる．さらに，状態 $|s\rangle$ の全体の位相は物理的な意味をもたないことに注意すると，2 つの実数のみで任意の状態が指定されることがわかる．したがって，2 準位系の任意の状態は 2 つのパラメター θ と ϕ を用いて

$$|s\rangle = \begin{pmatrix} \alpha \\ \beta \end{pmatrix} = \begin{pmatrix} \cos\dfrac{\theta}{2} \\ e^{i\phi}\sin\dfrac{\theta}{2} \end{pmatrix} \tag{10.4}$$

と表すことができる．

ここで，θ と ϕ の変域は，$0 \leq \theta \leq \pi$ および $0 \leq \phi \leq 2\pi$ である．このように α と β を表すと，一般性を失うことなく α を正の実数となるように選ぶことができ，$|\alpha|^2 + |\beta|^2 = 1$ を満たすことができる．以下で述べるように，2 準位系のヒルベルト空間は θ と ϕ がつくる 2 次元単位球面となる．

x 方向のスピン演算子 σ_1 の固有状態は，

$$|x_+\rangle = \frac{1}{\sqrt{2}}\begin{pmatrix}1\\1\end{pmatrix}, \qquad |x_-\rangle = \frac{1}{\sqrt{2}}\begin{pmatrix}1\\-1\end{pmatrix} \tag{10.5}$$

であり，この x 方向のスピン演算子の固有状態は，z 方向のスピン演算子 σ_3 の固有状態の重ね合わせで書くことができる．

$$|x_\pm\rangle = \frac{1}{\sqrt{2}}(|u\rangle \pm |d\rangle) \tag{10.6}$$

y 方向のスピン固有状態についても同様である．

$$|y_\pm\rangle = \frac{1}{\sqrt{2}}(|u\rangle \pm i\,|d\rangle) \tag{10.7}$$

2 準位系の物理量（オブザーバブル）は 2×2 のエルミート行列であるから，任意のオブザーバブルは 4 つの実数によって表される．したがって，2 準位系のオブザーバブルは，2×2 の単位行列 $\mathbf{1}$ と §6.3 で与えたパウリのスピン行列

$$\sigma_1 = \begin{pmatrix}0 & 1\\1 & 0\end{pmatrix}, \quad \sigma_2 = \begin{pmatrix}0 & -i\\i & 0\end{pmatrix}, \quad \sigma_3 = \begin{pmatrix}1 & 0\\0 & -1\end{pmatrix} \tag{10.8}$$

の線形結合で表すことができる．

パウリのスピン行列の状態 $|s\rangle$ に対する行列要素は

$$\langle s|\sigma_1|s\rangle = \sin\theta\cos\phi \tag{10.9}$$

$$\langle s|\sigma_2|s\rangle = \sin\theta\sin\phi \tag{10.10}$$

$$\langle s|\sigma_3|s\rangle = \cos\theta \tag{10.11}$$

となる．したがって，状態(10.4)は，3 次元空間内の 2 次元単位球面上の点を表し，2 準位系の純粋状態（10.3.1 項を参照）は，3 次元空間上の単位球面で表せることがわかる．この単位球面を**ブロッホ球**とよぶ．純粋状態のユニタリー変換による状態ベクトルの変化は，この球面上の状態を表す点の移動と捉えることができる．この状態ベクトルの変化をマップとよぶこともある（この具体例として，第 6 章の章末問題を参照のこと）．

次項で紹介する EPR パラドクスを考えるときに，**量子もつれ**（quantum entanglement）という概念が現れ，**もつれ状態**（エンタングル状態）を定義する必要が生じる．そのため，ここでもつれ状態の数学的定義を与えておくことにする．もつれ（entanglement）という言葉は，EPR パラドクスの

議論の中でシュレディンガーによって初めて用いられた言葉である．

ある粒子が，(10.2)で表される2つの準位 $|u\rangle$ と $|d\rangle$ の重ね合わせ状態にあるとする．量子もつれ状態とは，状態の直積の形でどうしても表せない状態のことである．それを具体的な例でみてみよう．

粒子Aの状態を

$$|s\rangle_{\mathrm{A}} = \alpha_{\mathrm{A}}|u\rangle_{\mathrm{A}} + \beta_{\mathrm{A}}|d\rangle_{\mathrm{A}} \tag{10.12}$$

とおき，粒子Bの状態を

$$|s'\rangle_{\mathrm{B}} = \alpha_{\mathrm{B}}|u\rangle_{\mathrm{B}} + \beta_{\mathrm{B}}|d\rangle_{\mathrm{B}} \tag{10.13}$$

とおくとき，$|s\rangle_{\mathrm{A}} \otimes |s'\rangle_{\mathrm{B}}$ のように各々の状態の直積で表せる場合は，もつれ状態ではない．

しかし，粒子Aと粒子Bがつくる状態で，例えば

$$|ss'\rangle = \frac{1}{\sqrt{2}}(|u\rangle_{\mathrm{A}} \otimes |d\rangle_{\mathrm{B}} \pm |d\rangle_{\mathrm{A}} \otimes |u\rangle_{\mathrm{B}}) \tag{10.14}$$

のような状態は，もつれ状態である．実際，(10.14)はどうやっても $|s\rangle_{\mathrm{A}}$ と $|s'\rangle_{\mathrm{B}}$ の組み合わせで表すことができない．(10.14)でマイナス符号は電子のようなフェルミ粒子の場合に対応し，プラス符号はボース粒子に対応する．

ここで，直積について簡単に説明を加えておく．いま考えている状態 $|u\rangle$，$|d\rangle$ は，付録のA.1.2項の N 次元ベクトル空間で $N = 2$ の場合に相当する．2つの2次元ベクトル

$$|a\rangle = \begin{pmatrix} a_1 \\ a_2 \end{pmatrix}, \qquad |b\rangle = \begin{pmatrix} b_1 \\ b_2 \end{pmatrix} \tag{10.15}$$

の直積は，(A.39)で $N = 2$ の場合を適用すると，

$$|a\rangle \otimes |b\rangle = \begin{pmatrix} a_1 b_1 \\ a_1 b_2 \\ a_2 b_1 \\ a_2 b_2 \end{pmatrix} \tag{10.16}$$

となるから，例えば，$|u\rangle \otimes |d\rangle$ は

$$|u\rangle \otimes |d\,\rangle = \begin{pmatrix} 0 \\ 1 \\ 0 \\ 0 \end{pmatrix} \tag{10.17}$$

となる．

この直積計算を使って具体的な計算を行うと，前記のもつれ状態(10.14)が，状態(10.12)と状態(10.13)の直積ではどうやってもつくることができないことがすぐにわかる．

10.2.2　EPRパラドクス

アインシュタイン－ポドルスキー－ローゼンが行った思考実験をみてみよう．2つの粒子AとBの状態が，物理量 x_{A} の固有関数 $u_n(x_{\mathrm{A}})$ を用いて次のように表せる場合を考える．

$$\Psi(x_{\mathrm{A}}, x_{\mathrm{B}}) = \sum_{n=1}^{\infty} \psi_n(x_{\mathrm{B}})\, u_n(x_{\mathrm{A}}) \tag{10.18}$$

ただし，n は物理量 x_{A} の固有状態を指定するパラメーターで，展開係数 $\psi_n(x_{\mathrm{B}})$ は x_{B} のみに依存する．$n=1$ の場合を除いて，状態 $\Psi(x_{\mathrm{A}}, x_{\mathrm{B}})$ は2つの状態の積で表せないので，もつれ状態になっている．

具体的に，2つの自由粒子に対して波動関数が規格化定数を別として

$$\Psi(x_{\mathrm{A}}, x_{\mathrm{B}}) = \int_{-\infty}^{\infty} dp\, e^{ip(x_{\mathrm{A}} - x_{\mathrm{B}} + d)/\hbar} \tag{10.19}$$

のように与えられている場合を考えよう．このとき，粒子Aの運動量を測定して，p_{A} という測定値を得たとすると，粒子Aの波動関数は $e^{ip_{\mathrm{A}}x_{\mathrm{A}}/\hbar}$ に比例する固有関数となるので，運動量保存則から粒子Bの波動関数は $e^{-ip_{\mathrm{A}}x_{\mathrm{B}}/\hbar}$ に比例し，粒子Bの運動量は $-p_{\mathrm{A}}$ に確定する．

しかし，粒子Aの位置を測定し，x_{A} という測定値を得たとすると，波動関数(10.19)は

$$\Psi(x_{\mathrm{A}}, x_{\mathrm{B}}) \propto \delta(x_{\mathrm{A}} - x_{\mathrm{B}} + d) \tag{10.20}$$

であるから，もし粒子Aの座標値を測定して x_{A} という値を得た場合には，粒子Bの座標値が $x_{\mathrm{A}} + d$ に確定することになる．

このように，粒子Bは，直接測定することなく，その運動量と位置が確定した．測定とは無関係に物理量を予言できることが実在性の定義なので，運動量も位置もともに実在することになる．しかし，量子力学では運動量と位置は交換しないので，ともに確定値をとるような状態は不確定性原理によ

って存在しないはずである．

アインシュタインたちは，このような考察をもとに，量子力学は実在性をもった完全な理論にはなっていないと主張した．

ボーム（D. Bohm）とアハラノフ（Y. Aharonov）は，この指摘を2粒子のスピンに対する問題に置き換え，より理解しやすい例を提示した[11]．原点に2つのスピン1/2の粒子AとB（話を簡単にするために粒子は電荷をもたないものとする）を置き，粒子Aはx軸の正方向に，粒子Bはx軸の負方向に走り始めるものとする．このとき，粒子Aと粒子Bの全体のスピンはゼロになるように組み合わされているものとすると，その状態は

$$|ss'\rangle = \frac{1}{\sqrt{2}}(|u\rangle_{\mathrm{A}} \otimes |d\rangle_{\mathrm{B}} - |d\rangle_{\mathrm{A}} \otimes |u\rangle_{\mathrm{B}}) \tag{10.21}$$

と表される．この状態は，まさに(10.14)で示したもつれ状態$|ss'\rangle$に相当する．

2つの粒子が原点から互いに十分遠く離れた後で，粒子Aのz方向のスピンを測定して，$\pm 1/2$どちらかの値を得たとすると，全体のスピンは0にとってあるのだから，粒子Bのスピン状態は直ちにわかってしまう．すなわち，測定していない粒子Bのスピン状態が自動的に確定することになる．

実は，この状況にちょうど対応する素粒子現象がある．それはスカラー粒子ηの2光子崩壊$\eta \to \gamma\gamma$現象である．この2つの光子が粒子AとBに対応する．

ここで，粒子Aのz方向とは異なる方向，例えばx方向のスピンを測定していたと仮定すると，今度はこの方向のスピンの値が得られて，この方向の粒子Bの状態が確定していたことになる．

もつれ状態を使えば，粒子Bのスピンは測定とは無関係に確実に予言できるので，実在性の条件を満たすが，異なる方向のスピン演算子は交換しないため，それらがともに確定しているような状態は量子力学では実現できないはずである．よって，量子力学は実在性を記述する完全な理論とはなっていないというアインシュタインらの主張が再現された．

11） D. Bohm and Y. Aharonov : Phys. Rev. **108** (1957) 1070.

ここで，もつれ状態がもつ非局所性について，考察しよう．粒子 A の測定が行われるまでは，粒子 B の状態が決まっていないにもかかわらず，粒子 A の測定を行った途端に粒子 B の状態が確定してしまう．このことをコペンハーゲン解釈に基づいて解釈すると，粒子 A で起こる波束の収縮が，粒子 B でも同時に起こることを意味する．もつれ状態が生じていると，粒子 A の状態に対する操作が，遠く離れた粒子 B の状態に瞬時に影響を及ぼす．このような非局所的な量子相関を **EPR 相関**とよんでいる．

10.2.3　隠れた変数理論とベルの不等式

再びボームとアハラノフの例に戻る．原点に置かれた 2 つの粒子 A，B が逆方向に走り出し，互いに遠く離れたときに，粒子 A のスピン状態を測定する．このとき，測定されるまでは状態は確定しておらず，測定によって初めて状態が確定し，もつれ状態が引き起こす非局所相関により，粒子 A に対して行われた測定が，遠く離れた粒子 B の状態に影響を及ぼすことがわかった．

1952 年にボームは，この非局所相関に対して局所的な隠れた変数理論を提案した[12)]．この理論では，原点に 2 つの粒子を置く際に，局所的に未知の何らかの確率的要素が加わったために不確定要素が現れるが，測定結果は測定する前から決まっていたと考える．この考えの下では，粒子 A に対して行われた測定が粒子 B に対して影響を及ぼすことはないので，局所性と実在性を基礎とした理論になっていて，**隠れた変数理論**とよばれている．

具体的な問題を考えてみよう．原点に A，B の 2 つの粒子を置き，1 つは x 軸の正方向に運動し，もう 1 つは x 軸の負方向に運動するとする．粒子 A の 2 つの独立な方向のスピンを測定し，正ならば$+1$，負ならば-1として，2 つの方向の測定値をそれぞれ a, b とする．同じように粒子 B でも 2 つの独立な方向のスピンを測定し，正ならば$+1$，負ならば-1として，測定値を c，d とする．

12）　D. Bohm : Phys. Rev. **85** (1952) 166.
　　D. Bohm : Phys. Rev. **85** (1952) 180.

隠れた変数理論では，測定値 a, b, c, d は粒子 A と粒子 B における測定とは無関係であり，もつれ状態が予言するように，粒子 A における測定が B での測定に影響することはない．ベル（J. S. Bell）は，ここで $ac + bc + bd - ad$ という量に着目した．$ac + bc + bd - ad = a(c - d) + b(c + d)$ であるから，$c - d$ と $c + d$ はどちらかが 0 で，どちらかが 2 または -2 となる．したがって，

$$ac + bc + bd - ad = \pm 2 \tag{10.22}$$

であるから，この測定を多数回行えば，期待値は，

$$-2 \leq \langle ac + bc + bd - ad \rangle \leq 2 \tag{10.23}$$

となるであろうと考えたのである．この式は**ベルの不等式**とよばれている．なお，この不等式を実験的に検証しやすい形で導出したクラウザーらの名に因んで，**CHSH 不等式**ともよばれている[13]．

ところが，量子力学に基づいて $\langle ac + bc + bd - ad \rangle$ を計算すると

$$-2\sqrt{2} \leq \langle ac + bc + bd - ad \rangle \leq 2\sqrt{2} \tag{10.24}$$

となる．実際，(10.24) は以下のようにして証明することができる．

量子力学では，$a = \boldsymbol{n}_a \cdot \boldsymbol{\sigma}_{\mathrm{A}}$，$b = \boldsymbol{n}_b \cdot \boldsymbol{\sigma}_{\mathrm{A}}$，$c = \boldsymbol{n}_c \cdot \boldsymbol{\sigma}_{\mathrm{B}}$，$d = \boldsymbol{n}_d \cdot \boldsymbol{\sigma}_{\mathrm{B}}$ のようにスピン行列 $\boldsymbol{\sigma}$ を用いて表すことができる．ここで，$\boldsymbol{n}_a, \boldsymbol{n}_b, \boldsymbol{n}_c, \boldsymbol{n}_d$ はスピンを測定する方向を表す単位ベクトルである．このとき，$a^2 = b^2 = \mathbf{1}_{\mathrm{A}}$，$c^2 = d^2 = \mathbf{1}_{\mathrm{B}}$ を用いて，

$$(ac + bc + bd - ad)^2 = 4 \times \mathbf{1}_{\mathrm{A}} \otimes \mathbf{1}_{\mathrm{B}} + [a, b][c, d] \tag{10.25}$$

となることが簡単な計算からわかる．任意の状態に対して，$\langle \mathbf{1} \rangle = 1$ および

$$\langle [a, b] \rangle \leq 2, \qquad \langle [c, d] \rangle \leq 2 \tag{10.26}$$

などを用いると，

$$\langle (ac + bc + bd - ad)^2 \rangle \leq 8 \tag{10.27}$$

となり，(10.24) を得る．ベルの不等式 (10.23) と比較すると，量子力学の不等式の方が強い相関を与えていることがわかる．

13）　J. S. Bell : Physics **1** (1964) 195.
J. F. Clauser, M. A. Horne, A. Shimony and R. A. Holt : Phys. Rev. Lett. **23** (1969) 880.

この不等式は実験的に検証することができて，実際，量子光学における偏光自由度を用いた実験や電子のスピンを用いた実験など，これまで多くの実験がなされている．その結果，ベルの不等式は破れている，すなわち，実験値はベルの不等式の上限値2と下限値−2を超えているということがわかったのである[14]．

この実験結果は重大である．すなわち，隠れた変数理論は実験結果により否定され，それによって，量子力学に対するEPRの批判も否定されたのである．このように，現段階では，量子力学は不完全な理論だとはいえない．しかし，量子力学の非局所性の問題については更なる検討が必要であろう．

§10.3　量子測定理論の概要

観測の理論の中で哲学的議論にとどまっていた部分が，近年の研究によって，数学的な言葉で形式化できるようになりつつある．このように，量子力学における測定過程を理論的に記述する枠組みを**量子測定理論**とよぶ．量子測定理論では，測定対象とする物理量にも，測定を行う測定器系にも，量子力学的な考え方を適用することで，測定過程を数学的に記述することができる．

量子力学では，系のハミルトニアンが与えられれば，その系の時間発展はユニタリー演算子によって記述される．実際，孤立系ではそれが保証されている．しかしながら，第4章や§10.1で述べたように，飛来した電子の位置をスクリーン上で記録する測定過程は，ユニタリー演算子による時間発展として記述できない．

孤立系では，ユニタリー発展が保証されているので，もし電子と観測者とを合わせたすべての自由度を量子力学的に取り扱えば，ユニタリー発展の結果として，一見ユニタリー発展にみえない測定の過程を記述することができるのではないかと思われる．コペンハーゲン解釈では，この問いには答えず，測定される系が測定に曝されるまではユニタリー発展として，測定過程

14）A. Aspect, P. Grangier and G. Roger : Phys. Rev. Lett. **47** (1981) 460.
A. Aspect, J. Dalibard and G. Roger : Phys. Rev. Lett. **49** (1982) 1804.
W. Tittel, J. Brendel, H. Zbinden and N. Gisin : Phys. Rev. Lett. **81** (1998) 3563.
M. A. Rowe, *et al.*: Nature **409** (2001) 791.

は非可逆的（非ユニタリー的）な過程であることを前提としている．

この節では，測定過程を量子力学の枠組みの中でどのように記述できるかについて解説する．近年行われつつある量子力学の検証実験では，この量子測定理論が重要なはたらきをしている．

10.3.1　密度演算子

量子力学における**混合状態**とは，純粋状態をある確率で重ね合わせた状態のことをいう．ここで**純粋状態**とは，必要な情報を備えた単一の状態ベクトルで表される状態，すなわち，1つの波動関数で表すことができる状態である．一方の混合状態は，1つの波動関数で表すことができない．例えば，温度 T で熱浴と接している系では，エネルギー E_n をもつ状態がボルツマン因子 $e^{-E_n/k_\mathrm{B}T}$ に比例する確率に従って出現する．しかし，異なるエネルギーをもつ状態間に相関はない．このような系の状態は混合状態となり，混合状態を扱うのに便利な道具は**密度演算子**（**密度行列**）である．

まず，純粋状態 $|\psi\rangle$ を考えよう．純粋状態に対する密度演算子は，

$$\hat{\rho} = |\psi\rangle\langle\psi| \tag{10.28}$$

と定義され，この演算子 $\hat{\rho}$ は，

$$\hat{\rho}^2 = |\psi\rangle\langle\psi|\psi\rangle\langle\psi| = |\psi\rangle\langle\psi| = \hat{\rho} \tag{10.29}$$

を満たす．この式は，**べき等条件**とよばれ，この条件を満たす密度演算子は純粋状態を表す．後で述べるように，混合状態に対する密度演算子は，べき等条件を満たさない．

純粋状態 $|\psi\rangle$ に対する物理量 $\hat{A}$ の期待値は

$$\langle\hat{A}\rangle = \langle\psi|\hat{A}|\psi\rangle = \mathrm{Tr}\,[\hat{\rho}\hat{A}] \tag{10.30}$$

と表すことができる．ここで，Tr（トレース）は，演算子の対角和をとる演算を意味する．座標演算子の固有状態を基底に選ぶ場合には，和が連続変数 $\boldsymbol{r}$ についての積分になる．以上の記述については，§5.2 で述べた統計学との類似性を思い起こして欲しい．

次に，混合状態を考えよう．問題にしている系を表している完全（正規直交）系の集合 $\{|n\rangle\}$ を考える．状態 $|n\rangle$ が見出される確率が $\mathcal{P}_n$ で与えられているとすると，考えている系は混合状態であり，密度演算子によって

$$\hat{\rho} = \sum_n \mathcal{P}_n |n\rangle\langle n| \tag{10.31}$$

と表される．この密度演算子の2乗は

$$\hat{\rho}^2 = \sum_n \mathcal{P}_n^2 |n\rangle\langle n| \tag{10.32}$$

となり，べき等条件(10.29)を満たしていない．

演算子の対角和をとる演算であるトレースを

$$\mathrm{Tr}(\hat{A}) = \sum_n \langle n|\hat{A}|n\rangle \tag{10.33}$$

で定義する．章末問題で証明するように，トレースは基底の選び方によらない．また，量子状態を表す密度演算子 $\hat{\rho}$ が与えられると，任意のオブザーバブル $\hat{O}$ の量子統計的期待値は，純粋状態の場合と同じようにトレースを用いて

$$\langle\hat{O}\rangle = \sum_n \mathcal{P}_n \langle n|\hat{O}|n\rangle = \mathrm{Tr}(\hat{\rho}\hat{O}) \tag{10.34}$$

と表すことができる．

(10.34)が成り立つことは，次のように示すことができる．

$$\begin{aligned}\mathrm{Tr}(\hat{\rho}\hat{O}) &= \sum_n \langle n|\hat{\rho}\hat{O}|n\rangle = \sum_n\sum_m \mathcal{P}_m \langle n|m\rangle\langle m|\hat{O}|n\rangle \\ &= \sum_n \mathcal{P}_n \langle n|\hat{O}|n\rangle\end{aligned} \tag{10.35}$$

ここで，(10.31)と $\langle n|m\rangle = \delta_{nm}$ を用いた．

また，状態が $|n\rangle$ にある確率は

$$\mathcal{P}_n = \langle n|\hat{\rho}|n\rangle \tag{10.36}$$

によって与えられ，確率の和は1なので，

$$\sum_n \mathcal{P}_n = \sum_n \langle n|\hat{\rho}|n\rangle = \mathrm{Tr}(\hat{\rho}) = 1 \tag{10.37}$$

を満たす．これは**トレース条件**とよばれ，密度演算子が満たさなければならない条件である．

密度演算子の時間発展は，シュレディンガー方程式を用いて

$$\frac{d}{dt}\hat{\rho} = -\frac{i}{\hbar}[\hat{H}, \hat{\rho}] \tag{10.38}$$

に従うことが示され，これは，**フォン・ノイマン方程式**とよばれている．したがって，密度演算子は，ユニタリー演算子 $\hat{U}(t) = \exp(-i\hat{H}t/\hbar)$ によっ

て次のように時間発展する．

$$\hat{\rho}(t) = \hat{U}(t)\,\hat{\rho}(0)\,\hat{U}^{\dagger}(t) \tag{10.39}$$

この時間発展によって，(10.37)は保存される．この保存則の証明を含めて，密度演算子に関する基本的な性質を章末問題にまとめたので参照してほしい．

10.3.2　射影測定と一般の量子測定

系が量子状態 $|\phi\rangle$ にあるとき，物理量 $\hat{O}$ を測定することを考える．測定の理論によって記述するのは，測定結果が現れる確率と測定後の状態である．**射影測定**とは，$\hat{O}$ の固有値が測定値として得られるような測定である．すなわち，状態 $|n\rangle$ を，$\hat{O}$ の固有値 O_n に対応する固有状態としたとき，重ね合わせの状態 $|\phi\rangle$ から

$$|\phi\rangle = \sum_n \alpha_n |n\rangle \quad \to \quad |n'\rangle \tag{10.40}$$

のように，$\hat{O}$ の固有状態のどれか 1 つの $|n'\rangle$ に確定するような測定である．

射影測定は，密度演算子

$$\hat{K}_n = |n\rangle\langle n| \tag{10.41}$$

の集合 $\{\hat{K}_n\}$ によって記述される．この密度演算子は，特に**射影演算子**とよばれている．物理量 $\hat{O}$ の射影測定では，測定によって固有値が 1 つ得られる．$\hat{O}$ の射影測定によって O_n が得られたとすると，測定後の状態は，

$$|\phi'\rangle = \frac{\hat{K}_n|\phi\rangle}{\sqrt{\langle\phi|\hat{K}_n^{\dagger}\hat{K}_n|\phi\rangle}} = |n\rangle \tag{10.42}$$

となり，状態 $|\phi\rangle$ に対して，射影測定の結果，測定値 O_n が測定される確率 $\mathcal{P}_n$ は，

$$\mathcal{P}_n = \langle\phi|\hat{K}_n^{\dagger}\hat{K}_n|\phi\rangle = |\langle n|\phi\rangle|^2 \tag{10.43}$$

によって与えられる．ここで射影演算子(10.41)は，$\hat{K}_n^{\dagger}\hat{K}_n = \hat{K}_n$ を満たす．

状態 $|\phi\rangle$ の密度演算子 $\hat{\rho} = |\phi\rangle\langle\phi|$ を用いると，

$$\mathcal{P}_n = \mathrm{Tr}(\hat{\rho}\hat{K}_n^{\dagger}\hat{K}_n) \tag{10.44}$$

と表すことができる．また，任意の状態に対して確率の和が 1 となる条件，$\sum_n \mathcal{P}_n = 1$ が成り立つためには，

$$\sum_n \hat{K}_n^{\dagger}\hat{K}_n = \mathbf{1} \tag{10.45}$$

が成り立たなければならない．射影演算子(10.41)による射影測定の場合，これは固有状態の完全性条件になっている．

例えば，スピン 1/2 の粒子の z 軸方向のスピンを測定する場合，射影演算子は，

$$\widehat{K}_1 = |u\rangle\langle u|, \qquad \widehat{K}_2 = |d\rangle\langle d| \tag{10.46}$$

の 2 つである．ここで，$|u\rangle$ はスピンが z 軸の上向きの状態，$|d\rangle$ はスピンが下向きの状態を表し，これらの射影演算子を用いると，スピン演算子の z 成分は，

$$\hat{\sigma}_z = \widehat{K}_1 - \widehat{K}_2 \tag{10.47}$$

と表すことができる．

物理量 $\widehat{O}$ は，一般に射影演算子と固有値を用いて

$$\widehat{O} = \sum_n O_n |n\rangle\langle n| \tag{10.48}$$

のように表すことができて，これを**スペクトル分解**とよぶ．

次に，一般の量子測定について考えよう．先に述べたとおり，測定の理論において記述したいのは，測定結果が現れる確率と測定後の状態である．量子測定理論では，測定される物理系（被測定系）の状態を密度演算子で記述し，測定過程によってその密度演算子がどのように変化するかをみる．

これから示そうとしていることは，測定による被測定系の状態の変化が(10.53)のように表され，測定器系で測定結果が得られる確率は(10.56)によって与えられるということである．一般の量子測定過程は，(10.54)の被測定系に作用するクラウス演算子 $\widehat{K}_n$ によって記述されることを示す．

全量子系（合成系）が A（被測定系）と B（測定器系）の 2 つの部分系から成り立っている場合に，測定前の系 A と B の密度演算子をそれぞれ $\hat{\rho}_{\mathrm{A}}$ と $|0\rangle_{\mathrm{BB}}\langle 0|$ と表すことにする．このとき，測定前の状態は密度演算子を用いて

$$\hat{\rho}_{\mathrm{tot}} = \hat{\rho}_{\mathrm{A}} \otimes |0\rangle_{\mathrm{BB}}\langle 0| \tag{10.49}$$

と与えられる．系 B を測定器系とよんだが，B は A と相互作用する任意の環境系と考えてよい．

上の式で現れた記号 $\otimes$ は，演算子の直積を表すものである．直積の定義

は，有限次元ベクトル空間の場合は 10.2.1 項でもふれたが，付録の A.1.2 項の N 次元ベクトル空間のところで与えたとおりである．§2.2 で述べたヒルベルト空間では無限次元行列を取り扱う．この場合は，N 次元行列の直積の定義で $N \to \infty$ に拡張したものだと考えればよい．

ここで，ある時間の間，測定器のスイッチを入れて，全量子系を時間発展させる．全量子系 A と B が孤立系であるとき，系は全体のユニタリー演算子 U で次のように時間発展する．

$$\hat{\rho}'_{\text{tot}} = \hat{U}\hat{\rho}_{\text{tot}}\hat{U}^\dagger = \hat{U}\hat{\rho}_{\text{A}} \otimes |0\rangle_{\text{BB}}\langle 0|\,\hat{U}^\dagger \tag{10.50}$$

(10.50)で系 B に関する部分のみのトレース Tr_{B} をとることにし，これを部分トレースとよぶことにすると，

$$\hat{\rho}'_{\text{A}} = \text{Tr}_{\text{B}}(\hat{U}\hat{\rho}_{\text{tot}}\hat{U}^\dagger) = \text{Tr}_{\text{B}}(\hat{U}\hat{\rho}_{\text{A}} \otimes |0\rangle_{\text{BB}}\langle 0|\,\hat{U}^\dagger) \tag{10.51}$$

が得られる．

系 B のヒルベルト空間を張る基底ベクトルの完全性条件

$$\mathbf{1}_{\text{B}} = \sum_n |n\rangle_{\text{BB}}\langle n| \tag{10.52}$$

を用いると，

$$\hat{\rho}'_{\text{A}} = \sum_n {}_{\text{B}}\langle n|\,\hat{U}\,|0\rangle_{\text{B}}\hat{\rho}_{\text{A}}\,{}_{\text{B}}\langle 0|\,\hat{U}^\dagger\,|n\rangle_{\text{B}} = \sum_n \hat{K}_n\hat{\rho}_{\text{A}}\hat{K}_n^\dagger \tag{10.53}$$

となる．$\hat{K}_n$ は**クラウス演算子**とよばれ，

$$\hat{K}_n = {}_{\text{B}}\langle n|\,\hat{U}\,|0\rangle_{\text{B}} \tag{10.54}$$

と定義される．

クラウス演算子 $\hat{K}_n$ は，$\hat{U}$ のユニタリー性から，次の完全性の条件をみたす．

$$\sum_n \hat{K}_n^\dagger\hat{K}_n = \sum_n {}_{\text{B}}\langle 0|\,\hat{U}^\dagger\,|n\rangle_{\text{BB}}\langle n|\,\hat{U}\,|0\rangle_{\text{B}} = \mathbf{1}_{\text{A}} \tag{10.55}$$

また，測定によって測定器系が n となる確率は，

$$\mathcal{P}_n = \text{Tr}(\hat{\rho}_{\text{A}}\hat{K}_n^\dagger\hat{K}_n) = \text{Tr}(\hat{\rho}_{\text{A}}\hat{E}_n) \tag{10.56}$$

と与えられる．ここで，$\hat{E}_n$ は

$$\hat{E}_n = \hat{K}_n^\dagger\hat{K}_n \tag{10.57}$$

であり，**POVM**（Positive Operator Valued Measure）とよばれる．

系 A の初期状態が密度演算子

$$\hat{\rho}_{\mathrm{A}} = \sum_a p_a |a\rangle_{\mathrm{AA}}\langle a| \tag{10.58}$$

で与えられているときには，測定によって測定器系が n となる確率 $\mathcal{P}_n$ は $\sum_{a'}|a'\rangle\langle a'| = \mathbf{1}_{\mathrm{A}}$ を用いて

$$\mathcal{P}_n = \sum_{a,a'} |{}_{\mathrm{A}}\langle a'|{}_{\mathrm{B}}\langle n|\hat{U}|a\rangle_{\mathrm{A}}|0\rangle_{\mathrm{B}}|^2 p_a \tag{10.59}$$

となる．これは，測定器系が $|0\rangle_{\mathrm{B}} \to |n\rangle_{\mathrm{B}}$ へ遷移する確率を与える．

(10.51)で与えられた密度演算子 $\hat{\rho}'_{\mathrm{A}}$ は，以下の諸性質をもっている．

1．$\hat{\rho}'_{\mathrm{A}}$ はエルミート演算子である．

$$\hat{\rho}'^{\dagger}_{\mathrm{A}} = (\sum_n \hat{K}_n \hat{\rho}_{\mathrm{A}} \hat{K}_n^{\dagger})^{\dagger} = \sum_n \hat{K}_n \hat{\rho}_{\mathrm{A}}^{\dagger} \hat{K}_n^{\dagger} = \hat{\rho}'_{\mathrm{A}} \tag{10.60}$$

2．トレース保存(確率の保存)が成り立つ．

$$\mathrm{Tr}(\hat{\rho}'_{\mathrm{A}}) = \mathrm{Tr}(\sum_n \hat{K}_n \hat{\rho}_{\mathrm{A}} \hat{K}_n^{\dagger}) = \mathrm{Tr}(\sum_n \hat{\rho}_{\mathrm{A}} \hat{K}_n^{\dagger} \hat{K}_n) = \mathrm{Tr}(\hat{\rho}_{\mathrm{A}} \mathbf{1}_{\mathrm{A}}) = \mathrm{Tr}(\hat{\rho}_{\mathrm{A}}) \tag{10.61}$$

3．正値性を有する．つまり，$\hat{\rho}'_{\mathrm{A}}$ の固有値すべてが非負である．このような正値性を保つ時間発展を**正値写像**（positive map）とよぶ．さらに，$\hat{\rho}'_{\mathrm{A}}$ は**完全正値写像**（compeletely positive map）である[15]．$\hat{\rho}'_{\mathrm{A}}$ が完全正値写像とは，系 A のヒルベルト空間を $\mathcal{H}$，別の任意のヒルベルト空間を $\mathcal{H}_{\mathrm{R}}$ として，合成系 $\mathcal{H} \otimes \mathcal{H}_{\mathrm{R}}$ の任意の密度演算子 $\hat{\rho}_{ex}$ に対して，

$$\hat{\rho}'_{ex} = \sum_n (\hat{K}_n \otimes \mathbf{1}_{\mathrm{R}}) \hat{\rho}_{ex} (\hat{K}_n^{\dagger} \otimes \mathbf{1}_{\mathrm{R}}) \tag{10.62}$$

もまた正値であることをいう．ただし，$\mathbf{1}_{\mathrm{R}}$ は $\mathcal{H}_{\mathrm{R}}$ の恒等演算子である．

ここでは，測定器系（環境系）B と相互作用する部分系（被測定系）A の状態変化 ($\hat{\rho}_{\mathrm{A}} \to \hat{\rho}'_{\mathrm{A}}$) は，クラウス演算子を用いて(10.53)のように表せることをみた．このような部分系の量子状態の変化を記述する形式を量子操作の**クラウス表現**（Kraus representation）とよぶ．この量子状態の変化において系 A の密度演算子は，1. エルミート性，2. 確率保存，3. 完全正値性，を保つことがわかった．逆に，これらの性質をもつ線形写像は，(10.53)の形に表せることが，次のクラウス表現定理として知られている．したがっ

15）　佐川貴大・上田正仁 著：「量子測定と量子制御」（サイエンス社，2016）

て，(10.53)は測定器系（環境系）との相互作用に伴う系Aの状態変化を与える線形写像として，最も一般的なものである．

クラウス表現定理

測定器系（環境系）Bと相互作用する物理系（被測定系）Aに対し，その状態の変化を与える線形写像として，エルミート性，トレース保存，完全正値性をもつことを要求すると，一般に(10.55)の性質をもつクラウス演算子を用いて(10.53)のように書くことができる[16)]．

クラウス表現定理が表している重要な意味は，測定器系（環境系）Bと相互作用する物理系（被測定系）Aがあったときに，測定器系（環境系）Bについて部分トレースをとることによって，物理系（被測定系）Aのみの言葉で必要な情報を表現できるということである．

§10.4　量子測定と不確定性関係

§4.7で，不確定性関係について述べた．これは，物理量AとBが可換でなければ，それらの標準偏差（この節では量子ゆらぎともよぶ）の積に下限があることを示すものである．

ハイゼンベルクは，1927年にγ線顕微鏡を用いた思考実験に基づいて，物理量の測定によって，それに伴う状態への反作用が現れることを指摘した．この思考実験は，電子の位置を測定するためにγ線（光子）を電子に衝突させ，γ線（光子）の位置を測定することで電子の位置を測定しようというものである．そして，γ線の波長をλとすると，電子の位置の測定誤差は$\Delta x \sim \lambda$程度となり，衝突の反作用として電子の運動量にγ線（光子）の運動量と同じ程度$\Delta p \sim h/\lambda$の反作用(乱れ)が生じることを示した．このとき，それらの間に$\Delta x\, \Delta p \sim h$の関係があることになるが，この関係式は，§4.7で示した量子ゆらぎの不確定性関係と似ており，これも不確定性関係とよばれることがある．しかし，可換でない物理量に対する量子ゆらぎの関係は測定と直接関係するわけではないのに対して，ハイゼンベルクの考察は，測定誤差とその測定によって生じた反作用による乱れに対する不確定性

16）M.-D. Choi : Linear Algebra and Its Applications **10** (1975) 285.

関係であり，両者は異なった対象を取り扱っている．

1980 年代に，重力波検出器の感度に関連して，測定誤差と反作用による不確定性関係から原理的な限界があるとする議論が見直されることになった[17]．これをきっかけとして，測定とは何か，測定誤差とは何か，またその反作用による乱れとは何か，という議論が理論模型に基づいて進められた．この節では，量子測定理論における発展の 1 つとして，新しい考え方に基づく不確定性関係について紹介する．

§10.3 で述べたように，量子系全体が被測定系と測定器系から成り立っているとする．ただし，ここでは被測定系は物理量 A と B からなっており，測定器系はメーター量 M によって記述され，物理量 A の測定に対しては，測定器系のメーター量 M の測定によって値が得られるとする．ここではハイゼンベルク描像を採用し，この測定に伴う演算子の発展は，全系のユニタリー演算子 U によって記述されるものとする．この様子を図示したものが図 10.4 である．

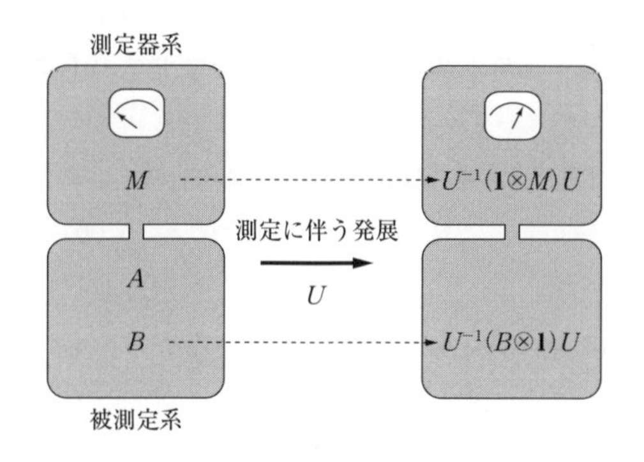

図 10.4　測定のモデル．被測定系の物理量 A, B に対して，A の測定は測定器系のメーター量 M によって評価される．この測定に伴う演算子の発展は，全系のユニタリー演算子 U によって記述されるとする．

A の測定誤差を以下のように定義する[18]．

$$\varepsilon^2(A) = \langle (U^\dagger(\mathbf{1} \otimes M)U - A \otimes \mathbf{1})^2 \rangle \tag{10.63}$$

この式の意味は次のとおりである．物理量 A は，測定器の測定後のメーター量 M で評価される．そこで，この評価値と測定前の A との差の 2 乗の期

17）H. P. Yuen : Phys. Rev. Lett. **51** (1983) 2465.

18）M. Ozawa : Phys. Rev. A **67** (2003) 042105.

待値をとれば，測定誤差が定義できる．

さらに，この測定に伴う，物理量 B への反作用（擾乱）を次のように定義する．

$$\eta^2(B) = \langle (U^\dagger(B \otimes \mathbf{1})U - B \otimes \mathbf{1})^2 \rangle \tag{10.64}$$

これは，B の測定前と測定後の差の分散である．

次に，上の(10.63)と(10.64)で現れた演算子を

$$E = U^\dagger(\mathbf{1} \otimes M)U - A \otimes \mathbf{1} \tag{10.65}$$

$$D = U^\dagger(B \otimes \mathbf{1})U - B \otimes \mathbf{1} \tag{10.66}$$

とおくと，$\mathbf{1} \otimes M$ と $B \otimes \mathbf{1}$ は可換なので，

$$\begin{aligned} 0 &= U^\dagger[B \otimes \mathbf{1}, \mathbf{1} \otimes M]U = [B \otimes \mathbf{1} + D, A \otimes \mathbf{1} + E] \\ &= [B \otimes \mathbf{1}, A \otimes \mathbf{1}] + [D, A \otimes \mathbf{1}] + [B \otimes \mathbf{1}, E] + [D, E] \end{aligned} \tag{10.67}$$

が得られる．したがって，

$$[D, A \otimes \mathbf{1}] + [B \otimes \mathbf{1}, E] + [D, E] = -[B \otimes \mathbf{1}, A \otimes \mathbf{1}] \tag{10.68}$$

である．この式の期待値をとった後，三角不等式（これはシュワルツの不等式から導出される）を用いると

$$|\langle [D, A \otimes \mathbf{1}] \rangle| + |\langle [B \otimes \mathbf{1}, E] \rangle| + |\langle [D, E] \rangle| \geq |\langle [A, B] \rangle| \tag{10.69}$$

を得る．

さらに，ロバートソンの不等式(4.46)から導かれる式を用いると，

$$\sigma(D)\,\sigma(A) + \sigma(B)\,\sigma(E) + \sigma(D)\,\sigma(E) \geq \frac{1}{2}|\langle [A, B] \rangle| \tag{10.70}$$

となる．ただし，$\sigma(Z)$ は演算子 Z に対する標準偏差を表す $\sigma^2(Z) = \langle Z^2 \rangle - \langle Z \rangle^2$ であり，$\sigma(E) = \varepsilon(A)$，$\sigma(D) = \eta(B)$ であるから，

$$\eta(B)\,\sigma(A) + \sigma(B)\,\varepsilon(A) + \eta(B)\,\varepsilon(A) \geq \frac{1}{2}|\langle [A, B] \rangle| \tag{10.71}$$

が得られる．ここで，$\varepsilon(A)$ は A の測定誤差，$\eta(B)$ は B の擾乱，$\sigma(A)$ と

$\sigma(B)$ は A と B の量子ゆらぎである．この(10.71)は，**小澤の不等式**とよばれている[19]．

この節の初めに述べた，ハイゼンベルクの γ 線顕微鏡による思考実験の不確定性関係と小澤の不等式とを比較してみよう．ここで述べた物理量 A と B は，電子の位置 x と運動量 p に対応する．すると，$\varepsilon(A)$ は電子の位置の測定誤差，$\eta(B)$ は電子の運動量の擾乱となるので，(10.71)の左辺第3項が，γ 線顕微鏡の思考実験のときの $\Delta x\,\Delta p$ に対応する．$\sigma(A)$ と $\sigma(B)$ は x と p の量子ゆらぎに対応し，ロバートソンの不等式から，これらの項を同時にゼロにはできない．一方，小澤の不等式では，$\varepsilon(A)\,\eta(B)$ をゼロにする測定も原理的には可能であることを示唆している．

ブランシアード（C. Branciard）は，小澤の不等式より強い不等式を導いている[20]．

$$\eta^2(B)\,\sigma^2(A) + \sigma^2(B)\,\varepsilon^2(A) + 2\eta(B)\,\varepsilon(A)\sqrt{\sigma^2(A)\,\sigma^2(B) - C^2} \geq C^2 \tag{10.72}$$

ここで，$C = |\langle[A, B]\rangle|/2$ である．

これらの不等式が成立していることは，中性子のスピンを用いた実験によって検証されている[21]が，誤差と擾乱に関する議論は続いている[22]．

演習問題

［**1**］ 量子力学における非局所的相関が相対性理論と矛盾するかどうかについて議論せよ．

［**2**］ 密度演算子に関連する演算について，以下のような性質をもつことを示せ．

(1) トレースの演算が基底によらない．

19） M. Ozawa : Phys. Rev. A **67** (2003) 042105.

20） C. Branciard : Proc. Natl. Acad. Sci. **110** (2013) 6742.

21） J. Erhart, S. Sponar, G. Sulyok, G. Badrek, M. Ozawa and Y. Hasegata : Nature Phys. **8** (2012) 185.

22） 例えば，渡辺 優・上田正仁：日本物理学会誌 **71** (2016) 372.

(2)　$\mathrm{Tr}(\hat{A}\hat{B}) = \mathrm{Tr}(\hat{B}\hat{A})$

(3)　密度演算子は，常に(10.31)のような対角表示ができ，正値性条件 $\mathcal{P}_n \geq 0$（固有値が正）とトレース性条件 $\sum_n \mathcal{P}_n = 1$ を満足する．

(4)　$\hat{\rho}(t)$ のトレースをとると $\mathrm{Tr}(\hat{\rho}(t)) = \mathrm{Tr}(\hat{\rho}(0)) = 1$ となり，確率の保存則を表す．

［**3**］　2 準位系 A（A の状態は $|0\rangle_{\mathrm{A}}, |1\rangle_{\mathrm{A}}$）と相互作用する 3 準位系 B（B の状態は $|0\rangle_{\mathrm{B}}, |1\rangle_{\mathrm{B}}, |2\rangle_{\mathrm{B}}$）があり，単位時間内に相互作用によって A が基底状態 $|0\rangle_{\mathrm{A}}$ にあるときは，確率 $\mathcal{P}$ で B の $|0\rangle_{\mathrm{B}}$ から $|1\rangle_{\mathrm{B}}$ への遷移のみが起こり，確率 $1-\mathcal{P}$ で何も起こらない．また，A が励起状態 $|1\rangle_{\mathrm{A}}$ にあるときは，確率 $\mathcal{P}$ で B の $|0\rangle_{\mathrm{B}}$ から $|2\rangle_{\mathrm{B}}$ への遷移のみが起こり，確率 $1-\mathcal{P}$ で何も起こらないとする．このとき，状態の変化は，

$$
\begin{aligned}
|0\rangle_{\mathrm{A}} \otimes |0\rangle_{\mathrm{B}} &\rightarrow \sqrt{1-\mathcal{P}}\,|0\rangle_{\mathrm{A}} \otimes |0\rangle_{\mathrm{B}} + \sqrt{\mathcal{P}}\,|0\rangle_{\mathrm{A}} \otimes |1\rangle_{\mathrm{B}} \\
|1\rangle_{\mathrm{A}} \otimes |0\rangle_{\mathrm{B}} &\rightarrow \sqrt{1-\mathcal{P}}\,|1\rangle_{\mathrm{A}} \otimes |0\rangle_{\mathrm{B}} + \sqrt{\mathcal{P}}\,|1\rangle_{\mathrm{A}} \otimes |2\rangle_{\mathrm{B}}
\end{aligned}
$$

と表せるから，クラウス演算子を次のように書くことができる．

$$
\hat{K}_0 = {}_{\mathrm{B}}\langle 0|\hat{U}|0\rangle_{\mathrm{B}} = \begin{pmatrix} \sqrt{1-\mathcal{P}} & 0 \\ 0 & \sqrt{1-\mathcal{P}} \end{pmatrix}
$$

$$
\hat{K}_1 = {}_{\mathrm{B}}\langle 1|\hat{U}|0\rangle_{\mathrm{B}} = \begin{pmatrix} \sqrt{\mathcal{P}} & 0 \\ 0 & 0 \end{pmatrix}
$$

$$
\hat{K}_2 = {}_{\mathrm{B}}\langle 2|\hat{U}|0\rangle_{\mathrm{B}} = \begin{pmatrix} 0 & 0 \\ 0 & \sqrt{\mathcal{P}} \end{pmatrix}
$$

このとき，クラウス演算子がもつべき性質を確かめよ．また，この状態の変化を繰り返すと，A の状態は異なる量子状態間の干渉の消失（デコヒーレンス）を引き起こすことを示せ．

［**4**］　$\hat{a}^\dagger, \hat{a}, \hat{b}^\dagger, \hat{b}$ を昇降演算子として，ハミルトニアンが次のように与えられている系を考える．

$$
H = \hbar\omega(\hat{a}^\dagger\hat{a} + \hat{b}^\dagger\hat{b}) + \lambda(\hat{a}^\dagger\hat{b}^\dagger + \hat{a}\hat{b}) \tag{10.73}
$$

ただし，$[\hat{a}, \hat{a}^\dagger] = [\hat{b}, \hat{b}^\dagger] = 1$，その他の昇降演算子関する交換関係はゼロである．この系は，2 つの調和振動子が λ に比例する項によって相互作用している系とみなすことができる．このとき，$\hat{c} = \hat{a}\cosh\theta + \hat{b}^\dagger\sinh\theta$，$\hat{d} = \hat{a}^\dagger\sinh\theta + \hat{b}\cosh\theta$ を導入すると，$[\hat{c}, \hat{c}^\dagger] = [\hat{d}, \hat{d}^\dagger] = 1$ であることを示し，ハミルトニアンを対角化する θ を求めよ．

また，このハミルトニアンを対角化する表示で，系の基底状態は，$\hat{c}|\tilde{0}\rangle = \hat{d}|\tilde{0}\rangle = 0$ によって決めることができる．$\hat{a}$ と $\hat{b}$ を用いて定義される基底状態 $\hat{a}|0\rangle_a = 0$，$\hat{b}|0\rangle_b = 0$ と，その励起状態 $|n\rangle_a = (n!)^{-1/2}(\hat{a}^\dagger)^n|0\rangle_a$，$|n\rangle_b = (n!)^{-1/2}(\hat{b}^\dagger)^n|0\rangle_b$ を用いて，$|\tilde{0}\rangle$ を表せ．

[**5**]　調和振動子 a と b の n 階励起状態をそれぞれ $|n\rangle_a$ と $|n\rangle_b$ とし，次のもつれた状態を考える．

$$|a, b\rangle = \sum_{n=0}^{\infty} N e^{-\hbar\omega n/2k_{\mathrm{B}}T}|n\rangle_a \otimes |n\rangle_b$$

ここで，$N = \sqrt{1 - e^{-\hbar\omega/k_{\mathrm{B}}T}}$ は規格化定数である．この純粋状態の密度演算子 $|a, b\rangle\langle a, b|$ に対して，b に関する部分トレースをとり，a のみに着目した状態を求めよ．（結果は a の熱的混合状態になる．）

11 場の量子論への道

電子に対する確率波の波動方程式としてシュレディンガー方程式があり，電磁波の波動方程式としてマクスウェル方程式がある．それぞれ，電子や光子を波動と考えたときの電子場の理論と光子場の理論の基礎方程式である．§10.1の末尾でも触れたように，干渉現象などでは，電子場の振る舞いと光子場の振る舞いに強い類似性がみられ，場の理論としても両者には深い対応関係があるように思われる．この点に関して，§11.1で詳しく論じる．

§11.2では，なぜ場を量子化しなければならないかについて考察した上で，中性スカラー場という簡単な例を用いて，場を量子化する具体的な処方箋を解説する．場の量子化によって，場の量子を1個1個と数えることができるようになることや，さらに，場の量子論の枠組みの中で，粒子と波動の二重性がどのように解明されるかを示す．

§11.1　電子と光子の場の理論

電子はド・ブロイの仮説により波動的性質をもつとされ，電子のド・ブロイ波に対する方程式としてシュレディンガー方程式が見出された．電子がつくる確率波（電子のド・ブロイ波）の場を考え，これを電子場とよぶことにすると，シュレディンガー方程式は電子場の基礎方程式とみなすことができる．

光子に対しても，電磁場という概念が古くから存在し，シュレディンガー方程式が発見されるよりも60年以上も前に，電磁場の基礎方程式としてマクスウェル方程式が発見されていた．電磁場は光子の波動場であると考えれば，光子場とよんでもいいだろう．

電子場の理論と電磁場の理論には深い対応関係があるが，大きな違いもある．それは，巨視的なみえ方と微視的なみえ方の違いである．電子は巨視的には粒子的にみえ，微視的には波動的と考えなければならない．一方，光子は巨視的にみると電磁場という波動として観測され，波長が短い領域（X線やγ線）では粒子的な振る舞いをする．電子は，巨視的には粒子的にみえ，微視的には波動的に振る舞い，光子は，巨視的には波動として観測され，微視的には粒子的な振る舞いをするので，電子と光子は，それらのみえ方の様子が逆ではないかと思われる．

このみえ方の違いは，次のように考えれば説明がつく．電子には質量があるので，原子中での電子のド・ブロイ波長を求めると，(1.43)で与えられているように3.3×10^{-10} m 程度である．したがって，電子はその波動のサイズが小さく，巨視的な世界では粒子的にみえているが，原子のサイズ程度の微視的世界では波動として取り扱わざるを得なくなる．一方，光子は質量がゼロであるために，電磁場の作用の到達距離が無限大となる．したがって，光子の集団は巨視的な世界では波動として観測され，微視的なスケールに対応する比較的高エネルギーの（波長の短い）電磁場では，光子の粒子性が現れてくる．

このようなわけで，電子と光子はみえ方は違うものの，実は，粒子性と波動性をもった同様な実体であることがわかる．場の量子化を行う前に，電子場と電磁場という波動場の理論について考察を深めておこう．

11.1.1 電子場の理論

ボルンの解釈に従えば，波動関数は，電子に対する確率波の場を表していると考えることができるので，シュレディンガーの波動方程式は，（電子に対する）確率波の場の方程式だとみなすことができる．質量mの自由電子のシュレディンガー方程式を書き下そうと思ったら，§3.2の末尾で与えた次のような操作をすればよい．

すなわち，運動量$\boldsymbol{p}$に対する運動エネルギーEを与える式

$$E = \frac{\boldsymbol{p}^2}{2m} \tag{11.1}$$

において，

$$E \ \rightarrow \ i\hbar\frac{\partial}{\partial t}, \qquad \boldsymbol{p} \ \rightarrow \ -i\hbar\nabla \tag{11.2}$$

という置き換えをすれば，自由電子のシュレディンガー方程式

$$i\hbar\frac{\partial\psi(\boldsymbol{r}, t)}{\partial t} = -\frac{\hbar^2}{2m}\triangle\psi(\boldsymbol{r}, t) \tag{11.3}$$

が得られる．ここで，$\triangle = \nabla^2$ はラプラシアンで，∇ は付録の A.1.1 項の(A.21)で定義した微分演算子のナブラである．

(11.1)は非相対論的エネルギーの式であるから，シュレディンガー方程式(11.3)は $p/mc \ll 1$ $(p = \sqrt{\boldsymbol{p}^2})$ でしか成り立たない．そこで，シュレディンガー方程式(11.3)を相対論的な形にするために，相対論的なエネルギーの式

$$E = c\sqrt{\boldsymbol{p}^2 + m^2c^2} \tag{11.4}$$

を考える．(11.4)を p/mc のべきで展開すると，

$$E = mc^2 + \frac{p^2}{2m} - \frac{p^4}{8m^3c^2} + \cdots \tag{11.5}$$

となり，p/mc の 2 次の項までとると非相対論的な(11.1)になっている．ただし，定数項 mc^2 はエネルギーの零点を調整することにより消去できる．この項は，いうまでもなく，有名なアインシュタインの静止エネルギーである．

(11.4)を用いて相対論的シュレディンガー方程式を求めたいが，右辺に平方根があって処理に困るので，(11.4)の両辺を 2 乗すると

$$E^2 = c^2(\boldsymbol{p}^2 + m^2c^2) \tag{11.6}$$

となる．(11.6)において(11.2)の置き換えをすると，

$$-\hbar^2\frac{\partial^2\psi(\boldsymbol{r}, t)}{\partial t^2} = -c^2\hbar^2\triangle\psi(\boldsymbol{r}, t) + m^2c^4\psi(\boldsymbol{r}, t) \tag{11.7}$$

が得られ，これを少し書き換えると

$$\left(\Box + \frac{m^2c^2}{\hbar^2}\right)\psi(\boldsymbol{r}, t) = 0 \tag{11.8}$$

となる．この(11.8)は**クライン - ゴルドン方程式**とよばれている．ここで，$\Box$ はダランベールシャンとよばれる微分演算子であり，

$$\Box = \frac{1}{c^2}\frac{\partial^2}{\partial t^2} - \triangle \tag{11.9}$$

で与えられる．

(11.8)によって，シュレディンガー方程式の相対論化ができたのであるが，まだ，十分ではない．電子は**スピン**という属性をもっており，この方程式の中にはそれが組み込まれていない．ディラックは，(11.8)を微分についての1次の連立方程式に書き改めることによって，この条件を満たすことに成功した．得られた方程式は**ディラック方程式**とよばれている．

ここでは，場の量子化と直接関わることのみに限定して述べることにし，電子のスピンは無視することにする．そのため，ディラック方程式の導出に関する解説は省略する[1)]．電子場を記述する相対論的基礎方程式を(11.8)だとして，以下の議論を進めよう．

11.1.2　電磁場の理論

電磁場はマクスウェル方程式によって記述される．ここでは，真空中のマクスウェル方程式を考えよう．電荷も電流も存在しない場合のマクスウェル方程式は

$$\mathrm{div}\,\boldsymbol{E} = 0 \tag{11.10}$$

$$\mathrm{div}\,\boldsymbol{B} = 0 \tag{11.11}$$

$$\mathrm{rot}\,\boldsymbol{B} = \frac{1}{c^2}\frac{\partial \boldsymbol{E}}{\partial t} \tag{11.12}$$

$$\mathrm{rot}\,\boldsymbol{E} = -\frac{\partial \boldsymbol{B}}{\partial t} \tag{11.13}$$

と表すことができる．ここで，$\boldsymbol{E}$，$\boldsymbol{B}$ はそれぞれ電場ベクトル，磁束密度ベクトルであり，磁束密度 $\boldsymbol{B}$ は磁場 $\boldsymbol{H}$ と $\boldsymbol{B} = \mu_0\boldsymbol{H}$ の関係にある．ただし，μ_0 は真空の透磁率である．(11.12)の両辺に対して rot をとると，

$$\text{左辺} = \mathrm{rot}\,\mathrm{rot}\,\boldsymbol{B} = \mathrm{grad}(\mathrm{div}\,\boldsymbol{B}) - \triangle\boldsymbol{B} = -\triangle\boldsymbol{B} \tag{11.14}$$

$$\text{右辺} = \frac{1}{c^2}\frac{\partial\,\mathrm{rot}\,\boldsymbol{E}}{\partial t} = -\frac{1}{c^2}\frac{\partial^2\boldsymbol{B}}{\partial t^2} \tag{11.15}$$

1）　例えば，牟田泰三 著：「現代物理学叢書 電磁力学」（岩波書店，2001）補章を参照．

であるから，

$$\triangle \boldsymbol{B} = \frac{1}{c^2}\frac{\partial^2 \boldsymbol{B}}{\partial t^2} \tag{11.16}$$

を得る．この式は

$$\Box \boldsymbol{B} = 0 \tag{11.17}$$

と書くこともできる．

(11.13) に対しても同様のことができて，

$$\Box \boldsymbol{E} = 0 \tag{11.18}$$

が得られ，(11.17) と (11.18) が磁束密度と電場に対する波動方程式である．

11.1.3　電子場と電磁場の対応関係

前の2つの項で，電子波の相対論的シュレディンガー方程式 (11.8) と電磁波の方程式 (11.17)，(11.18) を導いた．これらは，ともにクライン－ゴルドン方程式の形をしている．

しかしながら，電子波のシュレディンガー方程式には $\hbar$ が含まれていて，量子力学の特徴をもっているのに対して，電磁波のマクスウェル方程式には，もともと $\hbar$ は含まれていない．そのため，「電子波の方程式は量子力学的であるのに対して，電磁波の方程式は古典力学的ではないか，だから両者を同列に扱うのは不適切ではないか」と異論を唱える人がいるかもしれない．そこで，電子波の方程式 (11.8) と電磁波の方程式 (11.17)，(11.18) をよく見比べてみよう．

(11.8) では，プランク定数 $\hbar$ は $mc/\hbar$ という組み合わせで含まれている．実際，次元解析をすると，ダランベールシャン□と同じ次元をもった定数は $(mc/\hbar)^2$ という組み合わせ以外にはあり得ないことがわかる．したがって，もし $m=0$ とおいたとすると，$\hbar$ も一緒に式からなくなってしまう．光子には質量がないから，電磁波の方程式 (11.17)，(11.18) には質量の項がないため，そのせいで $\hbar$ が含まれる余地がないのである．したがって，電磁波の方程式（マクスウェル方程式）は電子波の方程式（シュレディンガー方程式）と同レベルの方程式だと考えてよい．そうすると，電子場の理論と電磁場の理論は全く同じレベルの理論だと考えてよい．二重スリットの実験のときに，波動とみなしても粒子とみなしても，電子と光子が全く同じ振る舞いをみせたのは，このせいだと考えることができる．

ただし，重要な相違点が1つあることを注意しておきたい．電子については，同じ量子状態の2個以上の状態をつくることができないのに対して，光子については，同じ量子状態の2個以上の状態をつくることができるので，同じ量子状態の膨大な数の光子を放射することができる．これは，電子がフェルミ粒子で光子がボース粒子であるという相違点のためである．この点については，次節の場の量子化のところで更に解説することにする．

この節で述べたこれら2つの理論は，電子と光子を波動として扱う理論であるが，実験的には，電子と光子を粒子的視点で扱う場合もある．この粒子的視点を明確にするためには，波動場を量子化する必要がある．この点についても次の節で詳しく論じることにする．

電子場の理論と電磁場の理論が全く同じレベルの理論だということに同意したとしても，では，どうして電磁場を確率波として解釈していいのかという疑問が残るであろう．以下で，この疑問に答えるべく思考実験を行うことにする．

思考実験を行う前に，少し準備が必要である．真空中の電磁波のエネルギー密度 u は，電磁気学によって

$$u = \frac{\varepsilon_0}{2}\boldsymbol{E}^2 + \frac{\mu_0}{2}\boldsymbol{H}^2 \tag{11.19}$$

で与えられることはよく知られている．しかるに，真空中の電磁波に対しては

$$\varepsilon_0\boldsymbol{E}^2 = \mu_0\boldsymbol{H}^2 \tag{11.20}$$

が成り立つので，

$$u = \varepsilon_0\boldsymbol{E}^2 \tag{11.21}$$

と書ける．

一方，光子1個が運ぶエネルギーは $h\nu$ であるから，(11.21)を $h\nu$ で割ったものは光子数密度（単位体積当たりの光子数）

$$n = \frac{u}{h\nu} = \frac{\varepsilon_0\boldsymbol{E}^2}{h\nu} \tag{11.22}$$

になる．

これだけの準備をした上で，上述の思考実験に入る．イメージをはっきりさせるために，具体的な例を考えよう．電波時計の時刻を正確に合わせるためには，佐賀県（東日本では福島県）に設置されている時報送信所（はがね山標準電波送信所）から送られてくる電波を受信する必要がある．この送信所から発せられている電波の振動数は 60 kHz（ヘルツ（Hz）は 1 秒当たりの振動数）であり，送信電波の強度は 50 kW である（アンテナ効率は 45% となっているが，この思考実験では 100% として考える）．ワット（W）は毎秒消費されるエネルギーであるから，送信によって 0.1 ns，すなわち 10^{-10} 秒間に放出されるエネルギーは $50\,\mathrm{kW} \times 0.1\,\mathrm{ns} = 5 \times 10^{-6}\,\mathrm{J}$ である．この電波を $r = 50\,\mathrm{km}$ 離れた地点（大牟田市付近）で受信したとする．電波は四方八方に拡散するから，$r = 50\,\mathrm{km}$ の地点では表面積が $4\pi r^2 = 3.14 \times 10^{14}\,\mathrm{cm}^2$ の球面に広がっている．

いま，口径 $1\,\mathrm{cm}^2$ のアンテナで電波を受信すると，このアンテナが 0.1 ns の間に受け取るエネルギーは $1.6 \times 10^{-20}\,\mathrm{J}$ である．他方，60 kHz の電波に含まれる光子 1 個が運ぶエネルギーは $h\nu = 4 \times 10^{-29}\,\mathrm{J}$ である．したがって，(11.22)によって $n = 4 \times 10^{10}/3\,\mathrm{cm}^3$ となる．ここで，分母の 3 は光が 0.1 ns に進んだ距離 3 cm を考慮したものである．

結局まとめると，周波数 60 kHz で送信電力 50 kW の電波を，50 km 離れたところで受信すると，$1\,\mathrm{cm}^3$ 当たりほぼ 10^{10} 個の光子を受け取ることになるということがわかった．これだけ多数の光子が飛んできているのだから，受信機側ではほとんど連続的な波だと感じることは間違いない．

ここまでは思考実験というより，実際に起こっていることを数値的に確かめただけである．電波源の強度を極端に弱めたり，受信器をうんと遠くに置いたりしたらどうなるであろうか．受信器側では，光子がぽつりぽつりと来るのをみることになるのだろうか．

ここからが本格的な思考実験である．全くの仮定の話であるが，送信所から送信される電波の強度が 5 W になってしまったとしよう（振動数は 60 kHz のままとする）．しかも，受信器側は 50 万 km も離れたところにあるとする．

この状況は，地球と月の間の距離が約 38 万 km であることを考えると，地球を回る人工衛星から発信された5 W（60 kHz）の微弱電波（人工衛星の運動速度の影響は無視する）を，月面上にある開口部1 cm^2 のアンテナで受信するのとほぼ同じ状態である．

先ほどと全く同じような計算を行うと，50万 km 離れた地点にある1 cm^2 のアンテナに0.1 ns の間降り注ぐエネルギーはおよそ 1.6×10^{-32} J となり，したがって，$n = 0.01/\mathrm{cm}^3$ となる．光子数が極端に少なくなると，アンテナにはぽつりぽつりとしか光子が当たらなくなり，光子数密度に換算すると，小数点以下になるのである．

ここで得られた $n = 0.01/\mathrm{cm}^3$ という数値についてよく考えてみよう．強度5 W の電波を0.1 ns の間全天に放射するという操作を100回繰り返したとしよう．そのうち1回だけ，50万 km 離れた地点にある開口部1 cm^2 のアンテナ（検出器）で光子が観測されたとすると，光子の観測頻度は1/100 = 0.01 となる．このように考えると，光子数が極端に少ない状況では，n は光子を見出す確率（確率密度）とみなす方がよい．

電子の場合には，この事態に最初から直面していたのである．なぜなら，シュレディンガー方程式は，1電子の波動方程式であり，ψ は1電子の波動関数であったから，$|\psi|^2 = \psi^*\psi$ を電子の個数密度と考えることができなかった．そこで，上記の小数光子の場合のように，確率密度と考えるしかなかったのである．そもそも，電子はフェルミ粒子なので，パウリの排他律に従い，同じ量子状態に2個以上存在することはできない．したがって，同じ量子状態の電子が n 個存在するという概念自体がないのである．

光子の波動関数（電磁場）と電子の波動関数の扱いには上記のように若干の違いがあるので，電磁場と電子場は全く違ったものであると思いがちであるが，丁寧に分析を進めれば，実は本質的には同等のものだということがわかる．

こう考えてくると，電子場も電磁場も確率波と考えていいという確信に至ることになる．以後，電子場も電磁場も，関数空間で定義された確率波の波動場であると考えて，場の量子化へと進むことにする．

ルップ事件

我が国ではなぜかあまり知られていないが，いまから90年ほど前に，実験物理学者のルップ（P. H. Emil Rupp）による実験データの捏造（ねつぞう）という出来事があった．単なる実験データの捏造事件というだけならば，ここでわざわざとり上げる必要もないのであるが，実は，この実験が，当時，光の粒子性に重大な関心をもっていたアインシュタインに注目されたことによって，単なる捏造で終わらない歴史的な意味をもっているのである．

アインシュタインは，光電効果に対して，光の粒子説に基づいた説明を唱えた経緯から，光子場（電磁場）の確率解釈に独自のアイデアをもっていたと伝えられている．彼は，当時嘱望されていた優秀な実験家のルップが行っていた実験に重大な関心を抱き，1926年にルップに対して，アインシュタイン自身が独自に考えた実験を実行するように薦めた．

これに力を得たルップは実験を行ったが，実は，データを捏造していたらしい．さらに，ルップはその他の実験の論文でも捏造データを使っていたことが発覚し，1935年になって遂にルップは捏造を認め，それまでの論文をすべてとり下げることになった．

これによって，アインシュタインが関与した論文も歴史から消え去り，アインシュタインが抱いていた電磁場の確率解釈に関するアイデアも，闇の中に消え去ってしまった．残念なことである．もちろん，アインシュタインが親しい友人たちに語った記録や送った手紙を調べることによって，ある程度はアインシュタインの考え方を垣間見ることはできるのであるが，その全貌はわからない．アインシュタインは，彼の考え方について論文を一切残していないので，はっきりしたことを知ることはできない[2]．

ボルンも，この頃，アインシュタインと議論したり，友人から又聞きをしたりして，アインシュタインが抱いていた電磁場の確率解釈に関するアイデアを知っていたようである．ボルンのノーベル賞記念講演記録を読むと，アインシュタインの電磁場に対するこのアイデアにヒントを得て，すぐに，電磁場に対するこの考え方は電子の波動関数にそのまま当てはめることができると考え，電子の波動関数に対する確率解釈に確信をもったと述べている[3]．

2）J. van Dongen: "Emil Rupp, Albert Einstein and the canal ray experiments on wave-particle duality: Scientific fraud and theoretical bias", Historical Studies in the Physical and Biological Sciences **37** Suppl. (2007) 73-120.

3）M. Born: Nobel Lecture (1954)

以上みてきたように，電子場にしろ電磁場にしろ，量子力学レベルの理論であると考えてもいいし，単なる波動場の理論と考えてもいい．**量子電気力学**とよばれる場の量子論を導くもととなる場の理論が，電子場と電磁場の理論なのである．

量子力学では，粒子と波動の二重性を議論することはできるが，実際に電子や光子の粒子性を顕わに示すことはできない．粒子を1個1個と分離して数えることができるためには，場を量子化するという作業が必要となる．また，電子や光子の相互転換を取り扱うことができるようにするためには，電子や光子の生成・消滅を記述しなければならない．そのために，場を演算子とみなしてその交換関係を設定し，電子や光子の生成・消滅を表す演算子を導入する必要がある．そこで，場の量子化が必然的に要求され，「場の理論」から「場の量子論」へと移行することになる．

かつて，場の量子化のことを**第2量子化**とよんでいたことがある．なぜ第2量子化といったかというと，次のような理由がある．力学変数としての位置 q と運動量 p を演算子とみなして定式化した量子力学の枠組みの中でシュレディンガー方程式が発見されたのであるから，これを第1回目の量子化と考える．次に，そこで現れた波動関数をまた演算子と考えて交換関係を設定して量子化するから，これを第2回目の量子化という意味で，第2量子化とよんだのである．しかし，前述のように，シュレディンガー方程式の発見を電子場の理論の発見と考えれば，それは電磁場と同レベルの理論と考えることができる．だから，量子化を第1，第2とわざわざ区別する必要はない．第2量子化という用語を使うよりも，電磁場や電子場，さらにその他の粒子の場を量子化するという意味で，**場の量子化**とよぶことにし，量子化された場の理論を場の量子論と呼称する方がわかりやすい．そのようなわけで，第2量子化という言葉はあまり使われなくなった．

ここまで，電子場の理論と電磁場の理論について解説を続けてきたので，本来は，電子場と電磁場の量子化を取り扱う量子電気力学に進むのが自然な筋道であるが，量子電気力学についてはすでに優れた成書も多数存在するので，それらの教科書に譲ることにし，本書では，最も簡単な中性スカラー場の場合を用いて初歩的な解説を行うのみとする．

§11.2　場の量子化

前節で電子場と電磁場の諸性質について述べた．電子には電荷やスピンという属性があり，光子には偏光という属性があるので，それに伴う煩雑さが加わってくる．ここでは，場の量子化のみに集中して述べるために，これらの属性を無視することにする．

11.2.1　中性スカラー場の量子論

中性スカラー場とは，電荷をもたない（中性の），角運動量ももたない（スカラーの）粒子の場のことである．中性スカラー場は電荷をもたないから実数の場で表すことができ，角運動量をもたないから1成分の場で表すことができる．中性スカラー場を $\phi(\boldsymbol{r}, t)$ と書き表すことにしよう．また，中性スカラー場は，偏光がないという点を除いては電磁場（光子場）と同じ性質をもっているので，電磁場の代替物と考えてもかまわない．

質量 m の自由な中性スカラー粒子の場 $\phi(\boldsymbol{r}, t)$ に対する相対論的シュレディンガー方程式は，前節の(11.8)と同じクライン - ゴルドン方程式で，

$$(\Box + \mu^2)\,\phi(\boldsymbol{r}, t) = 0 \tag{11.23}$$

である．ここで，簡単のために，$\mu = mc/\hbar$ とおいた．

中性スカラー場のシュレディンガー方程式(11.23)は，場 $\phi(\boldsymbol{r}, t)$ を変数と考えて，作用

$$\begin{cases} S = \displaystyle\int dt\, L \\ L = \dfrac{1}{2}\displaystyle\int d^3\boldsymbol{r} \left\{ \dfrac{1}{c^2}\dot{\phi}^2 - (\nabla\phi)^2 - \mu^2\phi^2 \right\} \end{cases} \tag{11.24}$$

の変分をとることによって，オイラー - ラグランジュ方程式として導出することができる．

§3.2では，力学変数 q, p を演算子とみなして量子力学を定式化した．これと同様に，今度は，場 ϕ とその共役運動量 π を演算子とみなして正準交換関係を設定し，演算子としての場の理論を定式化する．こうして構築された理論が**場の量子論**とよばれるものである．

共役運動量 π は，量子力学の場合と同じように

$$\pi(\boldsymbol{r},t) = \frac{\delta L}{\delta\dot{\phi}(\boldsymbol{r},t)} = \frac{1}{c^2}\dot{\phi}(\boldsymbol{r},t) \tag{11.25}$$

と定義される．ただし，$\dot{\phi}$ は時間微分を表す．

ハミルトニアンは，定義により

$$H = \int d^3\boldsymbol{r}\,\dot{\phi}(\boldsymbol{r},t)\,\pi(\boldsymbol{r},t) - L = \frac{1}{2}\int d^3\boldsymbol{r}\{c^2\pi^2 + (\nabla\phi)^2 + \mu^2\phi^2\} \tag{11.26}$$

となる．場 ϕ とその共役運動量 π に対する正準交換関係は，

$$[\hat{\phi}(\boldsymbol{r},t), \hat{\pi}(\boldsymbol{r}',t)] = i\hbar\,\delta(\boldsymbol{r}-\boldsymbol{r}') \tag{11.27}$$

$$[\hat{\phi}(\boldsymbol{r},t), \hat{\phi}(\boldsymbol{r}',t)] = [\hat{\pi}(\boldsymbol{r},t), \hat{\pi}(\boldsymbol{r}',t)] = 0 \tag{11.28}$$

と与えられる．この正準交換関係を用いてハイゼンベルク方程式を求めると，

$$\frac{\partial}{\partial t}\hat{\phi}(\boldsymbol{r},t) = -\frac{i}{\hbar}[\hat{\phi}(\boldsymbol{r},t), \hat{H}] = c^2\,\hat{\pi}(\boldsymbol{r},t) \tag{11.29}$$

$$\frac{\partial}{\partial t}\hat{\pi}(\boldsymbol{r},t) = -\frac{i}{\hbar}[\hat{\pi}(\boldsymbol{r},t), \hat{H}] = \nabla\cdot\nabla\,\hat{\phi}(\boldsymbol{r},t) - \mu^2\,\hat{\phi}(\boldsymbol{r},t) \tag{11.30}$$

となり，(11.23) と同じ方程式が得られる．

以上で，自由な中性スカラー場に対する量子力学を書き下すことができたので，これから先は，場 ϕ とその共役運動量 π を演算子とみなすことにしよう．

場 ϕ とその共役運動量 π をフーリエ展開して，

$$\hat{\phi}(\boldsymbol{r},t) = \int\frac{d^3\boldsymbol{k}}{(2\pi)^{3/2}}\,\hat{\varphi}(\boldsymbol{k},t)\,e^{i\boldsymbol{k}\cdot\boldsymbol{r}} \tag{11.31}$$

$$\hat{\pi}(\boldsymbol{r},t) = \int\frac{d^3\boldsymbol{k}}{(2\pi)^{3/2}}\,\hat{\pi}(\boldsymbol{k},t)\,e^{i\boldsymbol{k}\cdot\boldsymbol{r}} \tag{11.32}$$

とおく．ここで，$\boldsymbol{k}$ は**波数**とよばれ，運動量 $\boldsymbol{p}$ と $\boldsymbol{p} = \boldsymbol{k}c$ の関係がある．これらの展開式を (11.26) に代入すると，ハミルトニアン演算子は，

$$\hat{H} = \frac{1}{2}\int d^3\boldsymbol{k}\left\{c^2\,\hat{\pi}(\boldsymbol{k},t)\,\hat{\pi}(-\boldsymbol{k},t) + \frac{\omega_k^2}{c^2}\,\hat{\varphi}(\boldsymbol{k},t)\,\hat{\varphi}(-\boldsymbol{k},t)\right\} \tag{11.33}$$

となり，連続無限個の調和振動子の集まりと同じ形になる．ただし，

$$\omega_k = c\sqrt{\boldsymbol{k}^2 + \mu^2} \tag{11.34}$$

であり，$k = \sqrt{\boldsymbol{k}^2}$ は波数の大きさで，角振動数 ω_k と振動数 ν_k の関係は $\omega_k = 2\pi\nu_k$ である．

ハイゼンベルク方程式(11.29)と(11.30)は，$\hat{\varphi}(\boldsymbol{k}, t)$ と $\hat{\pi}(\boldsymbol{k}, t)$ に対する運動方程式に書き換えることができて，

$$\frac{d}{dt}\hat{\varphi}(\boldsymbol{k}, t) = c^2\,\hat{\pi}(\boldsymbol{k}, t) \tag{11.35}$$

$$\frac{d}{dt}\hat{\pi}(\boldsymbol{k}, t) = -\frac{\omega_k^2}{c^2}\,\hat{\varphi}(\boldsymbol{k}, t) \tag{11.36}$$

が得られる．交換関係(11.27), (11.28)は，

$$[\hat{\varphi}(\boldsymbol{k}, t), \hat{\pi}(\boldsymbol{k}', t)] = i\hbar\,\delta(\boldsymbol{k} + \boldsymbol{k}') \tag{11.37}$$

$$[\hat{\varphi}(\boldsymbol{k}, t), \hat{\varphi}(\boldsymbol{k}', t)] = [\hat{\pi}(\boldsymbol{k}, t), \hat{\pi}(\boldsymbol{k}', t)] = 0 \tag{11.38}$$

と書き換えられる．

次に，

$$\hat{a}_{\boldsymbol{k}}(t) = \sqrt{\frac{\omega_k}{2\hbar c^2}}\,\hat{\varphi}(\boldsymbol{k}, t) + i\sqrt{\frac{c^2}{2\hbar\omega_k}}\,\hat{\pi}(\boldsymbol{k}, t) \tag{11.39}$$

$$\hat{a}_{\boldsymbol{k}}^\dagger(t) = \sqrt{\frac{\omega_k}{2\hbar c^2}}\,\hat{\varphi}(-\boldsymbol{k}, t) - i\sqrt{\frac{c^2}{2\hbar\omega_k}}\,\hat{\pi}(-\boldsymbol{k}, t) \tag{11.40}$$

を定義すると，交換関係(11.37), (11.38)より

$$[\hat{a}_{\boldsymbol{k}}(t), \hat{a}_{\boldsymbol{k}'}^\dagger(t)] = \delta(\boldsymbol{k} - \boldsymbol{k}') \tag{11.41}$$

$$[\hat{a}_{\boldsymbol{k}}(t), \hat{a}_{\boldsymbol{k}'}(t)] = [\hat{a}_{\boldsymbol{k}}^\dagger(t), \hat{a}_{\boldsymbol{k}'}^\dagger(t)] = 0 \tag{11.42}$$

が得られる．運動方程式(11.35), (11.36)は，$\hat{a}_{\boldsymbol{k}}(t)$ および $\hat{a}_{\boldsymbol{k}}^\dagger(t)$ に対して

$$\frac{d}{dt}\hat{a}_{\boldsymbol{k}}(t) = -i\omega_k\,\hat{a}_{\boldsymbol{k}}(t) \tag{11.43}$$

$$\frac{d}{dt}\hat{a}_{\boldsymbol{k}}^\dagger(t) = i\omega_k\,\hat{a}_{\boldsymbol{k}}^\dagger(t) \tag{11.44}$$

となることがわかる．この式を解いて，調和振動子の場合と同様に，

$$\hat{a}_{\boldsymbol{k}}(t) = \hat{a}_{\boldsymbol{k}}e^{-i\omega_k t} \tag{11.45}$$

$$\hat{a}_{\boldsymbol{k}}^\dagger(t) = \hat{a}_{\boldsymbol{k}}^\dagger e^{+i\omega_k t} \tag{11.46}$$

とおくと，$\hat{a}_{\boldsymbol{k}}$ と $\hat{a}_{\boldsymbol{k}}^\dagger$ は，(11.41), (11.42)と同じ交換関係

$$[\hat{a}_{\boldsymbol{k}}, \hat{a}^{\dagger}_{\boldsymbol{k}'}] = \delta(\boldsymbol{k} - \boldsymbol{k}') \tag{11.47}$$

$$[\hat{a}_{\boldsymbol{k}}, \hat{a}_{\boldsymbol{k}'}] = [\hat{a}^{\dagger}_{\boldsymbol{k}}, \hat{a}^{\dagger}_{\boldsymbol{k}'}] = 0 \tag{11.48}$$

を満たすことがわかる．

(11.39)，(11.40)，(11.45)，(11.46)より，

$$\hat{\varphi}_{\boldsymbol{k}}(t) = \sqrt{\frac{\hbar c^2}{2\omega_k}}\,(\hat{a}_{\boldsymbol{k}} e^{-i\omega_k t} + \hat{a}^{\dagger}_{-\boldsymbol{k}} e^{i\omega_k t}) \tag{11.49}$$

となり，この式を(11.31)に代入すると，場の演算子 $\hat{\phi}(\boldsymbol{r}, t)$ に対するフーリエ展開式

$$\hat{\phi}(\boldsymbol{r}, t) = \int \frac{d^3\boldsymbol{k}}{(2\pi)^{3/2}} \sqrt{\frac{\hbar c^2}{2\omega_k}}\,(\hat{a}_{\boldsymbol{k}} e^{-i\omega_k t + i\boldsymbol{k}\cdot\boldsymbol{r}} + \hat{a}^{\dagger}_{\boldsymbol{k}} e^{i\omega_k t - i\boldsymbol{k}\cdot\boldsymbol{r}}) \tag{11.50}$$

が得られる．

11.2.2 フォック表示

$\hat{a}^{\dagger}_{\boldsymbol{k}}$ と $\hat{a}_{\boldsymbol{k}}$ は，§3.3の調和振動子の場合にはエネルギー準位を1つ上げたり下げたりする演算子になっていたが，ここでは，以下で述べるように，スカラー粒子を生成したり消滅させたりする演算子になっている．そのため，$\hat{a}^{\dagger}_{\boldsymbol{k}}$ は**生成演算子**，$\hat{a}_{\boldsymbol{k}}$ は**消滅演算子**とよばれる．

§3.3で調和振動子の準位数をもとにしてヒルベルト空間を構成したのと同じように，これらの生成・消滅演算子を用いてスカラー粒子の個数を表す状態ベクトルをつくり，スカラー粒子の個数を基底としたヒルベルト空間を構成することができる．このように，粒子の個数をもとにして状態ベクトルを表現する方法を**フォック表示**とよんでいる．

しかしながら，話はそれほど単純ではない．調和振動子の場合とは重要な相違点がある．それは，調和振動子の昇降演算子と違って，生成・消滅演算子は波数ベクトル $\boldsymbol{k}$ という連続変数に依存しているということである．そのため，生成・消滅演算子に対する交換関係(11.47)の右辺にはデルタ関数が現れている．デルタ関数では $\boldsymbol{k} = \boldsymbol{k}'$ のとき $\delta(0)$ となり，これは発散するが，調和振動子の場合は，発散の問題はなかった．これではスカラー粒子の個数を表す状態ベクトルをつくっても規格化ができない．そこで，次に述べるように有限な空間を想定して，周期境界条件により波数ベクトル $\boldsymbol{k}$ を

離散化して，デルタ関数をクロネッカーのデルタで置き換えるという手法を使うことにする．

位置 $\boldsymbol{r}$ で張られている空間を，一辺の長さが L で体積 $V=L^3$ の立方体の箱だとみなし，この空間における周期境界条件を課して中性スカラー場の量子化を行うことにしよう．ただし，箱は，その稜線が x, y, z 方向を向いているものとする．

場 $\phi(r,t)$ をフーリエ展開すると

$$\phi(\boldsymbol{r},t)=\int d^3\boldsymbol{k}\,\varphi(\boldsymbol{k},t)\,e^{i\boldsymbol{k}\cdot\boldsymbol{r}} \tag{11.51}$$

となる．ここで，箱の向かい合った2つの面で，場は同じ値をとるという周期境界条件を付加すると，例えば x 方向については

$$\phi(0,y,z,t)=\phi(L,y,z,t) \tag{11.52}$$

であるから，(11.51)と(11.52)より

$$\int d^3\boldsymbol{k}\,(1-e^{ik_xL})e^{ik_y+ik_z}\,\varphi(\boldsymbol{k},t)=0 \tag{11.53}$$

が満たされなければならない．この条件(11.53)は

$$k_x=\frac{2\pi\ell_x}{L}\qquad(\ell_x=0,\pm1,\pm2,\cdots) \tag{11.54}$$

のときのみ成り立つ．

同様の周期境界条件を y 方向と z 方向に対しても課することができるので，結局，波数ベクトル $\boldsymbol{k}$ の許される値は，可付番無限個の格子点

$$\boldsymbol{k}=\frac{2\pi}{L}\boldsymbol{\ell}=\frac{2\pi}{L}(\ell_x,\ell_y,\ell_z)\qquad(\ell_x,\ell_y,\ell_z=0,\pm1,\pm2,\cdots) \tag{11.55}$$

に限られることがわかる．

したがって，有限体積 V の空間におけるフーリエ展開(11.51)は，積分ではなくて，次のようなフーリエ級数展開になることがわかる．

$$\phi(\boldsymbol{r},t)=\sum_{\boldsymbol{\ell}}\varphi(\boldsymbol{\ell},t)\,e^{i\boldsymbol{k}\cdot\boldsymbol{r}} \tag{11.56}$$

しかるに，関数 $e^{i\boldsymbol{k}\cdot\boldsymbol{r}}$ と $e^{i\boldsymbol{k}'\cdot\boldsymbol{r}}$ の内積を計算すると

$$\int_V d^3r\,(e^{i\boldsymbol{k}\cdot\boldsymbol{r}})^*\,e^{i\boldsymbol{k}'\cdot\boldsymbol{r}}=V\delta_{\boldsymbol{\ell},\boldsymbol{\ell}'} \tag{11.57}$$

となるので，ノルムが1となるように，級数展開のときに $\sqrt{V}$ で割ってお

くことにする．

$$\hat{\phi}(\boldsymbol{r},t) = \frac{1}{\sqrt{V}}\sum_{\boldsymbol{\ell}}\hat{\varphi}(\boldsymbol{\ell},t)\,e^{i\boldsymbol{k}\cdot\boldsymbol{r}} \tag{11.58}$$

ここで，関数 $\phi(\boldsymbol{r},t)$ を演算子とみなして $\hat{}$ を付けた．同様にして，スカラー場の共役運動量 $\pi(\boldsymbol{r},t)$ のフーリエ級数展開を求めることができる．

$$\hat{\pi}(\boldsymbol{r},t) = \frac{1}{\sqrt{V}}\sum_{\boldsymbol{\ell}}\hat{\pi}(\boldsymbol{\ell},t)e^{i\boldsymbol{k}\cdot\boldsymbol{r}} \tag{11.59}$$

これらの展開式(11.58)と(11.59)を(11.26)に代入すると，ハミルトニアン演算子は，

$$\hat{H} = \frac{1}{2}\sum_{\boldsymbol{\ell}}\left\{c^2\,\hat{\pi}(\boldsymbol{\ell},t)\,\hat{\pi}(-\boldsymbol{\ell},t) + \frac{\omega_\ell^2}{c^2}\,\hat{\varphi}(\boldsymbol{\ell},t)\,\hat{\varphi}(-\boldsymbol{\ell},t)\right\} \tag{11.60}$$

となる．ただし，$\omega_\ell = c\sqrt{\boldsymbol{k}^2+\mu^2}$ である．

交換関係(11.27)，(11.28)は，

$$[\hat{\varphi}(\boldsymbol{\ell},t),\hat{\pi}(\boldsymbol{\ell}',t)] = \delta_{\boldsymbol{\ell},\boldsymbol{\ell}'} \tag{11.61}$$

$$[\hat{\varphi}(\boldsymbol{\ell},t),\hat{\varphi}(\boldsymbol{\ell}',t)] = [\hat{\pi}(\boldsymbol{\ell},t),\hat{\pi}(\boldsymbol{\ell}',t)] = 0 \tag{11.62}$$

と書き換えられ，さらに，

$$\hat{a}_{\boldsymbol{\ell}}(t) = \sqrt{\frac{\omega_\ell}{2\hbar c^2}}\,\hat{\varphi}(\boldsymbol{\ell},t) + i\sqrt{\frac{c^2}{2\hbar\omega_\ell}}\,\hat{\pi}(\boldsymbol{\ell},t) \tag{11.63}$$

$$\hat{a}_{\boldsymbol{\ell}}^\dagger(t) = \sqrt{\frac{\omega_\ell}{2\hbar c^2}}\,\hat{\varphi}(-\boldsymbol{\ell},t) - i\sqrt{\frac{c^2}{2\hbar\omega_\ell}}\,\hat{\pi}(-\boldsymbol{\ell},t) \tag{11.64}$$

を定義すると，交換関係(11.61)および(11.62)より

$$[\hat{a}_{\boldsymbol{\ell}}(t),\hat{a}_{\boldsymbol{\ell}'}^\dagger(t)] = \delta_{\boldsymbol{\ell},\boldsymbol{\ell}'} \tag{11.65}$$

$$[\hat{a}_{\boldsymbol{\ell}}(t),\hat{a}_{\boldsymbol{\ell}'}(t)] = [\hat{a}_{\boldsymbol{\ell}}^\dagger(t),\hat{a}_{\boldsymbol{\ell}'}^\dagger(t)] = 0 \tag{11.66}$$

が得られる．$\hat{\varphi}(\boldsymbol{\ell},t)$ と $\hat{\pi}(\boldsymbol{\ell},t)$ に対する運動方程式は，ハイゼンベルク方程式(11.29)と(11.30)から得られる．

場の演算子 $\hat{\phi}(\boldsymbol{r},t)$ に対するフーリエ級数展開は，中性スカラー場であることを考慮に入れると

$$\hat{\phi}(\boldsymbol{r},t) = \sum_{\boldsymbol{\ell}}\sqrt{\frac{\hbar c^2}{2\omega_\ell}}\left(\hat{a}_{\boldsymbol{\ell}}e^{-i\omega_\ell t}\frac{e^{i\boldsymbol{k}\cdot\boldsymbol{r}}}{\sqrt{V}} + \hat{a}_{\boldsymbol{\ell}}^\dagger e^{i\omega_\ell t}\frac{e^{-i\boldsymbol{k}\cdot\boldsymbol{r}}}{\sqrt{V}}\right) \tag{11.67}$$

となる．ただし，$\hat{a}_{\boldsymbol{\ell}}$ と $\hat{a}_{\boldsymbol{\ell}}^\dagger$ は $\hat{a}_{\boldsymbol{\ell}}(t)$ と $\hat{a}_{\boldsymbol{\ell}}^\dagger(t)$ と同じ交換関係を満たす．波数 $\boldsymbol{k}$ と格子点の位置 $\boldsymbol{\ell}$ は $\boldsymbol{k} = 2\pi\boldsymbol{\ell}/L$ で結ばれているので，以下では $\boldsymbol{k}$ と $\boldsymbol{\ell}$ を区

別せず，添字として同じように使うことにする．

波数 $\boldsymbol{k} = 2\pi\boldsymbol{\ell}/L$ のスカラー粒子 $n_{\boldsymbol{k}}$ 個の状態は

$$|n_{\boldsymbol{k}}\rangle = \frac{1}{\sqrt{n_{\boldsymbol{k}}!}}(\hat{a}_{\boldsymbol{k}}{}^{\dagger})^{n_{\boldsymbol{k}}}|0\rangle \tag{11.68}$$

と書くことができる．これは状態ベクトルの**フォック表示**とよばれるものである．状態(11.68)の集合はヒルベルト空間を構成しているが，この空間は特に**フォック空間**とよばれている．状態 $|n_{\boldsymbol{k}}\rangle$ に対して $\hat{a}_{\boldsymbol{k}}^{\dagger}$ を作用させると $n_{\boldsymbol{k}}$ が1だけ増加し，$\hat{a}_{\boldsymbol{k}}$ を作用させると，$n_{\boldsymbol{k}}$ が1だけ減少することを示すことができる．したがって，確かに $\hat{a}_{\boldsymbol{k}}^{\dagger}$ は生成演算子であり，$\hat{a}_{\boldsymbol{k}}$ は消滅演算子であることがわかる．こうして，場の量子を1個1個と数えることができるようになった．

なお，個数演算子

$$\hat{N}_{\boldsymbol{k}} = \hat{a}_{\boldsymbol{k}}{}^{\dagger}\hat{a}_{\boldsymbol{k}} \tag{11.69}$$

を定義して，n 粒子状態(11.68)に作用させると

$$\hat{N}_{\boldsymbol{k}}|n_{\boldsymbol{k}}\rangle = n_{\boldsymbol{k}}|n_{\boldsymbol{k}}\rangle \tag{11.70}$$

が成り立つことを示すことができる．

11.2.3　フェルミ場について

11.2.1項では，場 ϕ はスカラー場（ボース場）としたので交換関係を用いて量子化したが，もし場 ϕ がフェルミ場 ψ であれば反交換関係を用いる必要がある．そこで，交換関係(11.27)と(11.28)は反交換関係

$$\{\hat{\psi}(\boldsymbol{r},t),\hat{\pi}(\boldsymbol{r}',t)\} = i\hbar\,\delta(\boldsymbol{r}-\boldsymbol{r}') \tag{11.71}$$

$$\{\hat{\psi}(\boldsymbol{r},t),\hat{\psi}(\boldsymbol{r}',t)\} = \{\hat{\pi}(\boldsymbol{r},t),\hat{\pi}(\boldsymbol{r}',t)\} = 0 \tag{11.72}$$

で置き換えなければならない．ここで，反交換関係は，演算子 $\hat{A}$ と $\hat{B}$ に対して

$$\{\hat{A},\hat{B}\} = \hat{A}\hat{B} + \hat{B}\hat{A} \tag{11.73}$$

で定義される．また，11.2.1項で波動場 ψ のフーリエ係数から定義された演算子 $\hat{a}_{\boldsymbol{k}}$ と $\hat{a}_{\boldsymbol{k}'}^{\dagger}$ に対する交換関係も，反交換関係

$$\{\hat{a}_{\boldsymbol{k}},\hat{a}_{\boldsymbol{k}'}^{\dagger}\} = \delta(\boldsymbol{k}-\boldsymbol{k}') \tag{11.74}$$

$$\{\hat{a}_{\boldsymbol{k}},\hat{a}_{\boldsymbol{k}'}\} = \{\hat{a}_{\boldsymbol{k}}^{\dagger},\hat{a}_{\boldsymbol{k}'}^{\dagger}\} = 0 \tag{11.75}$$

になる．

なぜ反交換関係が必要とされるのだろうか？　それは，第9章で述べたフェルミ - ディラック統計と関係がある．第9章で触れたように，フェルミ - ディラック統計に従う粒子（フェルミ粒子）2個の状態は，粒子の入れ替えに対して(9.4)でみたように反対称性

$$\psi(\boldsymbol{r}_2, \boldsymbol{r}_1) = -\psi(\boldsymbol{r}_1, \boldsymbol{r}_2) \tag{11.76}$$

を示さなければならない．(11.75)によれば

$$\hat{a}_{\boldsymbol{k}}\hat{a}_{\boldsymbol{k}'} = -\hat{a}_{\boldsymbol{k}'}\hat{a}_{\boldsymbol{k}} \tag{11.77}$$

であるから，ブラベクトル $\langle 0|$ とケットベクトル $|\psi\rangle$ で行列要素を求めると

$$\psi(\boldsymbol{k}, \boldsymbol{k}') = -\psi(\boldsymbol{k}', \boldsymbol{k}) \tag{11.78}$$

が得られる．この式は(11.76)の波数空間表示に他ならない．したがって，反交換関係は，場の量子論においてフェルミ - ディラック統計を表していることがわかる．

また，反交換関係の下では，同じ量子状態にあるフェルミ粒子を2個以上含む状態はつくることができないということを示すことができる．実際，反交換関係により直ちに

$$\hat{a}_{\boldsymbol{k}}^{\dagger}\hat{a}_{\boldsymbol{k}}^{\dagger}|0\rangle = -\hat{a}_{\boldsymbol{k}}^{\dagger}\hat{a}_{\boldsymbol{k}}^{\dagger}|0\rangle \tag{11.79}$$

を示すことができるから，

$$\hat{a}_{\boldsymbol{k}}^{\dagger}\hat{a}_{\boldsymbol{k}}^{\dagger}|0\rangle = 0 \tag{11.80}$$

となり，確かに，同じ量子状態にあるフェルミ粒子を2個含む状態はつくれないということがわかる．これは，パウリの排他律に他ならない．

(11.68)では，同じ波数 $\boldsymbol{k}$ をもつ粒子 $n_{\boldsymbol{k}}$ 個の状態を定義することができたが，それは，考えている粒子がボース - アインシュタイン統計に従う粒子（ボース粒子）だったから許されたことである．もしフェルミ粒子だったら，同じ量子状態の（同じ波数の）粒子2個以上の状態はつくれない．すなわち，同じ波数のフェルミ粒子は1個の状態しかつくることができない．

11.2.4　場の量子論の実験的検証

11.2.1項と11.2.3項で展開した中性スカラー場（ボース場）とフェルミ場の量子論は，スピンや電荷のような属性を全く無視したものであるから，

現実の世界に直接適用することはできない．実際に粒子に必要な属性をすべてとり入れて理論構成された最初の例は**量子電気力学**であった．量子電気力学は，電子場と電磁場の系に直接適用できる場の量子論である．

場の量子論は，場を正準量子化するという考えに基づいて定式化された理論であって，それが正しい理論であるかどうかは，自然が検証すべきものである．すなわち，場の量子論に従って計算された予言が，実験事実を正しく説明できるかどうかを確かめる必要がある．

量子電気力学（Quantum Electrodynamics：QED）は，ディラック，ハイゼンベルク，パウリ等によって定式化が進められ，朝永振一郎（1946），シュヴィンガー（Julian S. Schwinger, 1948），ファインマン（Richard P. Feynman, 1949），ダイソン（Freeman J. Dyson, 1949）等によって完成した形が与えられた．同じ頃（1947～1948年頃）に水素原子のエネルギー準位のずれ（超微細構造，ラムシフト）や電子の異常磁気モーメントの精密測定が行われた．この結果は，従来の理論では説明不可能であったが，量子電気力学による計算結果が見事に精密測定結果を再現することが認められた．これによって，場の量子論が正しい理論であることが証明されたのである．

その後，量子電気力学はゲージ場の量子論として拡張され，素粒子の強い相互作用を記述する**量子色力学**（Quantum Chromodynamics：QCD）や，素粒子の電磁相互作用と弱い相互作用を統一的に記述する**電弱理論**（Electro-weak theory）の基礎として重要な役割を果たし，素粒子論の発展に大きな寄与をすることになった．

§11.3　場の量子論における粒子と波動の二重性

§10.1では，粒子的視点に立った干渉実験の不思議な現象について述べた．すなわち，電子や光子を1個ずつ二重スリットに向けて射出すると，スリットの向こう側にあるスクリーン上に点状の痕跡を残すが，これを数万回繰り返してやると，スクリーン上にきれいな干渉縞が現れるという現象をみた．シュレディンガー方程式に基づく量子力学では，粒子を波動として扱っているので，粒子的視点といっても，実験上のことであって，理論的にはあくまで波動（確率波）である．場を量子化して初めて粒子的視点に具体性が現れ，場の量子を1個1個と数えることができるようになる．本節では，場の量子論の下で，粒子1個1個の状態に対して二重スリットの実験を理論的に再現し，確かに粒子的視点でも干渉縞が生じることを示そう．

前にも述べたように，中性スカラー場は偏光をもたない電磁場のようなものであるから，以下の議論では場の量子を光子とみなして話を進めてもかまわない．そこで，以後，場の量子のことを“光子”とよぶことにする．ただし，ここで“光子”とよんでいる場の量子は，質量 m をもっていることを忘れてはいけない．ボース粒子としての特性を重視して“光子”とよんでいるだけのことである．さらに注意しておきたいことは，電子と混同してはいけないということである．電子はフェルミ粒子だから，電子場は反交換関係に従い，場の量子論としての取り扱いは本質的に違ってくる（もっとも，干渉現象に対する結論に変わりはないのであるが）．

二重スリットの話をする前に，1スリット状態（二重スリットでない状態）で，量子の数を勘定してみよう．量子力学では場 $\phi(\boldsymbol{r}, t)$ は演算子ではなく，波動関数（電磁場）であった．いまの場合は電子ではなく光子を考えているから，11.1.3項で電磁波のエネルギー密度 $\varepsilon_0\boldsymbol{E}^2$ を考えたときと同じである．これを光子数 n に直すには，1光子のエネルギー $h\nu$ で割る必要があったことに注意しよう．

電磁波のエネルギーに対応して，$\phi^*\phi = |\phi|^2$ を考えてみたいが，場を量子化すると $\phi(\boldsymbol{r}, t)$ は演算子となるので，$\phi^\dagger\phi$ とすべきである．ここで，ϕ は演算子なので，複素共役の代わりにエルミート共役をとった．また，ϕ は中性スカラー場であるから $\phi^\dagger = \phi$ である．したがって，$\phi^\dagger\phi = \phi^2$ である．以下では，ϕ^2 について考えることにしよう．

これから先はフォック表示を用いる．11.2.2項で述べたように，フォック空間では，有限体積の空間における量子化法を用いて，数学的に矛盾のない計算を進めることができたことを思い出そう．

まず，1スリットを通過した1光子状態 $|1_{\boldsymbol{k}}\rangle$（これを1スリット状態とよぶことにする）の下での ϕ^2 の期待値

$$\langle 1_{\boldsymbol{k}}|:\phi^2:|1_{\boldsymbol{k}}\rangle \tag{11.81}$$

を計算してみよう．ここで，$|1_{\boldsymbol{k}}\rangle = a_{\boldsymbol{k}}^\dagger|0\rangle$ は波数 $\boldsymbol{k}$ の1光子状態を表す．

$:\phi^2:$ は ϕ^2 の**ノーマル積**とよばれるもので，積 ϕ^2 を生成演算子 $\hat{a}_{\boldsymbol{k}}^{\dagger}$ と消滅演算子 $\hat{a}_{\boldsymbol{k}}$ とで書き表したときに，必ず生成演算子を左側に置き，消滅演算子を右側に置くように，という規約である．こうすることで，無意味な無限大の量が生じるのを防ぐことができる．

$\langle 1_{\boldsymbol{k}}|:\phi^2:|1_{\boldsymbol{k}}\rangle$ は，波数 $\boldsymbol{k}$ の光子を時刻 t に位置 $\boldsymbol{r}$ で見出す確率に比例していると想定して計算を進めてみよう．(11.81)に(11.67)を代入し，交換関係(11.65)と(11.66)を考慮すると，

$$\langle 1_{\boldsymbol{k}}|:\phi^2:|1_{\boldsymbol{k}}\rangle = \frac{\hbar}{V}\frac{c^2}{\omega_k} \tag{11.82}$$

となる．すなわち，1スリットを通過した光子がスクリーン上のどこに行くかという確率は，$\boldsymbol{r}$ や t によらず均等であるということがわかる．そのため，繰り返したくさんの光子を送り込むと，スクリーン全体がむらなく輝くことになる．

さらに，n 粒子状態(11.68)について同様のことを行うと，

$$\langle n_{\boldsymbol{k}}|:\phi^2:|n_{\boldsymbol{k}}\rangle = \frac{\hbar}{V}\frac{c^2}{\omega_k}n_{\boldsymbol{k}} \tag{11.83}$$

となる．したがって，ϕ^2 は，光子の数を数える演算子であることがわかる．このことをもっとわかりやすくするために，(11.83)を(11.82)で割って規格化すると，

$$n_{\boldsymbol{k}} = \frac{\langle n_{\boldsymbol{k}}|:\phi^2:|n_{\boldsymbol{k}}\rangle}{\langle 1_{\boldsymbol{k}}|:\phi^2:|1_{\boldsymbol{k}}\rangle} \tag{11.84}$$

と表すことができる．

次に，二重スリットの場合に移ろう．この場合，光子がとる可能性のある経路は図11.1に示すように2通りある．この2つの経路の違いにより，波数ベクトル $\boldsymbol{k}$ の方向はわずかに違ってくるから，それらを $\boldsymbol{k}_{\mathrm{R}}$ と $\boldsymbol{k}_{\mathrm{L}}$ として区別することにしよう（大きさは等しい $k_{\mathrm{R}} = k_{\mathrm{L}}$）．すると，二重スリットに対する1光子の状態は，この2つの可能性の重ね合わせだと考えられ，

$$|1_{\boldsymbol{k}_{\mathrm{R}}\boldsymbol{k}_{\mathrm{L}}}\rangle = \alpha|1_{\boldsymbol{k}_{\mathrm{R}}}\rangle + \beta|1_{\boldsymbol{k}_{\mathrm{L}}}\rangle \tag{11.85}$$

と書き表すことができる．ここで，係数 α と β は実数で規格化条件 $\alpha^2 + \beta^2 = 1$ を満たすものとする．このように，重ね合わせの原理を適用するところ

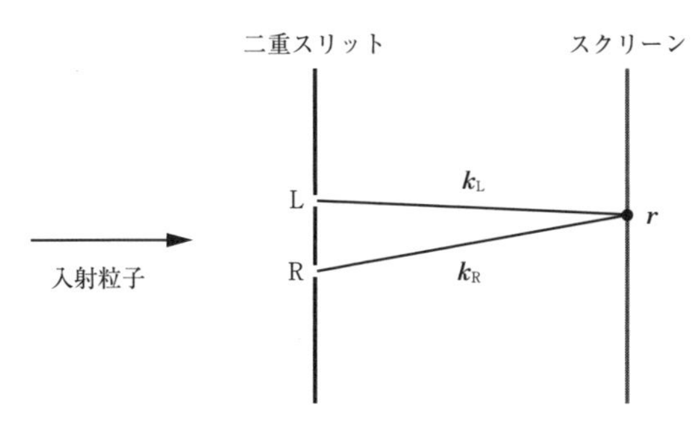

図 11.1　二重スリットの図

が量子力学の最も重要な部分である．この状態を二重スリット状態とよび，1スリット状態と明確に区別することにしよう．

二重スリット状態(11.85)に対して演算子 $:\phi^2:$ の期待値をとると，

$$\begin{aligned}\langle 1_{\boldsymbol{k}_{\rm R}\boldsymbol{k}_{\rm L}}|:\phi^2:|1_{\boldsymbol{k}_{\rm R}\boldsymbol{k}_{\rm L}}\rangle &= \alpha^2\langle 1_{\boldsymbol{k}_{\rm R}}|:\phi^2:|1_{\boldsymbol{k}_{\rm R}}\rangle + \beta^2\langle 1_{\boldsymbol{k}_{\rm L}}|:\phi^2:|1_{\boldsymbol{k}_{\rm L}}\rangle \\ &\quad + \alpha\beta(\langle 1_{\boldsymbol{k}_{\rm R}}|:\phi^2:|1_{\boldsymbol{k}_{\rm L}}\rangle + \langle 1_{\boldsymbol{k}_{\rm L}}|:\phi^2:|1_{\boldsymbol{k}_{\rm R}}\rangle) \\ &= \frac{\hbar}{V}\frac{c^2}{\omega_k}[\alpha^2 + \beta^2 + 2\alpha\beta\cos\{(\boldsymbol{k}_{\rm R} - \boldsymbol{k}_{\rm L})\cdot\boldsymbol{r}\}]\end{aligned} \tag{11.86}$$

となる．上の式(11.86)をもっとみやすくするために，1光子の標準状態(11.82)で規格化してやると，その比 A は

$$A = \frac{\langle 1_{\boldsymbol{k}_{\rm R}\boldsymbol{k}_{\rm L}}|:\phi^2:|1_{\boldsymbol{k}_{\rm R}\boldsymbol{k}_{\rm L}}\rangle}{\langle 1_{\boldsymbol{k}}|:\phi^2:|1_{\boldsymbol{k}}\rangle} = 1 + 2\alpha\beta\cos\{(\boldsymbol{k}_{\rm R} - \boldsymbol{k}_{\rm L})\cdot\boldsymbol{r}\} \tag{11.87}$$

となる．

この結果から明らかなことは，1スリット状態の場合と違って，二重スリット状態の場合は，1光子であっても，スクリーン上で痕跡を残す位置に制限がついている（位置 $\boldsymbol{r}$ に依存する項がある）ということである．この意味で，1光子はあたかも2つのスリットを同時に通過したかのように振る舞っている．1光子そのものが干渉縞をつくるわけではないが，明らかに，多数の光子によって干渉縞が現れる“原因”をつくっているのは確かである．この結果，二重スリットでは，1光子を送り込むことを数万回繰り返せば，上式で示されるような干渉縞がみられることになる．

このように，量子化された場を考えることによって，1光子であっても，それ自身で干渉現象を起こしていることが明白になる．量子力学における重ね合わせの原理が，干渉現象の本質を暴き出してくれたのである．

念のために，(11.87)で表される結果の詳しい分析を進めてみよう．余弦関数（cos）の変数（引数）は $(\boldsymbol{k}_{\mathrm{R}} - \boldsymbol{k}_{\mathrm{L}})\cdot\boldsymbol{r}$ である．いま，z 軸をスクリーン面に垂直にとり，スクリーン面上で $z = 0$ となるように決めよう．スクリーン面上では，横軸に x 軸をとり，縦軸に y 軸をとることにする．波数ベクトルの差 $\boldsymbol{k}_{\mathrm{L}} - \boldsymbol{k}_{\mathrm{R}}$ は x 軸方向を向いているものとし，$k = |\boldsymbol{k}_{\mathrm{L}} - \boldsymbol{k}_{\mathrm{R}}|$ とおくと，

$$(\boldsymbol{k}_{\mathrm{L}} - \boldsymbol{k}_{\mathrm{R}})\cdot\boldsymbol{r} = kx \tag{11.88}$$

となるので，(11.87)で定義された比 A は

$$A = 1 + 2\alpha\beta\cos kx \tag{11.89}$$

と表される．さらに，2つのスリットを通るそれぞれの状態の比率は等しいものとすると $\alpha^2 + \beta^2 = 1$，$\alpha = \beta = 1/\sqrt{2}$ であるから

$$A = 1 + \cos kx = 2\cos^2\frac{kx}{2} \tag{11.90}$$

となる．

A の値が大きいところを明るく，小さいところを暗く，スクリーン上に示すと，図11.2のようになる．A の値は光子が来る確率を表しているので，スクリーン上で A の値が大きいところは，光子が飛来しやすいところであり，A の値が小さいところは光子が飛来しにくいところである．もし，たくさんの光子が次々とスクリーン上に飛来したら，図11.2で示されるような縦縞模様がくっきりと浮かび上がる

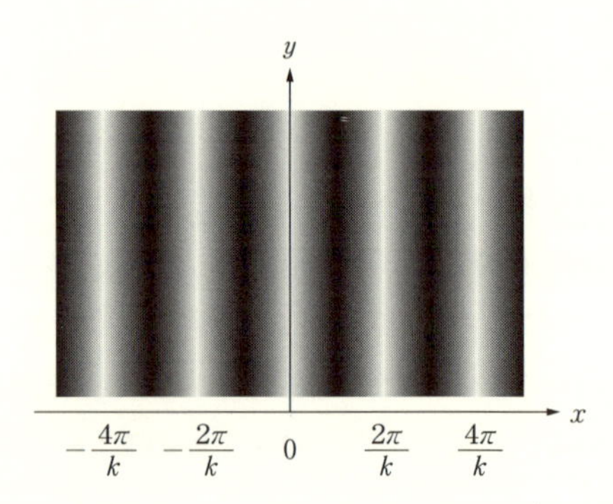

図11.2　二重スリットによってスクリーン上(x - y 平面)に現れる干渉縞．$kx = n\pi$ で n が偶数の位置では明線となり，n が奇数の位置では暗線となる．

であろう．この縞模様は，電子による実験結果（図 4.2）や光子による実験結果（図 10.3）と完全に符合していることがわかる．

最後に，光を巡る歴史的な経緯について述べておきたい．いまから 150 年ほど前には，光は実在する波動であるから，水面の波のように，その波動を伝える媒質が必要だとされ，その媒質は**エーテル**とよばれていた．そして，光を伝える媒質として真空中にエーテルがあるはずだという確信のもとに，それを検出する実験が行われた．光速 c に対する地球の速さ v の比 v/c の 2 乗 v^2/c^2 の項を検出する実験を行えば，エーテルの影響が検出できることがマクスウェルによって指摘され，この考えに沿った実験が行われた．いくつかの実験の中でも，1887 年に，マイケルスンとモーリーが行った実験によって，エーテルの存在が完全に否定されたのは有名な話である．

いまになって考えると，電磁場は光子の集まりなのだから，エーテルのような媒質がなくても真空中を伝播することができるし，光子は質量ゼロのボース粒子だから，膨大な数の光子が関数空間で定義された確率波に従って，巨視的な実空間で波動現象を起こしているということがわかる．

場の量子論は，電磁場に関する数多くの疑問を解き明かしてくれているのである．

演習問題

［**1**］ 宇宙の構造の起源は，加速膨張する宇宙での量子ゆらぎによって生み出されたと考えられている．膨張する宇宙における中性スカラー場の作用は，

$$S = \int dt\, L, \qquad L = \frac{1}{2}\int d^3x\, a^3(t)\left\{\dot{\phi}^2 - \frac{(\nabla\phi)^2}{a^2(t)} - \mu^2\phi^2\right\} \tag{11.91}$$

のように書くことができる．ここで，$a(t)$ は**スケール因子**とよばれ，宇宙の膨張を表す時間だけの関数である．ただし，$c = \hbar = 1$ の単位系を採用した．この作用から出発して正準量子化を行い，量子場を構成せよ．

［**2**］ 上の問題で，H を定数としてスケール因子が $a(t) = e^{Ht}$ のように表されるドシッター時空中で，質量がゼロの中性スカラー場の相関関数の性質を調べよ．

付　　録

A.1 ベクトル空間

ベクトルの集合から構成されるベクトル空間について，やさしい復習から始め，有限次元ベクトル空間の一般論を要説する．

A.1.1 2, 3 次元ベクトル空間

2 次元平面を考えよう．図 A.1 のように $x-y$ 直交座標軸をとり，点 A の座標を (x, y) と表すことにする．このとき，原点から点 A に到る矢印を引き，これを位置ベクトル $\boldsymbol{r}$ とよび，

$$\boldsymbol{r} = \begin{pmatrix} x \\ y \end{pmatrix} \tag{A.1}$$

と表す．ここで，この右辺は 2 行 1 列の行列（マトリックス）とみなすことができることを注意しておこう．行列に関する知識は既知のこととして話を進める．ベクトル $\boldsymbol{r}$ の集合 $\{\boldsymbol{r}\}$ は**2 次元ベクトル空間**とよばれる．

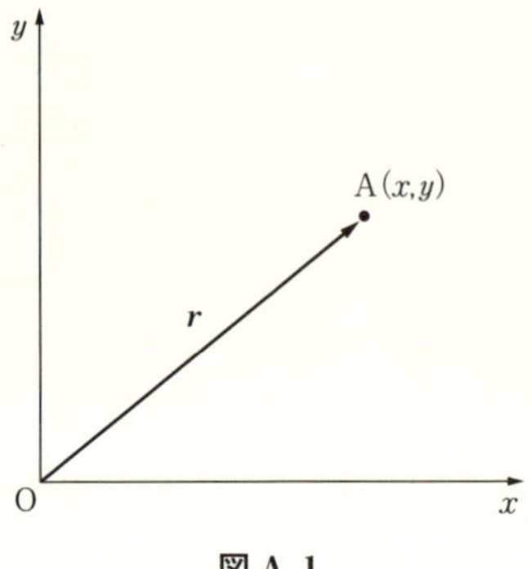

図 A.1

点 A とは別の点 B の座標を (x', y') としたとき，この点を表す位置ベクトル $\boldsymbol{r}'$ を

$$\boldsymbol{r}' = \begin{pmatrix} x' \\ y' \end{pmatrix} \tag{A.2}$$

とすると，ベクトル $\boldsymbol{r}$ と $\boldsymbol{r}'$ の和 $\boldsymbol{r}+\boldsymbol{r}'$ を定義することができて，図 A.2 のように三角形のルールが成り立つことは，古典力学における力の合成則により既知のことであろう．これら 2 つのベクトルの任意の線形結合 $a\boldsymbol{r}+b\boldsymbol{r}'$ も，またベクトルで表される（a，b は任意の定数である）．この条件が成り立つとき，このベクトル空間は**線形空間**であるといわれる．

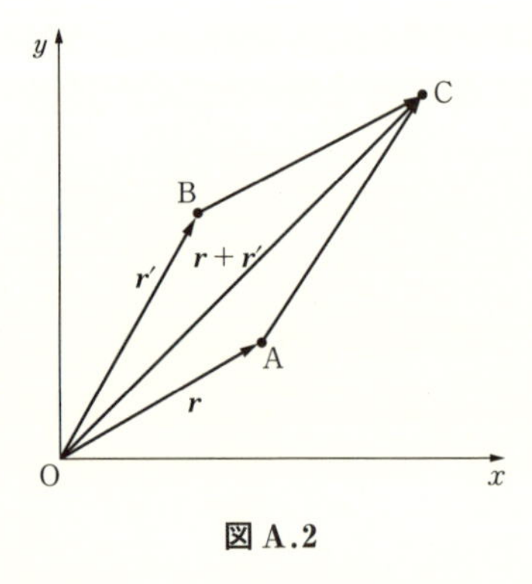

図 A.2

ベクトル $\boldsymbol{r}$ と $\boldsymbol{r}'$ の内積 $\boldsymbol{r}\cdot\boldsymbol{r}'$ を

$$\boldsymbol{r}\cdot\boldsymbol{r}' = xx' + yy' = \boldsymbol{r}^T\boldsymbol{r}' \tag{A.3}$$

で定義する．ここで，上付き添字 T は行列の転置を表す記号である．

特別な場合として，$\boldsymbol{r}'=\boldsymbol{r}$ とおくと

$$\boldsymbol{r}^2 = \boldsymbol{r}\cdot\boldsymbol{r} = x^2 + y^2 \tag{A.4}$$

となるので，これを用いて位置ベクトルの大きさ r を

$$r = \sqrt{\boldsymbol{r}^2} = \sqrt{x^2 + y^2} \tag{A.5}$$

と書くことができる．これより，2点AとBの間の距離は

$$|\boldsymbol{r} - \boldsymbol{r}'| = \sqrt{(\boldsymbol{r} - \boldsymbol{r}')^2} = \sqrt{(x - x')^2 + (y - y')^2} \tag{A.6}$$

と定義できる．ここで考えている2次元ベクトル空間は内積と距離が定義されている．このような空間は**距離空間**とよばれる．特に，ここでは平らな空間しか考えていないので，このベクトル空間は**ユークリッド空間**とよばれるものである．

次に，この位置ベクトルを回転してみよう．図A.3に示すように，ベクトル $\boldsymbol{r}$ を角度 θ だけ回転してみよう．元のベクトル $\boldsymbol{r}$ が x 軸となす角度を α とすると

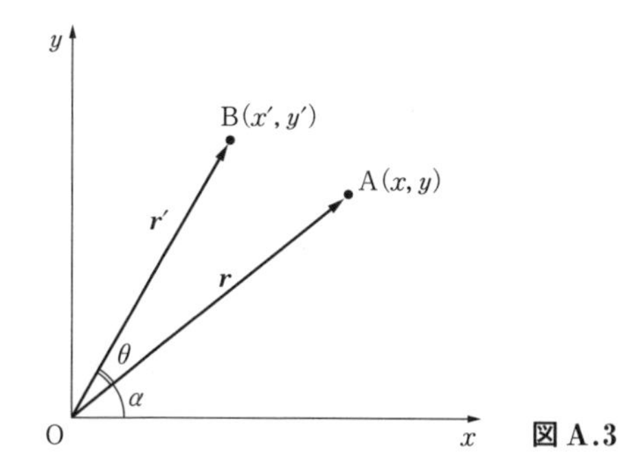

図 A.3

$$x' = r\cos(\theta + \alpha) = r\cos\theta\cos\alpha - r\sin\theta\sin\alpha = x\cos\theta - y\sin\theta \tag{A.7}$$

$$y' = r\sin(\theta + \alpha) = r\sin\theta\cos\alpha + r\cos\theta\sin\alpha = x\sin\theta + y\cos\theta \tag{A.8}$$

であるから，行列の掛け算の規則を用いると

$$\begin{pmatrix} x' \\ y' \end{pmatrix} = \begin{pmatrix} \cos\theta & -\sin\theta \\ \sin\theta & \cos\theta \end{pmatrix} \begin{pmatrix} x \\ y \end{pmatrix} \tag{A.9}$$

とまとめることができ，この式を行列の式として

$$\boldsymbol{r}' = R_\theta \boldsymbol{r} \tag{A.10}$$

と書き表すことにする．ここで，

$$R_\theta = \begin{pmatrix} \cos\theta & -\sin\theta \\ \sin\theta & \cos\theta \end{pmatrix} \tag{A.11}$$

は**回転行列**とよばれる．

このように，ベクトルに作用する行列を**演算子**（operator）とよぶが，より一般的には，ある量に作用して変化を与える**作用素**を**演算子**とよぶ．したがって，関数に対する微分操作も**微分演算子**とよばれる．

上述の回転操作の後で，さらにベクトル $\boldsymbol{r}'$ を角度 ϕ だけ回転すると，その結果得られるベクトル r'' は

$$\boldsymbol{r}'' = R_\phi \boldsymbol{r}' = R_\phi R_\theta \boldsymbol{r} \tag{A.12}$$

となることは明らかである．最初にθだけ回転し，次にϕだけ回転するという連続演算は，演算子R_ϕとR_θの積として表される．2次元回転の特殊性から，最初にθだけ回転し，次にϕだけ回転するという操作は，最初にϕだけ回転し，次にθだけ回転するという操作と同じになる．すなわち，

$$R_\phi R_\theta = R_\theta R_\phi \tag{A.13}$$

が成り立ち，演算R_θと演算R_ϕは交換する（可換である）．しかし，一般的には，この演算の可換性は成り立つとはいえないことを注意しておこう．

空間における2点間の距離が(A.6)で与えられるような空間は，前述のように，ユークリッド空間とよばれる．この距離の定義はよく知られているようにピタゴラスの定理に基づいたものである．実は，距離の定義にはもっと多様なやり方があって，距離が定義されている空間はユークリッド空間だけではない．距離が定義されている空間は距離空間とよばれ，ユークリッド空間はその1つである．

例えば，球の表面のような2次元面を考えてみよう．この面上に直交座標系をとることはできるが，ピタゴラスの定理は三平方の定理の形では成り立たない．それにもかかわらず，距離を定義することはできる．さらに，球面上の大円に沿って三角形を描くと，内角の和が180°以上になる．ユークリッド空間とは随分違った性質をもった空間である．

次に，3次元空間を考えよう．3次元空間では，x軸，y軸，z軸という直交座標系をとることができて，位置ベクトルは

$$\boldsymbol{r} = \begin{pmatrix} x \\ y \\ z \end{pmatrix} \tag{A.14}$$

と表される．いま，x軸に沿って長さが1の[1]ベクトルをとり，これをx軸に沿った**単位ベクトル**$\boldsymbol{e}_x$とよぶことにし，ベクトル表記すると

$$\boldsymbol{e}_x = \begin{pmatrix} 1 \\ 0 \\ 0 \end{pmatrix} \tag{A.15}$$

となる．同様にして，y軸に沿った単位ベクトル$\boldsymbol{e}_y$とz軸に沿った単位ベクトル$\boldsymbol{e}_z$を定義する．

以下で，段々と次元数が増えていくと$x, y, z, \cdots$では文字が足りなくなるので，$x, y, z, \cdots$の代わりに$x_1, x_2, x_3, \cdots$を使うことにしよう．それに伴って，$\boldsymbol{e}_x, \boldsymbol{e}_y, \boldsymbol{e}_z$も$\boldsymbol{e}_1, \boldsymbol{e}_2, \boldsymbol{e}_3$と書き換えることにする．このように，各軸に沿った単位ベクトルを使うと何が便利かというと，任意のベクトルをすべて単位ベクトルをもとにして書き表すことができるということである．このとき，位置ベクトル$\boldsymbol{r}$は

$$\boldsymbol{r} = x_1\boldsymbol{e}_1 + x_2\boldsymbol{e}_2 + x_3\boldsymbol{e}_3 = \sum_{i=1}^{3} x_i\boldsymbol{e}_i \tag{A.16}$$

と表すことができる．

1）長さの単位は任意とする．

位置ベクトルのみならず，3次元空間内の他のどんなベクトルも $\boldsymbol{e}_1, \boldsymbol{e}_2, \boldsymbol{e}_3$ の線形結合で書き表すことができる．例えば，力のベクトル $\boldsymbol{f}$

$$\boldsymbol{f} = \begin{pmatrix} f_1 \\ f_2 \\ f_3 \end{pmatrix} \tag{A.17}$$

に対して，

$$\boldsymbol{f} = f_1\boldsymbol{e}_1 + f_2\boldsymbol{e}_2 + f_3\boldsymbol{e}_3 = \sum_{i=1}^{3} f_i\boldsymbol{e}_i \tag{A.18}$$

と表すことができる．これでわかるとおり，単位ベクトルの集合 $\{\boldsymbol{e}_i\}$ $(i = 1, 2, 3)$ は3次元空間におけるすべてのベクトルを表すことができるので，ベクトルの**完全系**をなすといわれ，3つの単位ベクトルを**基底ベクトル**とよぶ．

これら3つの基底ベクトルの内積をとると，

$$\boldsymbol{e}_i \cdot \boldsymbol{e}_j = \delta_{ij} \qquad (i, j = 1, 2, 3) \tag{A.19}$$

となる．したがって，これらの基底ベクトルは**正規直交系**をなすといわれる．正規とは，長さが1に規格化されているということである．δ_{ij} は**クロネッカーのデルタ**とよばれるもので，次のように定義されている．

$$\delta_{ij} = \begin{cases} 1 & (i = j \text{ のとき}) \\ 0 & (i \neq j \text{ のとき}) \end{cases} \tag{A.20}$$

ベクトル解析についても簡単に触れておこう．古典力学や電磁気学でおなじみのベクトル解析で現れる諸量の定義と公式を復習する．

偏微分演算子ベクトル ∇ は

$$\nabla = \frac{\partial}{\partial \boldsymbol{r}} = \left(\frac{\partial}{\partial x_1}, \frac{\partial}{\partial x_2}, \frac{\partial}{\partial x_3}\right) = (\partial_1, \partial_2, \partial_3) \tag{A.21}$$

で定義され，∇ は**ナブラ**とよばれる．

ベクトル解析で基本となる演算子は，**勾配**（grad），**発散**（div），**回転**（rot）である．いま，スカラー関数 $U(\boldsymbol{r})$ とベクトル関数 $\boldsymbol{f}(\boldsymbol{r})$ を考える．スカラー関数としては力のポテンシャル，ベクトル関数としては力のベクトルをイメージしよう．

勾配は

$$\text{grad}\, U(\boldsymbol{r}) = \nabla U(\boldsymbol{r}) = \frac{\partial U(\boldsymbol{r})}{\partial \boldsymbol{r}} = (\partial_1 U(\boldsymbol{r}), \partial_2 U(\boldsymbol{r}), \partial_3 U(\boldsymbol{r})) \tag{A.22}$$

と定義される．$\text{grad}\, U(\boldsymbol{r})$ は，ポテンシャル $U(\boldsymbol{r})$ の変化の方向と変化率を示しているので，勾配（gradient）とよばれるのである．

$\boldsymbol{f}$ の発散は

$$\text{div}\, \boldsymbol{f}(\boldsymbol{r}) = \nabla \cdot \boldsymbol{f}(\boldsymbol{r}) = \partial_1 f_1(\boldsymbol{r}) + \partial_2 f_2(\boldsymbol{r}) + \partial_3 f_3(\boldsymbol{r}) \tag{A.23}$$

で定義される．

$\boldsymbol{f}$ の回転は

$$\begin{aligned} \text{rot}\, \boldsymbol{f}(\boldsymbol{r}) &= \nabla \times \boldsymbol{f}(\boldsymbol{r}) \\ &= (\partial_2 f_3(\boldsymbol{r}) - \partial_3 f_2(\boldsymbol{r}), \partial_3 f_1(\boldsymbol{r}) - \partial_1 f_3(\boldsymbol{r}), \partial_1 f_2(\boldsymbol{r}) - \partial_2 f_1(\boldsymbol{r})) \end{aligned} \tag{A.24}$$

で定義される．反対称テンソル ε_{ijk} を用いると，回転は

$$(\mathrm{rot}\,\boldsymbol{f}(\boldsymbol{r}))_i = \varepsilon_{ijk}\,\partial_j f_k(\boldsymbol{r}) \tag{A.25}$$

と表すこともできる．ここで，反対称テンソル ε_{ijk} は

$$\varepsilon_{ijk} = \begin{cases} +1 & ((i,j,k)\text{が}(1,2,3)\text{およびその偶置換のとき}) \\ -1 & ((i,j,k)\text{が}(1,2,3)\text{の奇置換のとき}) \\ 0 & (\text{その他のとき}) \end{cases} \tag{A.26}$$

で定義される[2]．(A.25)の右辺で，同じ添字 j, k が2回現れているときは，その添字について1から3まで和をとる．この添字の和の記法は**アインシュタインの縮約記法**とよばれていて，アインシュタインが1916年に導入したものである．

勾配，発散，回転に対して，次の公式が成り立つ．

$$\mathrm{div}\,\mathrm{rot}\,\boldsymbol{f}(\boldsymbol{r}) = 0 \tag{A.27}$$

$$\mathrm{rot}\,\mathrm{grad}\,U(\boldsymbol{r}) = 0 \tag{A.28}$$

A.1.2　N 次元ベクトル空間

これまで，2次元および3次元の場合の身近な知識を復習してきた．ここでは，次元をより一般的な N 次元とし，ベクトル空間の基礎的事項をまとめておこう．

N 次元ベクトルを

$$\boldsymbol{f} = \begin{pmatrix} f_1 \\ f_2 \\ \vdots \\ f_N \end{pmatrix} \tag{A.29}$$

のように N 個の要素の集まりとして定義する．ベクトルは，ベクトル同士の和もまたベクトルになり，ベクトルの定数倍もベクトルになるという性質があるから，ベクトル空間は線形空間である．

ベクトル $\boldsymbol{f}$ と $\boldsymbol{g}$ の内積 $\boldsymbol{f}\cdot\boldsymbol{g}$ は，2, 3次元のときと同じように，

$$\boldsymbol{f}\cdot\boldsymbol{g} = f_1g_1 + f_2g_2 + \cdots + f_Ng_N = \boldsymbol{f}^T\boldsymbol{g} \tag{A.30}$$

で定義される．ここで上付き添字 T は，行列の転置を表す記号である．

ベクトルに作用する演算子として，N 次元正方行列を考える．N 次元正方行列は $N\times N$ 個の成分からなり，

$$\boldsymbol{A} = \begin{pmatrix} a_{11} & a_{12} & a_{13} & \cdots & a_{1N} \\ a_{21} & a_{22} & a_{23} & \cdots & a_{2N} \\ \vdots & \vdots & \vdots & \cdots & \vdots \\ \vdots & \vdots & \vdots & \cdots & \vdots \\ a_{N1} & a_{N2} & a_{N3} & \cdots & a_{NN} \end{pmatrix} \tag{A.31}$$

2）この反対称テンソルは，**完全反対称テンソル**または**レヴィ・チヴィタテンソル**ともよばれる．

で定義される．転置行列 $\boldsymbol{A}^T$ は $\boldsymbol{A}$ の行と列を入れ替えたもので，

$$\boldsymbol{A}^T = \begin{pmatrix} a_{11} & a_{21} & a_{31} & \cdots & a_{N1} \\ a_{12} & a_{22} & a_{32} & \cdots & a_{N2} \\ \vdots & \vdots & \vdots & \cdots & \vdots \\ \vdots & \vdots & \vdots & \cdots & \vdots \\ a_{1N} & a_{2N} & a_{3N} & \cdots & a_{NN} \end{pmatrix} \tag{A.32}$$

と定義される．この転置という操作は，正方行列のみに適用されるものではなく，長方行列にも適用できる．内積の定義(A.30)でみたように，ベクトル(A.29)を N 行1列の行列とみなして転置の操作を行うと，1行 N 列の行列となる．

エルミート共役行列 $\boldsymbol{A}^\dagger$ は，$\boldsymbol{A}$ を転置して各行列要素の複素共役をとった

$$\boldsymbol{A}^\dagger = \begin{pmatrix} a_{11}^* & a_{21}^* & a_{31}^* & \cdots & a_{N1}^* \\ a_{12}^* & a_{22}^* & a_{32}^* & \cdots & a_{N2}^* \\ \vdots & \vdots & \vdots & \cdots & \vdots \\ \vdots & \vdots & \vdots & \cdots & \vdots \\ a_{1N}^* & a_{2N}^* & a_{3N}^* & \cdots & a_{NN}^* \end{pmatrix} \tag{A.33}$$

で定義される．

単位行列 $\mathbf{1}$ は，対角成分1のみをもつ行列である．

$$(\mathbf{1})_{ij} = \delta_{ij} \qquad (i, j = 1, 2, \cdots, N) \tag{A.34}$$

行列 $\boldsymbol{A}$ の逆行列 $\boldsymbol{A}^{-1}$ は，

$$\boldsymbol{A}\boldsymbol{A}^{-1} = \boldsymbol{A}^{-1}\boldsymbol{A} = \mathbf{1} \tag{A.35}$$

により定義される．行列 $\boldsymbol{A}$ と行列 $\boldsymbol{B}$ の積は $\boldsymbol{AB}$ と書き，その掛け算の規則を行列成分で表すと，

$$(\boldsymbol{AB})_{ij} = \sum_{k=1}^{N} a_{ik} b_{kj} \tag{A.36}$$

となる．なお，行列の掛け算の順序は，一般には入れ替えることができない（$\boldsymbol{AB} \neq \boldsymbol{BA}$）．

行列演算子 $\boldsymbol{U}$ が

$$\boldsymbol{U}^\dagger \boldsymbol{U} = \boldsymbol{U}\boldsymbol{U}^\dagger = \mathbf{1} \tag{A.37}$$

を満たすとき，$\boldsymbol{U}$ は**ユニタリー演算子**とよばれる．したがって，$\boldsymbol{U}$ がユニタリー演算子なら，$\boldsymbol{U}^\dagger$ は逆演算子 $\boldsymbol{U}^{-1}$ と同等である．

行列演算子 $\boldsymbol{A}$ のユニタリー演算子による変換 $\boldsymbol{A}' = \boldsymbol{U}\boldsymbol{A}\boldsymbol{U}^\dagger$ を**ユニタリー変換**という．エルミート演算子 $\boldsymbol{A}$ が，ユニタリー変換によってそのエルミート性を保つことは容易に証明することができる．

次に，**直積**（**テンソル積**，**クロネッカー積**ともよばれる）という概念を導入しよう．2つのベクトル $\boldsymbol{f}$ と $\boldsymbol{g}$ の直積は

$$\boldsymbol{f} \otimes \boldsymbol{g} = \boldsymbol{f}\boldsymbol{g}^T = (a_i b_j) \qquad (i, j = 1, 2, 3, \cdots, N) \tag{A.38}$$

で定義される．この式の最右辺は添字 (i, j) についての正方行列と考えてもいいが，それではベクトルとして扱うのに不便であるから，添字 (i, j) を縦に並べて，N^2 行1列の行列（ベクトル）と考えることにする．すなわち，

$$\boldsymbol{f} \otimes \boldsymbol{g} = \begin{pmatrix} f_1\boldsymbol{g} \\ f_2\boldsymbol{g} \\ \vdots \\ f_N\boldsymbol{g} \end{pmatrix} = \begin{pmatrix} f_1 g_1 \\ f_1 g_2 \\ \vdots \\ f_1 g_N \\ \vdots \\ f_N g_1 \\ f_N g_2 \\ \vdots \\ f_N g_N \end{pmatrix} \tag{A.39}$$

と並べることにすれば，通常の縦ベクトルとして扱うことができる．

同様にして，行列 $\widehat{A} = (a_{ij})$ および $\widehat{B} = (b_{ij})$ の直積は

$$\widehat{A} \otimes \widehat{B} = (a_{ij} b_{k\ell}) \qquad (i, j, k, \ell = 1, 2, 3, \cdots, N) \tag{A.40}$$

と定義される．この行列は，単純に考えると，添字を 4 個もっているから，4 次元空間の立方体の形をした行列となる．ベクトルの直積(A.38)を 2 次元の正方行列と考えるならば，この 4 次元立方体の形をした直積行列が，その 2 次元正方行列型の直積ベクトルに作用することになる．

しかし，それでは式を書くのに大変不便(というより実行不可能)であるから，行列の積の場合も，ベクトルの直積の場合と同じように，2 次元の正方行列の形に書くように工夫する．そのために，添字 (ij) を 1 列に，$(k\ell)$ を 1 行に分けて書くことで，2 次元の正方行列とみなすことができ，この形にすると，ベクトルの直積(A.39)にも直接作用させることができる．具体的には

$$\widehat{A} \otimes \widehat{B} = \begin{pmatrix} a_{11}\widehat{B} & a_{12}\widehat{B} & \cdots & a_{1N}\widehat{B} \\ a_{21}\widehat{B} & a_{22}\widehat{B} & \cdots & a_{2N}\widehat{B} \\ \vdots & \vdots & & \vdots \\ \vdots & \vdots & & \vdots \\ a_{N1}\widehat{B} & a_{N2}\widehat{B} & \cdots & a_{NN}\widehat{B} \end{pmatrix} \tag{A.41}$$

と書くことができる．

例として，2 次元行列 $\widehat{A} = (a_{ij})$ と $\widehat{B} = (b_{ij})$ の直積を考えてみよう．ここで，$i, j = 1, 2$ である．直積 $\widehat{A} \otimes \widehat{B}$ は 4×4 行列になり，

$$\widehat{A} \otimes \widehat{B} = \begin{pmatrix} a_{11}b_{11} & a_{11}b_{12} & a_{12}b_{11} & a_{12}b_{12} \\ a_{11}b_{21} & a_{11}b_{22} & a_{12}b_{21} & a_{12}b_{22} \\ a_{21}b_{11} & a_{21}b_{12} & a_{22}b_{11} & a_{22}b_{12} \\ a_{21}b_{21} & a_{21}b_{22} & a_{22}b_{21} & a_{22}b_{22} \end{pmatrix} \tag{A.42}$$

と表すことができる．

行列の**トレース**とは，行列の対角和(対角成分の和)のことで，行列 $\widehat{A}$ に対して

$$\mathrm{Tr}(\widehat{A}) = \sum_{i=1}^{N} a_{ii} \tag{A.43}$$

と定義される．2 つの行列 $\widehat{A}$ と $\widehat{B}$ の直積 $\widehat{A} \otimes \widehat{B}$ のトレースは，それぞれのトレースの積となる．

$$\mathrm{Tr}(\widehat{A} \otimes \widehat{B}) = \mathrm{Tr}(\widehat{A})\,\mathrm{Tr}(\widehat{B}) \tag{A.44}$$

$\widehat{A} \otimes \widehat{B}$ の部分トレース ($\mathrm{Tr}_A, \mathrm{Tr}_B$) とは，行列 $\widehat{A}$ または $\widehat{B}$ に関する成分のみ対角和をとること

$$\mathrm{Tr}_A(\widehat{A} \otimes \widehat{B}) = \mathrm{Tr}(\widehat{A})\widehat{B}, \qquad \mathrm{Tr}_B(\widehat{A} \otimes \widehat{B}) = \widehat{A}\,\mathrm{Tr}(\widehat{B}) \tag{A.45}$$

を意味する．

ベクトル $\boldsymbol{f}$ の集合 $\{\boldsymbol{f}\}$ が張る N 次元ベクトル空間を $\mathscr{H}_f$，ベクトル $\boldsymbol{g}$ の集合 $\{\boldsymbol{g}\}$ が張る N 次元ベクトル空間を $\mathscr{H}_g$ とする．このとき，ベクトル $\boldsymbol{f}$ とベクトル $\boldsymbol{g}$ の直積の集合 $\{\boldsymbol{f} \otimes \boldsymbol{g}\}$ が張る N^2 次元ベクトル空間は，$\mathscr{H}_f \otimes \mathscr{H}_g$ と表すことができる．

行列演算子 $\boldsymbol{A}$ によるベクトル $\boldsymbol{f}$ への作用 $\boldsymbol{Af}$ は**線形変換**とよばれ，その作用を成分で表すと，

$$(\boldsymbol{Af})_i = \sum_{j=1}^{N} a_{ij} f_j \tag{A.46}$$

となる．行列演算子 $\boldsymbol{A}$ をベクトル $\boldsymbol{f}$ に作用させたとき，ベクトル $\boldsymbol{f}$ が方向を変えず長さのみが変わるとき，

$$\boldsymbol{Af} = \lambda \boldsymbol{f} \tag{A.47}$$

が成り立ち，(A.47) は**固有値方程式**とよばれる．ここで，λ を行列 $\boldsymbol{A}$ の**固有値**とよび，$\boldsymbol{f}$ を**固有ベクトル**とよぶ．この固有値と固有ベクトルは (A.47) から求めることができる．固有値と固有ベクトルを求める問題は行列 $\boldsymbol{A}$ の**固有値問題**とよばれる．

固有値問題を解くには (A.47) を変形して，

$$(\boldsymbol{A} - \lambda \mathbf{1})\boldsymbol{f} = 0 \tag{A.48}$$

と表し，以下のように考える．もし，行列 $\boldsymbol{A} - \lambda\mathbf{1}$ が逆行列をもつならば，(A.48) に左からその逆行列を作用させることができるので，$\boldsymbol{f} = 0$ という解しか存在しないことになる．したがって，(A.48) が意味のある解をもつためには $\boldsymbol{A} - \lambda\mathbf{1}$ が逆行列をもってはいけない．そのためには，$\boldsymbol{A} - \lambda\mathbf{1}$ の行列式がゼロとなればよい．

$$\det(\boldsymbol{A} - \lambda \mathbf{1}) = 0 \tag{A.49}$$

この式が固有値 λ を決める式であり，**固有方程式**（**永年方程式**）とよばれる．これが永年方程式とよばれる理由は，昔，惑星の運動に対する永年摂動を計算するときに現れた式と同じであるからである．

一般に，行列 $\boldsymbol{B}$ の行列式は，

$$\det \boldsymbol{B} = \sum_{n_1=1}^{N} \sum_{n_2=1}^{N} \cdots \sum_{n_N=1}^{N} \varepsilon_{n_1 n_2 \cdots n_N} b_{1n_1} b_{2n_2} \cdots b_{Nn_N} \tag{A.50}$$

で与えられる．ここで $\varepsilon_{n_1 n_2 \cdots n_N}$ は N 次元反対称テンソルで，3 次元の場合の (A.26) の N 次元への拡張である．すなわち，$\varepsilon_{1234\cdots N} = 1$ は，添字の入れ替えに対して完全反対称，つまり隣り同士の添字の入れ替えを 1 回行うごとに -1 となるように定義されている．例えば，$\varepsilon_{2134\cdots N} = -1$ である．同じ添字が現れる場合はゼロとなる．

A.2　常微分方程式と固有値問題

量子力学で遭遇するのは，大部分がハミルトニアンの固有値問題である．特に

シュレディンガー描像では，偏微分方程式の時間依存部分が分離されれば，2 階線形同次偏微分方程式を解く問題となる．偏微分方程式は，変数分離等により常微分方程式に帰着する．以上の事情を考慮して，量子力学で出会う可能性のある 2 階線形同次常微分方程式の解法について解説する．

なお，本書では，解析学(関数論)の基礎的概念は既知のこととして話を進める．数学的知識については，おおよそのことは解説しているが，さらにいろいろの公式をチェックしたいときは数学公式集が参考になるので，手元に置いておくと便利である[3)]．

2 階線形同次常微分方程式における固有値問題の例として，次の簡単な場合を考えることにする．区間 $0 \leq x \leq 2\pi$ で定義された周期関数 ψ に対する微分方程式

$$\frac{d^2\psi(x)}{dx^2} = \lambda\,\psi(x) \tag{A.51}$$

を周期境界条件

$$\psi(0) = \psi(2\pi) \tag{A.52}$$

$$\frac{d\psi}{dx}(0) = \frac{d\psi}{dx}(2\pi) \tag{A.53}$$

の下で解くことにしよう．ここで固有値 λ は実数であるとする．λ について，以下のように 3 つの場合に分けて考える．

$\lambda > 0$ の場合には，(A.51)の解は A と B を定数として，

$$\psi(x) = Ae^{\sqrt{\lambda}x} + Be^{-\sqrt{\lambda}x} \tag{A.54}$$

となる．周期境界条件(A.52)と(A.53)より

$$A + B = Ae^{\sqrt{\lambda}2\pi} + Be^{-\sqrt{\lambda}2\pi} \tag{A.55}$$

$$A - B = Ae^{\sqrt{\lambda}2\pi} - Be^{-\sqrt{\lambda}2\pi} \tag{A.56}$$

を満たさなければならない．この方程式は，行列を用いて

$$\begin{pmatrix} 1 - e^{\sqrt{\lambda}2\pi} & 1 - e^{-\sqrt{\lambda}2\pi} \\ 1 - e^{\sqrt{\lambda}2\pi} & -1 + e^{-\sqrt{\lambda}2\pi} \end{pmatrix} \begin{pmatrix} A \\ B \end{pmatrix} = 0 \tag{A.57}$$

と書き直すことができる．左辺の行列の行列式が 0 になれば，逆行列が存在しないのであるから，$A = B = 0$ 以外の解をもつことができる．よって，$A = B = 0$ 以外の解をもつためには，$e^{\sqrt{\lambda}} = 1$ または $e^{-\sqrt{\lambda}} = 1$ が必要である．これにより $\lambda = 0$ が必要であるが，初めの仮定と矛盾するので，$\lambda > 0$ なる解はない．

$\lambda = 0$ の場合には，(A.51)の解は A と B を定数として，

$$\psi(x) = A + Bx \tag{A.58}$$

である．境界条件より $B = 0$ となり，$\lambda = 0$ の場合は $\psi =$ 定数 が解である．

$\lambda < 0$ の場合は，(A.51)の解は，

$$\psi(x) = Ae^{i\sqrt{-\lambda}x} + Be^{-i\sqrt{-\lambda}x} \tag{A.59}$$

である．境界条件(A.52)と(A.53)を満たすためには，

$$A + B = Ae^{i\sqrt{-\lambda}2\pi} + Be^{-i\sqrt{-\lambda}2\pi} \tag{A.60}$$

$$A - B = Ae^{i\sqrt{-\lambda}2\pi} - Be^{-i\sqrt{-\lambda}2\pi} \tag{A.61}$$

---

3)　森口繁一，他 著「岩波 数学公式 I，II，III」(岩波書店，1987)

を満たす必要があり，$A = B = 0$ 以外の解をもつためには，

$$\cos(\sqrt{-\lambda}2\pi) = 1 \tag{A.62}$$

を満たせばよい．つまり $\sqrt{-\lambda}$ が整数であればよく，e^{imx} $(m = 0, \pm 1, \pm 2, \pm 3, \cdots)$ が独立な固有関数となる．これは，$\lambda = 0$ の場合を含む．よって，固有関数は

$$\psi_m(x) = e^{imx} \qquad (m = 0, \pm 1, \pm 2, \cdots) \tag{A.63}$$

と表すことができ，その固有値は $\lambda = -m^2$ である．

$\psi_m(x)$ は次の直交関係

$$\frac{1}{2\pi}\int_0^{2\pi} dx\, \psi_m(x)\, \psi_n(x)^* = \delta_{mn} \qquad (n, m = 0, \pm 1, \pm 2, \cdots) \tag{A.64}$$

を満たすことを直接確かめることができ，$\{\psi_m\}$ は正規直交系をなすことがわかる．

区間 $0 \leq x \leq 2\pi$ で定義された任意の周期関数 $f(x)$ は $\{\psi_m\}$ を用いて

$$f(x) = \sum_{m=-\infty}^{\infty} \tilde{f}_m e^{imx} \tag{A.65}$$

のように展開できる．これはフーリエ展開に他ならない．(A.64)により，フーリエ係数 $\tilde{f}_m$ は

$$\tilde{f}_m = \frac{1}{2\pi}\int_0^{2\pi} f(x)\, e^{-imx}\, dx \tag{A.66}$$

と求められる．

A.2.1　エルミート多項式

1次元調和振動子のシュレディンガー方程式で遭遇するエルミートの微分方程式

$$\frac{d^2 f}{d\xi^2} - 2\xi\frac{df}{d\xi} + (\lambda - 1)f = 0 \tag{A.67}$$

を考える．この方程式の解のうちで，遠方 $\xi \to \infty$ で指数関数的な増大をしないものを求める．

解 $f(\xi)$ に対して級数展開の形

$$f(\xi) = \sum_{m=0}^{\infty} C_m \xi^m \tag{A.68}$$

を仮定してみよう．この式を(A.67)に代入すると，係数 C_m に対する漸化式

$$(m+1)(m+2)C_{m+2} = (2m - \lambda + 1)C_m \tag{A.69}$$

が得られる．m の十分大きいところを考えると，漸化式(A.69)は $C_{m+2} \sim 2C_m/m$ となり，この右辺で $m = 2$ まで辿っていくと

$$C_{m+2} \sim \frac{2^{m/2}}{m(m-2)(m-4)\cdots 4 \times 2} C_2 \tag{A.70}$$

となる．これを級数解(A.68)に代入すると $f(\xi) \sim e^{\xi^2}$ となり，ξ の大きいところで指数関数的に増大し，当初の条件に合致しない．

遠方で指数関数的な増大をしないという条件を満たすためには，展開式(A.68)が有限項で切れるしかない．そこで，$m = n$ までで級数が止まるとしよう．そのためには，固有値 λ が $\lambda = 2n + 1$ (ただし，$n = 0, 1, 2, \cdots$)を満たせばよく，このとき，$f(\xi)$ は ξ の n 次多項式となる．

$\lambda = 2n+1$ ととったとき，級数和 $f(\xi) = H_n(\xi)$ は次のような形にまとめることができる．

$$H_n(\xi) = (-1)^n e^{\xi^2} \frac{d^n}{d\xi^n} e^{-\xi^2} \tag{A.71}$$

$H_n(\xi)$ は**エルミート多項式**とよばれ，エルミート多項式の直交関係は，

$$\int_{-\infty}^{\infty} H_n(\xi)\, H_m(\xi)\, e^{-\xi^2}\, d\xi = 2^n n!\sqrt{\pi}\,\delta_{nm} \tag{A.72}$$

で与えられる．

A.2.2　球面調和関数

3 次元球対称ポテンシャルに対するシュレディンガー方程式を極座標表示したときに現れる微分方程式の角度部分や，角運動量の 2 乗の固有値問題を極座標表示したときに現れる微分方程式は，以下に示す 2 階線形同次偏微分方程式

$$\left\{\frac{1}{\sin\theta}\frac{\partial}{\partial\theta}\left(\sin\theta\frac{\partial}{\partial\theta}\right) + \frac{1}{\sin^2\theta}\frac{\partial^2}{\partial\varphi^2}\right\} Y(\theta,\varphi) = -\lambda\, Y(\theta,\varphi) \tag{A.73}$$

の形をしている．$Y(\theta,\varphi) = \Theta(\theta)\Phi(\varphi)$ とおき，変数分離型の解を求めるために $\sin^2\theta/\{\Theta(\theta)\ \Phi(\varphi)\}$ を(A.73)に掛けて整理すると，

$$\frac{\sin\theta}{\Theta(\theta)}\frac{d}{d\theta}\left(\sin\theta\frac{d\Theta(\theta)}{d\theta}\right) + \lambda\sin^2\theta = -\frac{1}{\Phi(\varphi)}\frac{\partial^2\Phi(\varphi)}{\partial\varphi^2} \tag{A.74}$$

となり，各項がそれぞれ θ のみと φ のみの関数となるので，それらは定数になる他ない．その定数を μ^2 とおくと，次の 2 つの式が得られる．

$$\frac{1}{\sin\theta}\frac{d}{d\theta}\left(\sin\theta\frac{d\Theta(\theta)}{d\theta}\right) + \left(\lambda - \frac{\mu^2}{\sin^2\theta}\right)\Theta(\theta) = 0 \tag{A.75}$$

$$\frac{d^2\Phi(\varphi)}{d\varphi^2} + \mu^2\,\Phi(\varphi) = 0 \tag{A.76}$$

(A.76)は，周期境界条件 $\Phi(\varphi) = \Phi(\varphi+2\pi), \Phi'(\varphi) = \Phi'(\varphi+2\pi)$ を課すと，この節の初めに(A.51)で考えた固有値問題と同じである．したがって，境界条件から $\mu = m$ $(m = 0, \pm1, \pm2, \pm3, \cdots)$ となり，(A.76)の解は，

$$\Phi_m(\varphi) = e^{im\varphi} \qquad (m = 0, \pm1, \pm2, \pm3, \cdots) \tag{A.77}$$

となる．

一方，(A.75)は $x = \cos\theta$ とおくと

$$\frac{d}{dx}\left((1-x^2)\frac{d\Theta(x)}{dx}\right) + \left(\lambda - \frac{m^2}{1-x^2}\right)\Theta(x) = 0 \tag{A.78}$$

となる．これは**ルジャンドルの陪微分方程式**とよばれるものである．特に，$m = 0$ の場合，(A.78)は

$$\frac{d}{dx}\left((1-x^2)\frac{d\Theta(x)}{dx}\right) + \lambda\,\Theta(x) = 0 \tag{A.79}$$

となる．この微分方程式は**ルジャンドルの微分方程式**とよばれている．

ここで，2 階線形同次常微分方程式の一般論にふれておこう．微分方程式

$$\frac{d^2f(x)}{dx^2} + P(x)\frac{df(x)}{dx} + Q(x)\,f(x) = 0 \tag{A.80}$$

において，点 $x=a$ が係数関数 $P(x)$ と $Q(x)$ の特異点であり，かつ $(x-a)P(x)$，$(x-a)^2Q(x)$ が点 $x=a$ で解析的（正則）であるとしよう．このとき，点 $x=a$ を，この微分方程式の**確定特異点**とよぶ．確定特異点 $x=a$ の周りで解 $f(x)$ を

$$f(x) = (x-a)^{\mu}\sum_{n=0}^{\infty} C_n(x-a)^n \tag{A.81}$$

のようにローラン展開できる．ここで，指数 μ は未定定数である．この解法は**フロベニウス法**とよばれている．

ルジャンドルの微分方程式(A.79)は，$x=\pm 1$ が確定特異点になっている．そこで，$x=1$ の周りの解をフロベニウス法で求めよう．$\xi = x-1$ とおくと，ルジャンドルの微分方程式は次のようになる．

$$(\xi^2+2\xi)\frac{d^2\Theta}{d\xi^2} + 2(\xi+1)\frac{d\Theta}{d\xi} - \lambda\Theta = 0 \tag{A.82}$$

$\xi=0$ の周りで

$$\Theta(x) = \xi^{\mu}\sum_{n=0}^{\infty} C_n\xi^n \tag{A.83}$$

と展開できるので，これを(A.82)に代入して整理すると

$$2C_0\mu^2\xi^{\mu-1} + \sum_{n=0}^{\infty}\{2(n+\mu+1)^2C_{n+1} + [(n+\mu)(n+\mu+1)-\lambda]C_n\}\xi^{n+\mu} = 0 \tag{A.84}$$

となる．

この式が成り立つためには，まず初項があってはいけないので，$\mu=0$ でなければならない．また第2項がなくなるためには，C_n に対する漸化式

$$C_{n+1} = \frac{-n(n+1)+\lambda}{2(n+1)^2}C_n \qquad (n \geq 0) \tag{A.85}$$

が成り立たなくてはならない．級数が無限に続くと $x=-1$ $(\xi=2)$ では収束しないので，$-1 \leq x \leq 1$ での正則性を満たさなくなる．しかし，

$$\lambda = \ell(\ell+1) \qquad (\ell \geq 0\text{ の整数}) \tag{A.86}$$

のときには，$n=\ell$ で $C_{\ell+1}$ が0となり，したがって，$C_n=0$ $(n \geq \ell+1)$ が得られる．このため，(A.83)は ℓ 次の有限項多項式となり，正則な解となる．すなわち，$-1 \leq x \leq 1$ で正則であるという境界条件により，固有値は離散的な値をとることになる．$\lambda=\ell(\ell+1)$ 以外のときには，この境界条件を満たす解はないことを示すことができる．

(A.83)の初項 C_0 を適当に選べば，漸化式によって，解を次のように書くことができる．

$$P_\ell(x) = \sum_{n=0}^{[\ell/2]}(-1)^n\frac{(2\ell-2n)!}{2^\ell n!\,(\ell-n)!\,(\ell-2n)!}x^{\ell-2n} = \frac{(-1)^\ell}{2^\ell\ell!}\frac{d^\ell}{dx^\ell}(1-x^2)^\ell \tag{A.87}$$

ただし，

$$[\ell/2] = \begin{cases} \dfrac{\ell}{2} & (\ell\text{ が偶数}) \\ \dfrac{\ell-1}{2} & (\ell\text{ が奇数}) \end{cases} \tag{A.88}$$

である．$P_\ell(x)$ は**ルジャンドル多項式**とよばれ，次の直交関係を満たす．

$$\int_{-1}^{1} P_\ell(x)\, P_{\ell'}(x)\, dx = \frac{2}{2\ell+1}\delta_{\ell\ell'} \tag{A.89}$$

また，次の式が成り立つ．

$$\sum_{\ell=0}^{\infty} \frac{2\ell+1}{2} P_\ell(x)\, P_\ell(x') = \delta(x-x') \tag{A.90}$$

区間$[-1 \leq x \leq 1]$で定義された任意の関数はルジャンドル多項式によって展開することができる．

次に，$m \neq 0$ の場合，すなわち，ルジャンドルの陪微分方程式を考える．$\lambda = \ell(\ell+1)$ とおけば，(A.78)は

$$\frac{d}{dx}\left((1-x^2)\frac{d\Theta(x)}{dx}\right) + \left\{\ell(\ell+1) - \frac{m^2}{1-x^2}\right\}\Theta(x) = 0 \tag{A.91}$$

となる．ここで，

$$\Theta(x) = (1-x^2)^{|m|/2}\, \Psi(x) \tag{A.92}$$

とおくと，上式の $\Psi(x)$ が満たす式は次のようになる．

$$(1-x^2)\frac{d^2}{dx^2}\Psi(x) - 2(|m|+1)x\frac{d}{dx}\Psi(x) + \{\ell(\ell+1) - |m|(|m|+1)\}\Psi(x) = 0 \tag{A.93}$$

一方，ルジャンドル多項式の満たす方程式

$$\frac{d}{dx}\left((1-x^2)\frac{dP_\ell(x)}{dx}\right) + \ell(\ell+1)\, P_\ell(x) = 0 \tag{A.94}$$

を $|m|$ 回微分すると

$$(1-x^2)\frac{d^{2+|m|}}{dx^{2+|m|}}P_\ell(x) - 2(|m|+1)x\frac{d^{1+|m|}}{dx^{1+|m|}}P_\ell(x) + \{\ell(\ell+1) - |m|(|m|+1)\}\frac{d^{|m|}}{dx^{|m|}}P_\ell(x) = 0 \tag{A.95}$$

を導くことができる．

(A.93)と(A.95)より，$d^{|m|}P_\ell(x)/dx^{|m|}$ と $\Psi(x)$ は同じ微分方程式を満たすことがわかる．結局，$\Theta(x)$ に対する解は，

$$\Theta(x) = (1-x^2)^{|m|/2}\frac{d^{|m|}}{dx^{|m|}}P_\ell(x) \equiv P_\ell^{|m|}(x) \tag{A.96}$$

となり，$P_\ell^{|m|}(x)$ は**第1種ルジャンドル陪関数**とよばれる．$P_\ell(x)$ が x の ℓ 次の多項式であることを考えれば，

$$|m| \leq \ell \tag{A.97}$$

であり，$m = 0$ の場合，$P_\ell^{|m|}(x)$ は $P_\ell(x)$ に一致する．

$P_\ell^{|m|}(x)$ の直交関係は次のように表される．

$$\int_{-1}^{+1} P_\ell^{|m|}(x)\, P_{\ell'}^{|m|}(x)\, dx = \frac{2}{2\ell+1}\frac{(\ell+|m|)!}{(\ell-|m|)!}\delta_{\ell\ell'} \qquad (A.98)$$

以上をまとめると，正則関数という条件のもとで得られる(A.73)の解が球面調和関数であり，ルジャンドル陪関数を用いて次のように書き表すことができる．

$$Y_{\ell m}(\theta,\varphi) = (-1)^{(m+|m|)/2}\sqrt{\frac{2\ell+1}{4\pi}\frac{(\ell-|m|)!}{(\ell+|m|)!}}\, P_\ell^{|m|}(\cos\theta)\, e^{im\varphi} \qquad (A.99)$$

ここで，ℓ はゼロ以上の整数 $(\ell = 0, 1, 2, \cdots)$ で，m は ℓ が与えられたとき，$m = \ell, \ell-1, \ell-2, \cdots, -\ell+1, -\ell$ をとる．球面調和関数は，

$$\int_0^\pi d\theta \sin\theta \int_0^{2\pi} d\varphi\, Y_{\ell m}(\theta,\varphi)\, Y_{\ell' m'}(\theta,\varphi)^* = \delta_{\ell\ell'}\delta_{mm'} \qquad (A.100)$$

$$\sum_{\ell=0}^{\infty}\sum_{m=-\ell}^{\ell} Y_{\ell m}(\theta,\varphi)\, Y_{\ell m}(\theta',\varphi')^* = \delta(\cos\theta - \cos\theta')\,\delta(\varphi-\varphi') \qquad (A.101)$$

を満たし，2次元球面上での完全正規直交系をなす．

A.2.3　ガンマ関数

ガンマ関数は $\Re z > 0$ で定義される

$$\Gamma(z) = \int_0^\infty e^{-t} t^{z-1}\, dt \qquad (A.102)$$

を解析接続して得られる特殊関数で，z が正の整数の場合には，

$$\Gamma(n) = (n-1)! \qquad (n = 1, 2, 3, 4, \cdots) \qquad (A.103)$$

となる．これは，次に証明する関係式を用いれば容易に確かめることができる．

$$\Gamma(z+1) = z\,\Gamma(z) \qquad (A.104)$$

この証明は以下のとおりである．

$$\begin{aligned}\Gamma(z+1) &= \int_0^\infty dt\, e^{-t} t^z \\ &= [-e^{-t}t^z]_0^\infty + z\int_0^\infty dt\, e^{-t} t^{z-1} \\ &= z\,\Gamma(z)\end{aligned} \qquad (A.105)$$

また，z が1と1/2の場合，次の値をとる．

$$\Gamma(1) = \int_0^\infty dt\, e^{-t} = 1 \qquad (A.106)$$

$$\Gamma\left(\frac{1}{2}\right) = \int_0^\infty dt\, e^{-t} t^{-1/2} = 2\int_0^\infty dy\, e^{-y^2} = \sqrt{\pi} \qquad (A.107)$$

z が0以下の整数 $-n$ のときは，ガンマ関数は $z = -n$ に1位の極をもつ．実際，

$$\begin{aligned}\Gamma(z) &= \int_0^1 e^{-t} t^{z-1}\, dt + \int_1^\infty e^{-t} t^{z-1}\, dt \\ &= \sum_{n=0}^{\infty}\frac{(-1)^n}{n!}\int_0^1 t^{z+n-1}\, dt + \int_1^\infty e^{-t} t^{z-1}\, dt \\ &= \sum_{n=0}^{\infty}\frac{(-1)^n}{n!(z+n)} + \int_1^\infty e^{-t} t^{z-1}\, dt\end{aligned} \qquad (A.108)$$

であるから，

$$\lim_{z\to -n}(z+n)\Gamma(z) = \frac{(-1)^n}{n!} \qquad (A.109)$$

すなわち，$z=-n\,(-n=0,-1,-2,\cdots)$ は一位の極であり，留数は上式から与えられることになる．

A.2.4　合流型超幾何関数

合流型超幾何関数（confluent hypergeometric function）は級数

$$F(\alpha,\gamma\,;z)=\frac{\Gamma(\gamma)}{\Gamma(\alpha)}\sum_{n=0}^{\infty}\frac{\Gamma(\alpha+n)}{\Gamma(\gamma+n)}\frac{z^n}{n!} \tag{A.110}$$

によって定義される．$u=F(\alpha,\gamma\,;z)$ は，次の**合流型超幾何微分方程式**（confluent hypergeometric differential equation）を満たす．

$$z\frac{d^2u}{dz^2}+(\gamma-z)\frac{du}{dz}-\alpha u=0 \tag{A.111}$$

また，$|z|\to\infty$ において，次の漸近形をもつ[4]．

$$F(\alpha,\gamma\,;z)\quad\to\quad\frac{\Gamma(\gamma)}{\Gamma(\gamma-\alpha)}(-z)^{-\alpha}+\frac{\Gamma(\gamma)}{\Gamma(\alpha)}e^z z^{\alpha-\gamma} \tag{A.112}$$

§5.3の水素原子の波動関数を与えるラゲールの陪多項式は，合流型超幾何関数の $0\leq z\leq\infty$ における解となっている．(A.112)によれば，$z\to\infty$ において $F(\alpha,\gamma\,;z)$ が指数関数的に増大しないのは，$\alpha=-n$（ただし，$n=0,1,2,3,\cdots$）のときのみであることがわかる．この条件が，固有値と固有関数を決めることになる．

合流型超幾何関数を用いて，**ラゲール**（Leguerre）**の陪多項式**を次のように定義する．ラゲールの陪多項式の定義には異なる定義があり，これは**ソニン**（Sonine）**の多項式**ともよばれる定義である[5]．

$$L_n^{\alpha}(x)=\frac{e^x x^{-\alpha}}{n!}\frac{d^n}{dx^n}(e^{-x}x^{n+\alpha})=\frac{\Gamma(\alpha+n+1)}{\Gamma(\alpha+1)n!}F(-n,\alpha+1\,;x) \tag{A.113}$$

このラゲールの陪多項式は，$\Re\,\alpha>-1$ のとき，次の直交関係を満たす．

$$\int_0^{\infty}dx\,e^{-x}x^{\alpha}\,L_n^{\alpha}(x)\,L_m^{\alpha}(x)=\frac{\Gamma(\alpha+n+1)}{n!}\delta_{nm} \tag{A.114}$$

また，漸化式

$$(n+1)L_{n+1}^{\alpha}(x)+(x-2n-\alpha-1)L_n^{\alpha}(x)+(n+\alpha)L_{n-1}^{\alpha}(x)=0\qquad(n\geq 1) \tag{A.115}$$

を用いると，ラゲールの陪多項式は次の規格化条件を満たす．

$$\int_0^{\infty}dx\,e^{-x}x^{\alpha+1}\{L_n^{\alpha}(x)\}^2=\frac{(2n+\alpha+1)\Gamma(\alpha+n+1)}{n!} \tag{A.116}$$

これは水素原子の波動関数の規格化条件を与える．

4）　森口繁一，他 著「岩波 数学公式Ⅲ」（岩波書店，1987）p. 67

5）　森口繁一，他 著「岩波 数学公式Ⅲ」（岩波書店，1987）p. 96

A.2.5 エアリー関数

エアリー関数は，微分方程式

$$\frac{d^2u}{dz^2} - zu = 0 \tag{A.117}$$

を満たす線形独立な2つの解であり，$A_i(z)$ と $B_i(z)$ と表される．以下のように級数を用いて定義される変形ベッセル関数，

$$I_\nu(z) = \sum_{m=0}^{\infty} \frac{1}{m!\,\Gamma(\nu+m+1)} \left(\frac{z}{2}\right)^{2m+\nu} \tag{A.118}$$

を用いて，エアリー関数は，

$$A_i(z) = \frac{z^{1/2}}{3}\left\{I_{-1/3}\left(\frac{2}{3}z^{3/2}\right) - I_{1/3}\left(\frac{2}{3}z^{3/2}\right)\right\} \tag{A.119}$$

$$B_i(z) = \frac{z^{1/2}}{\sqrt{3}}\left\{I_{-1/3}\left(\frac{2}{3}z^{3/2}\right) + I_{1/3}\left(\frac{2}{3}z^{3/2}\right)\right\} \tag{A.120}$$

と定義される[6]．それらの振る舞いは，図5.5に示したように，$A_i(z)$，$B_i(z)$ ともに，$z < 0$ では振動関数であり，$z > 0$ において，$A_i(z)$ は指数関数的に0に漸近する関数であり，逆に $B_i(z)$ は指数関数的に正に発散する関数である．

これらの漸近解として，$z \to \infty$ では，

$$A_i(z) \simeq \frac{1}{2\sqrt{\pi}\,z^{1/4}} \exp\left(-\frac{2}{3}z^{3/2}\right) \tag{A.121}$$

$$B_i(z) \simeq \frac{1}{\sqrt{\pi}\,z^{1/4}} \exp\left(\frac{2}{3}z^{3/2}\right) \tag{A.122}$$

$z \to -\infty$ では，

$$A_i(z) \simeq \frac{1}{\sqrt{\pi}\,(-z)^{1/4}} \sin\left\{\frac{2}{3}(-z)^{3/2} + \frac{\pi}{4}\right\} \tag{A.123}$$

$$B_i(z) \simeq \frac{1}{\sqrt{\pi}\,(-z)^{1/4}} \cos\left\{\frac{2}{3}(-z)^{3/2} + \frac{\pi}{4}\right\} \tag{A.124}$$

が得られる．

A.3 フーリエ変換

積分変換の中で最も重要なフーリエ変換について解説する．周期境界条件の下での式(A.51)の固有値問題を考える．区間 $-L/2 \le x \le L/2$ で周期境界条件を課した場合，得られる固有関数は，

$$\Phi_m(x) = e^{i2\pi mx/L} \qquad (m = 0, \pm1, \pm2, \cdots) \tag{A.125}$$

となる．Φ_m は直交関係

$$\frac{1}{L}\int_{-L/2}^{L/2} dx\, \Phi_m(x)\, \Phi_n(x)^* = \delta_{mn} \qquad (n, m = 0, \pm1, \pm2, \cdots) \tag{A.126}$$

を満たす．この区間で定義された関数 $f(x)$ を

6) W. Magnus, F. Oberhettinger and R. P. Soni: *Formulas and Theorems for the Special Functions of Mathematical Physics* (Springer, 1966)

$$f(x) = \sum_{m=-\infty}^{\infty} \tilde{f}_m e^{i2\pi mx/L} \tag{A.127}$$

と展開でき，展開係数は次のように決まる．

$$\tilde{f}_m = \frac{1}{L}\int_{-L/2}^{L/2} f(x)\, e^{-i2\pi mx/L} \tag{A.128}$$

L を無限大にする極限を考えると，(A.128)を(A.127)に代入して

$$f(x) = \frac{1}{L}\sum_{m=-\infty}^{\infty}\int_{-L/2}^{L/2} dx'\, f(x')\, e^{i2\pi m(x-x')/L} \tag{A.129}$$

ここで $k=2\pi m/L$ とおき，$dk = 2\pi dm/L$ および $\sum_{m=-\infty}^{\infty} \to \int_{-\infty}^{\infty} dm$ という置き換えを行うと，

$$\begin{aligned} f(x) &= \frac{1}{2\pi}\int_{-\infty}^{\infty} dk \int_{-\infty}^{\infty} dx'\, f(x')\, e^{ik(x-x')} \\ &= \frac{1}{\sqrt{2\pi}}\int_{-\infty}^{\infty} dk \left\{\frac{1}{\sqrt{2\pi}}\int_{-\infty}^{\infty} dx'\, f(x')\, e^{-ikx'}\right\} e^{ikx} \\ &= \frac{1}{\sqrt{2\pi}}\int_{-\infty}^{\infty} dk\, \tilde{f}(k)\, e^{ikx} \end{aligned} \tag{A.130}$$

となる．ここで

$$\tilde{f}(k) = \frac{1}{\sqrt{2\pi}}\int_{-\infty}^{\infty} dx' f(x') e^{-ikx'} \tag{A.131}$$

である．(A.131)は**フーリエ変換**，(A.130)は**フーリエ逆変換**とよばれる．フーリエ変換とフーリエ逆変換に関しては，$1/2\pi$ の付け方および e^{ikx} の指数の符号について異なる定義がされる場合がある．

A.4　超関数とデルタ関数

下記の性質を満たす関数 $\delta(x-a)$ を**ディラック**（Dirac）**のデルタ**（δ）**関数**とよぶ．

$$\delta(x-a) = 0 \qquad (x \neq a) \tag{A.132}$$

$$\int_{-\infty}^{\infty} dx\, f(x)\, \delta(x-a) = \int_{a-\varepsilon}^{a+\varepsilon} dx\, f(x)\, \delta(x-a) = f(a) \tag{A.133}$$

ただし，a は実定数である．デルタ関数は一般化された関数の1つで，**超関数**とよばれる．

フーリエ変換とフーリエ逆変換を用いると

$$f(x) = \int_{-\infty}^{\infty} dx'\, f(x')\, \frac{1}{2\pi}\int_{-\infty}^{\infty} dk\, e^{ik(x-x')} \tag{A.134}$$

が成り立つ．ここで，$x \to a$，$x' \to x$ と置き換えると

$$f(a) = \int_{-\infty}^{\infty} dx\, f(x)\, \frac{1}{2\pi}\int_{-\infty}^{\infty} dk\, e^{ik(a-x)} \tag{A.135}$$

となる．したがって，デルタ関数は

$$\delta(x-a) = \frac{1}{2\pi}\int_{-\infty}^{\infty} dk\, e^{ik(a-x)}$$
$$= \frac{1}{2\pi}\int_{-\infty}^{\infty} dk\, e^{-ik(x-a)} = \frac{1}{2\pi}\int_{-\infty}^{\infty} dk\, e^{ik(x-a)} \qquad (A.136)$$

と表せることがわかる．厳密にいうと，この表式では $k \to \pm\infty$ で積分の収束性が保証されていないので，以下のように定義されていると理解すべきである．

$$\delta(x-a) = \lim_{\varepsilon\to+0} \frac{1}{2\pi}\int_{-\infty}^{\infty} dk\, e^{ik(x-a)}\, e^{-\varepsilon|k|} \qquad (A.137)$$

これを用いると，デルタ関数は

$$\delta(x-a) = \frac{1}{\pi}\lim_{\varepsilon\to 0} \frac{\varepsilon}{\varepsilon^2 + (x-a)^2} \qquad (A.138)$$

と表すことができる．また，以下のように表すこともできる．

$$\delta(x-a) = \lim_{\varepsilon\to 0} \frac{e^{-(x-a)^2/2\varepsilon}}{\sqrt{2\pi\varepsilon}} \qquad (A.139)$$

$$\delta(x-a) = \lim_{\beta\to\infty} \frac{\sin\beta(x-a)}{\pi(x-a)} \qquad (A.140)$$

(A.136)において，a を x' とおくと

$$\frac{1}{2\pi}\int_{-\infty}^{\infty} e^{-ik(x-x')}\, dk = \frac{1}{2\pi}\int_{-\infty}^{\infty} e^{ik'(x-x')}\, dk' = \delta(x-x') \qquad (A.141)$$

と表せる．また，この式において x と k を入れ替えてみると，

$$\frac{1}{2\pi}\int_{-\infty}^{\infty} e^{ix(k-k')}\, dx = \frac{1}{2\pi}\int_{-\infty}^{\infty} e^{-ix'(k-k')}\, dx' = \delta(k-k') \qquad (A.142)$$

となるが，これは無限区間 $-\infty < x < \infty$ での連続関数 $e^{ikx}(-\infty < k < \infty)$ の直交性を表す式と解釈できる．

デルタ関数について，しばしば用いられる有用な公式としては，

$$\delta(g(x)) = \sum_j \frac{\delta(x-b_j)}{|g(x)'|} \qquad (A.143)$$

がある．ただし，b_j は $g(x)=0$ の j 番目の零点で，$g(b_j)=0$ を満たす．

参考文献

[1] P. A. M. ディラック 著，朝永振一郎，他 訳：「量子力学」（岩波書店，1954）
[2] 朝永振一郎 著：「量子力学」（みすず書房，1952）
[3] E. H. Wichmann 著，宮沢弘成 監訳：「バークレー物理学コース 復刻版 量子物理学」（丸善出版，2011）
[4] V. F. Mukhanov and S. Winitzki : *Introduction to Quantum Effects in Gravity* (Cambridge University Press, 2007)
[5] 上田正仁 著：「現代量子物理学［基礎と応用］」（培風館，2004）
[6] 佐藤文隆 著：「量子力学ノート　数理と量子技術」（サイエンス社，2013）
[7] 河原林 研 著：「岩波講座 現代の物理学 3　量子力学」（岩波書店，1993）
[8] 牟田泰三 著：「現代物理学叢書　電磁力学」（岩波書店，2001）
[9] 寺沢寛一 著：「自然科学者のための数学概論（増訂版）」（岩波書店，1954）
[10] 小野寺嘉孝 著：「裳華房フィジックスライブラリー　演習で学ぶ 量子力学」（裳華房，2002）
[11] 日置善郎 著：「量子力学」（吉岡書店，2001）
[12] 牟田 淳 著：「身につく シュレーディンガー方程式」（技術評論社，2014）
[13] 久保謙一 著：「裳華房フィジックスライブラリー　解析力学」（裳華房，2001）
[14] 須藤 靖 著：「解析力学・量子論」（東京大学出版会，2008）
[15] A. R. Edmonds : *Angular Momentum in Quantum Mechanics* (Princeton University Press, 1996)
[16] M. E. Rose 著，山内泰彦・森田正人 訳：「角運動量の基礎理論」（みすず書房，1971）
[17] 中村宏樹 著：「偏微分方程式とフーリエ解析」（東京大学出版会，1981）
[18] J. フォン・ノイマン 著，井上 健，他 訳：「量子力学の数学的基礎」（みすず書房，1957）
[19] B. デスパニヤ 著，亀井 理 訳：「量子力学と観測の問題」（ダイヤモンド社，1971）
[20] クリストファー C. ジェリー，キンバリー M. ブルーノ 著，河辺哲次 訳：「量子論の果てなき境界」（共立出版，2015）
[21] 倉本義夫・江澤潤一 著：「現代物理学基礎シリーズ　量子力学」（朝倉書店，2008）
[22] J. J. サクライ 著，桜井明夫 訳：「現代の量子力学」（吉岡書店，1989）
[23] 日本物理学会 編：「量子力学と新技術」（培風館，1987）
[24] 日本物理学会 編：「アインシュタインと 21 世紀の物理学」（日本評論社，2005）
[25] 中原幹夫 著：「量子物理学のための線型代数 ベクトルから量子情報へ」（培風館，2016）

[26]　猪木慶治・川合 光 著：「量子力学Ⅰ・Ⅱ」（講談社，1994）
[27]　小出昭一郎・水野幸夫 共著：「基礎物理学選書　量子力学演習」（裳華房，1978）
[28]　M. A. ニールセン，I. L. チャン 著，木村達也 訳：「量子コンピュータと量子通信Ⅰ，Ⅱ，Ⅲ」（オーム社，2004）
[29]　沙川貴大・上田正仁 著：「量子測定と量子制御」（サイエンス社，2016）
[30]　細谷暁夫：「量子コンピューターの基礎 第2版」（サイエンス社，2009）
[31]　根本香絵：「量子力学の考え方」（サイエンス社，2009）
[32]　L. Susskind and A. Friedman 著，森 弘之 訳：「スタンフォード物理学再入門　量子力学」（日経 BP 社，2015）
[33]　石坂 智，他 著：「量子情報科学入門」（共立出版，2012）
[34]　L. I. シッフ 著，井上 健 訳：「新版 量子力学 上・下」（吉岡書店，1970）
[35]　S. Weinberg: *Lectures on Quantum Mechanics* 2nd edition (Cambridge University Press, 2015)
[36]　佐々木 節 著：「一般相対論」（産業図書，1996）
[37]　市村 浩 著：「基礎物理学選書　統計力学（改訂版）」（裳華房，1992）

演習問題解答

第 1 章

[**1**] (1) 体積 $V = L^3$ の箱で規格化した場合，基準振動モードの数は

$$2\sum_n = V\frac{2}{(2\pi)^3}\int d^3k = V\frac{8\pi}{c^3}\int d\nu\,\nu^2 = V\int g(\nu)\,d\nu$$

となり，$\nu \sim \nu + d\nu$ の状態の数は $Vg(\nu) = V8\pi\nu^2 d\nu/c^3$ となる．ここで波数ベクトル $\boldsymbol{k} = 2\pi\boldsymbol{n}/L$，ただし $\boldsymbol{n} = (n_x, n_y, n_z)$，$n_x, n_y, n_z$ は整数であり，光子の運動量とその大きさが $\boldsymbol{p} = \hbar\boldsymbol{k}$，$|\boldsymbol{p}| = \hbar|\boldsymbol{k}| = h\nu/c$ と書けることを用いた．また，光子の場合，偏光の自由度があるので，状態密度は 2 倍されることも考慮した．

(2) 振動数が ν の基準振動モードのエネルギー準位が $E = n\varepsilon$ $(n = 0, 1, 2, \cdots)$ とする．分配関数は，$Z = \sum_{n=0}^{\infty} e^{-n\varepsilon/k_B T} = 1/(1 - e^{-\varepsilon/k_B T})$ となり，エネルギーの期待値は，次のようになる．

$$\langle E\rangle = \frac{1}{Z}\sum_{n=0}^{\infty} n\varepsilon e^{-n\varepsilon/k_B T} = \frac{\partial \ln Z}{\partial(-1/k_B T)} = \frac{\varepsilon}{e^{\varepsilon/k_B T} - 1}$$

(3) $\varepsilon = \alpha\nu$ として，振動数が $\nu \sim \nu + d\nu$ のエネルギー密度は，

$$\langle E\rangle\,g(\nu)\,d\nu = \frac{8\pi\alpha}{c^3}\frac{\nu^3\,d\nu}{e^{\alpha\nu/k_B T} - 1} = \rho(\nu)\,d\nu$$

と表せる．$\alpha = h$ とすると，プランクの放射公式と一致する．

[**2**] $x = hc/\lambda k_B T$ とおくと，$x^5/(e^x - 1)$ は極大値を $x_{\max} = 5.0$ でもつ．$T = 6000\,\mathrm{K}$ のとき，$\lambda_{\max} = 4.8 \times 10^{-7}\,\mathrm{m}$．可視光の波長は，約 $4 \times 10^{-7}\,\mathrm{m} \sim 8 \times 10^{-7}\,\mathrm{m}$ である．

[**3**] $\lambda_{\max} = 1.1\,\mathrm{mm}$，光子の数密度は $n_\gamma = 430$ 個 $/\mathrm{cm}^3$ [1]．

[**4**] $q = e$ として，半径 r の円運動の加速度の大きさは $e^2/4\pi\varepsilon_0 r^2 m$ である．よって，エネルギーの放射率は $dW/dt = 2e^6/3(4\pi\varepsilon_0)^3 c^3 m^2 r^4$ である．一方，(1.22) より，$dE/dt = (e^2/8\pi\varepsilon_0 r^2)(dr/dt)$ となる．これらを組み合わせ，$-dW/dt = dE/dt$ を積分すれば (1.16) を得る．牟田泰三 著：「現代物理学叢書 電磁力学」(岩波書店，2001) p.118 を参照．

[**5**] (1.25) に $n = 1$ を代入すると $E_1 = 13.6\,\mathrm{eV}$，紫外線または X 線．

[**6**] $\lambda = h/\sqrt{2m_e E}$，$E = 50\,\mathrm{eV}$ より $\lambda = 1.7 \times 10^{-10}\,\mathrm{m}$．

---

1) 宇宙の原子の大半は水素であるが，水素の宇宙での平均の数密度は 0.2 個 $/\mathrm{m}^3$ であり，光子の数密度と比較して 10^{-9} 程度の差がある．

[7]　$\lambda = h/\sqrt{3m_\mathrm{n}k_\mathrm{B}T}$，ただし，$m_\mathrm{n}$ は中性子の質量（物理定数表を参照）．$T = 300\,\mathrm{K}$ のとき，$\lambda = 1.5 \times 10^{-10}\,\mathrm{m}$.

[8]　散乱 X 線の強度が最大になるのは，行路差が波長の整数倍なので，$2d\sin\theta = n\lambda$ $(n = 1, 2, \cdots)$ を満たすときである．これは，ブラッグの公式とよばれる．

[9]　散乱電子線の強度が最大になるのは，行路差が物質波の波長（ド・ブロイ波長）の整数倍なので，$2d\sin\theta = n\lambda$ $(n = 1, 2, \cdots)$ を満たすときである．ただし，p を運動量として，ド・ブロイ波長は $\lambda = h/p$ である．干渉パターンが現れる典型的なエネルギーは，$E = p^2/2m_\mathrm{e} = h^2/2m_\mathrm{e}\lambda^2 \sim h^2/2m_\mathrm{e}d^2 \sim 160\,\mathrm{eV}$.

第 2 章

[1]　運動エネルギーは $T = (m/2)\dot{q}^2$，ポテンシャルエネルギーは $V = (k/2)q^2$ なので，ラグランジアンは

$$L = T - V = \frac{m}{2}\dot{q}^2 - \frac{k}{2}q^2$$

となる．また，正準共役な運動量は $p = \partial L/\partial\dot{q} = m\dot{q}$ で定義されるから，ハミルトニアンは，

$$H = p\dot{q} - L = \frac{p^2}{2m} + \frac{k}{2}q^2$$

となる．ハミルトニアンは，座標と運動量を変数として書かれていることが重要である．

オイラー - ラグランジェ方程式から $m\ddot{q} + kq = 0$ を得る．また，ハミルトンの正準方程式から $\dot{p} = -kq$，$\dot{q} = p/m$ を得るので，運動方程式は一致する．

[2]　質量 m_1 と m_2 の 2 つの粒子のラグランジアンは次のようになる．

$$L = \frac{m_1}{2}\dot{\boldsymbol{r}}_1^2 + \frac{m_2}{2}\dot{\boldsymbol{r}}_2^2 - V(|\boldsymbol{r}_1 - \boldsymbol{r}_2|)$$

共役運動量を $\boldsymbol{p}_1 = \partial L/\partial\dot{\boldsymbol{r}}_1$，$\boldsymbol{p}_2 = \partial L/\partial\dot{\boldsymbol{r}}_2$ により定義すれば，ハミルトニアンは次のように書ける．

$$H = \frac{1}{2m_1}\boldsymbol{p}_1^2 + \frac{1}{2m_2}\boldsymbol{p}_2^2 + V(|\boldsymbol{r}_1 - \boldsymbol{r}_2|)$$

[3]　重心座標 $\boldsymbol{R}$ と相対座標 $\boldsymbol{r}$ を

$$\boldsymbol{R} = \frac{m_1\boldsymbol{r}_1 + m_2\boldsymbol{r}_2}{m_1 + m_2}, \qquad \boldsymbol{r} = \boldsymbol{r}_1 - \boldsymbol{r}_2$$

のように定義すれば，ラグランジアンは次のように書き換えられる．

$$L = \frac{M}{2}\dot{\boldsymbol{R}}^2 + \frac{\mu}{2}\dot{\boldsymbol{r}}^2 - V(|\boldsymbol{r}|)$$

ただし，$M = m_1 + m_2$，$\mu = m_1m_2/(m_1 + m_2)$ であり，μ は**換算質量**とよばれる．

オイラー‐ラグランジュ方程式は，

$$M\ddot{\boldsymbol{R}} = 0, \qquad \mu\ddot{\boldsymbol{r}} + V'(|\boldsymbol{r}|)\frac{\boldsymbol{r}}{|\boldsymbol{r}|} = 0$$

となり，共役運動量を $\boldsymbol{P} = \partial L/\partial\dot{\boldsymbol{R}}$，$\boldsymbol{p} = \partial L/\partial\dot{\boldsymbol{r}}$ と定義すると，ハミルトニアンは次のように求まる．

$$H = \frac{1}{2M}\boldsymbol{P}^2 + \frac{1}{2\mu}\boldsymbol{p}^2 + V(|\boldsymbol{r}|)$$

［**4**］ $|\psi_m\rangle, |\psi_n\rangle$ をエルミート演算子 $\widehat{O}$ のそれぞれの固有値 O_m, O_n に属する固有状態(固有関数)とする．

$$\widehat{O}\,|\psi_m\rangle = O_m\,|\psi_m\rangle$$
$$\widehat{O}\,|\psi_n\rangle = O_n\,|\psi_n\rangle$$

このとき，

$$\langle\psi_n|\,\widehat{O}\,|\psi_m\rangle = O_m\,\langle\psi_n|\psi_m\rangle \tag{1}$$
$$\langle\psi_m|\,\widehat{O}\,|\psi_n\rangle = O_n\,\langle\psi_m|\psi_n\rangle \tag{2}$$

となり，$\widehat{O}$ がエルミート演算子 $(\widehat{O}^\dagger = \widehat{O})$ ならば，$\langle\psi_n|\,\widehat{O}\,|\psi_m\rangle^* = \langle\psi_m|\,\widehat{O}\,|\psi_n\rangle$ である．これより，(2)の複素共役をとった式と(1)との差をとると，

$$(O_m - O_n^*)\langle\psi_n|\psi_m\rangle = 0$$

となる．ただし，$\langle\psi_m|\psi_n\rangle^* = \langle\psi_n|\psi_m\rangle$ を用いた．

$m = n$ のとき，$\langle\psi_n|\psi_n\rangle \neq 0$ より，$O_n = O_n^*$ が示されるので，固有値が実数であることがわかる．また，$m \neq n$ のときには，固有値が実数であることを用いると，相異なる固有値に対して，$O_m - O_n \neq 0$ より $\langle\psi_n|\psi_m\rangle = 0$ を得る．よって，異なる固有値に属する固有状態(固有関数)は直交する．

［**5**］ ・ $(\widehat{A}\widehat{B}\widehat{C})^\dagger = ((\widehat{A}\widehat{B})\widehat{C})^\dagger = \widehat{C}^\dagger(\widehat{A}\widehat{B})^\dagger = \widehat{C}^\dagger\widehat{B}^\dagger\widehat{A}^\dagger$

・ $[\widehat{A}, \widehat{B}]\widehat{C} + \widehat{B}[\widehat{A}, \widehat{C}] = (\widehat{A}\widehat{B} - \widehat{B}\widehat{A})\widehat{C} + \widehat{B}(\widehat{A}\widehat{C} - \widehat{C}\widehat{A}) = [\widehat{A}, \widehat{B}\widehat{C}]$

・ 左辺 $= \mathbf{1} + \widehat{A} + \widehat{B} + \dfrac{\widehat{A}^2 + \widehat{A}\widehat{B} + \widehat{B}\widehat{A} + \widehat{B}^2}{2} + \cdots$

$$\text{右辺} = \left(\mathbf{1} + \widehat{A} + \frac{\widehat{A}^2}{2} + \cdots\right)\left(\mathbf{1} + \widehat{B} + \frac{\widehat{B}^2}{2} + \cdots\right)\left(\mathbf{1} - \frac{c}{2}\mathbf{1} + \cdots\right)$$
$$= \mathbf{1} + \widehat{A} + \widehat{B} + \frac{\widehat{A}^2 + \widehat{B}^2 + 2\widehat{A}\widehat{B} - c\mathbf{1}}{2} + \cdots = \text{左辺}$$

第 3 章

［**1**］ 交換関係 $[\hat{a}, \hat{a}^\dagger] = 1$ を用いることによって，

$$\hat{a}(\hat{a}^\dagger)^n = n(\hat{a}^\dagger)^{n-1} + (\hat{a}^\dagger)^n\hat{a} \tag{1}$$

を示すことができる．(1) を繰り返し用いると，$\langle 0|\,\hat{a}^n\hat{a}^{\dagger n}|0\rangle = n\langle 0|\,\hat{a}^{n-1}\hat{a}^{\dagger n-1}|0\rangle = \cdots = n!\langle 0|0\rangle$ が得られる．

［**2**］ $|n\rangle = (\hat{a}^\dagger)^n|0\rangle/\sqrt{n!}$ のとき，$\langle m|n\rangle = \delta_{mn}$ のように規格化される．［1］の(1)を用いて，

$$\hat{a}\,|n\rangle = \frac{\hat{a}\,(\hat{a}^\dagger)^n\,|0\rangle}{\sqrt{n!}} = \frac{\sqrt{n}\,(\hat{a}^\dagger)^{n-1}\,|0\rangle}{\sqrt{(n-1)!}} = \sqrt{n}\,|n-1\rangle$$

また,

$$\hat{a}^\dagger\,|n\rangle = \frac{\sqrt{n+1}\,(\hat{a}^\dagger)^{n+1}\,|0\rangle}{\sqrt{(n+1)!}} = \sqrt{n+1}\,|n+1\rangle$$

となる.

[**3**] $\langle n|\,\hat{q}^2(t)\,|n\rangle = \dfrac{(2n+1)\hbar}{2m\omega}, \qquad \langle n|\,\hat{p}^2(t)\,|n\rangle = \dfrac{(2n+1)m\omega\hbar}{2}$

[**4**] $\langle 0|\,\hat{q}^2\,|0\rangle = \displaystyle\int_{-\infty}^{\infty} dq\,\varphi_0(q)^*\,q^2\,\varphi_0(q) = \int_{-\infty}^{\infty} dq\sqrt{\frac{m\omega}{\pi\hbar}}\,\exp\left(-\frac{m\omega}{\hbar}q^2\right)q^2$

$$= \frac{\hbar}{2m\omega}$$

同様にして,

$$\langle 0|\,\hat{p}^2\,|0\rangle = \int_{-\infty}^{\infty} dq\,\varphi_0(q)^*\left(-\frac{i\hbar d}{dq}\right)^2\varphi_0(q) = \frac{\hbar m\omega}{2}$$

これらの結果を用いると

$$\sqrt{\langle 0|\,\hat{q}^2\,|0\rangle}\sqrt{\langle 0|\,\hat{p}^2\,|0\rangle} = \frac{\hbar}{2}$$

となる.

第 4 章

[**1**] $|e^{ik\sqrt{(x-d/2)^2+\ell^2}} + e^{ik\sqrt{(x+d/2)^2+\ell^2}}|^2 \simeq 4\cos^2(kxd/2\ell)$, 明線の条件は, $kxd/2\ell = n\pi\ (n = 0, 1, 2, \cdots)$ となる. $k/2\pi = \lambda$ より, 明線の間隔は $\Delta x = \ell\lambda/d$ である. つまり明線の条件は, $|\overline{\mathrm{S_1A}} - \overline{\mathrm{S_2A}}| \simeq xd/\ell$ が波長の整数倍である.

[**2**] $1.1\,\mu$m

[**3**] 0.28 mm

[**4**] m を縮退を表す量子数として,

$$\hat{A}\,|a, m\rangle = a\,|a, m\rangle \qquad (m = 1, 2, \cdots, N) \tag{1}$$

とすると, (4.17) より $\hat{B}\,|a, m\rangle$ は, $|a, m\rangle$ の重ね合わせとして

$$\hat{B}\,|a, m\rangle = \sum_{m'} c_{mm'}\,|a, m'\rangle \tag{2}$$

と表すことができる. ここで, 係数 $c_{mm'}$ は, $c_{mm'} = \langle a, m'|\,\hat{B}\,|a, m\rangle$ で, $\hat{B}$ のエルミート性より, $c_{mm'} = c^*_{m'm}$ である.

$c_{mm'}$ をエルミート行列とみなすと, 適当なユニタリー行列 $U_{mm'}$ によって対角化が可能である. つまり,

$$\sum_{m'} \tilde{b}_m \delta_{mm'} U_{m'm''} = \sum_{m'} U_{mm'} c_{m'm''} \tag{3}$$

ここで, $\tilde{b}_m$ はユニタリー行列によって対角化された行列の対角要素を表す.

このとき,

$$\widetilde{|a, m\rangle} = \sum_{m'} U_{mm'}\,|a, m'\rangle$$

を定義すると，(2)を用いて

$$\hat{B}\,|\widetilde{a, m}\rangle = \sum_{m'} U_{mm'}\hat{B}\,|a, m'\rangle = \sum_{m'm''} U_{mm'}c_{m'm''}\,|a, m''\rangle$$

となり，これは(3)を用いると $\hat{B}\,|\widetilde{a, m}\rangle = \tilde{b}_m\,|\widetilde{a, m}\rangle$ となるので，$|\widetilde{a, m}\rangle$ が $\hat{B}$ の固有値 $\tilde{b}_m$ をもつ固有状態であることがわかる．

また，(1)から，$\hat{A}\,|\widetilde{a, m}\rangle = a\,|\widetilde{a, m}\rangle$ であることは明らかであり，$|\widetilde{a, m}\rangle$ は $\hat{A}$ と $\hat{B}$ の共通の固有状態である．したがって，縮退があってもなくても，可換な演算子は固有状態を共有することができる．

［**5**］

$$\frac{\partial P}{\partial t} = \frac{\partial \psi(t, \boldsymbol{q})^*}{\partial t}\psi(t, \boldsymbol{q}) + \psi(t, \boldsymbol{q})^*\frac{\partial \psi(t, \boldsymbol{q})}{\partial t}$$

である．この右辺をシュレディンガー方程式を用いて整理すると(4.106)が示される．

［**6**］(1)　$E = (\hbar k)^2/2m$ のとき，解である．

(2)　$H = p^2/2m$ より，$[\hat{H}, \hat{p}] = 0$ である．

(3)　$\hat{p}\,\psi(q, t) = -i\hbar\dfrac{d\psi}{dq} = \pm\hbar k\psi,\ \hat{H}\,\psi(q, t) = -\left(\dfrac{\hbar^2}{2m}\right)\dfrac{d^2\psi}{dq^2} = \left(\dfrac{\hbar^2 k^2}{2m}\right)\psi$

(4)　(4.107)に対して，$S = \pm\hbar k\,|A|^2/m$ である．(4.24)に対して，$S = 0$ である．これは，q の正と負の向きの確率の流れ密度が相殺している．

［**7**］第3章の演習問題の結果を用いると，基底状態に対して，$\Delta q\,\Delta p = \sqrt{\langle 0|\,\hat{q}^2(t)\,|0\rangle}\sqrt{\langle 0|\,\hat{p}^2(t)\,|0\rangle} = \hbar/2$ であることが確かめられる．

［**8**］第5章の章末問題［2］の解答の式(1)を用いて直接導出できる．

［**9**］(4.101)は，(4.98)，(4.99)を用いて直接導出できる．(4.102)は，$\boldsymbol{J}^2 = J_1^2 + J_2^2 + J_3^2$ と書けるので，(4.98)〜(4.100)を用いて導出できる．

第 5 章

［**1**］$\langle n|\,\hat{q}^2\,|n\rangle = a^2(1/3 - 1/2\pi^2 n^2)$，$\langle n|\,\hat{p}^2\,|n\rangle = \hbar^2\pi^2 n^2/a^2$．$\langle\hat{q}\rangle = a/2$ に注意して，

$$\Delta q\,\Delta p = \frac{\hbar}{2}\sqrt{\frac{\pi^2 n^2}{3} - 2} > \frac{\hbar}{2}$$

を得る．

［**2**］直交座標と極座標の関係(4.97)を用いて，

$$\begin{aligned}\frac{\partial\psi}{\partial r} &= \frac{\partial\psi}{\partial x}\frac{\partial x}{\partial r} + \frac{\partial\psi}{\partial y}\frac{\partial y}{\partial r} + \frac{\partial\psi}{\partial z}\frac{\partial z}{\partial r}\\ &= \sin\theta\cos\varphi\,\frac{\partial\psi}{\partial x} + \sin\theta\sin\varphi\,\frac{\partial\psi}{\partial y} + \cos\theta\,\frac{\partial\psi}{\partial z}\end{aligned}$$

などにより，

$$\begin{pmatrix} \dfrac{\partial}{\partial r} \\ \dfrac{\partial}{r\,\partial\theta} \\ \dfrac{\partial}{r\,\partial\varphi} \end{pmatrix} = \begin{pmatrix} \sin\theta\cos\varphi & \sin\theta\sin\varphi & \cos\theta \\ \cos\theta\cos\varphi & \cos\theta\sin\varphi & -\sin\theta \\ -\sin\theta\sin\varphi & \sin\theta\cos\varphi & 0 \end{pmatrix} \begin{pmatrix} \dfrac{\partial}{\partial x} \\ \dfrac{\partial}{\partial y} \\ \dfrac{\partial}{\partial z} \end{pmatrix}$$

これを逆に解いて，

$$\begin{pmatrix} \dfrac{\partial}{\partial x} \\ \dfrac{\partial}{\partial y} \\ \dfrac{\partial}{\partial z} \end{pmatrix} = \frac{1}{\sin\theta} \begin{pmatrix} \sin^2\theta\cos\varphi & \sin\theta\cos\theta\cos\varphi & -\sin\varphi \\ \sin^2\theta\sin\varphi & \sin\theta\cos\theta\sin\varphi & \cos\varphi \\ \sin\theta\cos\theta & -\sin^2\theta & 0 \end{pmatrix} \begin{pmatrix} \dfrac{\partial}{\partial r} \\ \dfrac{\partial}{r\,\partial\theta} \\ \dfrac{\partial}{r\,\partial\varphi} \end{pmatrix} \tag{1}$$

を得る．したがって，

$$\frac{\partial\psi}{\partial x} = \sin\theta\cos\varphi\,\frac{\partial\psi}{\partial r} + \cos\theta\cos\varphi\,\frac{\partial\psi}{r\,\partial\theta} - \frac{\sin\varphi}{\sin\theta}\frac{\partial\psi}{r\,\partial\varphi}$$

を用いると

$$\begin{aligned}
\frac{\partial}{\partial x}\left(\frac{\partial\psi}{\partial x}\right) &= \sin\theta\cos\varphi\,\frac{\partial}{\partial r}\frac{\partial\psi}{\partial x} + \cos\theta\cos\varphi\,\frac{1}{r}\frac{\partial}{\partial\theta}\frac{\partial\psi}{\partial x} - \frac{\sin\varphi}{\sin\theta}\frac{1}{r}\frac{\partial}{\partial\varphi}\frac{\partial\psi}{\partial x} \\
&= \sin^2\theta\cos^2\varphi\,\frac{\partial^2\psi}{\partial r^2} + \sin\theta\cos\theta\cos^2\varphi\,\frac{\partial}{\partial r}\left(\frac{1}{r}\frac{\partial\psi}{\partial\theta}\right) \\
&\quad -\sin\varphi\cos\varphi\,\frac{\partial}{\partial r}\left(\frac{1}{r}\frac{\partial\psi}{\partial\varphi}\right) + \cos\theta\cos^2\varphi\,\frac{\partial}{r\,\partial\theta}\left(\sin\theta\,\frac{\partial\psi}{\partial r}\right) \\
&\quad + \cos\theta\cos^2\varphi\,\frac{\partial}{r^2\,\partial\theta}\left(\cos\theta\,\frac{\partial\psi}{\partial\theta}\right) - \cos\theta\sin\varphi\cos\varphi\,\frac{\partial}{r^2\,\partial\theta}\left(\frac{1}{\sin\theta}\frac{\partial\psi}{\partial\varphi}\right) \\
&\quad -\sin\varphi\,\frac{\partial}{r\,\partial\varphi}\left(\cos\varphi\,\frac{\partial\psi}{\partial r}\right) - \frac{\cos\theta}{\sin\theta}\sin\varphi\,\frac{\partial}{r^2\,\partial\varphi}\left(\cos\varphi\,\frac{\partial\psi}{\partial\theta}\right) \\
&\quad + \frac{\sin\varphi}{\sin^2\theta}\frac{\partial}{r^2\,\partial\varphi}\left(\sin\varphi\,\frac{\partial\psi}{\partial\varphi}\right)
\end{aligned}$$

となる．同様な計算を実行して整理すると，最終的に次の表式を得る．

$$\begin{aligned}
&\left(\frac{\partial^2}{\partial x^2} + \frac{\partial^2}{\partial z^2} + \frac{\partial^2}{\partial z^2}\right)\psi \\
&\qquad = \left\{\frac{1}{r^2}\frac{\partial}{\partial r}\left(r^2\,\frac{\partial}{\partial r}\right) + \frac{1}{r^2\sin\theta}\frac{\partial}{\partial\theta}\left(\sin\theta\,\frac{\partial}{\partial\theta}\right) + \frac{1}{r^2\sin^2\theta}\frac{\partial^2}{\partial\varphi^2}\right\}\psi
\end{aligned}$$

［**3**］　(5.45)より，$n = 3$ までに対して次のように確かめられる．

n (主量子数)	d_n (縮退度)	ℓ (方位量子数)	m (磁気量子数)
0	1	0	0
1	3	1	$-1, 0, 1$
2	6	0	0
		2	$-2, -1, 0, 1, 2$
3	10	1	$-1, 0, 1$
		3	$-3, -2, -1, 0, 1, 2, 3$

[4]　水素原子の波動関数を用いて,

$$\begin{aligned}\langle r\rangle_{n,\ell} &= \int d^3r\,\psi_{n\ell m}(\boldsymbol{r})^*\,r\,\psi_{n\ell m}(\boldsymbol{r})\\&= \int_0^\infty dr\,r^3 N_{n\ell}^2 e^{-\rho}\rho^{2\ell}\{L_{n-\ell-1}^{2\ell+1}(\rho)\}^2\\&= a_{\mathrm{B}}\frac{(n-\ell-1)!}{4(n+\ell)!}\int_0^\infty d\rho\,\rho^{2\ell+3}e^{-\rho}\{L_{n-\ell-1}^{2\ell+1}(\rho)\}^2\\&= a_{\mathrm{B}}n^2\left[1+\frac{1}{2}\left\{1-\frac{\ell(\ell+1)}{n^2}\right\}\right]\end{aligned}$$

となる.

[5]　質量 m の粒子が反射面から高さ Δx で運動量 Δp をもつとき, 粒子のエネルギーは $E = \Delta p^2/2m + mg\,\Delta x$ である. 不確定性関係 $\Delta x\,\Delta p = \hbar$ を仮定すると, 粒子のエネルギーは, $E = \hbar^2/2m\,\Delta x^2 + mg\,\Delta x$ と書けるので, 最小値を求めると, $E = 3(m\hbar^2 g^2)^{1/3}/2$ となる.

一方, シュレディンガー方程式を解いて得られる正確な基底状態のエネルギーは, (5.97) より, $E_0 = -mg\alpha z_0 = 1.9(m\hbar^2 g^2)^{1/3}$ であるので, 大体一致している.

[6]　球対称ポテンシャル $V(r)$ をもつ粒子のシュレディンガー方程式を極座標で変数分離するには, 波動関数を $\psi(r,\theta,\varphi) \propto R(r)\,Y_{\ell m}(\theta,\varphi)$ とおけばよい. 動径方向の関数 $R(r)$ に対する方程式は,

$$-\frac{\hbar^2}{2mr^2}\frac{d}{dr}\left(r^2\frac{dR}{dr}\right) + \left\{V(r) + \frac{\ell(\ell+1)}{r^2} - E\right\}R = 0$$

となる. $r < a$ では, $V(r) = -V_0$ より, $2m(V_0+E)/\hbar^2 = \alpha^2$, $x = \alpha r$ とおけば,

$$\frac{d^2R}{dx^2} + \frac{2}{x}\frac{dR}{dx} + \left\{1 - \frac{\ell(\ell+1)}{x^2}\right\}R = 0$$

となり, この方程式の一般解は, 球ベッセル関数 $j_\ell(x)$ と $n_\ell(x)$ の重ね合わせで表すことができる. ただし, $j_\ell(x)$ と $n_\ell(x)$ は以下のように定義されている[2)].

2)　森口繁一, 他 著:「岩波 数学公式Ⅲ」(岩波書店, 1987)

$$j_\ell(x) = (-1)^\ell x^\ell \left(\frac{1}{x}\frac{d}{dx}\right)^\ell \frac{\sin x}{x}$$

$$n_\ell(x) = (-1)^{\ell+1} x^\ell \left(\frac{1}{x}\frac{d}{dx}\right)^\ell \frac{\cos x}{x}$$

$\ell = 0$ の場合，A と B を定数として $R(r) = (A \sin \alpha r - B \cos \alpha r)/r$ と書ける．$r \to 0$ で R が有界であることより，$B = 0$，$R(r) = A \sin \alpha r/r$ である．

一方，$r \geq a$ では，$V(r) = 0$ より $\beta^2 = -2mE/\hbar^2$ とおけば，$\ell = 0$ のとき，

$$\frac{d^2R}{dr^2} + \frac{2}{r}\frac{dR}{dr} - \beta^2 R = 0$$

となるので，一般解は C と D を定数として $R(r) = (Ce^{-\beta r} + De^{\beta r})/r$ と書くことができる．$r \to \infty$ で $R(r)$ が有界であることより，$D = 0$，$R(r) = Ce^{-\beta r}/r$ となる．$R(r)$ と $R'(r)$ の連続性の条件から，$\alpha \cot \alpha a = -\beta$ を得るので，これと $\alpha^2 + \beta^2 = 2mV_0/\hbar^2$ により束縛エネルギー準位 E (< 0) が決まる．少なくとも 1 つ解が存在するためには，

$$V_0 \geq \frac{\hbar^2 \pi^2}{8ma^2}$$

でなければならない．

［**7**］ ラグランジアンを

$$L = \frac{m}{2} x^i x^i - e\phi + eA^i \dot{x}^i$$

と書く．ここで同じ添字が同じ項の中で現れたら，添字について総和をとるアインシュタインの縮約記法を用いる．このとき，

$$\frac{d}{dt}\frac{\partial L}{\partial \dot{x}^j} = \frac{d}{dt}(m\dot{x}^j + eA^j) = m\ddot{x}^j + e\frac{\partial A^j}{\partial t} + e\frac{\partial A^j}{\partial x^i}\frac{dx^i}{dt}$$

また

$$\frac{\partial L}{\partial x^j} = -e\,\frac{\partial \phi}{\partial x^j} + e\,\frac{\partial A^i}{\partial x^j}\,\dot{x}^i$$

より，オイラー - ラグランジュ方程式は，

$$m\ddot{x}^j = -e\left(\frac{\partial \phi}{\partial x^j} - \frac{\partial A^j}{\partial t}\right) + e\left(\frac{\partial A^i}{\partial x^j} - \frac{\partial A^j}{\partial x^i}\right)\dot{x}^i$$

となる．

電場と磁場は，

$$E^i = -\frac{\partial \phi}{\partial x^i} - \dot{A}^i, \qquad B^i = (\mathrm{rot}\,\boldsymbol{A})^i = \varepsilon_{ijk}\frac{\partial A^k}{\partial x^j}$$

と表せる．ε_{ijk} は反対称テンソルである（付録の(A.26)を参照）．さらに

$$\left(\frac{\partial A^i}{\partial x^j} - \frac{\partial A^j}{\partial x^i}\right) = \varepsilon_{jik} B^k$$

と表せるので，オイラー - ラグランジュ方程式は，$m\ddot{x}^j = eE^j + e\varepsilon_{jik}B^k\dot{x}^i$ となる．これをベクトル解析の記号を使って書くと $m\ddot{\boldsymbol{x}} = e\boldsymbol{E} + e\dot{\boldsymbol{x}} \times \boldsymbol{B}$ となる．

$\dot{x}^j$ に正準共役な運動量

$$p^j = \frac{\partial L}{\partial \dot{x}^j} = m\dot{x}^j + eA^j$$

を定義すると，ハミルトニアンは，

$$H = p^i\dot{x}^i - L = \frac{1}{2m}(p^i - eA^i)^2 + e\phi$$

となる．この系の量子化は，ハミルトニアン演算子を

$$\hat{H} = \frac{1}{2m}\{\hat{p}^i - e\,A^i(\hat{\boldsymbol{x}}, t)\}^2 + e\,\phi(\hat{\boldsymbol{x}}, t)$$

として，交換関係 $[\hat{x}^i, \hat{p}^j] = i\hbar\delta_{ij}$ を設定すればよい．

z 軸方向に一様な磁場は，ベクトルポテンシャルを $\boldsymbol{A} = (0, Bx, 0)$ のように選べばよいので，ハミルトニアンは，

$$\hat{H} = \frac{1}{2m}\{\hat{p}_x^2 + (\hat{p}_y - eB\hat{x})^2 + \hat{p}_z^2\}$$

となる．これより z 軸方向には，自由粒子として運動することがわかる．

さらに，ハミルトニアンは $\hat{p}_y$ と交換するから，エネルギー固有状態は y 方向の運動量演算子，$\hat{p}_y$ と共通の固有状態をつくることができる．そこで，$\hat{p}_y$ の固有値を $\hbar k_y$，また $\hat{p}_z$ の固有値を $\hbar k_z$ とすれば，ハミルトニアンは，

$$\begin{aligned}\hat{H} &= \frac{1}{2m}\{\hat{p}_x^2 + (\hbar k_y - eB\hat{x})^2 + \hbar^2 k_z^2\} \\ &= \frac{1}{2m}\hat{p}_x^2 + \frac{(eB)^2}{2m}\left(\hat{x} - \frac{\hbar k_y}{eB}\right)^2 + \frac{\hbar^2 k_z^2}{2m}\end{aligned}$$

と表せる．これは，調和振動子のハミルトニアン演算子と等価である．

よって，角振動数 $\omega = |eB|/m$ を定義すると，エネルギー固有値は $\hbar\omega(n + 1/2) + \hbar^2 k_z^2/2m$ となり，k_y については縮退していることになる．ω はサイクロトロン周波数，$\hbar\omega(n + 1/2)$ はランダウ準位とよばれる．

第 6 章

[**1**]　ハミルトニアンが q_i を含まず，p_i のみの関数とすると，$[\hat{H}, \hat{p}_i] = 0$ となる．よって，運動量とエネルギーの同時固有状態が存在する．一般に，演算子が対称性をもつとは，演算子がある変換に対して不変性をもつことである．

ある変換を表す演算子を $\hat{A}$ と書くと，この演算に関してハミルトニアン演算子が対称であるとは，$\hat{A}\hat{H}\hat{A}^{-1} = \hat{H}$ によって表される．このとき，$[\hat{A}, \hat{H}] = 0$ となり，$\hat{A}$ と $\hat{H}$ との同時固有状態が存在する．同時固有状態の存在は，力学系のもつ対称性を反映している．

[**2**]　パウリ行列の表式を用いて，直接 $\sigma_1^2 = \sigma_2^2 = \sigma_3^2 = \mathbf{1}$ により示される．また，$i \neq j$ のとき $\sigma_i\sigma_j = i\varepsilon_{ijk}\sigma_k$ なので，$i, j = 1, 2, 3$ に対して，$\sigma_i\sigma_j = \delta_{ij}\mathbf{1} + i\varepsilon_{ijk}\sigma_k$ が示される．これを用いると(6.100)が証明できる．

[**3**]　このハミルトニアンをもつ系のシュレディンガー方程式の解は，(6.100)を

用いると次のように表すことができる．

$$|s(t)\rangle = e^{-i\omega \boldsymbol{n}\cdot\boldsymbol{\sigma} t}|s(0)\rangle = (\mathbf{1}\cos\omega t - i\boldsymbol{n}\cdot\boldsymbol{\sigma}\sin\omega t)|s(0)\rangle$$

$|s(t)\rangle$ の時間発展は，ブロッホ球面の $\boldsymbol{n}$ の周りの歳差運動と解釈できる．

第 7 章

［**1**］ $E = \int d^3x\, \psi^* H\psi = -\int d^3x\, \psi^* \left(\frac{\hbar^2}{2m}\nabla^2 - V\right)\psi$

$$= \int d^3x \left(\frac{\hbar^2}{2m}|\nabla\psi|^2 + V|\psi|^2\right) \geq \int d^3x\, V(x)|\psi|^2 \geq V_{\min}$$

［**2**］ (7.31) より，$\dot{\theta} = J/r^2$，(7.44) より $dr/d\theta = -er^2\sin\theta/\ell$ である．また $r\to\infty$ では $\cos\theta = -1/e$ なので，これらをまとめると

$$E = \frac{m\dot{\theta}^2}{2}\left(\frac{dr}{d\theta}\right)^2 = \frac{mJ^2(e^2-1)}{2\ell^2}$$

となる．さらに，(7.43)を用いると(7.47)が得られる．

［**3**］ 入射波は，$e^{ikz} = e^{ikr\cos\theta} = \sum_{\ell=0}^{\infty}(2\ell+1)i^\ell j_\ell(kr)\,P_\ell(\cos\theta)$ と展開できる．ここで，$j_\ell(kr)$ は球ベッセル関数（第5章の演習問題［6］）である．また，$kr\to\infty$ の極限で $j_\ell(kr) \simeq \sin(kr - \ell\pi/2)/kr$ となる[3]．したがって，$kr\to\infty$ の極限で入射波は

$$e^{ikz} = \sum_{\ell=0}^{\infty}(2\ell+1)i^\ell \frac{\sin(kr - \ell\pi/2)}{kr}P_\ell(\cos\theta)$$

となる．一方で散乱波の漸近形は，次のように求めることができる．

波動関数を $\psi(r,\theta,\varphi) = A_\ell R_\ell(kr)P_\ell(\theta)$ とおいて，シュレディンガー方程式より $R_\ell(kr)$ に対する方程式(7.97)を考える．$r\to\infty$ において $V(r) = 0$ とすると，$R_\ell(kr)$ の解は $j_\ell(kr)$ と $n_\ell(kr)$ の適当な重ね合わせで表せる．$kr\to\infty$ での $n_\ell(kr)$ の漸近形は，$n_\ell(kr) \simeq -\cos(kr - \ell\pi/2)/kr$ なので，$j_\ell(kr) \simeq \sin(kr - \ell\pi/2)/kr$ との重ね合わせにより，$R_\ell(kr)$ の漸近形は $R_\ell(kr) = \sin(kr - \ell\pi/2 + \delta_\ell)/kr$ と表せる．ここで，δ_ℓ は，シュレディンガー方程式の動径方向の式を解いて，$j_\ell(kr)$ と $n_\ell(kr)$ の係数から決定される．

よって，$kr\to\infty$ の極限で波動関数は，

$$\psi = \sum_{\ell=0}^{\infty}A_\ell \frac{\sin(kr - \ell\pi/2 + \delta_\ell)}{kr}P_\ell(\cos\theta)$$

とおくことができる．

この波動関数から入射波を引いた $\psi - e^{ikz}$ がポテンシャルによる散乱波を表すので，外向きの球面波のみが存在する境界条件より $A_\ell = (2\ell+1)i^\ell e^{i\delta_\ell}$ が得られる．これより，(7.96)が導かれる．

3） 森口繁一，他 著：「岩波 数学公式Ⅲ」（岩波書店，1987）

第 8 章

［**1**］

$$V_{0mk} = (\psi_{0m},\ \widehat{V}\psi_{0k}) = \int d^3\psi_{0m}^*\widehat{V}\psi_{0k}$$

を定義すると，(8.75)より，$H_1(t)_{mk} = V_{0mk}\sin\Omega t$ と表せるので，摂動の1次で(8.80)は，次のようになる．

$$a_{1m}(t) = \frac{i}{2\hbar}V_{0mk}\left\{\frac{e^{i(\omega_{mk}+\Omega)t}-1}{\omega_{mk}+\Omega} - \frac{e^{i(\omega_{mk}-\Omega)t}-1}{\omega_{mk}-\Omega}\right\}$$

これより，エネルギーの変化が $E_m = E_k \pm \hbar\Omega$ となる遷移が主として起こることがわかる．

これら2つの遷移の干渉が小さいとすると，$t=0$ で $\psi(0) = \psi_{0k}$ にあった系が，時刻 t で ψ_{0k} 以外の状態に遷移している全確率は，

$$\begin{aligned}
W(t) &= \sum_{m\neq k}|\lambda a_{1m}(t)|^2 \\
&= \sum_{m\neq k}\left|\frac{\lambda V_{0mk}}{2\hbar}\left\{\frac{e^{i(\omega_{mk}+\Omega)t}-1}{\omega_{mk}+\Omega} - \frac{e^{i(\omega_{mk}-\Omega)t}-1}{\omega_{mk}-\Omega}\right\}\right|^2 \\
&\simeq \sum_{m\neq k}\left|\frac{\lambda V_{0mk}}{E_{0m}-E_{0k}+\Omega\hbar}\right|^2\sin^2\frac{(E_{0m}-E_{0k}+\Omega\hbar)t}{2\hbar} \\
&\quad + \sum_{m\neq k}\left|\frac{\lambda V_{0mk}}{E_{0m}-E_{0k}-\Omega\hbar}\right|^2\sin^2\frac{(E_{0m}-E_{0k}-\Omega\hbar)t}{2\hbar}
\end{aligned}$$

のように近似できる．これより，単位時間当たりの遷移確率も求めることができる．

［**2**］　$U(t)$ の従う方程式は，

$$\frac{dU(t)}{dt} = -\frac{i}{\hbar}HU(t),\quad U(0) = 1$$

である．また，$U_0(t)$ は，

$$\frac{dU_0(t)}{dt} = -\frac{i}{\hbar}H_0U_0(t),\quad U_0(0) = 1$$

に従う．

よって，$F(t)$ は，

$$\frac{dF(t)}{dt} = -\frac{i}{\hbar}H_1^I(t)F(t),\quad F(0) = 1$$

に従うので，その解は

$$F(t) = T\exp\left[-\frac{i}{\hbar}\int_0^t H_1^I(t)\,dt\right]$$

となる．

［**3**］

$$\begin{aligned}
\widehat{A}_{\mathrm{H}}(t) &= U^{-1}(t)\ \widehat{A}_{\mathrm{H}}(0)\ U(t) \\
&= F^{-1}(t)\ U_0^{-1}(t)\ \widehat{A}_{\mathrm{H}}(0)\ U_0(t)\ F(t) \\
&= F^{-1}(t)\ \widehat{A}_I(t)\ F(t)
\end{aligned}$$

となる．$F^{-1}(t)$ は，(8.70)で定義した時間順序演算子 T と時間順序を逆に定義

した反時間順序演算子 $\tilde{T}$ を用いて

$$F^{-1}(t) = \tilde{T} \exp\left\{\frac{i}{\hbar}\int_0^t H_1^I(t)\,dt\right\}$$

となり，$F(t)$ と $F^{-1}(t)$ の表式を用いて期待値をとると(8.180)が導かれる[4]．この定式化は in-in 形式とよばれることがある．

第 9 章

［1］ $\phi(\xi_1, \xi_2, \cdots, \xi_N) = \psi(\xi_1)\psi_2(\xi_2)\cdots\psi_N(\xi_N)$ とおいて (9.9) に代入すれば，(A.50)より(9.43)となり，ξ_i と ξ_j の入れ替えに対して反対称な波動関数となる．

［2］ 基底状態 $|0\rangle$ は $\hat{a}|0\rangle = 0$ で定義される．N を規格化定数として，

$$|\alpha\rangle = Ne^{\alpha\hat{a}^\dagger}|0\rangle = N\sum_{n=0}^{\infty}\frac{\alpha^n}{n!}(\hat{a}^\dagger)^n|0\rangle$$

とおいてみると，交換関係 $[\hat{a}, \hat{a}^\dagger] = 1$ より得られる $\hat{a}(\hat{a}^\dagger)^n = n(\hat{a}^\dagger)^{n-1} + (\hat{a}^\dagger)^n\hat{a}$ を用いて，$\hat{a}|\alpha\rangle = \alpha|\alpha\rangle$ が示される．$N = e^{-\alpha^*\alpha/2}$ と選ぶと，$\langle\alpha|\alpha\rangle = 1$ である．

コヒーレント状態は第 11 章で述べる量子場の古典的な場の状態に対応すると考えられる．量子化された場における波数 $\boldsymbol{k}$ のモードのコヒーレント状態に対する場の期待値は，(11.67)を用いて，

$$\langle\alpha|\hat{\phi}(\boldsymbol{r}, t)|\alpha\rangle = \sqrt{\frac{2\hbar c^2}{\omega_\ell V}}|\alpha|\cos(\omega_\ell t - \boldsymbol{k}\cdot\boldsymbol{r} + \theta)$$

と表せる．ここで，θ は α の位相である．この解は，波数ベクトル $\boldsymbol{k}$ 方向に進む正弦振動する場を表しており，古典場に対応すると解釈できる．

［3］ $\hat{b}$ と $\hat{b}^\dagger$ の交換関係は $[\hat{b}, \hat{b}^\dagger] = 1$ であることは直接示されるので，$\hat{b}$ に対する“基底状態”を $\hat{b}|0\rangle_b = 0$ により定義すると，$\hat{b}$ と $\hat{b}^\dagger$ は $|0\rangle_b = 0$ に関する消滅演算子と生成演算子と解釈できる．$\hat{b}|0\rangle_b = (\hat{a}\cosh r + \hat{a}^\dagger\sinh r)|0\rangle_b = 0$ を満たす $|0\rangle_b$ は，N' を定数として，

$$|0\rangle_b = N'e^{-\gamma(\hat{a}^\dagger)^2}|0\rangle_a$$

と表すことができる．ただし，$\gamma = (\tanh r)/2$ である．

これは，

$$e^{-\gamma(\hat{a}^\dagger)^2} = \sum_{n=0}^{\infty}\frac{(-\gamma)^n}{n!}(\hat{a}^\dagger)^{2n}$$

$$\hat{a}(\hat{a}^\dagger)^{2n} = 2n(\hat{a}^\dagger)^{2n-1} + (\hat{a}^\dagger)^{2n}\hat{a}$$

を用いて確かめることができる．規格化定数は，$N' = (1 - 4\gamma^2)^{1/4}$ である．

4） S. Weinberg : Phys. Rev. D **72** (2005) 043514.

第 10 章

［**1**］ AとBとのもつれ状態 $|ss'\rangle$ が与えられたとする．Bとの相互作用がなくなった後，Aおよびそれと相互作用するすべての自由度の発展を記述するユニタリー演算子を $\hat{U}$ とする．Aに対する量子操作によって $|ss'\rangle$ は，$|ss'\rangle \to \hat{U}|ss'\rangle$ のように変化するから，その密度演算子は

$$\hat{\rho}_{\text{tot}} = |ss'\rangle\langle ss'| \quad\longrightarrow\quad \hat{\rho}'_{\text{tot}} = \hat{U}|ss'\rangle\langle ss'|\hat{U}^\dagger$$

のように変化する．$\hat{U}$ はAに対する量子操作なので，$\hat{\rho}_{\text{tot}}$ のAとそれに関わる自由度の部分トレースをとると

$$\text{Tr}_{\text{A}}(\hat{\rho}'_{\text{tot}}) = \text{Tr}_{\text{A}}(\hat{U}|ss'\rangle\langle ss'|\hat{U}^\dagger) = \text{Tr}_{\text{A}}(|ss'\rangle\langle ss'|) = \text{Tr}_{\text{A}}(\hat{\rho}_{\text{tot}})$$

となり，Bだけの世界で考えれば何も変化していない．

［**2**］ (1) ヒルベルト空間の基底をなす2つの異なる完全正規直交系を $\{|n\rangle\}$ と $\{|q\rangle\}$ とする．完全性の条件 $\sum_n |n\rangle\langle n| = \mathbf{1}$ を用いると演算子 $\hat{O}$ のトレースは，

$$\begin{aligned}\sum_q \langle q|\hat{O}|q\rangle &= \sum_q\sum_n\sum_{n'}\langle q|n\rangle\langle n|\hat{O}|n'\rangle\langle n'|q\rangle \\ &= \sum_q\sum_n\sum_{n'}\langle n|\hat{O}|n'\rangle\langle n'|q\rangle\langle q|n\rangle\end{aligned}$$

となる．ここで，$\sum_q |q\rangle\langle q| = \mathbf{1}$ および $\langle n|n'\rangle = \delta_{n,n'}$ を用いると $\sum_q \langle q|\hat{O}|q\rangle = \sum_n \langle n|\hat{O}|n\rangle$ となり，トレースは基底の選び方によらないことがわかる．

(2)
$$\begin{aligned}\text{Tr}(\hat{A}\hat{B}) &= \sum_n \langle n|\hat{A}\hat{B}|n\rangle = \sum_{n,n'}\langle n|\hat{A}|n'\rangle\langle n'|\hat{B}|n\rangle \\ &= \sum_{n,n'}\langle n'|\hat{B}|n\rangle\langle n|\hat{A}|n'\rangle = \text{Tr}(\hat{B}\hat{A})\end{aligned}$$

(3) 密度演算子 $\hat{\rho}$ は $\{|n\rangle\}$ の中で，$|n\rangle$ にある確率が $\mathcal{P}_n$ であるとき $\hat{\rho} = \sum_n \mathcal{P}_n|n\rangle\langle n|$ と表せる．これは，密度演算子の対角表示であり，$\hat{\rho}|n\rangle = \mathcal{P}_n|n\rangle$ より，密度演算子の固有値（確率）$\mathcal{P}_n$ は正である．また，確率の規格化より $\text{Tr}(\hat{\rho}) = \sum_n \mathcal{P}_n = 1$ である．

(4) $U(t)$ は系の時間発展を記述するユニタリー演算子なので $U^\dagger(t) = U^{-1}(t)$ である．$\text{Tr}(\hat{A}\hat{B}) = \text{Tr}(\hat{B}\hat{A})$ を用いると，$\text{Tr}(\hat{U}(t)\,\hat{\rho}(0)\,\hat{U}^\dagger(t)) = \text{Tr}(\hat{\rho}(0))$ となる．

［**3**］ 2準位系 A の初期状態は，任意の状態として，

$$\hat{\rho}_{\text{A}} = \frac{1}{2}\begin{pmatrix} 1+z & x-iy \\ x+iy & 1-z \end{pmatrix}$$

と表すことができる．ただし，x, y, z は $x^2+y^2+z^2 \leq 1$ の実数である．この初期状態に対して，相互作用後の状態は，

$$\begin{aligned}\hat{\rho}'_{\text{A}} &= \sum_{n=0,1,2}\hat{K}_n\rho_{\text{A}}\hat{K}_n^\dagger \\ &= \frac{1}{2}\begin{pmatrix} 1+z & (1-\mathcal{P})(x-iy) \\ (1-\mathcal{P})(x+iy) & (1-z) \end{pmatrix}\end{aligned}$$

となる．

また，次の関係を容易に確かめることができる．

$$\mathrm{Tr}(\hat{\rho}'_{\mathrm{A}}) = \mathrm{Tr}(\hat{\rho}_{\mathrm{A}}) \tag{1}$$

$$\sum_{n=0,1,2} \hat{K}_n^\dagger \hat{K}_n = \mathbf{1} \tag{2}$$

(2)は，クラウス演算子が満たすべき完全性条件である．(1)はトレース保存を表しており，$\hat{\rho}'_{\mathrm{A}}$ のエルミート性と正値性も確認できる．この相互作用が ℓ 回繰り返すことを考えて，その後の状態を $\hat{\rho}_{\mathrm{A}}^{(\ell)}$ と書くことにすると，以下のようになる．

$$\hat{\rho}_{\mathrm{A}}^{(\ell)} = \frac{1}{2}\begin{pmatrix} 1+z & (1-\mathcal{P})^\ell(x-iy) \\ (1-\mathcal{P})^\ell(x+iy) & 1-z \end{pmatrix}$$

$\hat{\rho}_{\mathrm{A}}^{(\ell)}$ の対角成分は，$(1-\mathcal{P})^\ell$ のため $\mathcal{P}=0$ でない限り，ℓ を大きくするとゼロに近づく．これは，2準位系の量子コヒーレンスを表す非対角項がゼロになることを示している．この現象は，デコヒーレンスとよばれる．

［**4**］ $\lambda = 2\hbar\omega \sinh\theta\cosh\theta/(1+2\sinh^2\theta)$ のとき，ハミルトニアンは，

$$H = \frac{\hbar\omega(\hat{c}^\dagger\hat{c} + \hat{d}^\dagger\hat{d} - 2\sinh^2\theta)}{(1+2\sinh^2\theta)}$$

と対角化される．また，$\hat{c}|\tilde{0}\rangle = (\hat{a}\cosh\theta + \hat{b}^\dagger\sinh\theta)|\tilde{0}\rangle = 0$, $\hat{d}|\tilde{0}\rangle = (\hat{a}^\dagger\sinh\theta + \hat{b}\cosh\theta)|\tilde{0}\rangle = 0$ を満たす $|\tilde{0}\rangle$ は，次のようにみつけることができる．

$$|\tilde{0}\rangle = \frac{1}{\cosh\theta} e^{-\hat{a}^\dagger\hat{b}^\dagger\tanh\theta}|0\rangle_a \otimes |0\rangle_b \tag{1}$$

右辺の指数関数をテイラー展開して，$|n\rangle_a = (n!)^{-1/2}(\hat{a}^\dagger)^n|0\rangle_a$, $|n\rangle_b = (n!)^{-1/2}(\hat{b}^\dagger)^n|0\rangle_b$ を用いると，この状態は，それぞれの調和振動子の励起状態の積の重ね合わせで表せるもつれ状態とみなすことができる．また，この状態(1)の密度演算子に対して，b に関する部分トレースをとって a にだけ着目すれば，熱浴に接した系の混合状態と等価な状態が得られる（［5］を参照）．

［**5**］ $|a,b\rangle\langle a,b|$ について b の部分トレースをとると次のようになる．

$$\begin{aligned}
\mathrm{Tr}_b(|a,b\rangle\langle a,b|) &= \sum_{n''=0}^{\infty} {}_b\langle n''|a,b\rangle\langle a,b|n''\rangle_b \\
&= \sum_{n''=0}^{\infty}\sum_{n=0}^{\infty}\sum_{n'=0}^{\infty} N^2 {}_b\langle n''|(|n\rangle_a \otimes |n\rangle_{bb}\langle n'| \otimes {}_a\langle n'|)|n''\rangle_b \\
&= (1-e^{-\hbar\omega/k_{\mathrm{B}}T})\sum_{n=0}^{\infty} e^{-\hbar\omega n/k_{\mathrm{B}}T}|n\rangle_{aa}\langle n|
\end{aligned}$$

これは，熱的混合状態を表す．

第 11 章

［**1**］ 作用(11.91)から共役運動量を

$$\pi(t,\boldsymbol{x}) = \frac{\delta L}{\delta\dot{\phi}(t,\boldsymbol{x})} = a^3(t)\,\dot{\phi}(t,\boldsymbol{x})$$

と定義すると，ハミルトニアンは次のようになる

$$H = \int d^3x \, \frac{1}{2}\left[\frac{1}{a^3(t)}\pi^2(t, x) + a(t)\{\partial_i \phi(t, \boldsymbol{x})\}^2 + a^3(t)\mu^2\phi^2(t, \boldsymbol{x})\right]$$

正準交換関係によって正準量子化を行うと

$$[\hat{\phi}(t, \boldsymbol{x}), \hat{\pi}(t, \boldsymbol{y})] = i\,\delta^{(3)}(\boldsymbol{x} - \boldsymbol{y})$$
$$[\hat{\phi}(t, \boldsymbol{x}), \hat{\phi}(t, \boldsymbol{y})] = [\hat{\pi}(t, \boldsymbol{x}), \hat{\pi}(t, \boldsymbol{y})] = 0$$

ハイゼンベルク運動方程式は

$$\dot{\hat{\phi}}(t, \boldsymbol{x}) = -i\,[\hat{\phi}(t, \boldsymbol{x}), \hat{H}] = \frac{1}{a^3(t)}\hat{\pi}(t, \boldsymbol{x})$$
$$\dot{\hat{\pi}}(t, \boldsymbol{x}) = -i\,[\hat{\pi}(t, \boldsymbol{x}), \hat{H}] = a(t)\,\triangle\hat{\phi}(t, \boldsymbol{x}) - a^3(t)\mu^2\hat{\phi}(t, \boldsymbol{x})$$

となり，場のハイゼンベルク演算子に対する運動方程式は，古典力学における運動方程式と同じになることが確認できる．

$$\ddot{\hat{\phi}} + 3\frac{\dot{a}}{a}\dot{\hat{\phi}} - \frac{\triangle\hat{\phi}}{a^2(t)} + \mu^2\hat{\phi} = 0$$

ここで，フーリエ展開を次のように定義し，§11.2と同様に量子場を構成することができる．

$$\hat{\phi}(t, \boldsymbol{x}) = \int\frac{d^3k}{(2\pi)^{3/2}}\,\hat{\varphi}_{\boldsymbol{k}}(t)e^{i\boldsymbol{k}\cdot\boldsymbol{x}}, \qquad \hat{\pi}(t, \boldsymbol{x}) = \int\frac{d^3k}{(2\pi)^{3/2}}\hat{\pi}_{\boldsymbol{k}}(t)e^{i\boldsymbol{k}\cdot\boldsymbol{x}}$$

運動方程式と交換関係を満たす解は，次のように書き下すことができる．

$$\hat{\phi}(t, \boldsymbol{x}) = \int\frac{d^3k}{(2\pi)^{3/2}}[u_k(t)\,\hat{a}_{\boldsymbol{k}}e^{i\boldsymbol{k}\cdot\boldsymbol{x}} + u_k(t)^*\,\hat{a}_{\boldsymbol{k}}^\dagger e^{-i\boldsymbol{k}\cdot\boldsymbol{x}}]$$

$$\hat{\pi}(t, \boldsymbol{x}) = \int\frac{d^3k}{(2\pi)^{3/2}}a^3(t)[\dot{u}_k(t)\,\hat{a}_{\boldsymbol{k}}e^{i\boldsymbol{k}\cdot\boldsymbol{x}} + \dot{u}_k(t)^*\,\hat{a}_{\boldsymbol{k}}^\dagger e^{-i\boldsymbol{k}\cdot\boldsymbol{x}}]$$

ただし，$\hat{a}_{\boldsymbol{k}}, \hat{a}_{\boldsymbol{k}}^\dagger$ は，交換関係

$$[\hat{a}_{\boldsymbol{k}}, \hat{a}_{\boldsymbol{k}'}^\dagger] = \delta^{(3)}(\boldsymbol{k} - \boldsymbol{k}'), \qquad [\hat{a}_{\boldsymbol{k}}, \hat{a}_{\boldsymbol{k}'}] = [\hat{a}_{\boldsymbol{k}}^\dagger, \hat{a}_{\boldsymbol{k}'}^\dagger] = 0$$

を満たし，$u_k(t)$ は，次の運動方程式(1)と規格化条件(2)を満足しなければならない．

$$\ddot{u}_k(t) + 3\frac{\dot{a}}{a}\dot{u}_k(t) + \frac{k^2}{a^2(t)}u_k(t) + \mu^2 u_k(t) = 0 \tag{1}$$

$$\dot{u}_k(t)^*\,u_k(t) - u_k(u)^*\,\dot{u}_k(t) = \frac{i}{a^3(t)} \tag{2}$$

［**2**］［1］の問題により，膨張宇宙における量子場の構成は，(1)と(2)を満たす適当な関数 $u_k(t)$ をみつけることができればよい．スケール因子が $a(t) = e^{Ht}$ で表される場合，t の代わりに，共形時間とよばれる η を

$$d\eta = \frac{dt}{a(t)} \quad \text{つまり} \quad a(t) = e^{Ht} = -\frac{1}{H\eta}$$

のように定義すると便利である．

時間 t は $-\infty < t < \infty$ で定義されているが，共形時間 η は $-\infty < \eta < 0$ の領域で定義されている．さらに，$u_k(t) = \chi_k(\eta)/a(t(\eta))$ により $\chi_k(\eta)$ を用いると，$\mu = 0$ の場合，［1］の(1)と(2)は，

$$\left(\frac{d^2}{d\eta^2} + k^2 - \frac{2}{\eta^2}\right)\chi_k(\eta) = 0 \tag{1}$$

$$\frac{d\chi_k(\eta)^*}{d\eta}\chi_k(\eta) - \chi_k(\eta)^*\frac{d\chi_k(\eta)}{d\eta} = i \tag{2}$$

となる．運動方程式(1)は解析的に解くことができて，2つの独立な解のうち

$$\chi_k(\eta) = \frac{1}{\sqrt{2k}}\left(1 - \frac{i}{k\eta}\right)e^{-ik\eta} \tag{3}$$

を選ぶ．この解は(2)も満足するので，量子場は次のように表せる．

$$\hat{\phi}(t, \boldsymbol{x}) = \int \frac{d^3k}{(2\pi)^{3/2}}\frac{1}{a(t(\eta))}\{\chi_k(\eta)\,\hat{a}_{\boldsymbol{k}}e^{i\boldsymbol{k}\cdot\boldsymbol{x}} + \chi_k(\eta)^*\,\hat{a}_{\boldsymbol{k}}^{\dagger}e^{-i\boldsymbol{k}\cdot\boldsymbol{x}}\}$$

(3)を選んだ理由は，極限 $\eta \to -\infty$ において，$\chi_k(\eta) \to e^{-ik\eta}/\sqrt{2k}$ となって，ミンコフスキー時空のモード関数と同じ振る舞いをするためである．量子場の基底状態 $|0\rangle$ を任意の $\boldsymbol{k}$ に対して，$\hat{a}_{\boldsymbol{k}}|0\rangle = 0$ によって定義すると，この基底状態に対する場の同時刻2点相関関数は

$$\langle 0|\,\hat{\phi}(\eta, \boldsymbol{x})\,\hat{\phi}(\eta, \boldsymbol{y})|0\rangle = \int \frac{d^3k}{(2\pi)^3}\,|u_k(\eta)|^2\,e^{i\boldsymbol{k}\cdot(\boldsymbol{x}-\boldsymbol{y})}$$

によって与えられる．(3)は，$\eta \to 0$ $(k|\eta| \ll 1)$ の極限で，$\chi_k(\eta) = -i/\sqrt{2k^3}\eta$ なので，モード関数の絶対値の2乗は，

$$\lim_{k|\eta|\ll 1}|u_k(\eta)|^2 = \frac{H^2}{2k^3}$$

という極限をもつ．

一般に，モード関数の絶対値の2乗 $|u_k(\eta)|^2 = P(k)$ はパワースペクトルとよばれ，フーリエ空間における波数 k のゆらぎの振幅の2乗期待値を与える．同時刻2点相関関数は $k^3P(k)$ に $k = 2\pi/|\boldsymbol{x} - \boldsymbol{y}|$ を代入することによって大体見積もることができる．

ド・シッター時空の量子場では，$\eta \to 0$ $(k|\eta| \ll 1)$ の極限で，$k^3P(k) = H^2/2$ という定数になる．これが波数に依存せずに，どのスケールでも同じ振幅の量子ゆらぎが生成されるので，スケール不変なスペクトルとよばれる．宇宙の構造の初期ゆらぎのスペクトルは，スケール不変なスペクトルに近いことがわかっており，ド・シッター時空の量子場はそれを説明するのに都合がよい．

索　　引

ク

ケ

コ

サ

シ

ス

セ

ソ

タ

チ

テ

ト

ナ

ニ

ネ

ノ

ハ

ヒ

フ

ヘ

ホ

著者略歴

牟田泰三

1937年　福岡県久留米市生まれ
1960年　九州大学理学部物理学科卒業
1965年　東京大学大学院数物系研究科物理学専攻修了．理学博士．
1971年　京都大学基礎物理学研究所助教授
1982年　広島大学理学部教授
2001年　広島大学学長
2007年　福山大学学長

主な著書：「電磁力学」（岩波書店，1992），“*Foundations of Quantum Chromodynamics*”（World Scientific 3rd edition, 2010），「語り継ぎたい湯川秀樹のことば」（丸善出版，2008）

山本一博

1967年　岡山県勝田郡生まれ
1989年　広島大学理学部物理学科卒業
1994年　広島大学大学院理学研究科物理学専攻修了．博士（理学）．
1995年　広島大学大学院理学研究科助手
2005年　広島大学大学院理学研究科助教授（2007年より准教授）

裳華房フィジックスライブラリー　**量子力学 ―現代的アプローチ―**

2017年9月30日　　第1版1刷発行

検印省略

定価はカバーに表示してあります．

著作者　牟田泰三（むた たいぞう）　山本一博（やまもと かずひろ）
発行者　吉野和浩
発行所　〒102-0081 東京都千代田区四番町8-1 電話 03-3262-9166～9 株式会社 裳華房
印刷所　中央印刷株式会社
製本所　牧製本印刷株式会社

社団法人
自然科学書協会会員

ISBN 978-4-7853-2253-3

物理定数表

量	値
重力加速度	$g = 9.80665$ m/s^2
万有引力定数	$G = 6.67408 \times 10^{-11}$ N m^2/kg^2
太陽の質量	$1M_\odot = 1.9891 \times 10^{30}$ kg
電子の静止質量	$m_e = 9.10938356 \times 10^{-31}$ kg
陽子の静止質量	$m_p = 1.672621898 \times 10^{-27}$ kg
中性子の静止質量	$m_n = 1.67492894 \times 10^{-27}$ kg
原子質量単位	$1\mathrm{u} = 1.66054018 \times 10^{-27}$ kg
	$= 931.494322$ MeV
エネルギー	$1\ \mathrm{eV} = 1.60217733 \times 10^{-19}$ J
1 気圧	$1\ \mathrm{atm} = 1.01325 \times 10^{5}$ N/m^2
気体 1 mol の体積（0℃，1 気圧）	$V_0 = 2.241410 \times 10^{-2}$ m^3/mol
1 mol の気体定数	$R = 8.314510$ J/K mol
アボガドロ定数	$N_A = 6.022140857 \times 10^{23}$/mol
リュードベリ定数	$R_\infty = 1.0973 \times 10^{7}$ m^{-1}
熱の仕事当量	$J = 4.1855$ J/cal
ボルツマン定数	$k_B = 1.38064852 \times 10^{-23}$ J/K
真空中の光速	$c = 2.99792458 \times 10^{8}$ m/s
真空の誘電率	$\varepsilon_0 = 10^7/4\pi c^2 = 8.85418782 \times 10^{-12}$ F/m
真空の透磁率	$\mu_0 = 4\pi/10^7 = 1.25663706 \times 10^{-6}$ H/m
素電荷	$e = 1.60217733 \times 10^{-19}$ C
電子の比電荷	$e/m_e = 1.758820024 \times 10^{11}$ C/kg
ボーア半径	$a_B = 4\pi\varepsilon_0\hbar^2/m_e e^2 = 5.29177249 \times 10^{-11}$ m
ボーア磁子	$\mu_B = e\hbar/2m_e = 9.2740154 \times 10^{-24}$ J/T
プランク定数	$h = 6.6260756 \times 10^{-34}$ J s
	$\hbar = h/2\pi = 1.05457266 \times 10^{-34}$ J s